高等学校算法类课程系列教材

算法设计与分析基础

（Python语言描述）微课视频版

李春葆　主编

蒋林　陈良臣　副主编

清華大學出版社

北京

内 容 简 介

本书结合 Python 语言的各种数据类型介绍穷举法、归纳法、迭代法和递归法等基本算法设计方法，重点讨论分治法、回溯法、分支限界法、贪心法和动态规划五大算法设计策略的原理和算法设计框架，通过大量典型示例和 LeetCode 实战题解析了多途径构建模型、求解和验证的过程。

全书既注重原理又注重实践，配有大量图表、练习题、上机实验题和在线编程题，内容丰富，概念讲解清楚，表达严谨，逻辑性强，语言精练，可读性好。

本书既便于教师课堂讲授，又便于自学者阅读，适合作为高等院校“算法设计与分析”课程的教材，也可供 ACM 和各类程序设计竞赛者参考。

图书在版编目(CIP)数据

算法设计与分析基础：Python 语言描述：微课视频版/李春葆主编. —北京：清华大学出版社，2024.8 (2025.1 重印)

高等学校算法类课程系列教材

ISBN 978-7-302-65956-3

Ⅰ. ①算… Ⅱ. ①李… Ⅲ. ①算法设计－高等学校－教材 ②算法分析－高等学校－教材 ③软件工具－程序设计－高等学校－教材 Ⅳ. ①TP301.6 ②TP312.8 ③TP311.561

中国国家版本馆 CIP 数据核字(2024)第 065028 号

策划编辑：魏江江
责任编辑：王冰飞
封面设计：刘 键
责任校对：刘惠林
责任印制：丛怀宇

出版发行：清华大学出版社
网　　址：https://www.tup.com.cn，https://www.wqxuetang.com
地　　址：北京清华大学学研大厦 A 座　　**邮　　编**：100084
社 总 机：010-83470000　　**邮　　购**：010-62786544
投稿与读者服务：010-62776969，c-service@tup.tsinghua.edu.cn
质量反馈：010-62772015，zhiliang@tup.tsinghua.edu.cn
课件下载：https://www.tup.com.cn，010-83470236
印 装 者：三河市龙大印装有限公司
经　　销：全国新华书店
开　　本：185mm×260mm　　**印　　张**：17.75　　**字　　数**：430 千字
版　　次：2024 年 8 月第 1 版　　**印　　次**：2025 年 1 月第 3 次印刷
印　　数：2501～4500
定　　价：59.80 元

产品编号：103221-01

前　言

党的二十大报告指出：教育、科技、人才是全面建设社会主义现代化国家的基础性、战略性支撑。必须坚持科技是第一生产力、人才是第一资源、创新是第一动力，深入实施科教兴国战略、人才强国战略、创新驱动发展战略，开辟发展新领域新赛道，不断塑造发展新动能新优势。高等教育与经济社会发展紧密相连，对促进就业创业、助力经济社会发展、增进人民福祉具有重要意义。

用计算机求解问题就是将特定问题的求解过程转换为计算机可以执行的程序。能够设计好的程序是计算机专业学生的基本功。在计算机教学体系中编程类的主要课程有"高级程序设计语言""数据结构""算法设计与分析"等，这些课程相互承接，程序设计语言是求解问题的工具，数据结构是求解问题的基础，算法设计是求解问题的关键。

"算法设计与分析"课程是计算机科学与技术等专业的必修课，课程目的是通过学习掌握算法设计的主要策略和算法复杂性分析的方法，并能熟练运用各种数据结构和常用算法策略设计高效算法，培养学生分析问题和解决复杂工程问题的能力，为学生进一步学习后续课程奠定良好的基础。本书是编者长期从事"数据结构""算法设计与分析"课程教学的经验总结，凝聚了编者多年的教学体会和教学理念。

1. 本书内容

全书由 9 章构成，各章的内容如下。

第 1 章为算法入门——概论，介绍算法的概念、算法描述方法、算法设计步骤和算法时空分析方法。

第 2 章为工之利器——常用数据结构及其应用，结合 Python 中的各种数据类型介绍线性表、字符串、栈、双端队列、队列、优先队列、树和二叉树、图、并查集、二叉排序树和平衡二叉树、哈希表等数据结构原理和应用。

第 3 章为必备技能——基本算法设计方法，介绍穷举法、归纳法、迭代法和递归法等常用的算法设计方法，讨论递推式计算等基本算法分析方法。

第 4 章为分而治之——分治法，介绍分治法的原理和框架，讨论利用分治法求解排序问题、查找问题和组合问题等，包括快速排序、归并排序、二分查找、假币问题、最大连续子序列和、多数元素和最近点对距离等典型算法。

第 5 章为走不下去就回退——回溯法，介绍解空间的概念和回溯法框架，根据解空间的类型分别讨论基于子集树框架和基于排列树框架的问题求解方法，包括子集和问题、简单装载问题、0/1 背包问题、n 皇后问题、任务分配问题、图的 m 着色和货郎担问题等典型算法。

第 6 章为朝最优解方向前进——分支限界法，介绍分支限界法的要点和框架，讨论广度优先搜索、队列式分支限界法和优先队列式分支限界法，包括图的单源最短路径、0/1 背包问题、任务分配问题和货郎担问题等典型算法。

第 7 章为每一步局部最优——贪心法，介绍贪心法的策略和要点，讨论采用贪心法求解组合问题、图问题、调度问题和哈夫曼编码，包括活动安排问题 Ⅰ、Prim 算法、Kruskal 算法、Dijkstra 算法和不带惩罚/带惩罚的调度问题等典型算法。

第 8 章为保存子问题的解——动态规划，介绍动态规划的原理和要点，讨论一维动态规划、二维动态规划、三维动态规划、字符串动态规划、背包动态规划、树形动态规划和区间动态规划算法设计方法，包括最大连续子序列和、最长递增子序列、活动安排问题 Ⅱ、三角形的最小路径和、Floyd 算法、双机调度、最长公共子序列、编辑距离、0/1 背包问题、完全背包问题和多重背包问题等典型算法。

第 9 章为最难问题——NP 完全问题，介绍 P 类、NP 类和 NP 完全问题。

书中带“*”符号的部分作为选学内容。

2. 本书特色

本书具有以下鲜明特色。

(1) 由浅入深，循序渐进。每种算法策略从设计思想、算法框架入手，由易到难地讲解经典问题的求解过程，使读者既能学到求解问题的方法，又能通过对算法策略的反复应用掌握其核心原理，以收到融会贯通之效。

(2) 示例丰富，重视启发。书中列举大量具有典型性的求解问题，深入剖析采用相关算法策略求解的思路，清晰地展示算法设计的过程，并举一反三，激发学生学习算法设计的兴趣。

(3) 注重求解问题的多维性。同一个问题采用多种算法策略实现，例如 0/1 背包问题采用回溯法、分支限界法和动态规划求解。通过不同算法策略的比较，使学生更容易了解每一种算法策略的设计特点和各自的优缺点，以提高算法设计的效率。

(4) 强调实践和动手能力的培养。书中针对相关知识点以实战题形式讨论了力扣中国网站部分在线编程题的设计思路和解题过程，让学生体会到“学以致用”和解决实际问题的乐趣。实战题按难度分为 3 个级别，即★、★★和★★★，分别对应简单、中等和困难级别。书中绝大部分实战题和全部在线编程题选自力扣中国网站，该网站是全球领先的面向社会大众的在线编程学习平台，教师和学生免费注册后可以在该平台上进行实训和交流学习。

3. 教学资源

为了方便教师教学和学生学习，本书提供了全面、丰富的教学资源。配套教学资源包括的内容如下。

(1) 教学 PPT：提供全部教学内容的精美 PPT 课件，共计 1017 页，供任课教师在教学中使用。

(2) 源程序代码：所有源代码按章组织，例如 ch3 文件夹存放第 3 章的源代码，其中 perm.py 为求全排列的源代码。

(3) “算法设计与分析”课程教学大纲和电子教案：包含教学目的、课程内容和学时分配(44 学时)，以及各章的课程思政要点，每课时的教学内容安排。

(4) “算法设计与分析”实验课程教学大纲：包含课程介绍、教学目的、实验基本要求与方式、实验报告、实验内容与学时分配(15～21 学时)，以及推荐的在线编程题目。

(5) 本书大部分知识点配套了教学视频，视频采用微课碎片化形式组织，总时长超过 19 小时。

(6) 本书配套在线题库，主要包含单选题和填空题，总计超过 500 道，并提供习题答案。

资源下载提示

课件等资源：扫描封底的“图书资源”二维码，在公众号“书圈”下载。

素材(源码)等资源：扫描目录上方的二维码下载。

在线自测题：扫描封底的作业系统二维码，再扫描自测题二维码，可以在线做题及查看答案。

微课视频：扫描封底的文泉云盘防盗码，再扫描书中相应章节的视频讲解二维码，可以在线学习。

本书的出版得到武汉大学计算机学院核心课程建设项目的资助和清华大学出版社魏江江分社长的全力支持，王冰飞老师给予精心编辑，力扣中国网站提供了无私的帮助，在编写中河南工程学院张天伍、湖南涉外经济学院邹竞、百色学院牛思先等老师提供了具有建设性的建议，编者在此一并表示衷心的感谢。尽管编者不遗余力，但由于水平所限，书中仍存在不足之处，敬请广大教师和同学批评指正。

编　者

2024 年 8 月

目 录

扫一扫

源码下载

第1章 算法入门——概论

用计算机解决问题的核心是算法，同一问题可能有多种求解算法，可以通过算法时间复杂度和空间复杂度分析判定算法的好坏。本章的学习要点和学习目标如下：

（1）掌握算法的概念和算法的特性。

（2）掌握算法的描述方法。

（3）掌握算法的设计过程。

（4）掌握算法时间复杂度和空间复杂度分析方法。

1.1 算法概述 

1.1.1 什么是算法

算法(algorithm)是求解问题的一系列计算步骤，是一个由若干运算或指令组成的有限序列。一个算法总是用于实现某个特定的功能，包括输入和输出，算法的功能就是将输入转换为输出结果，如图 1.1 所示。例如，Sum 问题是求 $s=1+2+\cdots+n$，那么输入就是整数 n，输出就是 s，对应的算法就是由 n 转换产生 s，因此算法也可以看作输入与输出的函数。

输入 ⇨ 算法 ⇨ 输出

图 1.1 算法的概念

算法具有以下 5 个重要特性。

① 有穷性：一个算法必须总是(对任何合法的输入值)在执行有限步之后结束，且每一步都可在有限时间内完成。

② 确定性：算法中每一条指令都必须有确切的含义，不会产生二义性。

③ 可行性：算法中每一条运算都可以通过已经实现的基本运算执行有限次来实现，也就是说它们在原则上都能精确地执行，甚至人们仅用笔和纸做有限次运算就能完成。

④ 输入：一个算法有零个或多个输入。大多数算法输入参数是必要的，但对于较简单的算法，例如计算 1+2 的值，不需要任何输入参数，因此算法的输入可以是零个。

⑤ 输出：一个算法有一个或多个输出。算法用于某种数据处理，如果没有输出，这样的算法是没有意义的，这些输出是和输入有着某些特定关系的量。

说明：算法和程序是有区别的，程序是指使用某种计算机语言对一个算法的具体实现，即具体要怎么做，而算法侧重于对解决问题的方法描述，即要做什么。算法必须满足有限性，而程序不一定满足有限性。算法可以直接用计算机程序来描述，本书就是采用这种方式。

【例 1-1】 有下列两段描述，这两段描述均不能满足算法的特性，试问它们违反了算法的哪些特性？

(1) 描述 1：　　　　(2) 描述 2：

```
def exam1():
    n=2
    while n%2==0:n=n+2
    print(n)
```

```
def exam2():
    y=0
    x=5/y
    print(x)
```

解 (1)描述 1 包含一个死循环，违反了算法的有穷性特性。(2)描述 2 出现除零错误，违反了算法的可行性特性。

算法设计就是针对一个具体问题构建出解决它的算法，有些问题很难，有些问题很容易，即使同样的问题，输入数据的规模不一样，其难易程度也是有区别的，所以算法设计应该满足以下要求。

① 正确性：如果一个算法对指定的每个输入实例都能输出正确的结果并停止，则称它是正确的，一个正确的算法才是解决了给定的求解问题，不正确的算法对于某些输入实例来说可能根本不会停止，或者停止时给出的不是预期的结果，保证算法正确是算法设计的最基

本要求。

② 可使用性：要求算法能够很方便地使用，也称为用户友好性。

③ 可读性：算法应该易于人的理解，也就是可读性好。为了达到这个要求，算法的逻辑必须是清晰的、简单的和结构化的。

④ 健壮性：要求算法具有很好的容错性，能够对不合理的数据进行检查，避免出现异常中断或死机现象。

⑤ 高效率与低存储量：算法应该具有好的时空性能。

扫一扫

视频讲解

1.1.2 算法的描述

描述算法的方式很多，有的采用类计算机语言，有的采用自然语言伪码，本书采用 Python 语言。通常使用 Python 方法描述算法，算法的输入和输出用方法的参数表示，方法的返回值表示输入参数是否正确，当返回值为假时说明输入错误，此时输出结果没有意义；当返回值为真时说明输入正确，此时输出才是算法的执行结果。下面以设计求 Sum 问题的算法为例说明 Python 语言描述算法的一般形式。

需要注意的是，Python 中方法的参数分为引用类型和基本数据类型（非引用类型）。在调用方法时基本数据类型参数只会执行实参到形参的单向值传递，在执行方法中这类参数的改变不会回传给对应的实参。例如设计 Sum 问题的算法 Sum1 如下：

```
def Sum1(n,s):
    if n<=0:return False                     #参数错误时返回假
    for i in range(1,n+1):s+=i
    return True                              #参数正确时计算出结果并返回真
```

设计如下代码调用上述 Sum1 方法：

```
n,b=10,0
ret=Sum1(n,b)
print("ret:%s,b:%d"%(ret,b))
```

执行上述代码得到输出结果“ret：True，b：0”，显然结果是错误的。这是因为实参 b 对应的形参 s 为基本数据类型，s 的改变不会回传给实参 b。在方法调用时引用类型参数可以实现双向传递，也就是执行方法中这类参数的改变会回传给对应的实参，或者说引用类型参数的形参和实参同步改变。例如，采用引用类型参数设计 Sum 问题的算法 Sum2 如下：

```
def Sum2(n,sl):
    if n<=0:return False                     #参数错误时返回假
    sl[0]=0
    for i in range(1,n+1):sl[0]+=i
    return True                              #参数正确时计算出结果并返回真
```

设计如下代码调用上述 Sum2 方法：

```
n,b=10,[0]                                   #实参b为列表，属于引用类型
ret=Sum2(n,b)
print("ret:%s,b:%d"%(ret,b[0]))
```

执行上述代码得到输出结果"ret: True,b: 55",这是正确的结果。因为形参 sl 改为列表,而列表属于引用类型,从而达到双向传递的目的,对应的实参 b 也是列表类型,$b[0]$表示求和结果。

归纳起来,在采用 Python 方法描述算法时,通常算法的输入采用基本数据类型或者引用类型,而算法的输出必须采用引用类型。对于一些简单的算法,假设只有一个输出并且通过约束输入总能够得到正确结果时,可以直接用方法返回值表示输出,这样会简化算法设计。例如对于前面的 Sum 问题,假设输入的 n 是一个正整数,可以用方法返回值表示累加的结果,对应的 Sum3 方法如下:

```
def Sum3(n):
    s=0
    for i in range(1,n+1):s+=i
    return s
```

设计如下代码调用上述 Sum3 方法:

```
n=10
print("b:%d"%(Sum3(n)))
```

执行上述代码得到正确的输出结果"b: 55"。

1.1.3 算法设计的基本步骤

算法是求解问题的解决方案,这个解决方案本身并不是问题的答案,而是能获得答案的指令序列,即算法,通过算法的执行获得求解问题的答案。算法设计是一个灵活的充满智慧的过程,其基本步骤如图 1.2 所示,各步骤之间存在循环反复的过程。

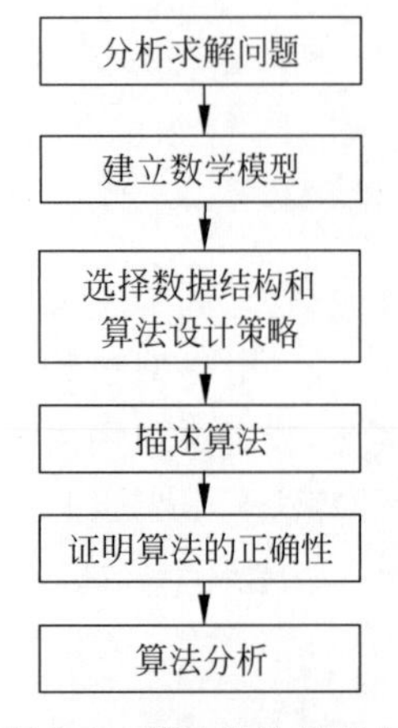

图 1.2 算法设计的基本步骤

① 分析求解问题:确定求解问题的目标(功能)、给定的条件(输入)和生成的结果(输出)。

② 建立数学模型:根据输入和输出之间的因果关系,利用求解问题的内在规律和适当的分析方法(例如归纳法)构造各个量之间的关系或其他数学结构。

③ 选择数据结构和算法设计策略:需要针对求解问题设计好的数据存储结构和合适的算法设计策略,以提高算法的性能。常用的算法设计策略有分治法、回溯法、分支限界法、动态规划和贪心法等。

④ 描述算法:在构思和设计好一个算法以后,必须清楚准确地将所设计的求解步骤记录下来,即描述算法。

⑤ 证明算法的正确性:算法的正确性证明和数学证明有类似之处,因此可以采用数学证明方法,但用纯数学方法证明算法的正确不仅耗时,而且对大型软件开发也不适用。一般而言,为所有算法都给出完全的数学证明并不现实,可以选择那些已经被人们证明正确的算法,自然能大大减少出错的机会。本书介绍的大多数算法都是经典算法,其正确性已被证明,它们是实用和可靠的,书中主要介绍这些算法的设计思想和设计过程。

⑥ 算法分析：同一问题的求解算法可能有多种，通过算法分析找到好的算法。一般来说，一个好的算法应该比同类算法的时间和空间效率高。

1.2 算法分析

计算机资源主要包括计算时间和内存空间，算法分析是分析算法占用计算机资源的情况，所以算法分析的两个主要方面是分析算法的时间复杂度和空间复杂度，其目的不是分析算法是否正确或是否容易阅读，主要是考察算法的时间和空间效率，以求改进算法或对不同的算法进行比较。

那么如何评价算法的效率呢？通常有两种衡量算法效率的方法，即事后统计法和事前分析估算法，前者存在两个缺点，一是必须执行程序，二是存在其他因素掩盖算法的本质，所以下面均采用事前分析估算法来分析算法的效率。

1.2.1 算法的时间复杂度分析

1. 什么是算法的时间复杂度分析

一个算法用计算机语言实现后，在计算机上运行时所消耗的时间与很多因素有关，例如计算机的运行速度、编写程序采用的计算机语言、编译产生的机器语言代码的质量和问题的规模等，在这些因素中前 3 个都与具体的机器有关。撇开这些与计算机硬件、软件有关的因素，仅考虑算法本身的性能的高低，可以认为一个特定算法的“运行工作量”的大小只依赖于问题规模（通常用整数 n 表示，例如数组的元素个数、矩阵的阶数等都可作为问题规模），或者说它是问题规模的函数，这便是事前分析估算法。

一个算法是由控制结构（顺序、分支和循环 3 种）和原操作（指固有数据类型的操作，其执行时间可以被认为是一个常量）构成的，算法的运行时间取决于两者的综合效果。例如，如图 1.3 所示为算法 Solve，其中形参 a 是一个 m 行 n 列的数组，当是一个方阵（$m=n$）时求主对角线所有元素之和并返回 True，否则返回 False，从中看到该算法由四部分组成，包含两个顺序结构、一个分支结构和一个循环结构。

算法的执行时间是算法中所有语句的执行时间之和，显然与算法中所有语句的执行次数成正比，可以简单地用算法中基本操作的执行次数来度量，算法中的基本操作是指最深层循环内的原操作，它对算法的执行时间的贡献最大，是算法中最重要的操作。例如图 1.3 的算法中 $s[0]+=a[i][i]$ 就是该算法的基本操作。

当算法的问题规模为 n 时，求出所有基本操作的执行次数 $f(n)$（理论上是一个正数），它是 n 的函数，对于如图 1.3 所示的算法，$s[0]+=a[i][i]$ 基本操作执行 n 次，所以有 $f(n)=n$。

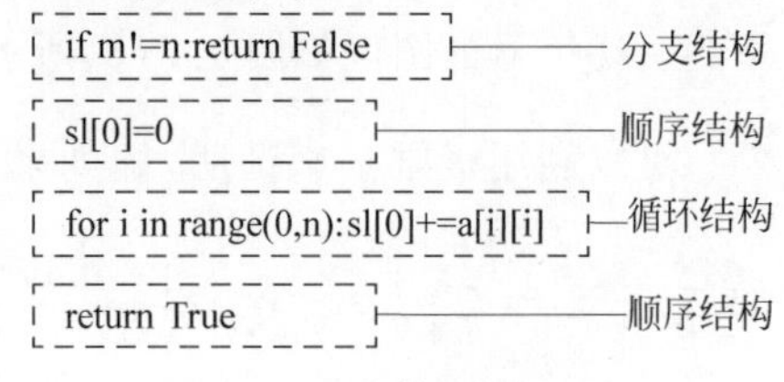

def Solve(a, m, n, sl):
if m!=n:return False
分支结构
sl[0]=0
顺序结构
for i in range(0,n):sl[0]+=a[i][i]
循环结构
return True
顺序结构

图 1.3 一个算法的组成

算法的时间复杂度分析通常是一种渐近分析，是指当问题规模 n 很大并趋于无穷大时对算法的时间性能的分析，可表示为 $\lim\limits_{n\to\infty} f(n)$，同时忽略低阶项和最高阶系数。这种方法得出的不是时间量,而是一种增长趋势的度量,换而言之,只考虑当问题规模 n 充分大时,算法中基本操作的执行次数在渐近意义下的阶,通常用大 O、大 Ω 和大 Θ 等 3 种渐近符号表示。算法的时间复杂度分析的一般步骤如图 1.4 所示。

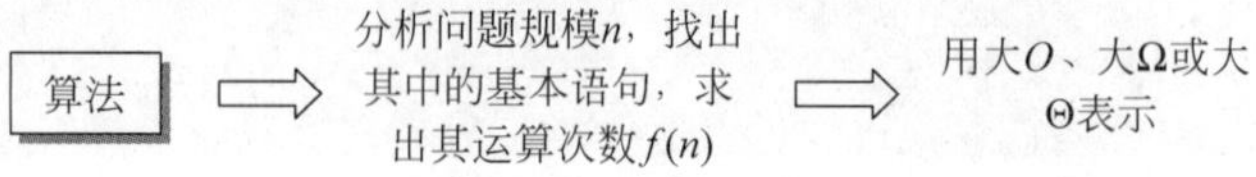

算法 ⇨ 分析问题规模n,找出其中的基本语句,求出其运算次数$f(n)$ ⇨ 用大O、大Ω或大Θ表示

图 1.4　算法的时间复杂度分析的一般步骤

如何理解算法的渐近时间复杂度反映的是一种增长趋势呢?假设机器的速度是每秒 10^8 次基本运算,有阶分别为 n^3、n^2、$n\log_2 n$、n、2^n 和 $n!$ 的算法,在一秒之内能够解决的最大问题规模 n 如表 1.1 所示。从中看出,阶为 $n!$ 和 2^n 的算法能解决的问题的规模非常小,而且 n 增长缓慢,或者说算法的执行时间随着 n 的增长以极快的速度增长;执行速度最快的是阶为 n 和 $n\log_2 n$ 的算法,不仅解决问题的规模大而且 n 增长快,或者说算法的执行时间随着 n 的增长以较慢的速度增长。一般地,把渐进时间复杂度为多项式的算法称为多项式级算法,而把 $n!$ 或 2^n 这样的低效算法称为指数级算法。

表 1.1　算法的阶及其一秒解决的最大问题规模

算法的阶	$n!$	2^n	n^3	n^2	$n\log_2 n$	n
一秒解决的最大问题规模 n	11	26	464	10000	4.5×10^6	100000000
机器速度提高两倍后一秒解决的最大问题规模 n	11	27	584	14142	8.6×10^6	200000000

2. 渐近符号(O、Ω 和 Θ)

扫一扫

视频讲解

定义 1　$f(n)=O(g(n))$(读作"$f(n)$是$g(n)$的大O"),其含义是存在正常量 c 和 n_0,使得当 $n\geqslant n_0$ 时有 $0\leqslant f(n)\leqslant cg(n)$,也就是说 $f(n)$的阶不高于 $g(n)$的阶,称 $g(n)$为 $f(n)$的上界。O 符号的图例如图 1.5(a)所示,可以利用极限法来证明,即如果 $\lim\limits_{n\to\infty}\dfrac{f(n)}{g(n)}=c$ 并且 $c\neq\infty$,则有 $f(n)=O(g(n))$。

例如,$3n+2=O(n)$,因为 $\lim\limits_{n\to\infty}\dfrac{3n+2}{n}=3\neq\infty$ 成立;$10n^2+4n+2=O(n^4)$,因为 $\lim\limits_{n\to\infty}\dfrac{10n^2+4n+2}{n^4}=0\neq\infty$ 成立。一般地,如果 $f(n)=a_m n^m+a_{m-1}n^{m-1}+\cdots+a_1 n+a_0(a_m>0)$,有 $f(n)=O(n^m)$。

扫一扫

视频讲解

定义 2　$f(n)=\Omega(g(n))$(读作"$f(n)$是$g(n)$的大Ω"),其含义是存在正常量 c 和 n_0,使得当 $n\geqslant n_0$ 时 $f(n)\geqslant cg(n)$,也就是说 $f(n)$的阶不低于 $g(n)$的阶,称 $g(n)$为 $f(n)$的下界。Ω 符号的图例如图 1.5(b)所示。

可以利用极限法来证明,即如果 $\lim\limits_{n\to\infty}\dfrac{f(n)}{g(n)}=c$ 并且 $c\neq0$,则有 $f(n)=\Omega(g(n))$。例如,$3n+2=\Omega(n)$,因为 $\lim\limits_{n\to\infty}\dfrac{3n+2}{n}=3\neq0$ 成立;$10n^2+4n+2=\Omega(n)$,因为 $\lim\limits_{n\to\infty}\dfrac{10n^2+4n+2}{n}=\infty\neq0$ 成立。一般地,如果 $f(n)=a_m n^m+a_{m-1}n^{m-1}+\cdots+a_1 n+$

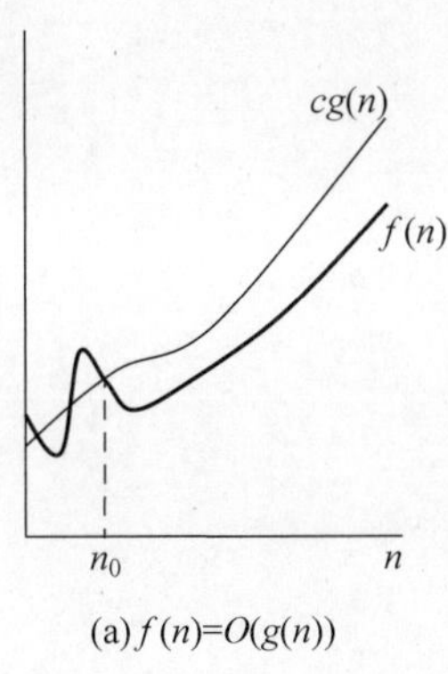

(a) $f(n)=O(g(n))$

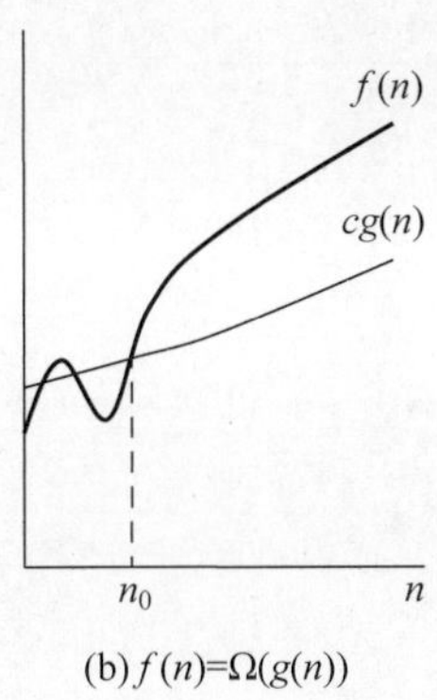

(b) $f(n)=\Omega(g(n))$

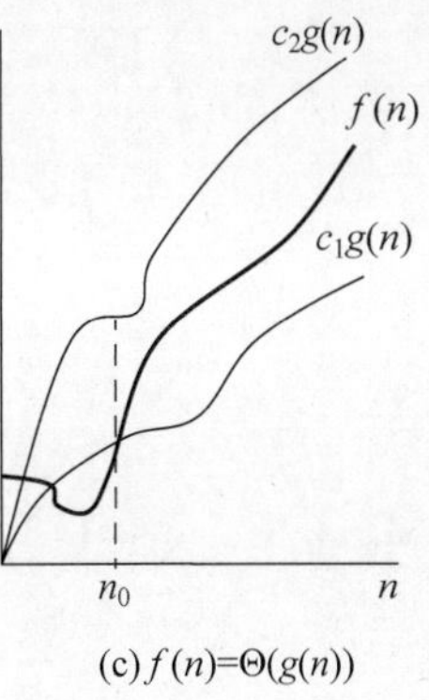

(c) $f(n)=\Theta(g(n))$

图 1.5　3 种渐近符号的图例

$a_0(a_m>0)$，有 $f(n)=\Omega(n^m)$。

定义 3　$f(n)=\Theta(g(n))$（读作"$f(n)$是 $g(n)$的大 Θ"），其含义是存在正常量 c_1、c_2 和 n_0，使得当 $n\geqslant n_0$ 时有 $c_1g(n)\leqslant f(n)\leqslant c_2g(n)$，也就是说 $g(n)$与 $f(n)$同阶，也称 $g(n)$为 $f(n)$的确界。Θ 符号的图例如图 1.5(c)所示。

扫一扫

视频讲解

可以利用极限法来证明，即如果 $\lim\limits_{n\to\infty}\dfrac{f(n)}{g(n)}=c$ 并且 $0<c<\infty$，则有 $f(n)=\Theta(g(n))$。例如，$3n+2=\Theta(n)$，$10n^2+4n+2=\Theta(n^2)$。一般地，如果 $f(n)=a_mn^m+a_{m-1}n^{m-1}+\cdots+a_1n+a_0(a_m>0)$，有 $f(n)=\Theta(n^m)$。

说明：大 Θ 符号比大 O 符号和大 Ω 符号都要精确，$f(n)=\Theta(g(n))$隐含着 $f(n)=O(g(n))$和 $f(n)=\Omega(g(n))$。目前国内大部分教科书中习惯使用大 O 符号（实际上指最接近的那个上界），本书也主要采用这种表示形式。

在算法分析中常用的一些公式如下：

$$x^{a+b}=x^a\times x^b$$

$$x^{a-b}=\frac{x^a}{x^b}$$

$$\log_c(ab)=\log_c a+\log_c b$$

$$b^{\log_b a}=a$$

$$\log_b a^n=n\log_b a$$

$$\log_b a=\frac{\log_c a}{\log_c b}$$

$$\log_b\left(\frac{1}{a}\right)=-\log_b a$$

$$\sum_{i=1}^{n}aq^{i-1}=\frac{a(q^n-1)}{q-1}$$

$$\sum_{i=1}^{n}a^i=\frac{a(a^n-1)}{a-1}$$

$$\sum_{i=1}^{n}i=\frac{n(n+1)}{2}=\Theta(n^2)$$

$$\sum_{i=1}^{n} i^2 = \frac{n(n+1)(2n+1)}{6} = \Theta(n^3)$$

$$\sum_{i=1}^{n} 2^{i-1} = 2^n - 1 = \Theta(2^n)$$

$$\sum_{i=1}^{n} i^k = \frac{n^{k+1}}{k+1} + \frac{n^k}{2} + \text{低次项} = \Theta(n^{k+1})$$

$$\sum_{i=1}^{n} \frac{1}{2^i} = 1 - \frac{1}{2^n}$$

$$\sum_{i=1}^{n} \log_2 i \approx n\log_2 n$$

$$n! \approx \sqrt{2\pi n}\left(\frac{n}{\mathrm{e}}\right)^n, \mathrm{e}=2.718\cdots \text{是自然对数的底}$$

【例 1-2】 分析以下算法的时间复杂度。

```
def fun(n):
    s=0
    for i in range(0,n):
        for j in range(0,i):
            for k in range(0,j):
                s+=1
```

解 该算法的基本操作是 s+=1,所以有以下结果。

$$f(n) = \sum_{i=0}^{n-1}\sum_{j=0}^{i-1}\sum_{k=0}^{j-1} 1 = \sum_{i=0}^{n-1}\sum_{j=0}^{i-1} j = \sum_{i=0}^{n-1} \frac{i(i-1)}{2}$$

$$= \frac{1}{2}\sum_{i=0}^{n-1} i^2 - \frac{1}{2}\sum_{i=0}^{n-1} i = O(n^3)$$

该算法的时间复杂度为 $O(n^3)$。

【例 1-3】 分析以下算法的时间复杂度。

```
def fun(n):
    i,k=1,100
    while i<=n:
        k,i=k+1,i+2
```

解 在该算法中基本操作是 while 循环内的语句。设 while 循环语句执行的次数为 m,i 从 1 开始递增,最后取值为 $1+2m$,所以 $i=1+2m \leqslant n$,即 $f(n)=m \leqslant (n-1)/2=O(n)$。该算法的时间复杂度为 $O(n)$。

3. 渐近符号的特性

1) 传递性

$$f(n)=O(g(n)), g(n)=O(h(n)) \Rightarrow f(n)=O(h(n))$$

$$f(n)=\Omega(g(n)), g(n)=\Omega(h(n)) \Rightarrow f(n)=\Omega(h(n))$$

$$f(n)=\Theta(g(n)), g(n)=\Theta(h(n)) \Rightarrow f(n)=\Theta(h(n))$$

2）自反性

$$f(n)=O(f(n))$$
$$f(n)=\Omega(f(n))$$
$$f(n)=\Theta(f(n))$$

3）对称性

$$f(n)=\Theta(g(n))\Leftrightarrow g(n)=\Theta(f(n))$$

4）算术运算

$$O(f(n))+O(g(n))=O(\max\{f(n),g(n)\})$$
$$O(f(n))\times O(g(n))=O(f(n)\times g(n))$$
$$\Omega(f(n))+\Omega(g(n))=\Omega(\min\{f(n),g(n)\})$$
$$\Omega(f(n))\times\Omega(g(n))=\Omega(f(n)\times g(n))$$
$$\Theta(f(n))+\Theta(g(n))=\Theta(\max\{f(n),g(n)\})$$
$$\Theta(f(n))\times\Theta(g(n))=\Theta(f(n)\times g(n))$$

4. 算法的最好、最坏和平均情况分析

定义 4 设一个算法的输入规模为 n，D_n 是所有输入的集合，任一输入 $I\in D_n$，$P(I)$ 是 I 出现的概率，有 $\sum P(I)=1$，$T(I)$ 是算法在输入 I 下所执行的基本操作次数，则该算法的平均执行时间为 $A(n)=\sum\limits_{I\in D_n}P(I)\times T(I)$，也就是说算法的平均情况是指用各种特定输入下的基本操作执行次数的带权平均值。对应的时间复杂度称为平均时间复杂度，平均时间复杂度反映算法的总体时间性能。

一般地，两个算法的比较通常是平均时间复杂度的比较。例如，前面的 Sum 问题也可以采用如下 Sum4 算法求解：

```
def Sum4(n):
    return n(n+1)//2
```

显然 Sum4 算法好于 Sum3 算法，因为它们的平均时间复杂度分别是 $O(1)$ 和 $O(n)$。

算法的最好情况为 $G(n)=\min\limits_{I\in D_n}T(I)$，是指算法在所有输入 I 下所执行基本操作的最少次数。对应的时间复杂度称为最好时间复杂度，最好时间复杂度反映算法的最佳性能，即为算法的时间下界。

算法的最坏情况为 $W(n)=\max\limits_{I\in D_n}T(I)$，是指算法在所有输入 I 下所执行基本操作的最多次数。对应的时间复杂度称为最坏时间复杂度，最坏时间复杂度为算法的时间上界。

【例 1-4】 设计一个尽可能高效的算法，在长度为 n 的一维整型数组 $a[0..n-1]$ 中查找最大元素 maxe 和最小元素 mine，并分析算法的最好、最坏和平均时间复杂度。

扫一扫

视频讲解

解 设计的高效算法如下。

```
def MaxMin(a,n):
    maxe,mine=a[0],a[0]
    for i in range(1,n):
        if a[i]>maxe:maxe=a[i]
```

```
        elif a[i]< mine:mine=a[i]
    print("maxe=%d, mine=%d"%(maxe, mine))
```

该算法的基本操作是元素的比较。最好的情况是 a 中元素递增排列，元素的比较次数为 $n-1$，即 $G(n)=n-1=O(n)$。

最坏的情况是 a 中元素递减排列，元素的比较次数为 $2(n-1)$，即 $W(n)=2(n-1)=O(n)$。

在平均情况下，a 中有一半的元素比 maxe 大，$a[i]>$maxe 比较执行 $n-1$ 次，$a[i]<$mine 比较执行 $(n-1)/2$ 次，因此平均元素比较次数为 $3(n-1)/2$，即 $A(n)=3(n-1)/2=O(n)$。

扫一扫

视频讲解

【例 1-5】 采用顺序查找方法，在长度为 n 的一维整数数组 $a[0..n-1]$ 中查找值为 x 的元素，即从数组的第一个元素开始，逐个与被查值 x 进行比较，找到后返回 True，否则返回 False。对应的算法如下：

```
def Find(a,n,x):
    i=0
    while i<n:
        if a[i]==x:break
        i+=1
    if i<n:return True
    else:return False
```

回答以下问题：

(1) 分析该算法在等概率情况下成功查找到值为 x 的元素的最好、最坏和平均时间复杂度。

(2) 假设被查值 x 在数组 a 中的概率是 p，不在数组 a 中的概率是 $1-p$，求算法的平均时间复杂度。

解 (1) 算法的 while 循环中的 if 语句是基本操作(用于元素的比较)。在 a 数组中有 n 个元素，当第一个元素 $a[0]$ 等于 x 时基本操作仅执行一次，此时呈现最好的情况，即 $G(n)=1=O(1)$。

当 a 中最后一个元素 $a[n-1]$ 等于 x 时基本操作执行 n 次，此时呈现最坏的情况，即 $W(n)=n=O(n)$。

对于成功查找的平均情况，假设查找到每个元素的概率相同，则 $P(a[i])=1/n(0\leqslant i\leqslant n-1)$，而成功找到 $a[i]$ 元素时基本操作正好执行 $i+1$ 次，所以：

$$A(n)=\sum_{i=0}^{n-1}\frac{1}{n}(i+1)=\frac{1}{n}\sum_{i=0}^{n-1}(i+1)=\frac{n+1}{2}=O(n)$$

(2) 这里是既考虑成功查找又考虑不成功查找的情况。

对于成功查找，当被查值 x 在数组 a 中的概率为 p 时，算法的执行有 n 种成功情况，在等概率情况下元素 $a[i]$ 被查找到的概率 $P(a[i])=p/n$，成功找到 $a[i]$ 元素时基本操作执行 $i+1$ 次。

对于不成功查找，其概率为 $1-p$，所有不成功查找的基本操作都只执行 n 次，不妨看成一种情况。

所以：

$$A(n)=\sum_{I\in D_n}P(I)\times T(I)=\sum_{i=0}^{n}P(I_i)\times T(I_i)$$

$$=\sum_{i=0}^{n-1}\frac{p}{n}(i+1)+(1-p)n=\frac{(n+1)p}{2}+(1-p)n$$

如果已知查找的 x 有一半的机会在数组中，此时 $p=1/2$，则 $A(n)=[(n+1)/4]+n/2\approx 3n/4$。

5. 平摊分析

有些算法可能无法用 Θ 符号表达时间复杂度以得到一个执行时间的确界，此时可以采用上界 O 符号，但有时候上界过高，即使在最坏情况下算法也可能比这样的估计快得多。

考虑这样一种算法，在算法中有一种操作反复执行时有这样的特性，其运行时间始终变动，如果这一操作在大多数时候运行很快，只是偶尔要花费大量时间，对这样的算法可以采用平摊分析。平摊分析是一种算法分析方法，其主要思路是对算法中的若干条指令（通常 $O(n)$ 条）整体考虑时间复杂度（以获得更接近实际情况的时间复杂度），而不是逐一考虑执行每条指令所需的时间复杂度后再进行累加。

在平摊分析中，执行一系列数据结构操作所需要的时间是通过对执行的所有操作求平均得出的。平摊分析可用来证明在一系列操作中，即使单一的操作具有较大的代价，通过对所有操作求平均后，平均代价还是很小的。平摊分析与平均情况分析的不同之处在于它不涉及概率。这种分析保证了在最坏情况下每个操作具有平均性能。

【例 1-6】 假设有一个可以存放若干整数的整数表，其类为 IntList，data 属性是存放整数元素的动态列表，capacity 属性表示 data 的容量（data 列表中能够存放的最多元素个数，初始容量为常数 m），length 属性表示长度（data 列表中存放的实际元素个数）。

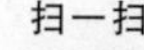

视频讲解

整数表提供了一些运算，构造方法用于初始化，即设置初始容量、分配初始空间和将长度置为 0；Expand()用于扩大容量，当长度达到容量时置新容量为两倍长度；Add(e)用于在表尾插入元素 e。各算法如下：

```
class IntList:                                    #整数表类
    m=2                                           #初始容量
    def __init__(self):                           #构造方法
        self.capacity=self.m                      #容量
        self.data=[0] * self.m
        self.length=0                             #长度
    def Expand(self):                             #按长度的两倍扩大容量
        self.capacity=2 * self.length             #设置新容量
        newdata=[0] * self.capacity
        for i in range(0,self.length):            #复制全部元素
            newdata[i]=self.data[i]
        self.data=newdata
    def Add(self,e):                              #添加 e
        if self.length==self.capacity:
            self.Expand()
        self.data[self.length]=e
        self.length+=1
    def DispList(self):                           #输出全部元素
        for i in range(0,self.length):
            print(self.data[i],end=' ')
```

要求分析调用 Add(e)算法的时间复杂度。

解 在 Expand()算法中 for 循环执行 n 次(n 为复制的元素个数),所以其时间复杂度为 $O(n)$。在 Add(e)算法中可能会调用 Expand()(调用一次称为一次扩容),那么其时间复杂度是否也为 $O(n)$呢?

实际上并不是每次调用 Add(e)都会扩容。假设初始容量为 m,在插入前 m 个元素不会扩容,k 次扩容操作如表 1.2 所示,k 次扩容后表容量为 $2^k m$(或者说插入 $2^k m$ 个元素需要进行 k 次扩容),k 次扩容需要复制的元素个数为 $m+2m+\cdots+2^{k-1}m=2^k m-m\approx 2^k m$,也就是说插入 $2^k m$ 个元素大约需要复制 $2^k m$ 个元素,或者说插入 n 个元素的时间复杂度为 $O(n)$,平摊下来,Add(e)算法的时间复杂度为 $O(1)$。

更简单地,假设插入 n 个元素调用一次 Expand(),调用 Expand()的时间为 $O(n)$,其他 $n-1$ 次插入的时间为 $O(1)$,平摊结果是 $\dfrac{(n-1)O(1)+O(n)}{n}=O(1)$。

表 1.2　k 次扩容操作表

扩容次序	扩容后的容量	扩容中复制的元素个数
1	$2m$	m
2	$2^2 m$	$2m$
3	$2^3 m$	$2^2 m$
4	$2^4 m$	$2^3 m$
⋮	⋮	⋮
k	$2^k m$	$2^{k-1} m$

1.2.2 算法的空间复杂度分析

一个算法的存储量包括形参所占空间和临时变量所占空间。在对算法进行存储空间分析时只考察临时变量所占空间,如图 1.6 所示,其中临时空间为变量 i、maxi 占用的空间。所以空间复杂度是对一个算法在运行过程中临时占用的存储空间大小的量度,一般也作为问题规模 n 的函数,以数量级形式给出,记作 $S(n)=O(g(n))$、$\Omega(g(n))$或 $\Theta(g(n))$,其中渐近符号的含义与时间复杂度中的含义相同。

若所需临时空间相对于输入数据量来说是常数,则称此算法为原地工作或就地工作算法。若所需临时空间依赖于特定的输入,则通常按最坏情况来考虑。

```
def maxe(a, n):
    maxi=0
    for i in range(1,n):
        if a[i]>a[maxi]: maxi=i
    return a[maxi]
```

方法体内分配的变量空间为临时空间,不计形参占用的空间,这里仅计 i、maxi变量的空间,其空间复杂度为 $O(1)$

图 1.6　一个算法的临时空间

为什么算法占用的空间只考虑临时空间,而不必考虑形参的空间呢?这是因为形参的空间会在调用该算法的算法中考虑。例如,以下 maxfun()算法调用图 1.6 中的 maxe()算法:

```
def maxfun():
    b=[1,2,3,4,5]
```

```
n=len(b)
print("Max=",maxe(b,n))
```

在 maxfun()算法中为 b 数组分配了相应的内存空间,其空间复杂度为 $O(n)$,如果在 maxe()算法中再考虑形参 a 的空间,这样就重复计算了占用的空间。实际上在 Python 语言中 maxfun()调用 maxe()时,maxe()的形参 a 和实参 b 指向相同的实例,并没有为形参 a 分配另外的 5 个整型单元的空间。

算法空间复杂度的分析方法与前面介绍的算法时间复杂度的分析方法相似。

习题 1

扫一扫

练习题

扫一扫

自测题

第2章 工之利器——常用数据结构及其应用

算法是程序的灵魂，程序通常包含数据的表示（数据结构）和操作的描述（算法）两方面，所以著名计算机科学家沃思提出了“数据结构+算法=程序”的概念，从中可以看出数据结构在编程中的重要性。本章讨论一些常用数据结构和 Python 中对应数据类型的使用方法。本章的学习要点和学习目标如下：

（1）掌握各种数据结构的逻辑特性。

（2）掌握各种数据结构的存储结构及其特性。

（3）掌握 Python 中各种数据类型的应用。

（4）综合运用各种数据结构解决一些复杂的实际问题。

2.1 线性表——数组

2.1.1 线性表的定义

线性表是性质相同的 $n(n\geqslant 0)$个元素的有限序列(简称序列),每个元素有唯一的序号或者位置,也称为下标或者索引,通常下标介于 0 到 $n-1$ 之间。线性表中的 n 个元素从头到尾分别称为第 0 个元素、第 1 个元素,以此类推。线性表可以采用数组和链表存储。

2.1.2 Python 列表

在 Python 中数组对应列表类型,Python 列表的基本形式是一个方括号内以逗号分隔的若干值,列表的值不需要具有相同的类型,可以用列表存储线性表。例如,列表 $a=[2,5,3,1,4]$可以看成一维数组,列表 $b=[[2,3,8],[5,3,4]]$可以看成二维数组。

1. 访问列表中的值

用户可以使用索引访问列表中的值,也可以使用方括号的形式截取元素。注意,列表的索引是从 0 开始计算的(0 相当于第一个元素),−1 表示倒数第一个元素,−2 表示倒数第二个元素,以此类推。例如:

```
print("a[0]: ",a[0])                    #输出:a[0]: 2
print("a[-1]: ",a[-1])                  #输出:a[-1]: 4
```

2. 列表脚本操作符

在列表脚本操作符+和 * 中,+用于连接列表,* 用于重复列表。例如:

```
list1=[1,2,3]
list2=[4,5,6]
list=list1+list2                        #连接操作
int(list)                               #输出:[1, 2, 3, 4, 5, 6]
list=list1 * 3                          #重复操作
print(list)                             #输出:[1, 2, 3, 1, 2, 3, 1, 2, 3]
for x in [1, 2, 3]: print(x, end=" ")   #迭代操作,输出:1 2 3
```

3. 列表的函数

列表的函数及其功能如下。

① len(list):返回列表 list 中元素的个数。

② max(list):返回列表 list 中元素的最大值。

③ min(list):返回列表 list 中元素的最小值。

④ list(seq):将可迭代对象 seq 转换为列表。

4. 列表的方法

列表的主要方法及其功能如下。

① list.clear()：清空列表。

② list.append(e)：在列表的末尾添加 e。

③ list.count(e)：统计某个值 e 在列表中出现的次数。

④ list.index(e)：从列表中找出与值 e 第一个匹配的项的索引位置。

⑤ list.insert(i,e)：将 e 插入列表中 i 的位置。

⑥ list.pop([i=−1])：移除列表中 i 位置的元素(默认为尾元素)，并且返回该元素的值。

⑦ list.remove(e)：移除列表中某个值 e 的第一个匹配项。

⑧ list.reverse()：反向列表中的元素。

⑨ list.sort()：对列表进行排序。

⑩ list.copy()：复制列表。

2.1.3 列表元素的排序

Python 提供了两个排序方法，即用列表的方法 list.sort()进行排序和用序列类型函数 sorted(list)进行排序。两者的区别是 sorted(list)返回一个新的排好序的列表，原列表 list 不变；而 list.sort()不会返回对象，直接将 list 变为有序列表。list.sort()的使用格式如下：

```
list.sort(func=None, key=None, reverse=False)
```

其中，key 指出用来进行比较的元素，只有一个参数，具体的函数的参数取自于可迭代对象，指定可迭代对象中的一个元素来进行排序；reverse 指出排序规则，reverse=True 为降序，reverse=False 为升序(默认)。例如：

```
list=[2,5,8,9,3]
list.sort()                                  #升序排序
print(list)                                  #输出:[2, 3, 5, 8, 9]
list.sort(reverse=True)                      #降序排序
print(list)                                  #输出:[9, 8, 5, 3, 2]
```

对于多关键字排序，key 可以使用 operator 模块提供的 itemgetter 函数获取对象的一些维的数据实现排序，参数为一些序号，这里的 operator.itemgetter 函数获取的不是值，而是定义了一个函数，通过该函数作用到对象上才能获取值。另外也可以使用 lambda 函数，在需要反序排列的数值关键字前加“−”号。例如：

```
from operator import itemgetter,attrgetter   #导入 operator 模块
list=[('b',3),('a',1),('c',3),('a',4)]
list.sort(key=itemgetter(1),reverse=True)    #按第二个关键字降序排序
print(list)                                  #输出:[('a', 4), ('b', 3), ('c', 3), ('a', 1)]
list.sort(key=itemgetter(0,1),reverse=True)  #按第一个和第二个关键字降序排序
print(list)                                  #输出:[('c', 3), ('b', 3), ('a', 4), ('a', 1)]
list.sort(key=lambda x:x[0])                 #按第一个关键字升序排序
print(list)                                  #输出:[('a', 4), ('a', 1), ('b', 3), ('c', 3)]
list.sort(key=lambda x:(x[0],-x[1]))         #按第一个关键字升序、第二个关键字降序排序
print(list)                                  #输出:[('a', 4), ('a', 1), ('b', 3), ('c', 3)]
```

用户还可以制定自定义的比较规则，在 Python3 中通过 key 参数指定由 functools.cmp_

to_key 函数转换的比较函数，在自定义比较函数中接收两个参数作为进行比较的对象，当结果为小于时返回一个负数，当结果为相等时返回零，当结果为大于时返回一个正数。例如：

```
import functools
stud=[[3,"Mary"],[1,"Smith"],[2,"John"]]  #学生列表
def cmp1(a,b):                             #自定义比较函数 1
    return a[0]-b[0]                       #按学号递增排序
print(stud)                                #输出:[[3,'Mary'],[1,'Smith'],[2,'John']]
stud.sort(key=functools.cmp_to_key(cmp1))
print(stud)                                #输出:[[1,'Smith'],[2,'John'],[3,'Mary']]
def cmp2(a,b):                             #自定义比较函数 2
    if a[1]<b[1]:return 1                  #按姓名递减排序
    elif a[1]==b[1]:return 0
    else:return -1
stud.sort(key=functools.cmp_to_key(cmp2))
print(stud)                                #输出:[[1,'Smith'],[3,'Mary'],[2,'John']]
```

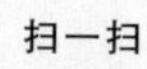

视频讲解

【例 2-1】 (LeetCode215——数组中第 k 大的元素★★)给定一个含 n 个整数的数组 nums 和整数 $k(1\leqslant k\leqslant n)$，请返回数组中第 k 大的元素。注意需要找的是数组排序后第 k 大的元素，而不是第 k 个不同的元素。例如，nums=[3,2,3,1,2,4,5,5,6]，$k=4$，答案为 4。

解法 1：将 nums 中的整数元素递增排序，那么排序后的 nums[$n-k$]就是原 nums 中第 k 大的整数。对应的算法如下：

```
class Solution:
    def findKthLargest(self, nums: List[int], k: int) -> int:
        n=len(nums)
        nums.sort()
        return nums[n-k]
```

解法 2：将 nums 中的整数元素递减排序，那么排序后的 nums[$k-1$]就是原 nums 中第 k 大的整数。对应的算法如下：

```
class Solution:
    def findKthLargest(self, nums: List[int], k: int) -> int:
        nums.sort(reverse=True)
        return nums[k-1]
```

2.1.4 列表的复制

1. 非复制方法——直接赋值

如果用赋值运算符“=”直接赋值，例如 $b=a$，则是一种非复制方法，这样 a 和 b 两个列表是同一个列表，修改其中任何一个列表都会影响到另一个列表。例如：

```
a=[1,2,3]
b=a
print(a)            #输出:[1, 2, 3]
a[0]=4
```

```
print(a)                    #输出:[4, 2, 3]
print(b)                    #输出:[4, 2, 3]
b[1]=5
print(a)                    #输出:[4, 5, 3]
print(b)                    #输出:[4, 5, 3]
```

从中看出,在执行 $b=a$ 以后,a 和 b 相当于 C/C++中的指针,它们指向相同的空间,此后同步改变。这种方法并没有实现列表的真复制。

2. 列表的深复制

列表之间的深复制是通过调用 copy 模块的 deepcopy()实现的,例如 b = copy.deepcopy(a),则无论 a 有多少层,得到的新列表 b 都和原来的 a 无关,这是最安全、有效的复制方法。例如:

```
import copy                 #导入 copy 模块
a=[1,[1,2,3],4]
b=copy.deepcopy(a)
print(a)                    #输出:[1, [1, 2, 3], 4]
print(b)                    #输出:[1, [1, 2, 3], 4]
b[0]=3
b[1][0]=3
print(a)                    #输出:[1, [1, 2, 3], 4]
print(b)                    #输出:[3, [3, 2, 3], 4]
```

3. 列表的浅复制

用户可以使用列表的 copy()方法实现列表的浅复制。例如:

```
a=[1,[1,2,3],4]
b=a.copy()
print(a)                    #输出:[1, [1, 2, 3], 4]
print(b)                    #输出:[1, [1, 2, 3], 4]
b[0]=3
b[1][0]=3
print(a)                    #输出:[1, [3, 2, 3], 4]
print(b)                    #输出:[3, [3, 2, 3], 4]
```

从中看出,对于列表 a 的第一层实现了深复制,但对于嵌套的列表仍然是浅复制。

扫一扫

视频讲解

2.1.5 实战——移除元素(LeetCode27★)

1. 问题描述

给定一个数组 nums 和一个值 val,需要原地移除所有等于 val 的元素,并返回移除后数组的新长度。注意不要使用额外的数组空间(即算法的空间复杂度为 $O(1)$),只能原地修改输入数组,元素的顺序可以改变,不需要考虑数组中超出新长度的后面的元素。例如,nums=[3,2,2,3],val=3,返回值为 2,nums 中的前面两个元素为[2,2]。

2. 问题求解 1

采用整体建表法。用 nums 存放删除所有 val 元素的结果,先将结果数组 nums 看成一个空表，用 k 表示结果数组元素的个数（初始为 0），用 i 遍历 nums，当遇到保留元素（不等于 val）时重新插入结果数组 nums 中，当遇到 val 元素时跳过，最后返回 k。对应的算法如下：

```
class Solution:
    def removeElement(self, nums: List[int], val: int) -> int:
        n=len(nums)
        k,i=0,0                          #用 k 记录结果数组中元素的个数
        while i<n:
            if nums[i]!=val:             #nums[i]是保留的元素
                nums[k]=nums[i]          #将 nums[i]重新插入结果数组中
                k+=1                     #结果数组的长度增 1
            i+=1
        return k                         #返回保留元素的个数
```

3. 问题求解 2

采用移动法。同样用 nums 存放删除所有 val 元素的结果，先将结果数组看成整个表，用 k 表示要删除元素的个数（初始为 0），用 i 遍历 nums，当遇到保留元素（不等于 val）时将 nums[i]前移 k 个位置，当遇到 val 元素时将 k 增 1，最后返回结果数组的长度 $n-k$。对应的算法如下：

```
class Solution:
    def removeElement(self, nums: List[int], val: int) -> int:
        n=len(nums)
        k,i=0,0                          #用 k 记录结果数组中元素的个数
        while i<n:
            if nums[i]!=val:             #nums[i]是保留的元素
                nums[i-k]=nums[i]        #将 nums[i]前移 k 个位置
            else:                        #nums[i]是要删除的元素
                k+=1                     #k 增 1
            i+=1
        return n-k                       #返回结果数组的长度 n-k
```

4. 问题求解 3

采用区间划分法。假设 nums$=(v_0, v_1, \cdots, v_{n-1})$，用 nums[0..$k$]（共 $k+1$ 个元素）表示保留元素区间，初始时该区间为空，所以置 $k=-1$；用 nums[$k+1$..$i-1$]（共 $i-k-1$ 个元素）表示删除元素区间，i 从 0 开始遍历 nums，初始时删除元素区间也为空，如图 2.1 所示。

① 若 nums[i]不等于 val，将其添加到保留元素区间的末尾，对应的操作是将 k 增 1，接着将 nums[k]与 nums[i]交换，扩大了保留元素区间，同时交换到后面 nums[i]位置的元素一定是 val 元素，再执行 i++继续遍历。

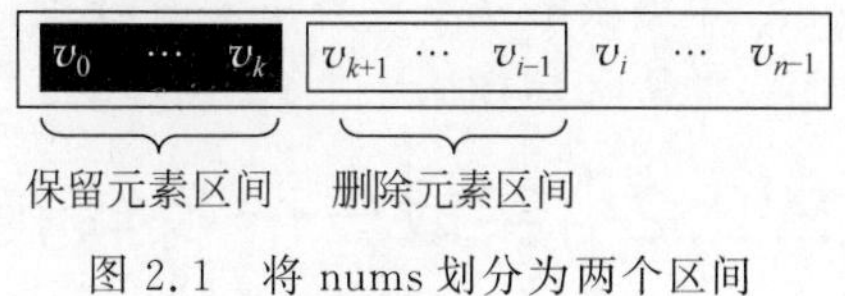

图 2.1　将 nums 划分为两个区间

② 若 nums[i]等于 val，只需要执行 i++扩大删除元素区间，再继续遍历即可。

最后结果数组 nums 中的有效元素仅是保留元素区间的 $k+1$ 个元素，返回 $k+1$ 即可。

对应的算法如下：

```
class Solution:
    def removeElement(self, nums: List[int], val: int) -> int:
        n=len(nums)
        k,i=-1,0                                        #用 k 记录结果数组中元素的个数
        while i<n:
            if nums[i]!=val:                            #nums[i]是保留的元素
                k+=1                                    #扩大保留元素区间
                nums[k],nums[i]=nums[i],nums[k]         #nums[k]和 nums[i]交换
            i+=1
        return k+1                                      #返回结果数组的长度 k+1
```

上述 3 个算法的时间复杂度均为 $O(n)$，空间复杂度均为 $O(1)$，都属于高效的算法，提交时运行时间均为 4ms 左右。

2.2 线性表——链表

2.2.1 单链表

链表是指线性表的链式存储结构，链表的特点是每个结点单独分配存储空间，通过指针表示逻辑关系。链表又分为单链表、双链表和循环链表等。例如，定义一个整数单链表的结点类如下：

```
class ListNode:                     #单链表结点类
    def __init__(self, x):
        self.val=x                  #数据域
        self.next=None              #指针域
```

为了方便进行算法设计，单链表通常带有头结点，如图 2.2 所示为一个带头结点的单链表 head。如果单链表不带头结点，则通常使用首结点 head 来标识。

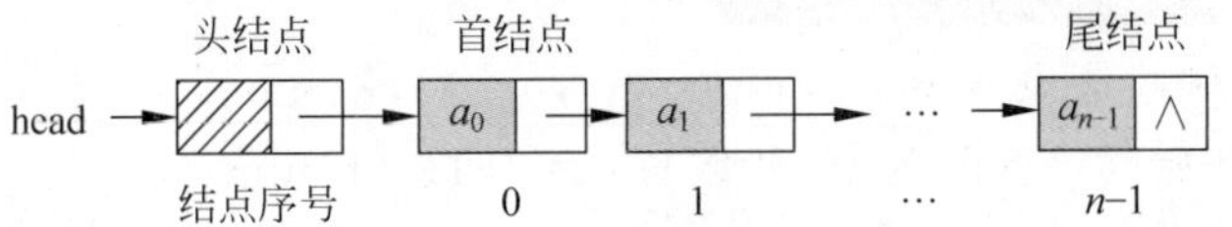

图 2.2　带头结点的单链表 head

单链表的基本运算主要有查找、插入和删除等。当用一个数组整体创建单链表时，可以用头插法和尾插法。

扫一扫

视频讲解

2.2.2 实战——反转链表(LeetCode206★)

1. 问题描述

给定一个不带头结点的单链表 head，将其反转并返回反转后的链表。例如，head=(1,2,3,4)，返回结果为(4,3,2,1)。

2. 问题求解

先创建一个带头结点的空单链表 h，用 p 遍历 head，采用头插法将结点 p 插入表头，最后返回 h. next 即可。对应的算法如下：

```
class Solution:
    def reverseList(self, head: Optional[ListNode]) -> Optional[ListNode]:
        h=ListNode()                    #建立一个头结点 h
        p=head
        while p!=None:
            q=p.next
            p.next=h.next               #将结点 p 插入表头
            h.next=p
            p=q
        return h.next
```

上述程序的提交结果为通过，运行时间为 36ms，消耗的空间为 16MB。

2.3 字符串 

2.3.1 字符串的定义

字符串简称为串，是字符的有限序列，可以看成元素类型是字符的线性表。一个串 s 中若干连续的字符构成的串 t 称为 s 的子串，空串是任何串的子串。两个串相等，当且仅当它们的长度相同并且对应位置的字符均相同。字符串主要有数组和链串两种存储结构。

2.3.2 Python 中的字符串

在 Python 中使用单引号或者双引号来创建字符串，Python 不支持单字符类型，单字符在 Python 中也是作为一个字符串使用。在 Python 字符串中可以包含转义字符，用反斜线(\)表示，例如\'表示单引号，\n 表示换行，\t 表示横向制表符，\r 表示回车等。

1. 字符串运算符

Python 提供了一些常用的字符串运算符，例如 a = "Hello"，b = "Python"，一些常用的字符串运算符如下。

① +：字符串连接，$a+b$ 的输出结果是"HelloPython"。

② *：重复输出字符串，$a*2$ 的输出结果是"HelloHello"。

③ []：通过索引获取字符串中的字符，a[1]的输出结果是 e。

④ [:]：截取字符串中的一部分，遵循左闭右开原则，a[1: 4]的输出结果是 a[1..3]，即"ell"(a[1: 4]等同于 a[1: 4: 1])，而 a[4: 1: −1]的输出结果是 a[2..4]的反向字符串，即"oll"(由于是右开，所以不输出 a[1])。

⑤ in：成员运算符，如果字符串中包含给定的字符，返回 True，'H' in a 的输出结果是 True。

⑥ not in：成员运算符，如果字符串中不包含给定的字符，返回 True，'M' not in a 的输

出结果是 True。

2. 字符串方法

Python 提供了许多字符串方法,常用的方法如下。

① string.count(str, beg=0,end=len(string)):返回 str 在 string 中出现的次数,如果 beg 或者 end 指定,则返回指定范围内 str 出现的次数。

② string.find(str,beg=0,end=len(string)):检测 str 是否包含在字符串中,如果指定范围 beg 和 end,则检查是否包含在指定范围内,如果包含则返回开始的索引值,否则返回−1。

③ string.rfind(str, beg=0,end=len(string)):类似于 find()函数,但从右边开始查找。

④ string.index(str, beg=0, end=len(string)):和 find()方法一样,但是如果 str 不在字符串中会报一个异常。

⑤ string.rindex(str, beg=0, end=len(string)):类似于 index()函数,但从右边开始。

⑥ string.isdigit():如果字符串只包含数字,返回 True,否则返回 False。

⑦ string.replace(str1, str2, num=string.count(str1)):将字符串中的 str1 替换成 str2,如果指定 max,则替换不超过 max 次。

⑧ string.split(str="", num=string.count(str)):以 str 为分隔符截取字符串,如果指定 num,则仅截取 num+1 个子字符串。

⑨ string.strip([chars]):截掉字符串左边的空格或指定字符,并且删除字符串末尾的空格。

例如,使用字符串的程序及其输出结果如下:

```
s=" Hello World "
t="abcaabc"
print("s的长度=%d,t的长度=%d" %(len(s),len(t)))  #输出:s的长度=13,t的长度=7
print(len(s.strip()))                            #输出:11
print(s.split())                                 #输出:['Hello', 'World']
print(t.count("abc"))                            #输出:2
print(t.index("abc"))                            #输出:0
print(t.rindex("abc"))                           #输出:4
```

扫一扫

视频讲解

2.3.3 实战——最大重复子字符串(LeetCode1668★)

1. 问题描述

给定一个字符串 sequence,如果字符串 word 连续重复 k 次形成的字符串是 sequence 的一个子串,那么单词 word 的重复值为 k。设计一个算法返回最大重复值 k,如果 word 不是 sequence 的子串,则返回 0。例如 sequence="ababc",word="ab",返回结果为 2。

2. 问题求解

k 从 1 开始,构造由 word 连续重复 k 次形成的字符串 subs,若 subs 是 sequence 的子串,置 k++,subs+=word,然后继续循环判断,否则退出循环,最后返回 $k-1$。对应的算法如下:

```
class Solution:
    def maxRepeating(self, sequence: str, word: str) -> int:
        n, m=len(sequence), len(word)
        k=1
        subs=word
        while m * k<=n:
            if sequence.find(subs)!=-1:
                k+=1
                subs+=word
            else:break
        return k-1
```

上述程序的提交结果为通过，运行时间为 36ms，消耗的空间为 15MB。

2.4 栈

2.4.1 栈的定义

栈是一种特殊的线性表，有前、后两个端点，规定只能在其中一端进行进栈和出栈操作，该端点称为栈顶，另外一个端点称为栈底。栈的运算主要有判断栈空、进栈、出栈和取栈顶元素等。栈具有后进先出的特点，n 个不同的元素进栈产生的出栈序列有 $\frac{1}{n+1}C_{2n}^{n}$ 种。栈可以采用顺序和链式存储结构存储。

2.4.2 用 Python 列表实现栈

在 Python 中没有提供专门的栈数据类型，由于列表具有在末尾插入和删除元素的时间为 $O(1)$ 的特性，可以用列表来实现栈。例如，定义一个空栈 st 如下：

```
st=[]
```

st 栈的主要操作及其说明如下。

① len(st)==0 或者 not st：判断栈是否为空，栈空时返回真，否则返回假。

② len(st)：返回栈的长度。

③ st.append(*e*)：进栈元素 *e*。

④ st[-1]：返回栈顶元素。

⑤ st.pop()：移除栈顶元素。

例如，使用列表作为栈的程序及其输出结果如下：

```
st=[]                            #用列表作为栈 st
st.append(1)
st.append(2)
st.append(3)
st.append(4)
```

```
while st:                               #栈不空时循环
    print("栈顶元素:",st[-1])             #依次输出 4 3 2 1
    print("出栈")
    st.pop()
```

扫一扫

视频讲解

2.4.3 实战——使括号有效的最少添加(LeetCode921★★)

1. 问题描述

给定一个由 '(' 和 ')' 括号组成的字符串 s,需要添加最少的括号('(' 或者 ')',可以在任何位置),以使得到的括号字符串有效,设计一个算法求为了使结果字符串有效必须添加的最少括号数。例如,s="())",结果为 1。

2. 问题求解

定义一个栈 st,遍历字符串 s,遇到'('时进栈,遇到')'时若栈不空并且栈顶为'(',说明这一对括号是匹配的,将栈顶'('退栈,否则说明该')'是不匹配的,需要添加一个'(',将其进栈。在遍历结束后,栈中每个'('需要添加一个')',每个')'需要添加一个'(',这是使得括号字符串 s 匹配需要添加的最少括号数,返回 st 的长度即可。对应的算法如下:

```
class Solution:
    def minAddToMakeValid(self, s: str) -> int:
        st=[]                                   #用列表作为栈
        for ch in s:
            if ch=='(':                         #遇到'('
                st.append(ch)
            else:                               #遇到')'
                if st and st[-1]=='(':
                    st.pop()
                else:                           #栈空或者不匹配的')'进栈
                    st.append(ch)
        return len(st)
```

上述程序的提交结果为通过,运行时间为 28ms,消耗的空间为 14.8MB。

2.5 双端队列

2.5.1 双端队列的定义

双端队列是一种特殊的线性表,有前、后两个端点,每个端点都可以进队和出队元素,如图 2.3 所示。双端队列的运算主要有判断队空、前/后端进队、前/后端出队和取前/后端点元素等。n 个元素进双端队列产生的出队序列可能有多个。双端队列也可以采用顺序和链式存储结构存储。

2.5.2 Python 中的双端队列

deque 是 Python 标准库 collections 中的一个类,实现了两端都可以操作的队列,即双

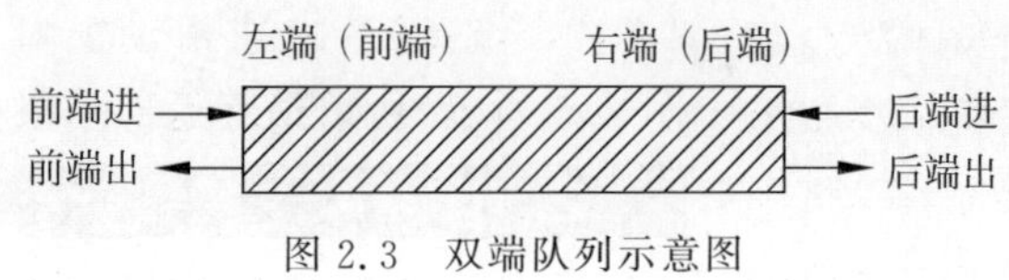

图 2.3　双端队列示意图

端队列，与 Python 的列表相似。定义一个空的 deque 对象 dq 的格式如下：

```
dq=deque()
```

dq 双端队列的主要操作及其说明如下。

① len(dq)==0 或者 not dq：判断队列是否为空，队空时返回真，否则返回假。

② len(dq)：返回队列的长度。

③ dq.clear()：清除双端队列中的所有元素。

④ dq[0]：返回双端队列中左端（前端）的元素。

⑤ dq[-1]：返回双端队列中右端（后端）的元素。

⑥ dq.appendleft(*e*)：从双端队列的左端（前端）进队元素 *e*。

⑦ dq.popleft()：从双端队列的左端（前端）出队元素。

⑧ dq.append(*e*)：从双端队列的右端（后端）进队元素 *e*。

⑨ dq.pop()：从双端队列的右端（后端）出队元素。

dq 双端队列的主要方法的示意图如图 2.4 所示。例如，使用双端队列的程序及其输出结果如下：

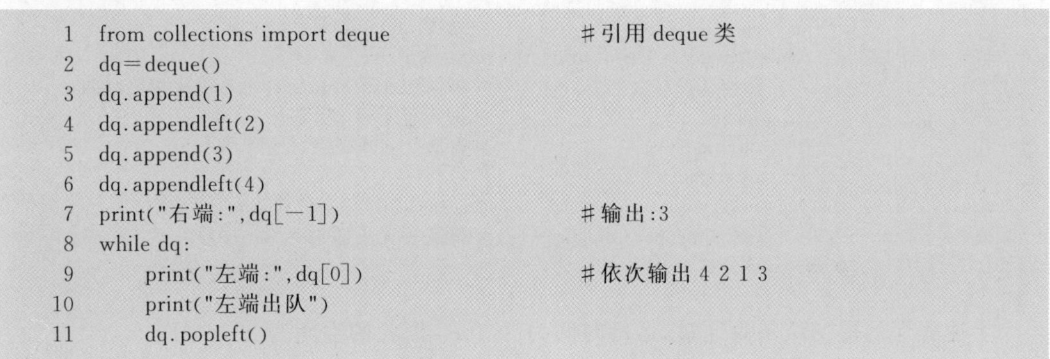

```
from collections import deque                      #引用 deque 类
dq=deque()
dq.append(1)
dq.appendleft(2)
dq.append(3)
dq.appendleft(4)
print("右端:",dq[-1])                               #输出:3
while dq:
    print("左端:",dq[0])                            #依次输出 4 2 1 3
    print("左端出队")
    dq.popleft()
```

图 2.4　dq 双端队列的主要方法的示意图

扫一扫

视频讲解

2.5.3　实战——滑动窗口中的最大值(LeetCode239★★★)

1. 问题描述

给定一个含 n 个整数的数组 nums 和一个整数 $k(1\leqslant k\leqslant n)$，一个大小为 k 的滑动窗口从数组的最左侧移动到数组的最右侧，每次只能看到滑动窗口内的 k 个整数。滑动窗口每次向右移动一位。设计一个算法返回滑动窗口中的最大值。例如，$n=8$，nums=(4,3,5,

4,3,3,6,7),$k=3$,求滑动窗口中的最大值的过程如图 2.5 所示,所以最终返回结果是(5,5,5,4,6,7)。

[4, 3, **5**], 4, 3, 3, 6, 7 ⇨ 第1个窗口最大值为5
4, [3, **5**, 4], 3, 3, 6, 7 ⇨ 第2个窗口最大值为5
4, 3, [**5**, 4, 3], 3, 6, 7 ⇨ 第3个窗口最大值为5
4, 3, 5, [**4**, 3, 3], 6, 7 ⇨ 第4个窗口最大值为4
4, 3, 5, 4, [3, 3, **6**], 7 ⇨ 第5个窗口最大值为6
4, 3, 5, 4, 3, [3, 6, **7**] ⇨ 第6个窗口最大值为7

图 2.5 求滑动窗口中的最大值的过程

2. 问题求解

定义一个双端队列 dq,用队头元素表示当前滑动窗口内最大值的位置(下标),用数组 ans 存放所有滑动窗口中的最大元素(长度为 n 的数组中长度为 k 的滑动窗口共 $n-k+1$ 个,本题实例中滑动窗口的个数为 $8-3+1=6$)。对于数组元素 nums[i]:

① 若队列 dq 为空,将 i 从队尾(这里指右端)进队。

② 若队列 dq 不空,将 nums[i]和队尾元素 x(=nums[dq[−1]])进行比较,若 nums[i]大于 x,将 x 从队尾出队,直到 nums[i]小于或等于队尾元素或者队列为空,再将 i 从队尾进队。

对于当前滑动窗口,如果队列的队头(这里指左端)元素位置 dq[0]"过期",也就是满足 $i-\text{dp}[0]\geqslant k$,则将队头元素从队头出队。当 $i\geqslant k-1$ 时将新的队头元素作为滑动窗口的最大值添加到 ans 中。最后返回 ans。对应的算法如下:

```
class Solution:
    def maxSlidingWindow(self, nums: List[int], k: int) -> List[int]:
        n=len(nums)
        dq=deque()                          #定义一个双端队列 dq
        ans=[]
        for i in range(0,n):                #处理 nums 中剩余的元素
            while len(dq)>0 and nums[i]>nums[dq[-1]]:
                dq.pop()                    #将队尾小于 nums[i]的元素从队尾出队
            dq.append(i)                    #将元素下标 i 进队尾
            if i-dq[0]>=k:                  #将队头过期的元素从队头出队
                dq.popleft()
            if i>=k-1:                      #i≥k-1 时每个位置对应一个窗口
                ans.append(nums[dq[0]])     #新队头元素添加到 ans 中
        return ans
```

上述程序的提交结果为通过,运行时间为 365ms,消耗的空间为 28.9MB。

2.6 队 列

2.6.1 队列的定义

队列是一种特殊的线性表,有左、右(后者前后)两个端点,规定只能在一端进队元素,在另一端出队元素。队列的运算主要有判断队空、进队、出队和取队头元素等。队列具有先进先出的特点,n 个元素进队产生的出队序列是唯一的。队列也可以采用顺序和链式存储结构存储。

2.6.2 Python 中的队列

在 Python 中没有提供专门的队列数据类型，通常用双端队列 deque(详见 2.5.2 节)作为队列，即通过限制操作将双端队列 dq 作为队列，dq 进队和出队操作仅使用 append()/popleft()或者 appendleft()/pop()，前者如图 2.6(a)所示，后者如图 2.6(b)所示。

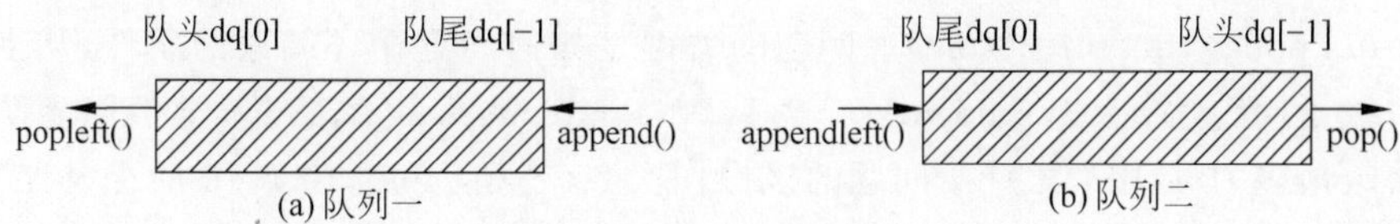

图 2.6 用双端队列作为队列

实际上还可以通过限制操作将双端队列 dq 作为栈，dq 进队和出队操作仅使用 append()/pop()或者 appendleft()/popleft()，前者如图 2.7(a)所示，后者如图 2.7(b)所示。

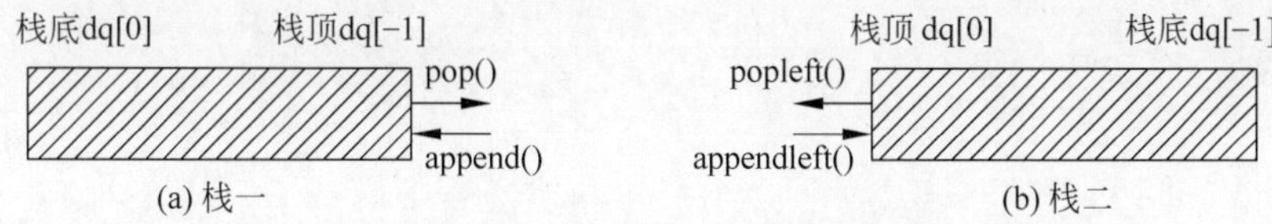

图 2.7 用双端队列作为栈

扫一扫

视频讲解

2.6.3 实战——无法吃午餐的学生的数量(LeetCode1700★)

1. 问题描述

学校的自助午餐提供了圆形和方形的三明治，分别用数字 0 和 1 表示。所有学生站在一个队列中，每个学生要么喜欢圆形的三明治要么喜欢方形的三明治。餐厅里三明治的数量与学生的数量相同。所有三明治都放在一个栈中，每一轮，如果队列最前面的学生喜欢栈顶的三明治，那么会拿走它并离开队列，否则这名学生会放弃这个三明治并回到队列的尾部。这个过程会一直持续，直到队列中的所有学生都不喜欢栈顶的三明治为止。

给定两个整数数组 students 和 sandwiches(两个数组的长度相同)，其中 sandwiches[i]是栈中第 i 个三明治的类型($i=0$ 是栈的顶部)，students[j]是初始队列中第 j 名学生对三明治的喜好($j=0$ 是队列的最开始位置)。设计一个算法求无法吃午餐的学生的数量。例如 students=[1,1,1,0,0,1]，sandwiches=[1,0,0,0,1,1]，$n=6$，过程如下：

(1) students[0]=sandwiches[0]，学生拿走三明治并离开队列，问题转换为 $n=5$，students=[1,1,0,0,1]，sandwiches=[0,0,0,1,1]。

(2) students[0]≠sandwiches[0]，students[0]回到队列的尾部，问题转换为 $n=5$，students=[1,0,0,1,1]，sandwiches=[0,0,0,1,1]。

(3) students[0]≠sandwiches[0]，students[0]回到队列的尾部，问题转换为 $n=5$，students=[0,0,1,1,1]，sandwiches=[0,0,0,1,1]。

(4) students[0]=sandwiches[0]，学生拿走三明治并离开队列，问题转换为 $n=4$，students=[0,1,1,1]，sandwiches=[0,0,1,1]。

(5) students[0]=sandwiches[0]，学生拿走三明治并离开队列，问题转换为 $n=3$，students=[1,1,1]，sandwiches=[0,1,1]。

显然后面无论如何都不可能拿走三明治，所以无法吃午餐的学生的数量为 3。

2. 问题求解

利用队列和栈模拟整个过程，定义一个队列 qu 作为学生队列，定义一个栈 st 作为三明治栈(由于栈具有后进先出的特点，所以将 students 元素逆序进栈，保证栈顶为第一个学生)，用 n 表示初始学生人数。如果 st.peek()=qu.peek()，子问题的人数 n 减少 1，否则执行 tmp=qu.poll()，qu.offer(tmp)。问题的关键是如何确定循环结束的条件，从上述步骤(5)看出，该子问题是 $n=3$，students=[1,1,1]，sandwiches=[0,1,1]，学生回到队列尾部的操作次数最多为 n，用 i 累计子问题的该操作次数(初始为 n)，当 $i=0$ 时循环结束，此时 st 栈中或者 qu 队列中元素的个数就是无法吃午餐的学生的数量。对应的算法如下：

```
class Solution:
    def countStudents(self, students: List[int], sandwiches: List[int]) -> int:
        n=len(students)
        qu=deque()                          #定义一个队列 qu
        st=deque()                          #定义一个栈 st
        for x in students:                  #建立学生队列
            qu.append(x)
        for i in range(n-1,-1,-1):          #建立三明治栈
            st.append(sandwiches[i])
        i=n                                 #n 记录本轮的学生人数
        while i>0:
            if st[-1]==qu[0]:               #队列最前面的学生喜欢栈顶的三明治
                st.pop();qu.popleft()
                n-=1                        #子问题的人数减少 1
                i=n                         #重置 i
            else:                           #否则
                tmp=qu.popleft()            #出队后进入队尾
                qu.append(tmp)
                i-=1                        #操作次数减少 1
        return len(st)
```

上述程序的提交结果为通过，运行时间为 36ms，消耗的空间为 15MB。

2.7 优先队列

2.7.1 优先队列的定义

普通队列是一种先进先出的数据结构，在队尾进队元素，在队头出队元素。在优先队列中，元素被赋予优先级，出队的元素总是当前具有最高优先级的元素，实际上普通队列可以看成进队时间越早优先级越高的优先队列。

优先队列通常采用堆数据结构来实现，元素值越小越优先出队的优先队列对应小根堆，元素值越大越优先出队的优先队列对应大根堆。

2.7.2 Python 中的优先队列

在 Python 中提供了 heapq 模块，其中包含优先队列的基本操作方法，默认创建小根堆。

优先队列 pqu 的主要操作及其说明如下。

① heapq.heapify(pqu)：把列表 pqu 调整为堆。

② len(pqu)：返回 pqu 中元素的个数。

③ pqu[0]：取堆顶的元素。

④ heapq.heappush(pqu,*e*)：将元素 *e* 插入优先队列 pqu 中，该方法会维护堆的性质。

⑤ heapq.heappop(pqu)：从优先队列 pqu 中删除堆顶元素并且返回该元素。

⑥ heapq.heapreplace(pqu,*e*)：从优先队列 pqu 中删除堆顶元素并且返回该元素，同时将 *e* 插入并且维护堆的性质。

⑦ heapq.heappushpop(pqu,*e*)：将元素 *e* 插入优先队列 pqu 中，然后从 pqu 中删除堆顶元素并且返回该元素的值。

使用 heapq 模块创建优先队列 pqu 有以下两种方式：

(1) 从一个空列表(即 pqu=[])开始，然后使用 heapq.heappush(pqu,*e*)进队元素 *e*，使用 heapq.heappop(pqu)出队元素。例如：

```
import heapq
pqu=[]                                      #定义一个优先队列 pqu
heapq.heappush(pqu,2)                       #进队元素 2
heapq.heappush(pqu,3)                       #进队元素 3
heapq.heappush(pqu,1)                       #进队元素 1
while len(pqu)>0:
    print(heapq.heappop(pqu),end=' ')       #依次输出 1 2 3
print()
```

(2) 采用列表方法向 pqu 中插入元素，在元素插入后使用 heapq.heapify(pqu)方法一次性地将 pqu 列表调整为堆结构。例如：

```
import heapq
pqu=[3,1,2]                                 #定义一个列表 pqu
heapq.heapify(pqu)                          #将 pqu 列表调整为堆
while len(pqu)>0:
    print(heapq.heappop(pqu),end=' ')       #依次输出 1 2 3
print()
```

使用 heapq 模块创建优先队列 pqu 的说明如下。

(1) 当 pqu 中的元素为整数等内置数据类型时，默认创建小根堆，即按元素值越小越优先出队。当 pqu 中的元素为列表(例如[x,y])时，默认按 x 元素值越小越优先出队。

(2) 由于 heapq 默认为小根堆，那么如何创建大根堆呢？对于数值类型，一个最大数的相反数就是最小数，可以通过对数值取反、仍然创建小根堆的方式来创建大根堆。例如：

```
import heapq
stud=[[3,"Mary"],[1,"Smith"],[2,"John"]]                  #学生列表
pqu=[]                                                    #定义一个列表 pqu
for i in range(0,len(stud)):
    heapq.heappush(pqu,[-stud[i][0],stud[i][1]])
while pqu:
    s=heapq.heappop(pqu)
    print("[%d,%s]"%(-s[0],s[1]),end=' ')    #依次输出[3,Mary] [2,John] [1,Smith]
print()
```

(3) 像 C++STL 那样通过重载 lt(小于运算符)指定元素的优先级。例如,以下程序中定义了一个小根堆 minpq,其元素形如[x,y],并且指定按 y 越小越优先出堆。

```
import heapq
class QNode:
    def __init__(self, x, y):
        self.x=x
        self.y=y
    def __lt__(self,other):                         #指定按 y 越小越优先出堆
        if self.y<other.y:
            return True
        else:
            return False

minpq=[]
heapq.heappush(minpq,QNode(3,"Mary"))
heapq.heappush(minpq,QNode(1,"Smith"))
heapq.heappush(minpq,QNode(2,"John"))
while len(minpq)>0:
    s=heapq.heappop(minpq)
    print("[%d,%s]"%(s.x,s.y),end=' ')          #依次输出[2,John] [3,Mary] [1,Smith]
print()
```

扫一扫

视频讲解

2.7.3 实战——数据流中第 k 大的元素(LeetCode703★)

1. 问题描述

设计一个找到数据流中第 k 大的元素的类,注意是排序后第 k 大的元素,而不是第 k 个不同的元素,请实现 KthLargest 类。

(1) KthLargest(int k, int[] nums):使用整数 k 和整数流 nums 初始化对象。

(2) int add(int val):将 val 插入数据流 nums 后返回当前数据流中第 k 大的元素。

示例:

```
KthLargest kthLargest=new KthLargest(3, [4, 5, 8, 2])
kthLargest.add(3)                        //返回 4
kthLargest.add(5)                        //返回 5
kthLargest.add(10)                       //返回 5
kthLargest.add(9)                        //返回 8
kthLargest.add(4)                        //返回 8
```

提示:$1\leqslant k\leqslant 10^4$,$0\leqslant$nums.length$\leqslant 10^4$,$-10^4\leqslant$nums[$i$]$\leqslant 10^4$,$-10^4\leqslant$val$\leqslant 10^4$,最多调用 add 方法 10^4 次。题目数据要保证在查找第 k 大的元素时数组中至少有 k 个元素。

2. 问题求解

KthLargest 类用于数据流操作,设计一个小根堆 minpq,并始终保证在当前操作后小根堆中保存当前数据流中前 k 个较大的元素,这样堆顶就是第 k 大的元素。

(1) KthLargest(k,nums):构造函数,对应的过程是先求出 nums 中元素的个数 n,若 $n<k$,将 nums 中全部元素进入 minpq,否则将 nums 的前 k 个元素进入 minpq,用 i 遍历剩余的元素,若 nums[i]大于堆顶元素,则出堆一个元素,再将 nums[i]进堆(相当于用 nums

[*i*]替换堆顶元素,但不能直接替换)。

(2) add(val):用于插入 val 并且返回当前第 k 大的元素。根据题意做本操作时小根堆中至少有 $k-1$ 个元素,若 minpq 中恰好有 $k-1$ 个元素,则将 val 进堆,否则若 nums[*i*]大于堆顶元素,出堆一个元素,再将 nums[*i*]进堆。最后返回堆顶元素。

对应的算法如下:

```
import heapq
class KthLargest:
    def __init__(self, k: int, nums: List[int]):          #构造函数
        self.minpq=[]                                      #小根堆
        self.K=k
        n=len(nums)
        if n<k:
            for i in range(0,n):
                heapq.heappush(self.minpq,nums[i])
        else:
            for i in range(0,self.K):                      #进队前K个元素
                heapq.heappush(self.minpq,nums[i])
            for i in range(self.K,n):                      #进队其余的元素
                if self.minpq[0]<nums[i]:
                    heapq.heappop(self.minpq)
                    heapq.heappush(self.minpq,nums[i])

    def add(self, val: int) -> int:
        if len(self.minpq)==self.K-1:
            heapq.heappush(self.minpq,val)
        else:
            if self.minpq[0]<val:
                heapq.heappop(self.minpq)
                heapq.heappush(self.minpq,val)
        return self.minpq[0]
```

上述程序的提交结果为通过,运行时间为 76ms,消耗的空间为 19.3MB。

2.8 树和二叉树

2.8.1 树

树是由 $n(n\geqslant 0)$个结点组成的有限集合(记为 T)。如果 $n=0$,则它是一棵空树,这是树的特例;如果 $n>0$,这 n 个结点中有且仅有一个结点作为树的根结点(root),其余结点可分为 $m(m\geqslant 0)$个互不相交的有限集 $T_1,T_2,\cdots,T_m$,其中每个子集本身又是一棵符合本定义的树,称为根结点的子树。树特别适合表示具有层次关系的数据。由一棵或者多棵树构成森林,可以将森林看成树的集合。

树的存储要求既要存储结点的数据元素本身,又要存储结点之间的逻辑关系。树的常用存储结构有双亲存储结构、孩子链存储结构和长子兄弟链存储结构。

树的遍历是树最重要的运算之一,树的遍历指按照一定的次序访问树中的所有结点,并且每个结点仅被访问一次的过程。树的遍历分为先根遍历、后根遍历和层次遍历。

2.8.2 二叉树

1. 二叉树的定义

二叉树是有限的结点集合，这个集合或者为空，或者是由一个根结点和两棵互不相交的称为左子树和右子树的二叉树组成。

在一棵二叉树中如果所有分支结点都有左、右孩子结点，并且叶子结点都集中在二叉树的最下一层，这样的二叉树称为满二叉树。用户可以对满二叉树的结点进行这样的层序编号：约定根结点的编号为 0，一个结点的编号为 i，若它有左孩子，则左孩子的编号为 $2i+1$，若它有右孩子，则右孩子的编号为 $2i+2$，可以推出若编号为 i 的结点有双亲，则双亲的编号为 $(i-1)/2$，如图 2.8 所示。

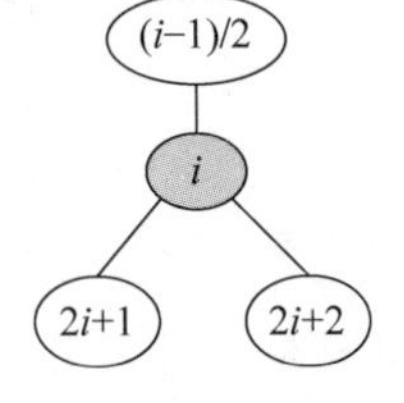

图 2.8 结点层序编号时的对应关系

在一棵二叉树中如果最多只有最下面两层的结点的度数可以小于 2，并且最下面一层的叶子结点都依次排列在该层最左边的位置上，则这样的二叉树称为完全二叉树。同样可以对完全二叉树中的每个结点进行层序编号，编号的方法和满二叉树相同，编号之间的对应关系与图 2.8 相同，也就是说树中结点的层序编号可以唯一地反映出结点之间的逻辑关系。

2. 二叉树的存储结构

二叉树主要有顺序和二叉链两种存储结构。

1) 二叉树的顺序存储结构

对于一棵二叉树，增添一些并不存在的空结点(空结点值用一个特殊值如 NIL 常量表示)，补齐为一棵完全二叉树。按完全二叉树的方式进行层序编号，再用一个数组存储，即层序编号为 i 的结点值存放在数组下标为 i 的元素中。

例如，如图 2.9(a)所示的一棵二叉树对应的顺序存储结构如图 2.9(c)所示。

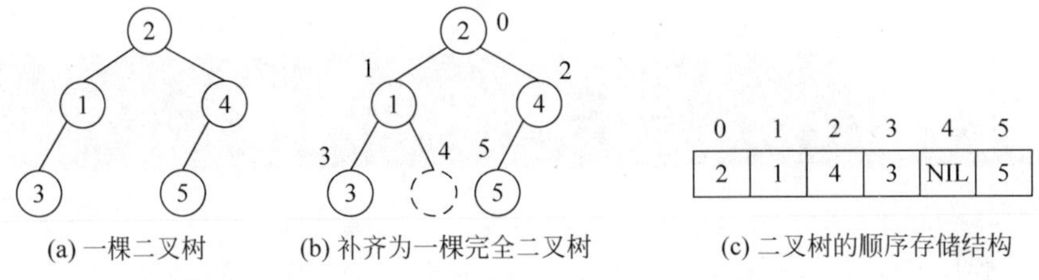

0	1	2	3	4	5
2	1	4	3	NIL	5

(a) 一棵二叉树　(b) 补齐为一棵完全二叉树　(c) 二叉树的顺序存储结构

图 2.9 一棵二叉树及其顺序存储结构

2) 二叉树的链式存储结构

二叉树的链式存储结构是指用一个链表来存储一棵二叉树，二叉树中的每个结点用链表中的一个链结点来存储。在二叉树中，标准存储方式的结点结构为(left, val, right)，其中，val 为值成员变量，用于存储对应的数据元素，left 和 right 分别为左、右指针变量，用于分别存储左孩子和右孩子结点(即左、右子树的根结点)的地址。这种链式存储结构通常简称为二叉链。例如，二叉链结点类 TreeNode 定义如下：

```
class TreeNode:
    def __init__(self, x):
```

```
        self.val=x
        self.left=None
        self.right=None
```

通常整棵二叉树通过根结点 root 来唯一标识。例如,如图 2.9(a)所示的二叉树对应的二叉链存储结构如图 2.10 所示。

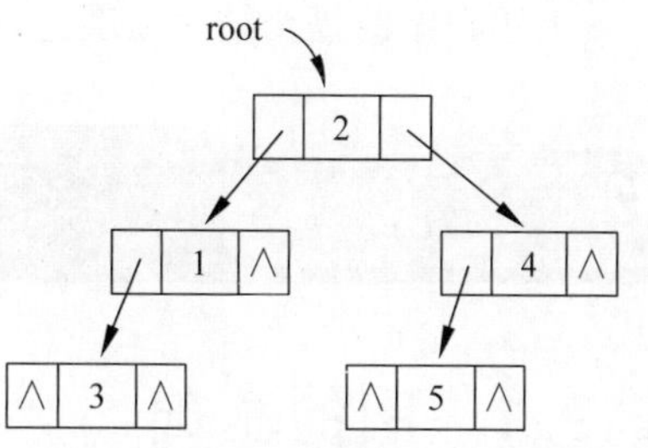

图 2.10　一棵二叉树的二叉链存储结构

3. 二叉树的遍历

二叉树的遍历是指按照一定的次序访问二叉树中的所有结点,并且每个结点仅被访问一次的过程。二叉树的遍历有先序遍历、中序遍历、后序遍历和层次遍历。

先序遍历二叉树的过程是先访问根结点,再先序遍历左子树,最后先序遍历右子树。

中序遍历二叉树的过程是先中序遍历左子树,再访问根结点,最后中序遍历右子树。

后序遍历二叉树的过程是先后序遍历左子树,再后序遍历右子树,最后访问根结点。

层次遍历一棵高度为 h 的二叉树的过程是先访问根结点(第 1 层),再从左到右访问第 2 层的所有结点,以此类推,最后从左到右访问第 h 层的所有结点。

扫一扫

视频讲解

2.8.3　实战——二叉树的完全性检验(LeetCode958★★)

1. 问题描述

给定一棵二叉树,采用二叉链 root 存储,确定它是否为一棵完全二叉树。

2. 问题求解

根据完全二叉树的定义,在对完全二叉树进行层次遍历时应该满足以下条件:

(1) 若某结点没有左孩子,则一定无右孩子。

(2) 若某结点缺左或右孩子,则其所有后继结点一定无孩子,或者说其所有后继结点均为叶子结点。

若不满足上述任何一条,则不为完全二叉树。对应的算法如下:

```
class Solution:
    def isCompleteTree(self, root: Optional[TreeNode]) -> bool:
        ans=True                          #ans 表示是否为完全二叉树
        bj=True                           #bj 表示是否所有结点均有左、右孩子
        qu=deque()                        #定义一个队列
        qu.append(root)                   #根结点进队
        while qu:
            p=qu.popleft()                #出队一个结点 p
            if p.left==None:              #结点 p 没有左孩子
                bj=False
                if p.right!=None:ans=False #没有左孩子但有右孩子, 违反(1)
            else:                         #结点 p 有左孩子
                if bj==True:              #所有结点均有左、右孩子
                    qu.append(p.left)     #左孩子进队
                    if p.right==None:bj=False #结点 p 有左孩子但无右孩子,则 bj 置为假
```

```
                    else:qu.append(p.right)        #结点 p 有右孩子,将其进队
                else:ans=False                     #bj 为假则 ans 为假, 违反(2)
        return ans
```

上述程序的提交结果为通过，运行时间为 36ms，消耗的空间为 14.9MB。

2.9 图

2.9.1 图的基础

1. 图的定义

无论多么复杂的图都是由顶点和边构成的。采用形式化的定义，图 G(Graph)由两个集合 V(Vertex)和 E(Edge)组成，记为 $G=(V,E)$，其中 V 是顶点的有限集合，记为 $V(G)$，E 是连接 V 中两个不同顶点(顶点对)的边的有限集合，记为 $E(G)$。

例如，在如图 2.11 所示的 3 个图中，G_1 是带权有向图，G_2 是带权连通图，G_3 是不带权连通图。

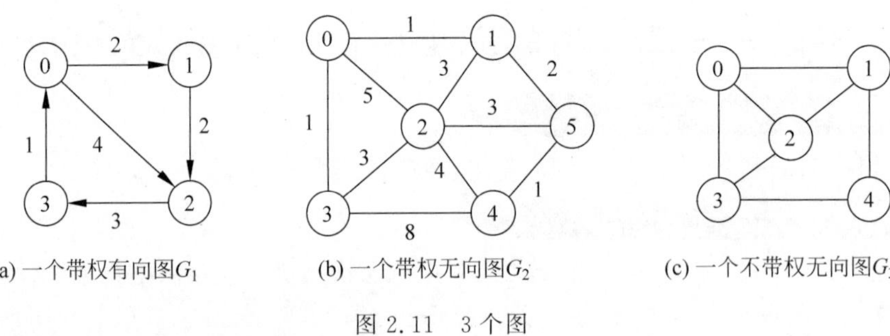

(a) 一个带权有向图G_1　(b) 一个带权无向图G_2　(c) 一个不带权无向图G_3

图 2.11　3 个图

2. 图的存储结构

图的常用存储结构有邻接矩阵、边数组和邻接表。通常假设图中有 n 个顶点，顶点的编号是 $0 \sim n-1$，每个顶点通过编号唯一标识。

1）邻接矩阵

邻接矩阵主要采用二维数组 A 表示顶点之间的边的信息。例如，如图 2.11(a)所示的带权有向图对应的邻接矩阵 $\mathbf{A}$ 如下：

$$\mathbf{A}=\begin{bmatrix} 0 & 2 & 4 & \infty \\ \infty & 0 & 2 & \infty \\ \infty & \infty & 0 & 3 \\ 1 & \infty & \infty & 0 \end{bmatrix}$$

2）边数组

用二维数组 edges 存储图中边的信息。对于带权图，每个元素形如$[a,b,w]$，表示顶点 a 到 b 存在一条权值为 w 的有向边。对于不带权图，每个元素形如$[a,b]$，表示顶点 a 到 b 存在一条边。例如，如图 2.11(a)所示的带权有向图对应的边数组如下：

```
n=4
edges=[[0,1,2],[0,2,4],[1,2,2],[2,3,3],[3,0,1]]
```

3）邻接表

用二维数组 adj 作为图的邻接表，对于不带权图，adj[i]表示顶点 i 的所有出边。例如，如图 2.11(c)所示的不带权无向图对应的邻接表如下：

```
adj=[[1,2,3],[0,2,4],[0,1,3],[0,2,4],[1,3]]
```

对于带权图，每一条边用“[v,w]”表示，例如 adj[i]中包含该元素时表示有一条顶点 i 到顶点 v 的权为 w 的边。如图 2.11(b)所示的带权无向图对应的邻接表如下：

```
adj=[[[1,1],[2,5],[3,1]]
     [[0,1],[2,3],5,2]]
     [[0,5],[1,3],[3,3],[4,4],[5,3]
     [[0,1],[2,3],[4,8]]
     [[2,4],[3,8],[5,1]]
     [[1,2],[2,3],[4,1]] ]
```

说明：树可以看成图的特例，所以树也可以采用上述邻接表存储。

3. 图的遍历

所谓图的遍历就是从图中某个顶点(称为初始点)出发，按照某种既定的方式沿着图的边访遍图中其余的各顶点，且使每个顶点恰好被访问一次。根据遍历方式的不同，图的遍历方法有两种，即深度优先遍历(DFS)和广度优先遍历(BFS)。

1）深度优先遍历

深度优先遍历的主要思想是，每次将图中一个没有访问过的顶点作为起始点，沿着当前顶点的一条出边走到一个没有访问过的顶点，如果没有未访问过的顶点，将沿着与进入这个顶点的边相反的方向退一步，回到上一个顶点。图的深度优先遍历过程产生的访问序列称为深度优先序列，例如图 2.11(b)从顶点 0 出发的一个深度优先序列是 0,1,2,3,4,5。

深度优先遍历过程可以看成一个顶点进栈和出栈的过程，每访问到一个未访问过的顶点，可以视作该顶点进栈，回到上一个顶点，可以视作该顶点出栈，出栈顶点的所有邻接点均已经访问过。

深度优先遍历隐含“回退”的过程，采用深度优先遍历求图中两个不同顶点的路径不一定是最短路径，但可以求出所有存在的路径。

2）广度优先遍历

广度优先遍历的主要思想是，从一个顶点开始(该顶点称为根)，访问该顶点，接着访问其所有未被访问过的邻接点 $v_1,v_2,\cdots,v_t$，然后再按照 $v_1,v_2,\cdots,v_t$ 的次序访问每个顶点的所有未被访问过的邻接点，以此类推，直到访问图中的所有顶点。简单地说先访问兄弟顶点，后访问孩子顶点。图的广度优先遍历过程产生的访问序列称为广度优先序列，例如，图 2.11(b)从顶点 0 出发的一个广度优先序列是 0,1,2,3,5,4。

广度优先遍历过程是一个顶点进队和出队的过程，扩展一个顶点产生的所有孩子顶点都进入具有先进先出特点的队列中。

对于不带权图或者所有权值相同的带权图，采用广度优先遍历求图中两个不同顶点的路径一定是最短路径。根据实际应用广度优先遍历又分为基本广度优先遍历、分层次广度优先遍历和多起点广度优先遍历。

归纳起来,在图中搜索路径时,BFS 借助队列一步一步地"齐头并进",相对于 DFS,BFS 找到的路径一定是最短的,但代价是消耗的空间比 DFS 大一些。DFS 可能会较快地找到目标点,但找到的路径不一定是最短的。

4. 生成树和最小生成树

一个有 n 个顶点的连通图的生成树是一个极小连通子图,它含有图中的全部顶点,但只包含构成一棵树的 $n-1$ 条边。如果在一棵生成树上添加一条边,必定会构成一个环,因为这条边使得它依附的两个顶点之间有了第二条路径。

连通图可以产生一棵生成树,非连通分量可以产生生成森林。由深度优先遍历得到的生成树称为深度优先生成树;由广度优先遍历得到的生成树称为广度优先生成树。无论哪种生成树,都是由相应遍历中首次搜索的边构成的。

给定一个带权连通图,假设所有权均为正数,该图可能有多棵生成树,每棵生成树中所有边的权值相加称为权值和,权值和最小的生成树称为最小生成树。一个带权连通图可能有多棵最小生成树,若图中所有边的权值不相同,则其最小生成树是唯一的。

构造最小生成树的算法主要有 Prim(普里姆)算法和 Kruskal(克鲁斯卡尔)算法,这两个算法都是贪心算法,将在第 7 章中讨论和证明。

5. 最短路径

对于带权图,把一条路径上所经边的权值之和定义为该路径的路径长度或称带权路径长度。图中两个顶点之间的路径可能有多条,把带权路径长度最短的路径称为最短路径,将其路径长度称为最短路径长度或者最短距离。

求图的最短路径主要有两种,一种是求图中某一顶点到其余各顶点的最短路径(称为单源最短路径),主要有 Dijkstra(狄克斯特拉)算法、Bellman-Ford(贝尔曼—福特)算法和 SPFA 算法;另一种是求图中每一对顶点之间的最短路径(称为多源最短路径),主要有 Floyd(弗洛伊德)算法。

6. 拓扑排序

设 $G=(V,E)$ 是一个具有 n 个顶点的有向图,V 中顶点序列 $v_1,v_2,\cdots,v_n$ 称为一个拓扑序列,若 $<v_i,v_j>$ 是图中的有向边或者从顶点 v_i 到顶点 v_j 有一条路径,则在序列中顶点 v_i 必须排在顶点 v_j 之前。

在一个有向图 G 中找一个拓扑序列的过程称为拓扑排序。如果一个有向图拓扑排序产生包含全部顶点的拓扑序列,则该图中不存在环,否则该图中一定存在环。

扫一扫

视频讲解

2.9.2 实战——课程表(LeetCode207★★)

1. 问题描述

n 门课程(编号为 0 到 $n-1$)的先修关系用 prerequisites 数组表示,其中每个元素[b,a]表示课程 a 是课程 b 的先修课程,即 $a\rightarrow b$,判断是否可能完成所有课程的学习。例如,$n=2$,prerequisites=[[1,0]],表示共有两门课程,课程 1 的先修课程是课程 0,这是可能的,结果为 True。

2. 问题求解

每门课程用一个顶点表示，两门课程之间的先修关系用一条有向边表示，这样构成一个有向图，用邻接表存储。需要注意的是，prerequisites 中的元素$[b,a]$对应的有向边为$<a,b>$。采用拓扑排序思路，用整数 n 累计拓扑序列中元素的个数，拓扑排序完毕，若 $n==$ numCourses，说明没有环，能够完成所有课程的学习，返回 True，否则说明存在环，不能完成所有课程的学习，返回 False。对应的算法如下：

```
class Solution:
    def canFinish(self, numCourses: int, prerequisites: List[List[int]]) -> bool:
        indegree=[0] * numCourses                          #入度数组
        adj=[[] for i in range(0,numCourses)]              #邻接表
        for e in prerequisites:
            b,a=e[0],e[1]                                  #[b,a]表示 a 是 b 的先修课程
            adj[a].append(b)
            indegree[b]+=1                                 #存在边<a,b>,b 的入度增 1
        st=deque()                                         #定义一个栈 st
        for i in range(0,numCourses):                      #入度为 0 的顶点 i 进栈
            if indegree[i]==0:st.append(i)
        n=0                                                #累计拓扑序列中顶点的个数
        while st:
            i=st.popleft()                                 #出栈顶点 i
            n+=1
            for j in adj[i]:                               #找到 i 的所有邻接点 j
                indegree[j]-=1                             #顶点 j 的入度减 1
                if indegree[j]==0:st.append(j)             #入度为 0 的顶点 j 进栈
        return n==numCourses
```

上述程序的提交结果为通过，运行时间为 44ms，消耗的空间为 15.9MB。

2.10 并查集

2.10.1 并查集的基础

1. 并查集的定义

给定 n 个结点的集合 U，结点的编号为 $1\sim n$，再给定一个等价关系 R（满足自反性、对称性和传递性的关系称为等价关系，像图中顶点之间的连通性、亲戚关系等都是等价关系），由等价关系产生所有结点的一个划分，每个结点属于一个等价类，所有等价类是不相交的。

例如，$U=\{1,2,3,4,5\}$，$R=\{<1,1>,<2,2>,<3,3>,<4,4>,<5,5>,<1,3>,<3,1>,<1,5>,<5,1>,<3,5>,<5,3>,<2,4>,<4,2>\}$，从 R 看出它是一种等价关系，这样得到划分 $U/R=\{\{1,3,5\},\{2,4\}\}$，可以表示为$[1]_R=[3]_R=[5]_R=\{1,3,5\}$，$[2]_R=[4]_R=\{2,4\}$。如果省略 R 中的$<a,a>$，用(a,b)表示对称关系，可以简化为 $R=\{(1,3),(1,5),(2,4)\}$。

针对上述(U,R)，现在的问题是求一个结点所属的等价类以及合并两个等价类。该问

题对应的基本运算如下。

① Init()：初始化。

② Find(x)：查找 $x(x \in U)$结点所属的等价类。

③ Union(x,y)：将 x 和 $y(x \in U, y \in U)$所属的两个等价类合并。

上述数据结构就是并查集(因为主要的运算为查找与合并)，所以并查集是支持一组互不相交集合运算的数据结构。

2. 并查集的实现

并查集的实现方式有多种，这里采用树结构来实现。将并查集看成一个森林，每个等价类用一棵树表示，其中包含该等价类的所有结点，即结点子集，每个子集通过一个代表来识别，该代表可以是该子集中的任一结点，通常选择根作为这个代表，如图 2.12 所示的子集的根结点为 A 结点，称为以 A 为根的子集树。

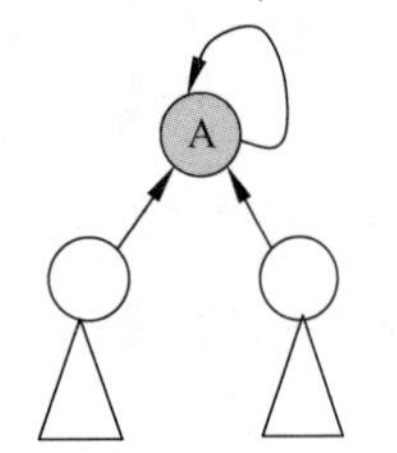

图 2.12　一个以 A 为根的子集

并查集的基本存储结构(实际上是森林的双亲存储结构)如下：

```
self.parent=[0] * self.MAXN          #并查集的存储结构
self.rnk=[0] * self.MAXN             #存储结点的秩(近似于高度)
```

parent[i]=j 时，表示结点 i 的双亲结点是 j，初始时每个结点可以看成一棵树，置 parent[i]=i(实际上置 parent[i]=−1 也是可以的，只是人们习惯采用前一种方式)，当结点 i 是对应子树的根结点时，用 rnk[i]表示子树的高度，即秩，秩并不与高度完全相同，但它与高度成正比，初始化时置所有结点的秩为 0。

初始化算法如下(该算法的时间复杂度为 $O(n)$)：

```
def Init(self,n):                      #并查集的初始化
    for i in range(0,n):
        self.parent[i]=i
        self.rnk[i]=0
```

所谓查找就是查找 x 结点所属子集树的根结点(根结点 y 满足条件 parent[y]=y)，这是通过 parent[x]向上找双亲实现的，显然树的高度越小查找性能越好。为此在查找过程中进行路径压缩(即在查找过程中把查找路径上的结点逐一指向根结点)，如图 2.13 所示，查找 x 结点的根结点为 A，查找路径是 x→C→B→A，找到根结点 A 后，将路径上的所有结点的双亲置为 A 结点。这样以后再查找 x、C 或者 B 结点的根结点时效率更高。

那么为什么不直接将一棵树中的所有子结点的双亲都置为根结点呢？这里因为还有合并运算，合并运算可能会破坏这种结构。

查找运算的递归算法如下：

```
def Find(self,x):                      #递归算法:在并查集中查找 x 结点的根结点
    if x!=self.parent[x]:
        self.parent[x]=self.Find(self.parent[x])#路径压缩
    return self.parent[x]
```

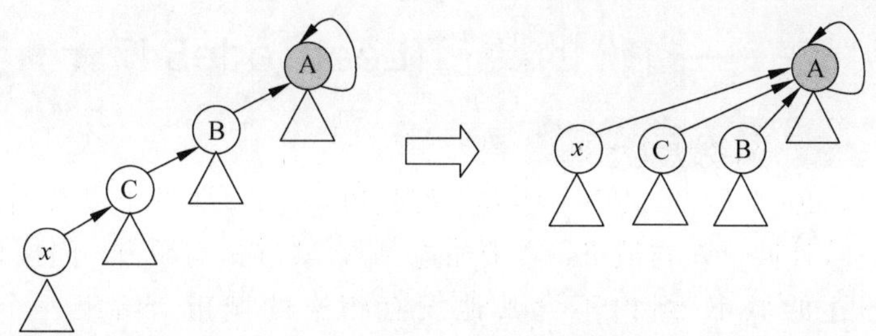

图 2.13 在查找中进行路径压缩

查找运算的非递归算法如下：

```
def Find(self, x):                          #非递归算法:在并查集中查找 x 结点的根结点
    rx=x
    while self.parent[rx]!=rx:              #找到 x 的根 rx
        rx=self.parent[rx]
    y=x
    while y!=rx:                            #路径压缩
        tmp=self.parent[y]
        self.parent[y]=rx
        y=tmp
    return rx                               #返回根
```

对于查找运算可以证明，若使用了路径压缩的优化方法，其平均时间复杂度为 Ackerman 函数的反函数，而 Ackerman 函数的反函数是一个增长速度极为缓慢的函数，在实际应用中可以粗略地认为是一个常量，也就是说查找运算的时间复杂度接近 $O(1)$。

所谓合并，就是在给定一个等价关系(x, y)后，需要将 x 和 y 所属的树合并为一棵树。首先查找 x 和 y 所属的树的根结点 rx 和 ry，若 rx=ry，说明它们属于同一棵树，不需要合并；否则需要合并，注意合并是根结点 rx 和 ry 的合并，并且希望合并后的树的高度(rx 或者 ry 树的高度通过秩 rnk[rx]或者 rnk[ry]反映出来)尽可能小，其过程如下。

① 若 rnk[rx]<rnk[ry]，将高度较小的 rx 结点作为 ry 的孩子结点，ry 树的高度不变。

② 若 rnk[rx]>rnk[ry]，将高度较小的 ry 结点作为 rx 的孩子结点，rx 树的高度不变。

③ 若 rnk[rx]=rnk[ry]，将 rx 结点作为 ry 的孩子结点或者将 ry 结点作为 rx 的孩子结点均可，但此时合并后的树的高度增 1。

对应的合并算法如下：

```
def Union(self, x, y):                      #并查集中 x 和 y 的两个集合的合并
    rx, ry=self.Find(x), self.Find(y)
    if rx==ry:return                        #x 和 y 属于同一棵树时返回
    if self.rnk[rx]<self.rnk[ry]:
        self.parent[rx]=ry                  #rx 结点作为 ry 的孩子
    else:
        if self.rnk[rx]==self.rnk[ry]:      #秩相同,合并后 rx 的秩增 1
            self.rnk[rx]+=1
        self.parent[ry]=rx                  #ry 结点作为 rx 的孩子
```

合并运算的时间主要花费在查找上，查找运算的时间复杂度为 $O(1)$，则合并运算的时间复杂度也为 $O(1)$。

2.10.2 实战——省份的数量(LeetCode547★★)

1. 问题描述

扫一扫

视频讲解

有 n ($1 \leqslant n \leqslant 200$)个城市,其中一些城市彼此相连,另一些城市没有相连。如果城市 a 与城市 b 直接相连,且城市 b 与城市 c 直接相连,那么城市 a 与城市 c 间接相连。省份是一组直接或间接相连的城市,组内不含其他没有相连的城市。给出一个 $n \times n$ 的矩阵 isConnected,其中 isConnected[i][j]=1 表示第 i 个城市和第 j 个城市直接相连,而 isConnected[i][j]=0 表示两者不直接相连,设计一个算法求矩阵中省份的数量。例如,isConnected={{1,1,0},{1,1,0},{0,0,1}},结果为 2。

2. 问题求解

依题意,城市之间的相连关系(含直接相连和间接相连)是一种等价关系(满足自反性、对称性和传递性)。采用并查集求解,按相连关系划分产生若干子集树,每棵子集树对应一个省份。首先初始化并查集(这里 n 个城市的编号为 $0 \sim n-1$),由于 isConnected 是对称矩阵,遍历其上三角部分,对于直接相连的城市对(i,j),调用并查集的合并运算 Union(i,j)将 i 和 j 所在的子集树合并。最后求并查集中子集树的棵数(即满足 parent[i]=i 的子集树的棵数)ans,最后返回 ans。对应的算法如下:

```
class UFS():                                    #并查集类
    MAXN=2005
    def __init__(self):
        self.parent=[0] * self.MAXN             #并查集的存储结构
        self.rnk=[-1] * self.MAXN               #存储结点的秩(近似于高度)
    def Init(self,n):                           #并查集的初始化
        for i in range(0,n):
            self.parent[i]=i
            self.rnk[i]=0
    def Find(self,x):                           #递归算法:在并查集中查找 x 结点的根结点
        if x!=self.parent[x]:
            self.parent[x]=self.Find(self.parent[x])   #路径压缩
        return self.parent[x]
    def Union(self,x,y):                        #并查集中 x 和 y 的两个集合的合并
        rx,ry=self.Find(x),self.Find(y)
        if rx==ry:                              #x 和 y 属于同一棵树时返回
            return
        if self.rnk[rx]<self.rnk[ry]:
            self.parent[rx]=ry                  #rx 结点作为 ry 的孩子
        else:
            if self.rnk[rx]==self.rnk[ry]:      #秩相同,合并后 rx 的秩增 1
                self.rnk[rx]+=1
            self.parent[ry]=rx                  #ry 结点作为 rx 的孩子

class Solution:
    def findCircleNum(self, isConnected: List[List[int]]) -> int:
        n=len(isConnected)
        ufs=UFS()                               #定义并查集类对象 ufs
        ufs.Init(n)
        for i in range(0,n):                    #读取矩阵的上三角部分
```

```
        for j in range(i+1,n):
            if isConnected[i][j]==1:ufs.Union(i,j)
    ans=0
    for i in range(0,n):
        if ufs.parent[i]==i:ans+=1
    return ans
```

上述程序的提交结果为通过，运行时间为 48ms，消耗的空间为 15.4MB。

2.11 二叉排序树和平衡二叉树

2.11.1 二叉排序树

二叉排序树（简称 BST）又称二叉搜索树，每个结点有唯一的关键字。二叉排序树或者是空树，或者是满足以下性质的二叉树。

① 若它的左子树非空，则左子树上所有结点的关键字均小于根结点的关键字。

② 若它的右子树非空，则右子树上所有结点的关键字均大于根结点的关键字。

③ 左、右子树本身又各是一棵二叉排序树。

上述性质称为二叉排序树性质（简称 BST 性质），故二叉排序树实际上是满足 BST 性质的二叉树。二叉排序树的中序序列是一个递增有序序列。

二叉排序树通常采用二叉链存储结构存储，结点类型见 2.8.2 节的 TreeNode 的定义，用 val 数据成员表示关键字。

二叉排序树的基本运算有查找、插入和删除元素。由特定的 n 个关键字创建的二叉排序树的高度介于 $O(\log_2 n)$ 到 $O(n)$ 之间，所以含 n 个结点的二叉排序树的查找时间复杂度介于 $O(\log_2 n)$ 和 $O(n)$ 之间。

2.11.2 平衡二叉树

如果通过一些平衡规则和调整操作让一棵二叉排序树既保持 BST 性质又保证高度较小，即树的高度为 $O(\log_2 n)$，这样的二叉排序树称为平衡二叉树。

AVL 树是一种强平衡二叉树，其平衡规则是树中每个结点的左、右子树的高度最多相差 1，也就是说，如果树 T 中的结点 v 有孩子结点 x 和 y，则 $|h(x)-h(y)|\leqslant 1$，$h(x)$ 表示以结点 x 为根的子树的高度。或者定义每个结点的左、右子树的高度差为平衡因子，AVL 树中所有结点的平衡因子的绝对值小于或等于 1。可以证明 AVL 树的高度严格为 $O(\log_2 n)$。

AVL 树的调整操作包括 LL、LR、RL 和 RR 调整。

2.11.3 红黑树

在红黑树中每个结点有一个表示颜色的标志，增加外部结点（通常用 NIL 表示），同时满足以下性质。

① 每个结点的颜色为红色或者黑色。

② 根结点的颜色为黑色。

③ 所有外部结点的颜色为黑色。

④ 如果一个结点为红色,则它的所有孩子结点为黑色。

⑤ 对于每个结点,从该结点出发的所有路径上包含相同个数的黑色结点。这里的路径特指从一个结点到其子孙结点中某个外部结点的路径。

红黑树具有这样的性质:从根结点到外部结点的最长路径的长度不大于最短路径长度的两倍。所以尽管红黑树并不是完全平衡二叉树,但接近平衡状态,即近似于平衡二叉树,其高度接近 $O(\log_2 n)$。

红黑树的调整操作包括改变结点的颜色和左右旋转,与 AVL 树相比,在红黑树中插入和删除结点的调整操作的代价更小,稳定性更好。

2.11.4 Python 中的有序类

目前 Python 中没有提供类似于 C++ 中 set 和 map(均采用红黑树实现)的数据结构,但有一个第三方扩展库 sortedcontainers,它是用 pure-python 实现的,内有 SortedList(有序列表)、SortedDict(有序字典)和 SortedSet(有序集合)等,默认按关键字递增排列,可以直接在 LeetCode(力扣)在线编程中使用。

SortedList 用于存储一个含重复元素的有序序列,采用平衡树实现,查找性能较好。其使用方式与列表类似。例如,定义一个空的有序列表 tset 如下:

```
tset=SortedList()
```

tset 的相关方法如下。

① tset.add(val):添加新元素并排序。

② tset.update(iterable):对添加的可迭代的所有元素排序。

③ tset.clear():移除所有元素。

④ tset.discard(val):移除一个值元素,如果元素不存在则不报错,时间复杂度为 $O(\log_2 n)$。

⑤ tset.remove(val):移除一个值元素,如果元素不存在则报错,时间复杂度为 $O(\log_2 n)$。

⑥ tset.pop($i=-1$):移除一个指定下标 i 的元素,如果有序序列为空或者下标超限会报错,时间复杂度为 $O(\log_2 n)$。

⑦ tset.bisect_left(val):查找第一个大于或等于 val 的索引,时间复杂度为 $O(\log_2 n)$。

⑧ tset.bisect_right(val):查找第一个大于 val 的索引,时间复杂度为 $O(\log_2 n)$。

⑨ count(val):返回有序列表中值 val 出现的次数。

⑩ tset.index(val,start=None,Stop=None):查找索引范围[start,stop)内第一次出现 val 的索引,如果 val 不存在则报错,时间复杂度为 $O(\log_2 n)$。

另外,SortedDict 和 SortedSet 分别与 Python 中的字典和集合类似,只是它们都是有序的,查找的时间复杂度为 $O(\log_2 n)$。

2.11.5 实战——前 k 个高频单词(LeetCode692★★)

1. 问题描述

给定一个非空的单词列表 words,返回前 k 个出现次数最多的单词,返回的答案应该按单词出现的频率由高到低排序,如果不同的单词有相同的出现频率,则按字母顺序排序。例如,words={"i","love","leetcode","i","love","coding"},$k=2$,则返回结果是{"i","love"},因为"i"和"love"为出现次数最多的两个单词,均为两次,但按字母顺序"i"在"love"之前。

扫一扫

视频讲解

2. 问题求解

先定义一个 SortedDict 对象 cntmap,以单词为关键字、以该单词的计数为值。再定义一个 SortedDict 对象 ansmap,以计数为关键字、以该计数的单词列表为值,默认按计数递增排序。用列表 ans 存放结果。求解过程如下:

① 遍历 words 得到每个单词的计数,用 cntmap 存放,其中默认按单词的字母顺序排序。

② 用 s 顺序遍历 cntmap,求出关键字 s 的计数 cnt,将 s 添加到 ansmap 的关键字 cnt 对应的单词列表中(其中计数相同的单词按字母顺序排列)。ansmap 中默认按计数递增排序,ansmap.key()[-1]是计数最大的元素。

③ 用 i 从后面向前遍历 ansmap 的元素(i 的初值为-1),取出访问元素的关键字 cnt(cnt=ansmap.keys()[i])和对应的值 ss(ss=ansmap[cnt]),将 ss 中的单词添加到 ans 中,总共向 ans 中添加 k 个单词。

最后返回 ans。对应的算法如下:

```
from sortedcontainers import SortedDict                #引入 SortedDict 类
class Solution:
    def topKFrequent(self, words: List[str], k: int) -> List[str]:
        cntmap=SortedDict()
        for i in range(0,len(words)):                  #将单词计数存放在 cntmap 中
            if words[i] in cntmap:cntmap[words[i]]+=1
            else:cntmap[words[i]]=1
        ansmap=SortedDict()
        for s in cntmap.keys():
            cnt=cntmap[s]                              #获取 s 对应的计数
            if cnt in ansmap:                          #ansmap 中存在该计数
                ss=ansmap[cnt]
                ss.append(s)
                ansmap[cnt]=ss
            else:                                      #ansmap 中不存在该计数
                ss=[]
                ss.append(s)
                ansmap[cnt]=ss
        ans=[]
        i=-1                                           #在 ansmap 中从后向前查找
        while k>0:                                     #取前 k 个字符串存放到 ans 中
            cnt=ansmap.keys()[i]
```

```
            ss=ansmap[cnt]
            for x in ss:
                if k>0:ans.append(x);k-=1
                else:break
            i-=1
        return ans
```

上述程序的提交结果为通过,运行时间为 44ms,消耗的空间为 15.6MB。

思考题:在上述算法中是否可以将计数器 cntmap 由有序字典改为字典类型。

2.12 哈 希 表

2.12.1 哈希表的基础

哈希表是一种使用哈希函数将关键字映射到存储地址的数据结构。假设要存储 n 个元素,每个元素有唯一的关键字 k_i($0 \leqslant i \leqslant n-1$),哈希表的长度为 m($m \geqslant n$),其地址为 $0 \sim m-1$,哈希函数为 $h(k)$,将关键字为 k_i 的元素存放到 $h(k_i)$ 地址。在理想情况下,所有 $h(k_i)$ 在 $0 \sim m-1$ 范围内并且互不相同。在实际中可能存在这样的问题——两个不同的关键字 k_i 和 k_j($i \neq j$)出现 $h(k_i)=h(k_j)$,这种现象称为哈希冲突,将具有不同关键字而具有相同哈希地址的元素称为"同义词",这种冲突也称为同义词冲突。

一般来说,在哈希表中哈希冲突是很难避免的,哈希冲突的概率与装填因子有关,装填因子 α 是指哈希表中元素的个数 n 与哈希表的长度 m 的比值,即 $\alpha=n/m$,显然 α 越小,哈希表中空闲单元的比例就越大,冲突的可能性就越小;反之 α 越大(最大为 1),哈希表中空闲单元的比例就越小,冲突的可能性就越大。

构造哈希函数最常用的方法是除留余数法。哈希冲突的解决方法有开放定址法和拉链法。

2.12.2 Python 中的哈希表

按照存储的元素类型,哈希表分为哈希集合和哈希映射,前者存放的是元素的集合,后者存放的是键—值(key-value)的集合。一般地,哈希表查找的时间复杂度可以看成 $O(1)$。

1. Python 中的哈希集合

在 Python 中提供了集合类型,采用哈希表实现,在集合中存放不可变类型数据,例如字符串、数字或元组。集合是一个无序的不重复元素序列,其基本功能包括关系测试和消除重复元素。两个集合 a 和 b 之间可以做-、|、& 和^运算,其中 $a-b$ 返回 a 中包含而 b 中不包含的元素的集合,$a|b$ 返回 a 或 b 中包含的所有元素的集合,$a \& b$ 返回 a 和 b 中都包含的元素的集合,a ^ b 返回不同时包含于 a 和 b 的元素的集合。

使用花括号{ }或者 set()函数创建集合,而创建一个空集合必须用 set()而不是{ },因为{ }是用来创建一个空字典。集合 s 的主要操作如下。

① len(s):返回集合 s 中元素的个数。

② e in s、e not in s：分别判断元素 e 是否在集合 s 中。

③ s.add(e)：向集合 s 中添加元素 e。

④ s.clear()：移除集合 s 中的所有元素。

⑤ s.issubs(t)：判断集合 s 是否为集合 t 的子集。

⑥ s.remove(e)：移除集合 s 中的元素 e，如果元素 e 不存在，则会发生错误。

⑦ s.discard(e)：移除集合 s 中的元素 e，如果元素 e 不存在，不会发生错误。

⑧ s.difference(t)、s.intersection(t)和 s.union(t)：分别返回集合 s 和 t 的差集、交集和并集。

例如，使用哈希集合的程序及其输出结果如下：

```
hset=set()                          #定义一个哈希集合 hset
hset.add(3)                         #插入 3
hset.add(1)                         #插入 2
hset.add(2)                         #插入 2
print(1 in hset)                    #输出:True
hset.remove(1)                      #删除 1
for x in hset:                      #输出:2 3
    print(x,end=' ')
print()
```

2. Python 中的哈希映射

在 Python 中提供的字典类型相当于哈希映射，也是采用哈希表实现。字典可以存储任意类型的对象，每个元素由 key：value 构成，其中 key 是键，value 是对应的值，中间用逗号分隔，整个字典包括在花括号({})中，键必须是唯一的，但值不必唯一。值可以取任何数据类型，但键必须是不可变的数据类型，例如字符串、数字或元组。使用花括号{ }或者 dict()函数创建字典。字典 dict 的主要操作如下。

① len(dict)：返回字典 dict 中元素的个数。

② dict[key]：返回字典 dict 中键 key 的值。

③ key in dict、key not in dict：分别判断键 key 是否在字典 dict 中。

④ dict.items()：以列表返回字典 dict 中可遍历的(键,值)元组数组。

⑤ dict.keys()：以列表返回字典 dict 中的所有键。

⑥ dict.values()：以列表返回字典 dict 中的所有值。

⑦ pop(key[,default])：删除字典 dict 中键 key 所对应的值，返回值为被删除的值。注意，key 值必须给出，否则会返回 default 值。

例如，使用哈希映射的程序及其输出结果如下：

```
hmap=dict()                         #定义一个哈希映射 hmap
hmap["Mary"]=3                      #插入("Mary",3)
hmap["Smith"]=1                     #插入("Smith",1)
hmap["John"]=2                      #插入("John",2)
print("Smith" in hmap)              #输出:True
del hmap["Mary"]                    #删除 Mary 的元素
for name,v in hmap.items():         #输出:[Smith,1] [John,2]
    print("[%s,%d]"%(name,v),end=' ')
print()
```

2.12.3 实战——多数元素(LeetCode169★)

1. 问题描述

扫一扫

视频讲解

给定一个大小为 n 的数组 nums，设计一个算法求其中的多数元素。多数元素是指在数组中出现的次数超过 $\lfloor n/2 \rfloor$ 的元素。可以假设给定的非空数组中总是存在多数元素。例如数组为{3,2,3}，结果为 3。

2. 问题求解

设计一个字典 cntmap 作为计数器，遍历 nums 累计每个整数出现的次数，再遍历 cntmap 求出次数超过 $n/2$ 的整数 ans，最后返回 ans 即可。由于在字典中查找和插入的时间接近 $O(1)$，所以该算法的时间复杂度为 $O(n)$。对应的算法如下：

```
class Solution:
    def majorityElement(self, nums: List[int]) -> int:
        n=len(nums)
        if n==1:return nums[0]
        cntmap={}                        #定义计数器 cntmap
        for x in nums:
            if x in cntmap:cntmap[x]+=1
            else:cntmap[x]=1
        ans=0                            #存放多数元素
        for x in cntmap:
            cnt=cntmap[x]                #获取 x 对应的计数
            if cnt>n//2:                 #找到多数元素
                ans=x
                break
        return ans
```

上述程序的提交结果为通过，运行时间为 40ms，消耗的空间为 16.9MB。

习题 2

扫一扫

练习题

扫一扫

自测题

第3章 必备技能——基本算法设计方法

为了设计出解决问题的好算法，除了需要掌握常用的数据结构工具以外，还需要掌握算法设计方法，算法设计与分析课程主要讨论分治法、回溯法、分支限界法、贪心法和动态规划，称为五大算法策略，在学习这些算法策略之前读者必须具有一定的算法设计基础，本章讨论穷举法、归纳法、迭代法和递归法等基本算法设计方法及其递推式的计算。本章的学习要点和学习目标如下：

（1）掌握穷举法的原理和穷举法算法的框架。

（2）掌握归纳法的原理和从求解问题找出递推关系的方法。

（3）掌握迭代法的原理和实现迭代法算法的方法。

（4）掌握递归法的原理和实现递归法算法的方法。

（5）掌握递推式的各种计算方法。

（6）综合运用穷举法、归纳法、迭代法和递归法解决一些复杂的实际问题。

3.1 穷举法

3.1.1 穷举法概述

1. 什么是穷举法

穷举法又称枚举法或者列举法,是一种简单、直接地解决问题的方法。其基本思想是先确定有哪些穷举对象和穷举对象的顺序,按穷举对象的顺序逐一列举每个穷举对象的所有情况,再根据问题提出的约束条件检验哪些是问题的解,哪些应予排除。

在用穷举法解题时,针对穷举对象的数据类型和解的特性可以采用不同的列举方法,常用以下几种列举方法。

① 顺序列举:指答案范围内的各种情况很容易与自然数对应甚至就是自然数,可以按自然数的变化顺序去列举。

② 排列列举:有时答案的数据形式是一组数的排列,列举出所有答案所在范围内的排列为排列列举。排列中的元素是有顺序的。

③ 组合列举:当答案的数据形式为一些元素的组合时往往需要用组合列举。组合中的元素是无顺序的。

穷举法的主要作用如下。

① 从理论上讲穷举法可以解决可计算领域中的各种问题,尤其是处在计算机的计算速度非常高的今天,穷举法的应用领域是非常广阔的。

② 在实际应用中通常要解决的问题的规模不大,用穷举法设计的算法的运算速度是可以接受的,此时设计一个更高效率的算法不值得。

③ 穷举法算法一般逻辑清晰,编写的程序简洁明了。

④ 穷举法算法一般不需要特别证明算法的正确性。

⑤ 穷举法可以作为某类问题时间性能的底线,用来衡量同样问题的更高效率的算法。

穷举法的缺点主要是设计的大多数算法的效率都不高,主要适合规模比较小的问题的求解,为此在采用穷举法求解时应根据问题的具体情况进行分析和归纳,寻找简化规律,精简穷举循环,优化穷举策略,以提高算法性能。

2. 穷举法算法的框架

穷举法算法一般使用循环语句和选择语句实现,其中循环语句用于枚举穷举对象的所有可能的情况,而选择语句判断当前的条件是否为所求的解。其基本流程如下。

① 根据问题的具体情况确定穷举变量(简单变量或数组)。

② 根据确定的范围设置穷举循环。

③ 根据问题的具体要求确定解满足的约束条件。

④ 设计穷举法算法,编写相应的程序,执行和调试穷举法程序,对执行结果进行分析与讨论。

假设某个问题的穷举变量是 x 和 y,穷举顺序是先 x 后 y,均为顺序列举,它们的取值

范围分别是 $x \in (x_1, x_2, \cdots, x_n)$，$y \in (y_1, y_2, \cdots, y_m)$，约束条件为 $p(x_i, y_j)$，对应的穷举法算法的基本框架如下：

```
def Exhaustive(x,n,y,m):                #穷举法算法的框架
    for i in range(1,n+1):              #枚举 x 的所有可能的值
        for j in range(1,m+1):          #枚举 y 的所有可能的值
            ...
            if p(x[i],y[j]):            #检测约束条件是否成立
            ...
```

从中看出，x 和 y 的所有可能的搜索范围是笛卡儿积，即($[x_1, y_1]$，$[x_1, y_2]$，…，$[x_1, y_m]$，…，$[x_n, y_1]$，$[x_n, y_2]$，…，$[x_n, y_m]$)，这样的搜索范围可以用一棵树表示，称为解空间树，它包含求解问题的所有解，求解过程就是在整个解空间树中搜索满足约束条件 $p(x_i, y_j)$的解，可能解对应于某些叶子结点。在第 5 章中将更详细地讨论解空间树的相关概念。

【例 3-1】 鸡兔同笼问题。现有一个笼子，里面有鸡和兔若干只，数一数共有 a 个头、b 条腿，设计一个算法求鸡和兔各有多少只？

扫一扫

视频讲解

解 由于有鸡和兔两种动物，每只鸡有两条腿，每只兔有 4 条腿，设置两个循环变量，x 表示鸡的只数，y 表示兔的只数，那么穷举对象就是 x 和 y，假设穷举对象的顺序是先 x 后 y(在本问题中也可以是先 y 后 x)。

显然，x 和 y 的取值范围都是 0～a，约束条件 $p(x, y)$为($x+y==b$)和($2x+4y=b$)。以 $a=3$、$b=8$ 为例，对应的解空间树如图 3.1 所示，根结点的分支对应 x 的各种取值，第二层结点的分支为 y 的各种取值，其中"×"结点是不满足约束条件的结点，带阴影的结点是满足约束条件的结点，所以结果是 $x=2$，$y=1$。对应的算法如下：

```
def solve1(a,b):
    for x in range(0,a+1):
        for y in range(0,a+1):
            if x+y==a and 2*x+4*y==b:
                print("x=%d,y=%d"%(x,y))
```

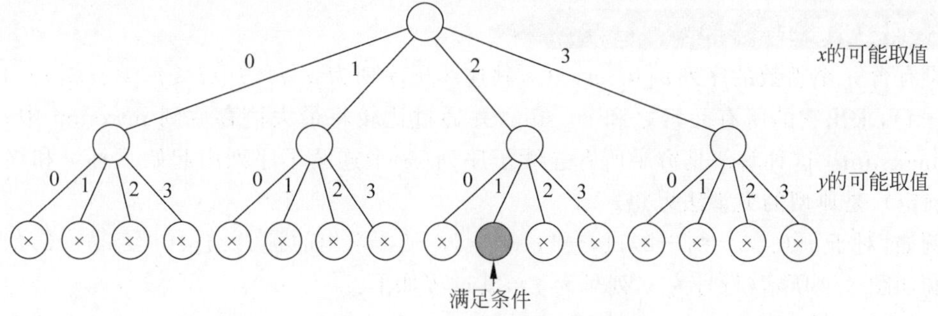

图 3.1　$a=3$、$b=8$ 的解空间树

从图 3.1 看到，解空间树中共有 21 个结点，显然结点个数越多时间性能越差，可以稍做优化，鸡的只数最多为 $\min(a, b/2)$，兔的只数最多为 $\min(a, b/4)$，仍以 $a=3$、$b=8$ 为例，x 的取值范围是 0～3，y 的取值范围是 0～2。对应的解空间树如图 3.2 所示，共 17 个结点。

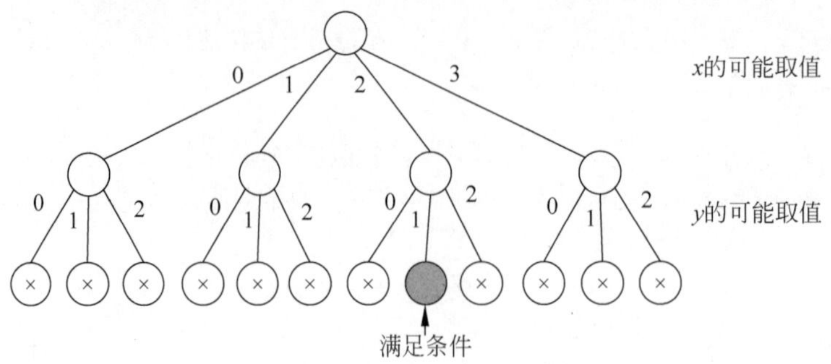

图 3.2　$a=3$、$b=8$ 的优化解空间树

对应的优化算法如下：

```
def solve2(a,b):
    for x in range(0,min(a,b//2)+1):
        for y in range(0,min(a,b//4)+1):
            if x+y==a and 2*x+4*y==b:
                print("x=%d,y=%d"%(x,y))
```

所以尽管穷举法算法通常性能较差，但能够以它为基础进行优化继而得到高性能的算法，优化的关键是可以找出求解问题的优化点，不同的问题的优化点是不同的，这就需要大家通过大量实训掌握一些基本算法设计技巧。后面通过两个应用讨论穷举法算法的设计方法，以及穷举法算法的优化过程。

扫一扫

视频讲解

3.1.2　最大连续子序列和

1. 问题描述

给定一个含 $n(n\geqslant 1)$ 个整数的序列，要求求出其中最大连续子序列的和。例如序列(−2,11,−4,13,−5,−2)的最大连续子序列和为 20，序列(−6,2,4,−7,5,3,2,−1,6,−9,10,−2)的最大连续子序列和为 16。规定一个序列的最大连续子序列和至少是 0，如果小于 0，其结果为 0。

2. 问题求解 1

设有含 n 个整数的序列 $a[0..n-1]$，其连续子序列为 $a[i..j]$($i\leqslant j$，$0\leqslant i\leqslant n-1$，$i\leqslant j\leqslant n-1$)，求出它的所有元素之和 cursum，并通过比较将最大值存放到 maxsum 中，最后返回 maxsum。这种解法是穷举所有连续子序列(一个连续子序列由起始下标 i 和终止下标 j 确定)，是典型的穷举法思想。

例如，对于 $a[0..5]=\{-2,11,-4,13,-5,-2\}$，求出的 $a[i..j]$($0\leqslant i\leqslant j\leqslant 5$)的所有元素和如图 3.3 所示(行号为 i，列号为 j)，其过程如下：

(1) $i=0$，依次求出 $j=0,1,2,3,4,5$ 的子序列和分别为−2、9、5、18、13、11。

(2) $i=1$，依次求出 $j=1,2,3,4,5$ 的子序列和分别为 11、7、20、15、13。

(3) $i=2$，依次求出 $j=2,3,4,5$ 的子序列和分别为−4、9、4、2。

(4) $i=3$，依次求出 $j=3,4,5$ 的子序列和分别为 13、8、6。

(5) $i=4$，依次求出 $j=4,5$ 的子序列和分别为−5、−7。

(6) $i=5$，求出 $j=5$ 的子序列和为−2。

其中 20 是最大值，即最大连续子序列和为 20。

i \ j	0	1	2	3	4	5
初始序列	−2	11	−4	13	−5	−2
0	−2	9	5	18	13	11
1		11	7	20	15	13
2			−4	9	4	2
3				13	8	6
4					−5	−7
5						−2

图 3.3　$a[i..j](0\leqslant i\leqslant j\leqslant 5)$的所有元素和

对应的算法如下：

```
def maxSubSum1(a):                              #解法 1
    n,maxsum=len(a),0
    for i in range(0,n):                        #用三重循环穷举所有的连续子序列
        for j in range(i,n):
            cursum=0
            for k in range(i,j+1):cursum+=a[k]
            maxsum=max(maxsum,cursum)  #通过比较求最大 maxsum
    return maxsum
```

【算法分析】 在 maxSubSum1(a)算法中用了三重循环，所以有：

$$T(n)=\sum_{i=0}^{n-1}\sum_{j=i}^{n-1}\sum_{k=i}^{j}1=\sum_{i=0}^{n-1}\sum_{j=i}^{n-1}(j-i+1)=\frac{1}{2}\sum_{i=0}^{n-1}(n-i)(n-i+1)=O(n^3)$$

3. 问题求解 2

采用前缀和方法，用 presum[i]表示子序列 $a[0..i-1]$的元素和，即 a 中前 i 个元素的和，显然有如下递推关系：

presum[0]=0

presum[i]=presum[$i-1$]+$a[i-1]$　　当 $i>0$ 时

假设 $j\geqslant i$，则有：

presum[i]=$a[0]+a[1]+\cdots+a[i-1]$

presum[j]=$a[0]+a[1]+\cdots+a[i-1]+a[i]+\cdots+a[j-1]$

两式相减得到 presum[j]−presum[i]=$a[i]+\cdots+a[j-1]$，这样 i 从 0 到 $n-1$、$j-1$ 从 i 到 $n-1$(即 j 从 $i+1$ 到 n)循环可以求出所有连续子序列 $a[i..j]$之和，通过比较求出最大 maxsum 即可。对应的算法如下：

```
def maxSubSum2(a):                              #解法 2
    n=len(a)
    presum=[0]*(n+1)
    presum[0]=0
    for i in range(1,n+1):
```

```
        presum[i]=presum[i-1]+a[i-1]
    maxsum=0
    for i in range(0,n):
        for j in range(i+1,n+1):
            cursum=presum[j]-presum[i]
            maxsum=max(maxsum,cursum)              #通过比较求最大 maxsum
    return maxsum
```

【算法分析】 在 maxSubSum2(a)算法中主要用了两重循环,所以有:

$$T(n)=\sum_{i=0}^{n-1}\sum_{j=i+1}^{n}1=\sum_{i=0}^{n-1}(n-i)=\frac{n(n+1)}{2}=O(n^2)$$

4. 问题求解 3

对前面的解法 1 进行优化。当 i 取某个起始下标时,依次求 $j=i,i+1,\cdots,n-1$ 对应的子序列和,实际上这些子序列是相关的。用 Sum($a[i..j]$)表示子序列 $a[i..j]$的元素和,显然有如下递推关系:

Sum($a[i..j]$)=0　　　　　　　　　　　　　当 $j<i$ 时

Sum($a[i..j]$)=Sum($a[i..j-1]$)+$a[j]$　　当 $j\geqslant i$ 时

这样在连续求以 $a[i]$开始的 $a[i..j]$子序列和($j=i,i+1,\cdots,n-1$)时没有必要使用循环变量为 k 的第 3 重循环,优化后的算法如下:

```
def maxSubSum3(a):                              #解法 3
    n,maxsum=len(a),0
    for i in range(0,n):
        cursum=0
        for j in range(i,n):
            cursum+=a[j]
            maxsum=max(maxsum,cursum)           #通过比较求最大 maxsum
    return maxsum
```

【算法分析】 在 maxSubSum3(a)算法中只有两重循环,所以有:

$$T(n)=\sum_{i=0}^{n-1}\sum_{j=i}^{n-1}1=\sum_{i=0}^{n-1}(n-i)=\frac{n(n+1)}{2}=O(n^2)$$

5. 问题求解 4

对前面的解法 3 继续优化。将 maxsum 和 cursum 初始化为 0,用 i 遍历 a,置 cursum+=$a[i]$,也就是说 cursum 累计到 $a[i]$时的元素和,分为两种情况:

① 若 cursum≥maxsum,说明 cursum 是一个更大的连续子序列和,将其存放到 maxsum 中,即置 maxsum=cursum。

② 若 cursum<0,说明 cursum 不可能是一个更大的连续子序列和,从下一个 i 开始继续遍历,所以置 cursum=0。

在上述过程中先置 cursum+=$a[i]$,后判断 cursum 的两种情况。在 a 遍历完后返回 maxsum 即可。对应的算法如下:

```
def maxSubSum4(a):                              #解法 4
    n,maxsum,cursum=len(a),0,0
```

```
    for i in range(0,n):
        cursum+=a[i]
        maxsum=max(maxsum,cursum)    #通过比较求最大 maxsum
        if cursum<0:cursum=0         #若 cursum<0,最大连续子序列从下一个位置开始
    return maxsum
```

【算法分析】 在 maxSubSum4(a)算法中只有一重循环，所以时间复杂度为 $O(n)$。

从中看出，尽管仍采用穷举法思路，但可以通过各种优化手段降低算法的时间复杂度。解法 2 的优化点是采用前缀和数组，解法 3 的优化点是找出 $a[i..j-1]$和 $a[i..j]$子序列的相关性，解法 4 的优化点是进一步判断 cursum 的两种情况。

思考题：对于给定的整数序列 a，不仅要求出其中最大连续子序列的和，还需要求出这个具有最大连续子序列和的子序列（给出其起始和终止下标），如果有多个具有最大连续子序列和的子序列，求其中任意一个子序列。

扫一扫

视频讲解

3.1.3 实战——最大子序列和(LeetCode53★)

1. 问题描述

给定一个含 $n(1\leqslant n\leqslant 10^5)$个整数的数组 nums，设计一个算法找到一个具有最大和的连续子数组（子数组中至少包含一个元素），返回其最大和。例如，nums={－2,1,－3,4,－1,2,1,－5,4}，答案为 6，对应的连续子数组是{4,－1,2,1}。

2. 问题求解

本题是求 nums 的最大连续子序列和，但该序列中至少包含一个元素，也就是说最大连续子序列和可能为负数。例如 nums={－1,－2}，结果为－2，因此需要在 3.1.2 节中解法 4 的基础上将答案 maxsum 初始化为 nums[0]而不是 0。对应的算法如下：

```
class Solution:
    def maxSubArray(self, nums: List[int]) -> int:
        n,maxsum,cursum=len(nums),nums[0],0
        for i in range(0,n):
            cursum+=nums[i]
            maxsum=max(maxsum,cursum)      #通过比较求最大 maxsum
            if cursum<0:cursum=0 #若 cursum<0,最大连续子序列从下一个位置开始
        return maxsum
```

上述程序提交时通过，运行时间为 128ms，内存消耗为 29.8MB。

3.2 归纳法

3.2.1 归纳法概述

1. 什么是数学归纳法

谈到归纳法，大家很容易会想到数学归纳法，数学归纳法是一种数学证明方法，用于确

定一个表达式在所有自然数范围内是成立的,分为第一数学归纳法和第二数学归纳法两种。

第一数学归纳法的原理:若$\{P(1),P(2),P(3),P(4),\cdots\}$是命题序列且满足以下两个性质,则所有命题均为真。

① $P(1)$为真。

② 任何命题均可以从它的前一个命题推导得出。

例如,采用第一数学归纳法证明$1+2+\cdots+n=n(n+1)/2$成立的过程如下:

当$n=1$时,左式$=1$,右式$=(1\times 2)/2=1$,左、右两式相等,等式成立。

假设当$n=k-1$时等式成立,有$1+2+\cdots+(k-1)=k(k-1)/2$。

当$n=k$时,左式$=1+2+\cdots+(k-1)+k=k(k-1)/2+k=k(k+1)/2$,等式成立,问题即证。

第二数学归纳法的原理:若$\{P(1),P(2),P(3),P(4),\cdots\}$是满足以下两个性质的命题序列,则对于其他自然数,该命题序列均为真。

① $P(1)$为真。

② 任何命题均可以从它的前面所有命题推导得出。

用数学归纳法进行证明主要有两个步骤:

① 证明当取第一个值时命题成立。

② 假设当前命题成立,证明后续命题也成立。

数学归纳法的独到之处是运用有限个步骤就能证明无限多个对象,而实现这一目的的工具就是递推思想。第①步是证明归纳基础成立,归纳基础成为后面递推的出发点,没有它递推成了无源之水;第②步是证明归纳递推成立,借助该递推关系,命题成立的范围就能从开始向后面一个数一个数地无限传递到以后的每个正整数,从而完成证明,因此递推是实现从有限到无限飞跃的关键。

【例 3-2】 给定一棵非空二叉树,采用数学归纳法证明如果其中有n个叶子结点,则双分支结点的个数恰好为$n-1$,即$P(n)=n-1$。

证明:当$n=1$时,这样的二叉树只有一个结点,该结点既是根结点又是叶子结点,没有分支结点,则$P(1)=0$成立。

假设叶子结点的个数为$k-1$时成立,即$P(k-1)=(k-1)-1=k-2$。由二叉树的结构可知,想要在当前的二叉树中增加一个叶子结点,对其中某种类型的结点的操作如下。

① 双分支结点:无法增加孩子结点,不能达到目的。

② 单分支结点:可以增加一个孩子结点(为叶子结点),此时该单分支结点变为双分支结点,也就是说叶子结点和双分支结点均增加一个,这样$P(k)=P(k-1)+1=k-2+1=k-1$,结论成立。

③ 叶子结点:增加一个孩子结点,总的叶子结点个数没有增加,不能达到目的。

④ 叶子结点:增加两个孩子结点(均为叶子结点),此时该叶子结点变为双分支结点。也就是说叶子结点和双分支结点均增加一个,这样$P(k)=P(k-1)+1=k-2+1=k-1$,结论成立。从中看出凡是能够达到目的的操作都会使结论成立,因此根据第一数学归纳法的原理,问题即证。

2. 什么是归纳法

从广义上讲,归纳法是人们在认识事物的过程中所使用的一种思维方法,通过列举少量的特殊情况，经过分析和归纳推理寻找出基本规律。归纳法比枚举法更能反映问题的本质，但是从一个实际问题中总结归纳出基本规律并不是一件容易的事情，而且归纳过程通常也没有一定的规则可以遵循。归纳法包含不完全归纳法和完全归纳法，不完全归纳法是根据事物的部分特殊事例得出一般结论的推理方法，即从特殊出发，通过实验、观察、分析、综合和抽象概括出一般性结论的一种重要方法。完全归纳法是根据事物的所有特殊事例得出一般结论的推理方法。

在算法设计中归纳法常用于建立数学模型，通过归纳推理得到求解问题的递推关系，也就是采用递推关系表达寻找出的基本规律，从而将复杂的运算化解为若干重复的简单运算，以充分发挥计算机擅长重复处理的特点。在应用归纳法时一般用 n 表示问题的规模（n 为自然数），并且具有这样的递推性质——能从已求得的问题规模为 $1 \sim n-1$ 或者 $n/2$ 等的一系列解构造出问题规模为 n 的解，前者均称为“小问题”，后者称为“大问题”，而大、小问题的解法相似，只是问题规模不同。利用归纳法产生递推关系的基本流程如下。

① 按推导问题的方向研究最初、最原始的若干问题。

② 按推导问题的方向寻求问题间的转换规律，即递推关系，使问题逐渐转化成较低层级或简单的且能解决的问题或已解决的问题。

根据推导问题的方向分为顺推法和逆推法两种。所谓顺推法是从已知条件出发逐步推算出要解决问题的结果，如图 3.4(a)所示。所谓逆推法是从已知问题的结果出发逐步推算出问题的开始条件，如图 3.4(b)所示。

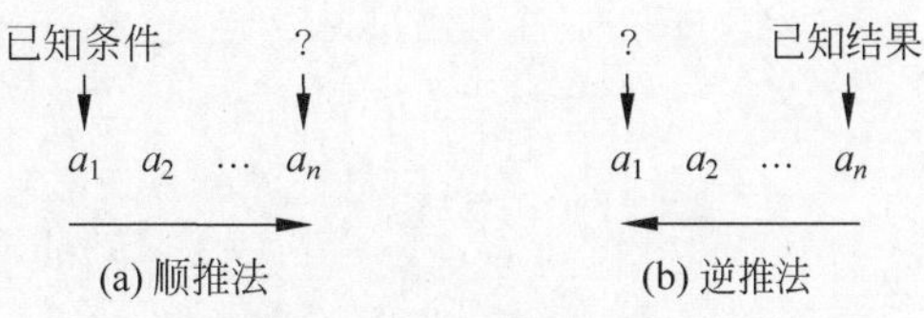

图 3.4 顺推法和逆推法

前面讨论的数学归纳法和归纳法有什么关系呢？数学归纳法虽然不是归纳法，但是它与归纳法有着一定程度的关联，在结论的发现过程中往往先对大量个别事实进行观察，通过不完全归纳法归纳形成一般性结论，最终利用数学归纳法对结论的正确性予以证明。

3.2.2 直接插入排序

1. 问题描述

有一个整数序列 $a[0..n-1]$，采用直接插入排序实现 a 的递增有序排序。直接插入排序的过程是 i 从 1 到 $n-1$ 循环，每次循环时将 $a[i]$ 有序插入 $a[0..i-1]$ 中。

2. 问题求解

采用不完全归纳法产生直接插入排序的递推关系。例如 $a=(2,5,4,1,3)$，这里 $n=5$，用[]表示有序区，各趟的排序结果如下。

初始：([**2**],5,4,1,3)

$i=1$：([2,**5**],4,1,3)

$i=2$：([2,**4**,5],1,3)

$i=3$：([**1**,2,4,5],3)

$i=4$：([1,2,**3**,4,5])

设 $f(a,i)$ 用于实现 $a[0..i]$（共 $i+1$ 个元素）的递增排序，它是一个大问题，则 $f(a,$

$i-1$)实现 $a[0..i-1]$(共 i 个元素)的排序,它是一个小问题。对应的递推关系如下:

$f(a,i) \equiv$ 不做任何事情　　　　当 $i=0$ 时

$f(a,i) \equiv f(a,i-1)$;将 $a[i]$有序插入 $a[0..i-1]$中　　　　其他

显然 $f(a,n-1)$用于实现 $a[0..n-1]$的递增排序。这样采用不完全归纳法得到的结论(直接插入排序的递推关系)是否正确呢?采用数学归纳法证明如下:

① 证明归纳基础成立。当 $n=1$ 时直接返回,由于此时 a 中只有一个元素,它是递增有序的,所以结论成立。

② 证明归纳递推成立。假设 $n=k$ 时成立,也就是说 $f(a,k-1)$用于实现 $a[0..k-1]$的递增排序。当 $n=k+1$ 时对应 $f(a,k)$,先调用 $f(a,k-1)$将 $a[0..k-1]$排序,再将 $a[k]$有序插入 $a[0..k-1]$中,这样 $a[0..k]$变成递增有序序列,所以 $f(a,k)$实现 $a[0..k]$的递增排序,结论成立。

根据第一数学归纳法的原理,问题即证。按照上述直接插入排序的递推关系得到对应的算法如下:

```
def Insert(a,i):                          #将 a[i]有序插入 a[0..i-1]中
    tmp=a[i]
    j=i-1
    while True:                           #找 a[i]的插入位置
        a[j+1]=a[j]                       #将关键字大于 a[i]的元素后移
        j-=1
        if not (j>=0 and a[j]>tmp):
            break                         #循环到 a[j]<=tmp 为止
    a[j+1]=tmp                            #在 j+1 处插入 a[i]

def InsertSort1(a):                       #迭代算法:直接插入排序
    n=len(a)
    for i in range(1,n):
        if a[i]<a[i-1]:Insert(a,i)        #反序时调用 Insert
```

在实际中有些采用不完全归纳法得到的结论明显是正确的,或者已经被人们证明是正确的,可以在算法设计中直接使用这些结论。

扫一扫

视频讲解

3.2.3 实战——不同路径(LeetCode62★★)

1. 问题描述

一个机器人位于一个 $m\times n$($1\leqslant m,n\leqslant 100$)网格的左上角(起始点标记为"Start"),机器人每次只能向下或者向右移动一步,设计一个算法求机器人到达网格的右下角(标记为"Finish")共有多少条不同的路径。例如,$m=3$,$n=3$,对应的网格如图 3.5 所示,答案为 6。

Start		
		Finish

图 3.5　3×3 的网格

2. 问题求解

在从左上角到右下角的任意路径中,一定是向下走 $m-1$ 步、向右走 $n-1$ 步,不妨置 $x=m-1$,$y=n-1$,路径长度为 $x+y$。例如对于图 3.5,这里 $x=2$,$y=2$,所有路径长度为 4,6 条不同的路径如下:

① 右右下下;

② 右下右下;

③ 右下下右；

④ 下右右下；

⑤ 下右下右；

⑥ 下下右右。

归纳起来，不同路径条数等于从 $x+y$ 个选择中挑选 x 个“下”或者 y 个“右”的组合数，即 C_{x+y}^{x} 或者 C_{x+y}^{y}（实际上从数学上推导有 $C_{x+y}^{x}=C_{x+y}^{y}$），为了方便，假设 $x\leqslant y$，结果取 C_{x+y}^{x}。

$$C_{x+y}^{x}=\frac{(x+y)!}{x!\ y!}=\frac{(x+y)(x+y-1)\cdots(y-1)y!}{x!\ y!}=\frac{(x+y)\times\cdots\times(y-1)}{x\times(x-1)\times\cdots\times2\times1}$$

在上式中分子、分母均为 x 个连乘，可以进一步转换为

$$\frac{x+y}{x}\times\frac{x+y-1}{x-1}\times\cdots\times\frac{y-1}{1}$$

由于除法的结果是实数，而不同的路径数一定是整数，所以最后需要将计算的结果四舍五入得到整数答案。对应的算法如下：

```
class Solution:
    def uniquePaths(self, m: int, n: int) -> int:
        return self.comp(m-1,n-1)

    def comp(self,x,y):
        a,b=x+y,min(x,y)
        ans=1.0
        while b>0:
            ans *=1.0 * a/b
            a-=1;b-=1
        return round(ans)
```

上述程序提交时通过，执行时间为 40ms，内存消耗为 14.9MB。

说明：在求 C_{x+y}^{x} 时，如果先计算 $(x+y)!$，再计算 $x!\ y!$，最后求两者相除的结果，当 x、y 较大时会发生溢出。

3.2.4 猴子摘桃子问题

1. 问题描述

猴子第 1 天摘下若干桃子，当即吃了一半又一个。第 2 天又把剩下的桃子吃了一半又一个，以后每天都吃前一天剩下的桃子的一半又一个，到第 10 天猴子想吃的时候只剩下一个桃子。求猴子第 1 天一共摘了多少个桃子。

2. 问题求解

采用归纳法中的逆推法。设 $f(i)$ 表示第 i 天的桃子数，假设第 n（题目中 $n=10$）天只剩下一个桃子，即 $f(n)=1$。另外，题目中隐含了前一天的桃子数等于后一天桃子数加 1 的两倍：

$f(10)=1$

$f(9)=2(f(10)+1)$

$f(8)=2(f(9)+1)$

…

即 $f(i)=2(f(i+1)+1)$。这样得到递推关系如下：

$f(i)=1$　　　　　　　　当 $i=n$ 时

$f(i)=2(f(i+1)+1)$　　其他

其中 $f(i)$是大问题，$f(i+1)$是小问题。最终结果是求 $f(1)$。对应的算法如下：

```
def peaches(n):                    #第 n 天的桃子数为 1,求第 1 天的桃子数
    ans=1
    for i in range(n-1,0,-1):
        ans=2 * (ans+1)
    return ans
```

用上述算法求出 $f(1)$为 1534。

3.3 迭　代　法

3.3.1 迭代法概述

迭代法也称辗转法，是一种不断用变量的旧值推出新值的过程。通过让计算机对一组指令(或一定步骤)进行重复执行，在每次执行这组指令(或这些步骤)时都从变量的原值推出它的一个新值。

如果说归纳法是一种建立求解问题数学模型的方法，则迭代法是一种算法实现技术。一般先采用归纳法产生递推关系，在此基础上确定迭代变量，再对迭代过程进行控制，基本的迭代法算法框架如下：

```
def Iterative():                   #迭代法算法的框架
    为迭代变量赋初值
    while (迭代条件成立:
        根据递推关系式由旧值计算出新值
        新值取代旧值,为下一次迭代做准备)
```

实际上 3.2 节中所有的算法均是采用迭代法实现的。

如果一个算法已经采用迭代法实现，那么如何证明算法的正确性呢？由于迭代法算法包含循环，对循环的证明引入循环不变量的概念。所谓循环不变量，是指在每轮迭代开始前后要操作的数据必须保持的某种特性(例如在直接插入排序中，排序表的前面部分必须是有序的)。循环不变量是进行循环的必备条件，因为它保证了循环进行的有效性，有助于大家理解算法的正确性。如图 3.6 所示，对于循环不变量必须证明它的 3 个性质。

初始化：在循环的第一轮迭代开始之前应该是正确的。

保持：如果在循环的第一次迭代开始之前正确，那么在下一次迭代开始之前它也应该保持正确。

终止：当循环结束时，循环不变量给了用户一个有用的性质，它有助于表明算法是正确的。

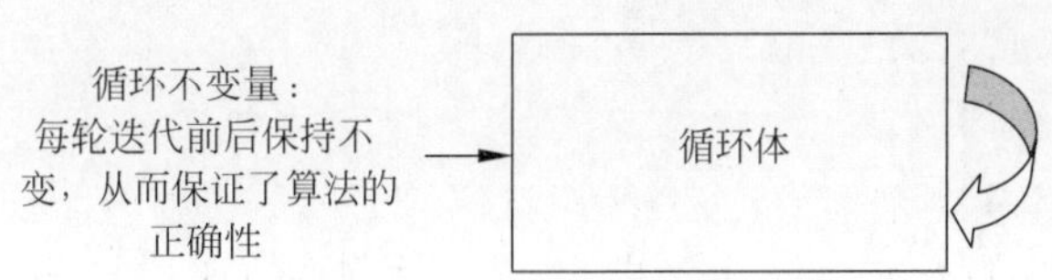

图 3.6　利用循环不变量证明算法的正确性

这里的推理与数学归纳法相似，在数学归纳法中要证明某一性质是成立的，必须首先证明归纳基础成立，这里就是证明循环不变量在第一轮迭代开始之前是成立的。证明循环不变量在各次迭代之间保持成立，类似于在数学归纳法中证明归纳递推成立。循环不变量的第三项性质必须成立，与数学归纳法不同，在归纳法中归纳步骤是无穷地使用，在循环结束时才终止"归纳"。

【例 3-3】 采用循环不变量证明 3.2.2 节中直接插入排序算法的正确性。

证明：在直接插入排序算法中循环不变量为"$a[0..i-1]$是递增有序的"。

初始化：在循环时 i 从 1 开始，循环之前 $a[0..0]$中只有一个元素，显然是有序的，所以循环不变量在循环开始之前是成立的。

保持：需要证明每一轮循环都能使循环不变量保持成立。对于 $a[i]$排序的这一趟，之前 $a[0..i-1]$是递增有序的：

① 如果 $a[i] \geqslant a[i-1]$，即正序，则该趟结束，结束后循环不变量 $a[0..i]$显然是递增有序的。

② 如果 $a[i] < a[i-1]$，即反序，则在 $a[0..i-1]$中从后向前找到第一个 $a[j] \leqslant a[i]$，将 $a[j+1..i-1]$均后移一个位置，并且将原 $a[i]$放在 $a[j+1]$位置，这样结束后循环不变量 $a[0..i]$显然也是递增有序的。

终止：循环结束时 $i=n$，在循环不变量中用 i 替换 n，就有 $a[0..n-1]$包含原来的全部元素，但现在已经排好序了，也就是说循环不变量也是成立的。

这样就证明了 3.2.2 节中直接插入排序算法的正确性。

后面的重点放在迭代法算法的设计上而不是算法的正确性证明上，通过几个经典应用予以讨论。

3.3.2 简单选择排序

1. 问题描述

有一个整数序列 $a[0..n-1]$，采用简单选择排序实现 a 的递增有序排序。简单选择排序的过程是，i 从 0 到 $n-2$ 循环，$a[0..i-1]$是有序区，$a[i..n-1]$是无序区，并且前者的所有元素均小于或等于后者的任意元素，每次循环在 $a[i..n-1]$无序区采用简单比较找到最小元素 $a[\text{minj}]$，通过交换将其放到 $a[i]$位置。

2. 问题求解

采用不完全归纳法产生简单选择排序的递推关系。例如 $a=(2,5,4,1,3)$，这里 $n=5$，用[]表示有序区，各趟的排序结果如下。

初始：　([]2,5,4,1,3)

$i=0$：　([**1**],5,4,2,3)

$i=1$:　([1,**2**],4,5,3)

$i=2$:　([1,2,**3**],5,4)

$i=3$:　([1,2,3,**4**],5)

设 $f(a,i)$用于实现 $a[i..n-1]$(共 $n-i$ 个元素)的递增排序,它是一个大问题,则 $f(a,i-1)$ 实现 $a[i-1..n-1]$(共 $n-i-1$ 个元素)的排序,它是一个小问题。对应的递推关系如下:

$f(a,i) \equiv$ 不做任何事情　　当 $i=n-1$ 时

$f(a,i) \equiv$ 在 $a[i..n-1]$中选择最小元素交换到 $a[i]$位置; $f(a,i+1)$　否则

显然 $f(a,0)$用于实现 $a[0..n-1]$的递增排序。对应的算法如下:

```
def Select(a,i):                       #一趟排序:在 a[i..n-1]中选择最小元素交换到 a[i]位置
    n,minj=len(a),i                    #minj 表示 a[i..n-1]中最小元素的下标
    for j in range(i+1,n):             #在 a[i..n-1]中找最小元素
        if a[j]<a[minj]:minj=j
    if minj!=i:                        #若最小元素不是 a[i]
        a[minj],a[i]=a[i],a[minj]      #交换

def SelectSort1(a):                    #迭代法:简单选择排序
    for i in range(0,len(a)):          #进行 n-1 趟排序
        Select(a,i)
```

扫一扫

视频讲解

3.3.3　实战——多数元素(LeetCode169★)

1. 问题描述

见 2.12.3 节,这里采用迭代法求解。

2. 问题求解

依题意 nums 中一定存在多数元素。通过观察可以归纳出这样的结论,删除 nums 中任意两个不同的元素,则删除后多数元素依然存在且不变。假设 nums 中的多数元素为 c,即 c 出现的次数 cnt 大于 $n/2$,现在删除 nums 中任意两个不同的元素得到 nums1(含 $n-2$ 个元素):

① 若删除的两个元素均不是 c,则 c 在 nums1 中出现的次数仍然为 cnt,由于 cnt$>n/2>(n-2)/2$,所以 c 是 nums1 中的多数元素。

② 若删除的两个元素中有一个是 c,则 c 在 nums1 中出现的次数为 cnt-1,由于 (cnt$-1)/(n-2)>(n/2-1)/(n-2)=1/2$,也就是说 c 在 nums1 中出现的次数超过一半,所以 c 是 nums1 中的多数元素。

既然上述结论成立,设候选多数元素为 $c=$nums[0],计数器 cnt 表示 c 出现的次数(初始为 1),i 从 1 开始遍历 nums,若两个元素(nums[i],c)相同,cnt 增 1,否则 cnt 减 1,相当于删除这两个元素(nums[i]删除一次,c 也只删除一次),如果 cnt 为 0,说明前面没有找到多数元素,从 nums[$i+1$]开始重复查找,即重置 c=nums[$i+1$],cnt=1。遍历结束后 c 就是 nums 中的多数元素。对应的迭代算法如下:

```
class Solution:
    def majorityElement(self, nums: List[int]) -> int:
```

```
        n=len(nums)
        if n==1:return nums[0]
        c,cnt=nums[0],1
        i=1
        while i<n:
            if nums[i]==c:              #选择两个元素(R[i],c)
                cnt+=1                  #相同时累加次数
            else:
                cnt-=1                  #不相同时递减 cnt,相当于删除这两个元素
                if cnt==0:              #cnt 为 0 时对剩余元素从头开始查找
                    i+=1
                    c=nums[i];cnt+=1
            i+=1
        return c
```

上述程序提交时通过,运行时间为 44ms,内存消耗为 16.8MB。对应算法的时间复杂度为 $O(n)$,空间复杂度为 $O(1)$。

扫一扫

视频讲解

3.3.4 求幂集

1. 问题描述

给定一个正整数 $n(n\geqslant 1)$,给出求$\{1,2,\cdots,n\}$的幂集的递推关系和迭代算法。例如,当 $n=3$ 时,{1,2,3}的幂集合为{{},{1},{2},{1,2},{3},{1,3},{2,3},{1,2,3}}(子集的顺序任意)。

2. 问题求解

以 $n=3$ 为例,求{1,2,3}的幂集的过程如图 3.7 所示,其中 M_1、M_2 和 M_3 分别表示{1}、{1,2}和{1,2,3}的幂集。

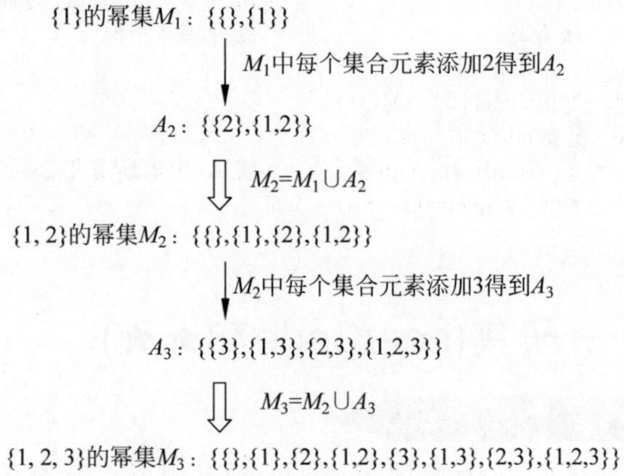

{1}的幂集M_1: {{},{1}}

↓ M_1中每个集合元素添加2得到A_2

A_2: {{2},{1,2}}

⇓ $M_2=M_1\cup A_2$

{1, 2}的幂集M_2: {{},{1},{2},{1,2}}

↓ M_2中每个集合元素添加3得到A_3

A_3: {{3},{1,3},{2,3},{1,2,3}}

⇓ $M_3=M_2\cup A_3$

{1, 2, 3}的幂集M_3: {{},{1},{2},{1,2},{3},{1,3},{2,3},{1,2,3}}

图 3.7 求{1,2,3}的幂集的过程

对应的步骤如下。

① {1}的幂集 M_1={{},{1}}。

② 在 M_1 的每个集合元素的末尾添加 2 得到 A_2={{2},{1,2}},将 M_1 和 A_2 的全部元素合并起来得到 M_2={{},{1},{2},{1,2}}。

③ 在 M_2 的每个集合元素的末尾添加 3 得到 $A_3=\{\{3\},\{1,3\},\{2,3\},\{1,2,3\}\}$，将 M_2 和 A_3 的全部元素合并起来得到 $M_3=\{\{\},\{1\},\{2\},\{1,2\},\{3\},\{1,3\},\{2,3\},\{1,2,3\}\}$。

归纳起来，设 M_i 表示$\{1,2,\cdots,i\}(i\geqslant 1$，共 i 个元素)的幂集(是一个两层集合)，为大问题，则 M_{i-1} 为$\{1,2,\cdots,i-1\}$(共 $i-1$ 个元素)的幂集，为小问题，显然有 $M_1=\{\{\},\{1\}\}$。

考虑 $i>1$ 的情况，假设 M_{i-1} 已经求出，定义运算 appendi(M_{i-1},i)返回在 M_{i-1} 中每个集合元素的末尾插入整数 i 的结果，即

$$\text{appendi}(M_{i-1},i)=\bigcup_{s\in M_{i-1}}\text{append}(s,i)$$

则

$M_i=M_{i-1}\cup A_i$，其中 $A_i=\text{appendi}(M_{i-1},i)$。

这样求$\{1,2,\cdots,n\}$的幂集的递推关系如下：

$M_1=\{\{\},\{1\}\}$

$M_i=M_{i-1}\cup A_i$　　　　　当 $i>1$ 时

幂集是一个两层集合，采用双层表存放，其中每个列表元素表示幂集中的一个集合。大问题即求$\{1,2,\cdots,i\}$的幂集，用 Mi 变量表示，小问题即求$\{1,2,\cdots,i-1\}$的幂集，用 Mi_1 变量表示，首先置 Mi_1=$\{\{\},\{1\}\}$表示 M_1。迭代变量 i 从 2 到 n 循环，每次迭代将完成的问题规模由 i 增加为 $i+1$。对应的迭代法算法如下：

```
import copy
def appendi(Mi_1,e):                       #向 Mi_1 中每个集合元素的末尾添加 e
    Ai=Mi_1
    for x in Ai:x.append(e)
    return Ai

def subsets(n):                            #迭代法:求{1,2,…,n}的幂集
    Mi_1=[[],[1]]                          #Mi_1 初始化为{1}的幂集
    if n==1:return Mi_1                    #处理特殊情况
    for i in range(2,n+1):
        Mi=copy.deepcopy(Mi_1)
        Ai=appendi(Mi_1,i)
        for x in Ai:Mi.append(x)           #将 Ai 中的所有集合元素添加到 Mi 中
        Mi_1=copy.deepcopy(Mi)
    return Mi
```

扫一扫

视频讲解

3.3.5 实战——子集(LeetCode78★★)

1. 问题描述

给定一个含 $n(1\leqslant n\leqslant 10)$个整数的数组 nums，其中所有元素互不相同。设计一个算法求该数组中所有可能的子集(幂集)，结果中不能包含重复的子集，但可以按任意顺序返回幂集。例如，nums=$\{1,2,3\}$，结果为$\{\{\},\{1\},\{2\},\{1,2\},\{3\},\{1,3\},\{2,3\},\{1,2,3\}\}$。

2. 问题求解

将数组 nums 看成一个集合(所有元素互不相同)，求 nums 的所有可能的子集就是求 nums 的幂集，与 3.3.4 节的思路完全相同，仅需要将求$\{1,2,\cdots,n\}$的幂集改为求 nums

[0..$n-1$]的幂集，即设 M_i 为 nums[0..i]的幂集。定义运算 appendi(M_{i-1}，nums[i])返回在 M_{i-1} 中每个集合元素的末尾插入元素 nums[i]的结果，即

$$\text{appendi}(M_{i-1},\text{nums}[i]) = \bigcup_{s \in M_{i-1}} \text{append}(s,\text{nums}[i])$$

则

$M_i = M_{i-1} \cup A_i$，其中 $A_i = \text{appendi}(M_{i-1},\text{nums}[i])$。

这样求 nums 的幂集的递推关系如下：

$M_0 = \{\{\},\{\text{nums}[0]\}\}$

$M_i = M_{i-1} \cup A_i$　　　　当 $i>0$ 时

对应的迭代法算法如下：

```
class Solution:
    def subsets(self, nums: List[int]) -> List[List[int]]:
        Mi=[]                                   #存放幂集
        Mi_1=[[],[nums[0]]]
        n=len(nums)
        if n==1:return Mi_1                     #处理特殊情况
        for i in range(1,n):
            Mi=copy.deepcopy(Mi_1)
            Ai=self.appendi(Mi_1,nums[i])
            for x in Ai:Mi.append(x)            #将 Ai 中的所有集合元素添加到 Mi 中
            Mi_1=copy.deepcopy(Mi)              #用新值替换旧值
        return Mi

    def appendi(self,Mi_1,e):                   #向 Mi_1 中每个集合元素的末尾添加 e
        Ai=Mi_1                                 #浅复制
        for x in Ai:x.append(e)
        return Ai
```

上述程序提交时通过，执行用时为 44ms，内存消耗为 15.3MB。

3.4 递归法

3.4.1 递归法概述

1. 什么是递归

递归算法是指在算法定义中又调用自身的算法。若在 p 算法定义中调用 p 算法，称为直接递归算法；若在 p 算法定义中调用 q 算法，而在 q 算法定义中又调用 p 算法，称为间接递归算法。任何间接递归算法都可以等价地转换为直接递归算法，所以下面主要讨论直接递归算法。

递归算法通常把一个大的复杂问题层层转换为一个或多个与原问题相似的规模较小的问题来求解，具有思路清晰和代码少的优点。目前主流的计算机语言（例如 C/C++、Java 和 Python 等）都支持递归，在内部通过系统栈实现递归调用。一般来说，能够用递归解决的问题应该满足以下 3 个条件。

① 需要解决的问题可以转化为一个或多个子问题来求解,而这些子问题的求解方法与原问题完全相同,只是在数量规模上不同。

② 递归调用的次数必须是有限的。

③ 必须有结束递归的条件来终止递归。

与迭代法类似,递归法也是一种算法实现技术,在设计递归法算法时首先用归纳法建立递推关系,这里称为递归模型,在此基础上直接转换为递归法算法。

2. 递归模型的一般格式

递归模型总是由递归出口和递归体两部分组成。递归出口表示递归到何时结束(对应最初、最原始的问题),递归体表示求解时的递推关系。一个简化的递归模型如下:

$f(s_1)=m$

$f(s_n)=g(f(s_{n-1}),c)$

其中 g 是一个非递归函数,m 和 c 为常量。例如,为了求 $n!$,设 $f(n)$ 表示 $n!$,对应的递归模型如下:

$f(1)=1$

$f(n)=n\times f(n-1)$　　　　当 $n>1$ 时

3. 提取求解问题的递归模型

结合算法设计的特点,提取求解问题的递归模型的一般步骤如下。

① 对大问题 $f(s)$(即 $f(s)$用于求解大问题)进行分析,假设出合理的小问题 $f(s')$(即 $f(s')$用于求解小问题)。

② 假设小问题 $f(s')$是可解的,在此基础上确定大问题 $f(s)$的解,即给出 $f(s)$与 $f(s')$之间的递推关系,也就是提取递归体(与数学归纳法中假设 $i=n-1$ 时等式成立,再求证 $i=n$ 时等式成立的过程相似)。

③ 确定一个特定情况(例如 $f(1)$或 $f(0)$)的解,由此作为递归出口(与数学归纳法中求证 $i=1$ 或 $i=0$ 时等式成立相似)。

4. 递归法算法的框架

在递归模型中递归体是核心,用于将小问题的解通过合并操作产生大问题的解,通常递归框架分为两种。

(1) 先求小问题的解后做合并操作,即先递后合,也就是在归来的过程中解决问题,其框架如下:

```
def recursion1(n):                    #先递后合的递归框架
    if 满足出口条件:
        直接解决
    else:
        recursion1(m)                 #递去,递到最深处
        merge()                       #归来时执行合并操作
```

(2) 先做合并操作再求小问题的解,即先合后递,也就是在递去的过程中解决问题,其框架如下:

```
def recursion2(n):                    #先合后递的递归框架
    if 满足出口条件:
```

```
        直接解决
    else:
        merge()                       #合并
        recursion2(m)                 #递到最深处后,再不断地归来
```

对于复杂的递归问题,例如在递去和归来过程中都包含合并操作,一个大问题分解为多个子问题等,其求解框架一般是上述基本框架的叠加。

【例 3-4】 假设二叉树采用二叉链存储,设计一个算法判断两棵二叉树 r1 和 r2 是否相同,所谓相同是指它们的形态相同并且对应的结点值相同。

扫一扫

视频讲解

解 像树和二叉树等递归数据结构特别适合采用递归算法求解。对于本例,设 f(r1,r2)表示二叉树 r1 和 r2 是否相同,它们的左、右子树的判断是两个小问题,如图 3.8 所示。依题意,对应的递归模型如下:

f(r1,r2)=True　　　　当 r1 和 r2 均为空时

f(r1,r2)=False　　　　当 r1 和 r2 中一个为空另一个非空时

f(r1,r2)=False　　　　当 r1 和 r2 均不空但是结点值不相同时

f(r1,r2)=f(r1.left,r2.left) && f(r1.right,r2.right)　其他

对应的递归算法如下:

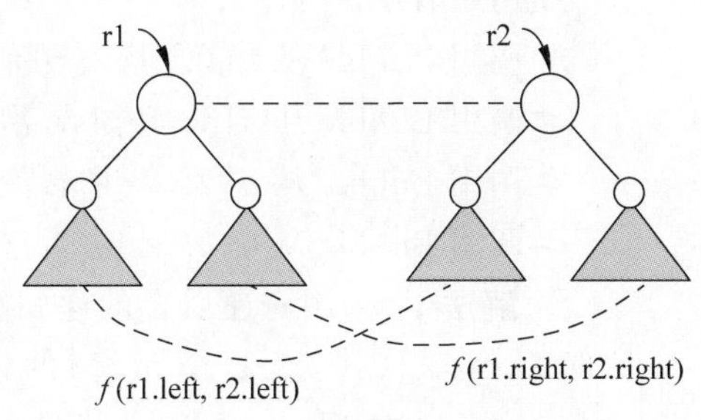

图 3.8　二叉树的两个小问题

```
def same(r1,r2):                          #递归算法:判断 r1 和 r2 是否相同
    if r1==None and r2==None:
        return True
    elif r1==None or r2==None:
        return False
    if r1.val!=r2.val:
        return False
    leftans=same(r1.left,r2.left)         #递归调用 1
    rightans=same(r1.right,r2.right)      #递归调用 2
    return leftans and rightans
```

后面通过几个应用进一步讨论递归法算法的设计过程。

3.4.2 冒泡排序

1. 问题描述

有一个整数序列 a[0..n−1],采用冒泡排序实现 a 的递增有序排序。冒泡排序的过程是,i 从 0 到 n−2 循环,a[0..i−1]是有序区,a[i..n−1]是无序区,并且前者的所有元素

均小于或等于后者的任意元素，每次循环在 $a[i..n-1]$ 无序区采用冒泡方式将最小元素放在 $a[i]$ 位置。其迭代算法如下：

```
def Bubble(a,i):                          #一趟排序:在a[i..n-1]中冒泡最小元素到a[i]中
    exchange=False
    for j in range(len(a)-1,i,-1):        #无序区中的元素比较,找出最小元素
        if a[j-1]>a[j]:                   #当相邻元素反序时
            a[j],a[j-1]=a[j-1],a[j]       #a[j]与a[j-1]进行交换
            exchange=True                 #本趟排序发生交换置exchange为真
    return exchange                       #返回是否存在交换

def BubbleSort1(a):                       #迭代算法:冒泡排序
    for i in range(0,len(a)-1):           #进行n-1趟排序
        if not Bubble(a,i):return         #本趟未发生交换时结束算法
```

现在要求采用递归实现冒泡排序算法。

2. 问题求解

采用不完全归纳法产生冒泡排序的递推关系。例如 $a=(2,5,4,1,3)$，这里 $n=5$，用[]表示有序区，各趟的排序结果如下：

初始：([]2,5,4,1,3)　　#初始有序区为空

$i=0$：([**1**],2,5,4,3)　　#调用 Bubble 从 $a[0..4]$ 中冒泡最小元素到 $a[0]$

$i=1$：([1,**2**],3,5,4)　　#调用 Bubble 从 $a[1..4]$ 中冒泡最小元素到 $a[1]$

$i=2$：([1,2,**3**],4,5)　　#调用 Bubble 从 $a[2..4]$ 中冒泡最小元素到 $a[2]$

$i=3$：([1,2,3,**4**],5)　　#调用 Bubble 从 $a[3..4]$ 中冒泡最小元素到 $a[3]$

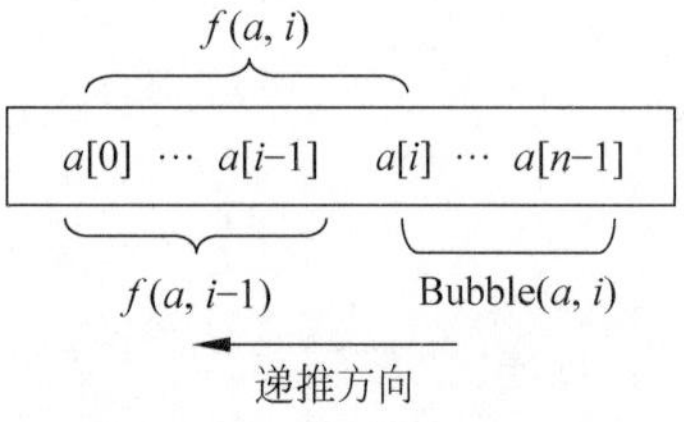

图 3.9　大、小问题的表示及其递推分析 1

解法 1：采用先递后合的递归算法。设 $f(a,i)$ 用于实现 $a[0..i]$(共 $i+1$ 个元素)的递增排序，为大问题，则 $f(a,i-1)$ 实现 $a[0..i-1]$(共 i 个元素)的排序，为小问题，如图 3.9 所示。

当执行 $f(a,i-1)$ 求解小问题后，$a[0..i-1]$ 变为全局有序区，在 $a[i..n-1]$ 中冒泡最小元素到 $a[i]$ 位置(调用前面的 Bubble 算法实现)，则 $a[0..i]$ 变为更大的全局有序区，这就是大问题的解，即 $f(a,i)$。其递推方向是从后向前。当 $i=-1$ 时，$a[0..i]$ 为空，看成有序的。对应的递推模型如下：

$f(a,i)\equiv$ 不做任何事情　　　　当 $i=-1$ 时

$f(a,i)\equiv f(a,i-1)$；Bubble(a,i)；　　否则

显然 $f(a,n-1)$ 用于实现 $a[0..n-1]$ 递增排序，由于这样排序后最后一个元素 $a[n-1]$ 一定是最大元素，所以调用 $f(a,n-2)$ 就可以实现 $a[0..n-1]$ 的递增排序。对应的递归算法(未考虑一趟没有发生交换时提前结束的情况)如下：

```
def BubbleSort21(a,i):                 #递归冒泡排序1
    if i==-1:return                    #满足递归出口条件
    BubbleSort21(a,i-1)                #递归调用
    Bubble(a,i)

```

```
def BubbleSort2(a):                  #冒泡排序
    BubbleSort21(a,len(a)-2)
```

解法 2：采用先合后递的递归算法。设 $f(a,i)$ 用于实现 $a[i..n-1]$（共 $n-i$ 个元素）的递增排序，它是大问题，则 $f(a,i+1)$ 实现 $a[i+1..n-1]$（共 $n-i-1$ 个元素）的排序，它是小问题，如图 3.10 所示。

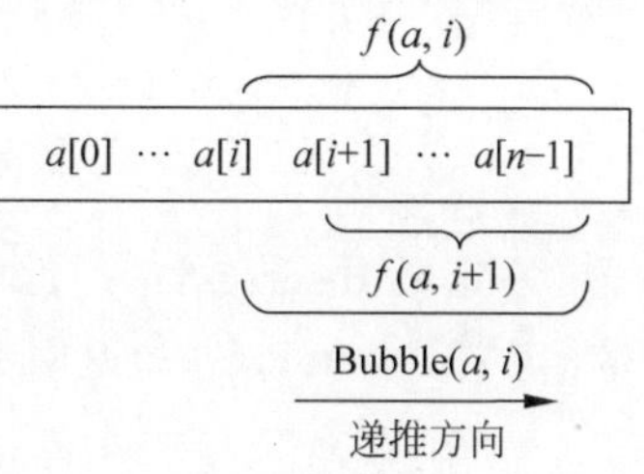

图 3.10 大、小问题的表示及其递推分析 2

当执行 $f(a,i+1)$ 求解小问题后，$a[i+1..n-1]$ 变为全局有序区，在 $a[i..n-1]$ 中冒泡最小元素到 $a[i]$ 位置（调用前面的 Bubble 算法实现），则 $a[i..n-1]$ 变为更大的全局有序区，这就是大问题的解，即 $f(a,i)$。其递推方向是从前向后。当 $i=n-1$ 时，$a[n-1..n-1]$ 中仅包含最后一个元素，它一定是最大元素，排序结束。对应的递推关系如下：

$f(a,i) \equiv$ 不做任何事情　　　　　　当 $i=n-1$ 时

$f(a,i) \equiv \text{Bubble}(a,i)$；$f(a,i+1)$；　否则

显然 $f(R,0)$ 用于实现 $R[0..n-1]$ 的递增排序。对应的递归算法如下：

```
def BubbleSort31(a,i):                     #递归冒泡排序 2
    if i==len(a)-1:return                  #满足递归出口条件
    if Bubble(a,i):BubbleSort31(a,i+1)     #一趟中发生交换时递归调用

def BubbleSort3(a):                        #冒泡排序
    BubbleSort31(a,0)
```

扫一扫

视频讲解

3.4.3 求全排列

1. 问题描述

给定正整数 $n(n \geqslant 1)$，给出求 1～n 的全排序的递归模型和递归算法。例如，$n=3$ 时，全排列是{{1,2,3},{1,3,2},{3,1,2},{2,1,3},{2,3,1},{3,2,1}}。

2. 问题求解

以 $n=3$ 为例，求 1～3 的全排列的过程如图 3.11 所示，步骤如下：

① 1 的全排列是{{1}}。

② {{1}}中只有一个元素{1}，在{1}前后位置分别插入 2 得到{1,2}，{2,1}，合并起来得到 1～2 的全排列{{1,2},{2,1}}。

③ {{1,2},{2,1}}中有两个元素，在{1,2}中的 3 个位置插入 3 得到{1,2,3}，{1,3,2}，{3,1,2}，在{2,1}中的 3 个位置插入 3 得到{2,1,3}，{2,3,1}，{3,2,1}，合并起来得到 1～3 的全排列{{1,2,3},{1,3,2},{3,1,2},{2,1,3},{2,3,1},{3,2,1} }。

归纳起来，设 P_i 表示 1～i（$i \geqslant 1$，共 i 个元素）的全排列（是一个两层集合，其中每个集合元素表示 1～i 的某个排列），为大问题，则 P_{i-1} 为 1～$i-1$（共 $i-1$ 个元素）的全排列，为小问题。显然有 $P_1=\{\{1\}\}$。

考虑 $i>1$ 的情况，假设 P_{i-1} 已经求出，对于 P_{i-1} 中的任意一个集合元素 s，s 表示为 $s_0 s_1 \cdots s_{i-2}$（长度为 $i-1$，下标从 0 开始），其中有 i 个插入位置（即位置 $i-1$，位置 $i-2$，…，

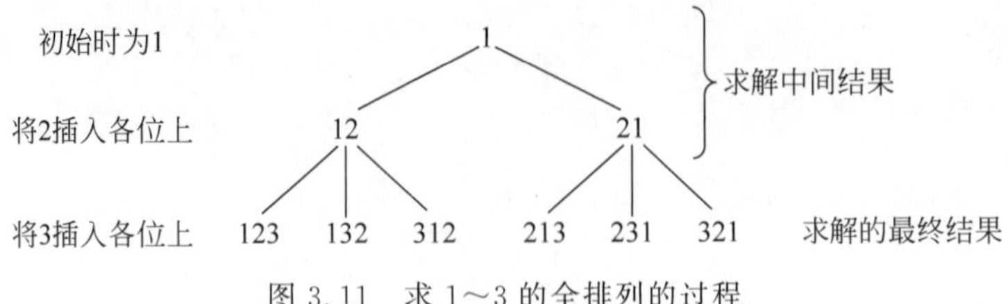

图 3.11　求 1～3 的全排列的过程

位置 0)，定义 Insert(s,i,j)返回 s 的序号为 j($0\leqslant j\leqslant i-1$)的位置上插入元素 i 后的集合元素，定义 CreatePi(s,i)返回 s 中每个位置插入 i 的结果，即

$$\text{CreatePi}(s,i)=\bigcup_{0\leqslant j\leqslant \text{len}(s)}\text{Insert}(s,i,j)$$

则

$$P_i=\bigcup_{s\in P_{i-1}}\text{CreatePi}(s,i)$$

求 1～n 的全排序的递归模型如下：

$P_1=\{\{1\}\}$

$P_i=\bigcup_{s\in P_{i-1}}\text{CreatePi}(s,i)$　　　　当 $i>1$ 时

用双层表存放 1～n 的全排列。对应的递归算法如下：

```
import copy
def Insert(s,i,j):                              #在 s 的位置 j 插入 i
    tmp=copy.deepcopy(s)
    tmp.insert(j,i)                             #位置 j 插入整数 i
    return tmp

def CreatePi(s,i):                              #在 s 集合中的 i-1 到 0 位置插入 i
    tmp=[]
    for j in range(len(s),-1,-1):               #在 s(含 i-1 个整数)的每个位置插入 i
        s1=Insert(s,i,j)
        tmp.append(s1)                          #将 s1 添加到 Pi 中
    return tmp

def perm11(n,i):                                #递归算法
    if i==1:
        return [[1]]
    else:
        Pi=[]                                   #存放 1～i 的全排列
        Pi_1=perm11(n,i-1)                      #求出 Pi_1
        for x in Pi_1:
            tmp1=CreatePi(x,i)                  #在 x 集合中插入 i 得到 tmp1
            for y in tmp1:Pi.append(y)          #将 tmp1 的全部元素添加到 Pi 中
    return Pi

def perm1(n):                                   #用递归法求 1～n 的全排列
    return perm11(n,n)
```

扫一扫

视频讲解

3.4.4　实战——字符串解码(LeetCode394★★)

1. 问题描述

给定一个经过编码的有效字符串 s，设计一个算法返回 s 解码后的字符串，编码规则是

用“k[encoded_string]”表示方括号内的 encoded_string（仅包含小写字母）正好重复 k（k 保证为正整数）次。例如，s="3[a]2[bc]"，答案为"aaabcbc"，若 s="abc3[cd]xyz"，答案为"abccdcdcdxyz"。

2. 问题求解

用 ans 存放 s 展开的字符串（初始为空），用整型变量 i 从 0 开始遍历 s（将 i 设计为全局变量），一边遍历一边展开。采用递归法求解，设 $f(s)$ 求字符串 s 解码后的字符串。

(1) 递归出口：对于不包含数字和括号的字符串 s，直接连接到 ans 中。例如，s="abc"，则 ans="abc"。

(2) 递归体：依题意，s 是一个合法的字符串，分为以下几种情况。

① s="k[encoded_string]"（以字符']'结尾），其中 encoded_string 是一个合法的字符串，先提取整数 k，再调用 f(encoded_string)求出小问题的结果，则 ans 为 k 个 f(encoded_string)的连接。例如 s="3[a]"，则 ans="aaa"。

② s="$s_1 \cdots s_n$"，其中 s_i 是合法的子串，则 ans=$f(s_1)+\cdots+f(s_n)$。例如，s="abc3[cd]xyz"，则 ans="abc"+"cdcdcd"+"xyz"="abccdcdcdxyz"。

对应的递归程序如下：

```
class Solution:
    def decodeString(self, s: str) -> str:                  #求解算法
        self.i=0                                            #类变量 i 从 0 开始遍历 s
        return self.unfold(s)

    def unfold(self,s):                                     #递归算法
        ans=""
        while self.i<len(s) and s[self.i]!=']':             #处理到']'为止
            if s[self.i]>='a' and s[self.i]<='z':           #遇到字母
                ans+=s[self.i]; self.i+=1
            else:
                k=0
                while self.i<len(s) and s[self.i]>='0' and s[self.i]<='9':
                    k=k*10+ord(s[self.i])-ord('0');self.i+=1    #数字符转为整数 k
                self.i+=1                                   #数字字符后面为'[',则跳过该'['
                tmp=self.unfold(s)                          #求子串解码结果 tmp
                self.i+=1                                   #后面是一个']',跳过该']'
                while k>0:                                  #连接 tmp 字符串 k 次
                    ans+=tmp;k-=1
        return ans                                          #s 处理完毕返回 ans
```

上述程序提交时通过，执行用时为 32ms，内存消耗为 15MB。

3.5 递推式计算

递归算法的执行时间可以用递推式（也称为递归方程）来表示，这样求解递推式对算法分析来说极为重要。本节介绍几种求解简单递推式的方法，对于更复杂的递推式，可以采用数学上的生成函数和特征方程求解。

3.5.1 直接展开法

求解递推式最自然的方法是将其反复展开，即直接从递归式出发，一层一层地往前递推，直到达到最前面的初始条件为止，就得到了问题的解。

【例 3-5】 求解梵塔问题的递归算法如下，分析移动 n 盘片的时间复杂度。

```
def Hanoi(n,x,y,z):
    if n==1:
        print("将盘片%d从%c搬到%c"%(n,x,z))
    else:
        Hanoi(n-1,x,z,y)
        print("将盘片%d从%c搬到%c"%(n,x,z))
        Hanoi(n-1,y,x,z)
```

解 设调用 Hanoi(n,x,y,z)的执行时间为 $T(n)$，由其执行过程得到以下求执行时间的递归关系(递推关系式)。

$T(n)=1$　　　　　　　当 $n=1$ 时

$T(n)=2T(n-1)+1$　当 $n>1$ 时

则

$$\begin{aligned}T(n)&=2[2T(n-2)+1]+1=2^2T(n-2)+1+2^1\\&=2^3T(n-3)+1+2^1+2^2\\&=\cdots\\&=2^{n-1}T(1)+1+2^1+2^2+\cdots+2^{n-2}\\&=2^n-1=O(2^n)\end{aligned}$$

所以移动 n 盘片的时间复杂度为 $O(2^n)$。

3.5.2 递归树方法

递归树方法是直接展开法的一种图形表述，用递归树求解递推式的基本过程是先展开递推式，构造对应的递归树，然后把每一层的时间进行求和，从而得到算法执行时间的估计，再用时间复杂度形式表示。

【例 3-6】 分析以下递推式的时间复杂度：

$T(n)=1$　　　　　　　当 $n=1$ 时

$T(n)=2T(n/2)+n^2$　当 $n>1$ 时

解 对于 $T(n)$画出一个结点如图 3.12(a)所示，将 $T(n)$展开一次的结果如图 3.12(b)所示，再展开 $T(n/2)$的结果如图 3.12(c)所示，以此类推，构造的递归树如图 3.13 所示。从中看出在展开过程中子问题的规模逐步缩小，当到达递归出口时，即当子问题的规模为 1 时递归树不再展开。

显然在递归树中第 1 层的问题规模为 n，第 2 层的问题规模为 $n/2$，以此类推，当展开到第 $k+1$ 层时，其规模为 $n/2^k=1$，所以递归树的高度为 $\log_2 n+1$。

第 1 层有一个结点，其时间为 n^2，第 2 层有两个结点，其时间为 $2(n/2)^2=n^2/2$，以此类推，第 k 层有 2^{k-1} 个结点，每个子问题的规模是$(n/2^{k-1})^2$，其时间为 $2^{k-1}(n/2^{k-1})^2=n^2/$

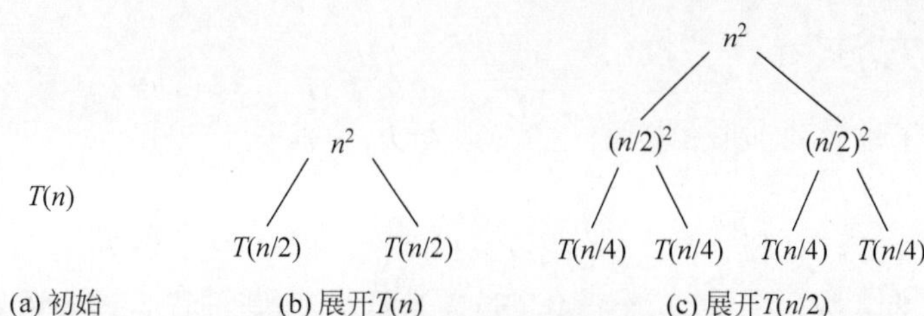

图 3.12　展开两次的结果

2^{k-1}。叶子结点的个数为 n，其时间为 n。将递归树每一层的时间加起来，可得：

$$T(n)=n^2+n^2/2+\cdots+n^2/2^{k-1}+\cdots+n=O(n^2)$$

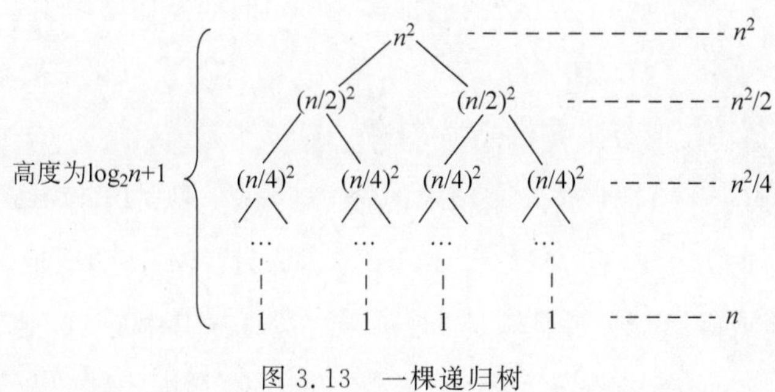

图 3.13　一棵递归树

【例 3-7】　分析以下递推式的时间复杂度：

$T(n)=1$　　　　　　　　　　　　当 $n=1$ 时

$T(n)=T(n/3)+T(2n/3)+n$　　　　当 $n>1$ 时

解　构造的递归树如图 3.14 所示，不同于图 3.13 所示的递归树中所有叶子结点在同一层，这棵递归树的叶子结点的层次可能不同，从根结点出发到达叶子结点有很多路径，最左边的路径是最短路径，每走一步问题的规模减小为原来的 1/3(问题规模变小的速度相对较快)，最右边的路径是最长路径，每走一步问题的规模减小为原来的 2/3(问题规模变小的速度相对较慢)。

最坏的情况是考虑右边最长的路径。设右边最长路径的长度为 h(指路径上经过的分支线的数目)，则有 $n(2/3)^h=1$，求出 $h=\log_{3/2}n$。

因此这棵递归树有 $\log_{3/2}n+1$ 层，每层结点的数值和为 n，所以 $T(n)\leqslant n(\log_{3/2}n+1)=O(n\log_{3/2}n)=O(n\log_2 n)$，即该递推式的时间复杂度是 $O(n\log_2 n)$。

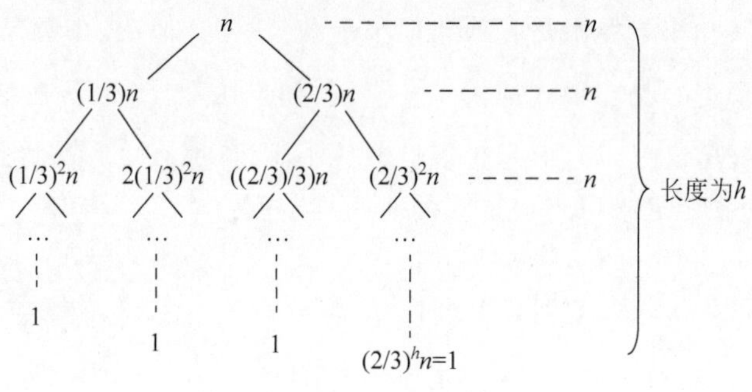

图 3.14　一棵递归树

3.5.3 主方法

主方法提供了求解如下形式递推式的一般方法：

$T(1)=c$

$T(n)=aT(n/b)+f(n)$　　　　当 $n>1$ 时

其中 $a\geqslant 1,b>1$ 为常数，n 为非负整数，$T(n)$表示算法的执行时间，该算法将规模为 n 的原问题分解成 a 个子问题，每个子问题的大小为 n/b，$f(n)$表示分解原问题和合并子问题的解得到答案的时间。例如，对于递推式 $T(n)=3T(n/4)+n^2$，有 $a=3,b=4,f(n)=n^2$。

主方法的求解对应如下主定理。

主定理：设 $T(n)$是满足上述定义的递推式，$T(n)$的计算如下。

① 若对于某个常数 $\varepsilon>0$，有 $f(n)=O(n^{\log_b a-\varepsilon})$，称为 $f(n)$多项式地小于 $n^{\log_b a}$（即 $f(n)$与 $n^{\log_b a}$ 的比值小于或等于 $n^{-\varepsilon}$），则 $T(n)=\Theta(n^{\log_b a})$。

② 若 $f(n)=\Theta(n^{\log_b a})$，即 $f(n)$多项式的阶等于 $n^{\log_b a}$，则 $T(n)=\Theta(n^{\log_b a}\log_2 n)$。

③ 若对于某个常数 $\varepsilon>0$，有 $f(n)=O(n^{\log_b a+\varepsilon})$，称为 $f(n)$多项式地大于 $n^{\log_b a}$（即 $f(n)$与 $n^{\log_b a}$ 的比值大于或等于 n^{ε}），并且满足 $af(n/b)\leqslant cf(n)$，其中 $c<1$，则 $T(n)=\Theta(f(n))$。

主定理涉及的 3 种情况都是拿 $f(n)$与 $n^{\log_b a}$ 作比较，递推式解的渐近阶由这两个函数中的较大者决定。情况①是函数 $n^{\log_b a}$ 的阶较大，则 $T(n)=\Theta(n^{\log_b a})$；情况③是函数 $f(n)$的阶较大，则 $T(n)=\Theta(f(n))$；情况②是两个函数的阶一样大，则 $T(n)=\Theta(n^{\log_b a}\log_2 n)$，即以 n 的对数作为因子乘上 $f(n)$与 $T(n)$的同阶。

此外有一些细节不能忽视，情况①中 $f(n)$不仅必须比 $n^{\log_b a}$ 的阶小，而且必须是多项式地比 $n^{\log_b a}$ 小，即 $f(n)$必须渐近地小于 $n^{\log_b a}$ 与 $n^{-\varepsilon}$ 的积；情况③中 $f(n)$不仅必须比 $n^{\log_b a}$ 的阶大，而且必须是多项式地比 $n^{\log_b a}$ 大，即 $f(n)$必须渐近地大于 $n^{\log_b a}$ 与 n^{ε} 的积，同时还要满足附加的"正规性"条件，即 $af(n/b)\leqslant cf(n)$，该条件的直观含义是 a 个子问题的再分解和再合并所需要的时间最多与原问题的分解和合并所需要的时间同阶，这样 $T(n)$就由 $f(n)$确定，也就是说如果不满足正规性条件，采用这种递归分解和合并求解的方法是不合适的，即时间性能差。

当然还有一点很重要，即上述 3 类情况并没有覆盖所有可能的 $f(n)$。在情况①和②之间有一个间隙，即 $f(n)$小于但不是多项式地小于 $n^{\log_b a}$。类似地，在情况②和③之间也有一个间隙，即 $f(n)$大于但不是多项式地大于 $n^{\log_b a}$。如果函数 $f(n)$落在这两个间隙之一中，或者虽然有 $f(n)=O(n^{\log_b a+\varepsilon})$，但是正规性条件不满足，那么主方法将无能为力。

【例 3-8】 采用主定理求以下递推式的时间复杂度：

$T(n)=1$　　　　当 $n=1$ 时

$T(n)=4T(n/2)+n$　　　　当 $n>1$ 时

解 这里 $a=4,b=2,n^{\log_b a}=n^2,f(n)=n=O(n^{\log_b a-\varepsilon}),\varepsilon=1$，即 $f(n)$多项式地小于 $n^{\log_b a}$，满足情况①，所以 $T(n)=\Theta(n^{\log_b a})=\Theta(n^2)$。

【例 3-9】 采用主方法求以下递推式的时间复杂度：

$T(n)=1$ 当 $n=1$ 时

$T(n)=3T(n/4)+n\log_2 n$ 当 $n>1$ 时

解 这里 $a=3,b=4,f(n)=n\log_2 n,n^{\log_b a}=n^{\log_4 3}=O(n^{0.793})$，显然 $f(n)$ 的阶大于 $n^{0.793}$（因为 $f(n)=n\log_2 n>n^1>n^{0.793}$），如果能够证明主定理中的情况③成立则按该情况求解。对于足够大的 n，$af(n/b)=3(n/4)\log_2(n/4)=(3/4)n\log_2 n-3n/2\leqslant(3/4)n\log_2 n=cf(n)$，这里 $c=3/4$，满足正规性条件，则有 $T(n)=\Theta(f(n))=\Theta(n\log_2 n)$。

【例 3-10】 采用主定理和直接展开法求以下递推式的时间复杂度：

$T(n)=1$ 当 $n=2$ 时

$T(n)=2T(n/2)+(n/2)^2$ 当 $n>1$ 时

解 采用主定理，这里 $a=2,b=2,n^{\log_b a}=n^{\log_2 2}=n,f(n)=n^2/4,f(n)$ 多项式地大于 $n^{\log_b a}$。对于足够大的 n，$af(n/b)=2f(n/2)=2(n/2/2)^2=n^2/8\leqslant cn^2/4=cf(n),c\leqslant 1/2$ 即可，也就是说满足正规性条件，按照主方法的情况③，有 $T(n)=\Theta(f(n))=\Theta(n^2)$。

采用直接展开法求解，不妨设 $n=2^{k+1}$，即 $\frac{n}{2^k}=2$。

$$T(n)=2T\left(\frac{n}{2}\right)+\left(\frac{n}{2}\right)^2=2\left(2T\left(\frac{n}{2^2}\right)+\frac{n^2}{2^4}\right)+\left(\frac{n}{2}\right)^2=2^2T\left(\frac{n}{2^2}\right)+\frac{n^2}{2^3}+\frac{n^2}{2^2}$$

$$=2^2\left(2T\left(\frac{n}{2^3}\right)+\frac{n^2}{2^6}\right)+\frac{n^2}{2^3}+\frac{n^2}{2^2}=2^3T\left(\frac{n}{2^3}\right)+\frac{n^2}{2^4}+\frac{n^2}{2^3}+\frac{n^2}{2^2}$$

$$=\cdots=2^kT\left(\frac{n}{2^k}\right)+\frac{n^2}{2^{k+1}}+\frac{n^2}{2^k}+\cdots+\frac{n^2}{2^2}$$

$$=\frac{n}{2}\times 2+n^2\left(\frac{1}{2^{k+1}}+\frac{1}{2^k}+\cdots+\frac{1}{2^2}\right)=n+n^2\left(\frac{1}{2}-\frac{1}{n}\right)=\frac{n^2}{2}=\Theta(n^2)$$

两种方法得到的结果是相同的。如果递推式如下：

$T(1)=c$

$T(n)=aT(n/b)+cn^k$ 当 $n>1$ 时

其中 a、b、c、k 都是常量，可以这样简化主定理：

① 若 $a>b^k$，则 $T(n)=\Theta(n^{\log_b a})$。

② 若 $a=b^k$，则 $T(n)=\Theta(n^k\log_b n)$。

③ 若 $a<b^k$，则 $T(n)=\Theta(n^k)$。

以上介绍的递推式求解方法将在第 4 章有关分治法算法的分析中大量用到。

习题 3

扫一扫

练习题

扫一扫

自测题

第4章 分而治之——分治法

分治法是五大算法策略之一，也是使用十分广泛的通用算法设计方法，例如二分查找就是非常有效的分治法。本章介绍分治法求解问题的一般原理，并给出一些用分治法求解的经典示例。本章的学习要点和学习目标如下：

（1）掌握分治法的原理。

（2）掌握分治法算法的基本框架。

（3）掌握各种经典分治法算法的设计过程。

（4）掌握分治法算法的时间分析方法。

（5）综合运用分治法解决一些复杂的实际问题。

4.1 分治法概述

4.1.1 什么是分治法

分治法就是把一个复杂的问题分成 $k(k \geqslant 1)$ 个相同或相似的子问题，再把子问题分成更小的子问题，以此类推，直到可以直接求解为止，原问题的解可以通过子问题的解合并得到。分治法所能解决的问题一般具有以下几个特征。

① 问题的规模缩小到一定程度就可以容易地解决。大多数问题都满足该特征，因为计算复杂性一般是问题规模的函数。

② 问题可以分解为若干规模较小的相似问题。该特征是应用分治法的基本前提。

③ 利用子问题的解可以合并为问题的解。该特征是能否利用分治法求解的关键。

④ 问题所分解出的各个子问题是相互独立的，即子问题之间不包含公共的子问题。该特征涉及分治法的效率，如果各子问题不是独立的，则需要重复地求解公共子问题，会降低时间性能。

采用分治法设计的算法称为分治法算法，分治法算法的求解过程如图 4.1 所示。

① 分(分解)：将原问题分解为若干规模较小、相互独立并且与原问题形式相同的子问题。

② 治(求解子问题)：若子问题的规模足够小则直接求解，否则这些子问题做同样的处理，直到容易解决为止。

③ 合并：合并子问题的解得到原问题的解。分治法的合并是算法的关键所在，合并方式决定了算法的优劣，有些问题的合并比较明显，有些问题的合并比较复杂，甚至有多种合并方式，究竟怎样合并，没有统一的模式，需要具体问题具体分析。

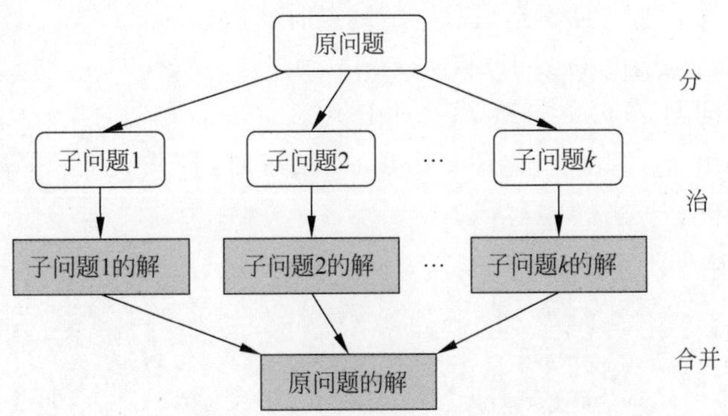

图 4.1 分治法算法的求解过程

4.1.2 分治法算法的框架

分治法解决问题的过程与递归思路十分吻合，所以分治法算法通常采用递归实现。采用递归实现的分治法算法的框架如下。

```
def divide-and-conquer(P):                      #分治法算法的框架
    if |P|≤n0: return adhoc(P)
    将P分解为较小的子问题 P1、P2、……、Pk
    for i in range(1,k+1):                      #循环处理k次
        yi=divide-and-conquer(Pi)               #递归解决Pi
    return merge(y1,y2,…,yk)                    #合并子问题
```

其中,$|P|$表示问题 P 的规模,n_0 为一个阈值,表示当问题 P 的规模小于或等于 n_0 时不必再继续分解,可以通过 adhoc(P)直接求解。merge($y_1,y_2,\cdots,y_k$)为合并子算法,用于将 P 的子问题 P_1、P_2、……、P_k 的解 y_1、y_2、……、y_k 合并为 P 的解。合并子算法是分治法算法的难点,有些问题的合并比较简单,有些问题的合并比较复杂,甚至有多种合并方式,需要视具体问题而定。

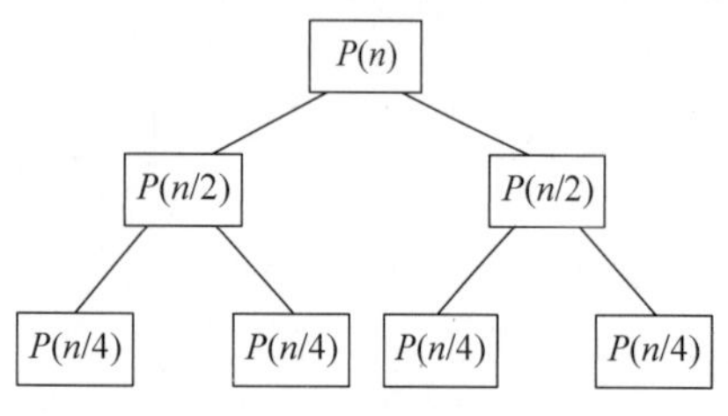

图 4.2　二分法的基本策略

一个问题分解为多少个子问题?各子问题的规模多大?对于这些问题很难给予准确的回答。但从大量实践中发现,在设计分治法算法时最好让子问题的规模大致相同,换句话说,将一个问题分成大小相等的 k 个子问题是行之有效的。当 $k=1$ 时称为减治法,当 $k=2$ 时称为二分法,如图 4.2 所示。

扫一扫

视频讲解

【例 4-1】 给定一棵采用二叉链存储的二叉树 r,设计一个算法求其中叶子结点的个数。

解 设 $f(r)$用于求二叉树 r 中叶子结点的个数,显然当 r 为空树时 $f(r)=0$,当 r 为只有一个叶子结点的二叉树时 $f(r)=1$,其他情况如图 4.3 所示。根据二叉树的特性(左、右子树都是二叉树),求左、右子树中叶子结点的个数的两个子问题 $f(r.\text{left})$和 $f(r.\text{right})$与原问题 $f(r)$形式相同,仅是问题规模不同,并且有 $f(r)=f(r.\text{left})+f(r.\text{right})$。其分治策略如下。

① 分:当二叉树 r 非空且不是只有一个结点时,将求解问题 $f(r)$分解为两个子问题 $f(r.\text{left})$和 $f(r.\text{right})$。

② 治:求解子问题 $f(r.\text{left})$和 $f(r.\text{right})$。

③ 合并:当求出 $f(r.\text{left})$和 $f(r.\text{right})$的结果时,合并步骤仅返回它们的和。

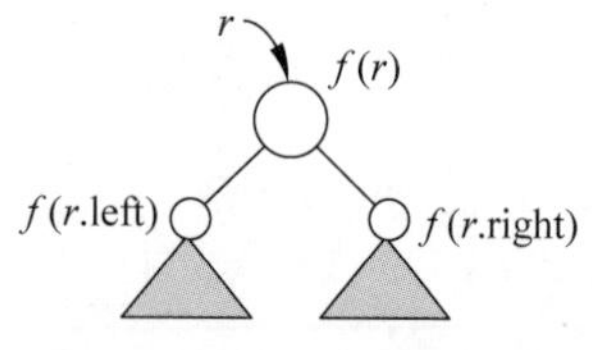

图 4.3　求二叉树 b 中叶子结点的个数

对应的递归算法如下:

```
def leafnodes(b):                                        #求二叉树b中叶子结点的个数
    if b==None:return 0                                  #空树
    if b.left==None and b.right==None:return 1           #只有一个叶子结点
    else:return leafnodes(b.left)+leafnodes(b.right)     #其他情况
```

尽管许多分治法算法采用递归实现,但要注意两点,一是理解分治法和递归的不同,分治法是一种求解问题的策略,而递归是一种实现算法的技术;二是分治法算法并非只能采用递归实现,有些分治法算法采用迭代实现更方便。

分治法算法分析主要采用 3.5 节的递推式计算方法,例如可以直接利用主方法计算分治法算法的时间复杂度。从主方法对递推式 $T(n)=aT(n/b)+f(n)$的计算可以看出,通

过尽量减少子问题的个数 a 和 $f(n)$的阶可以有效地提高分治法算法的时间性能。

4.2 求解排序问题

这里的排序是指对于给定的含有 n 个元素的序列，按其元素值递增排序。快速排序和归并排序是典型的采用分治法进行排序的方法。

4.2.1 快速排序

1. 快速排序的基本思路

快速排序的基本思路是在待排序的 n 个元素(无序区)中任取一个元素(通常取首元素)作为基准，把该元素放入最终位置后(称为基准归位)，整个数据序列被基准分割成两个子序列，所有不大于基准的元素放置在前面的子序列(无序区 1)中，所有不小于基准的元素放置在后面的子序列(无序区 2)中，并把基准排在这两个子序列的中间，这个过程称为划分，如图 4.4 所示。然后对两个子序列分别重复上述过程，直到每个子序列内只有一个元素或子序列为空时为止。

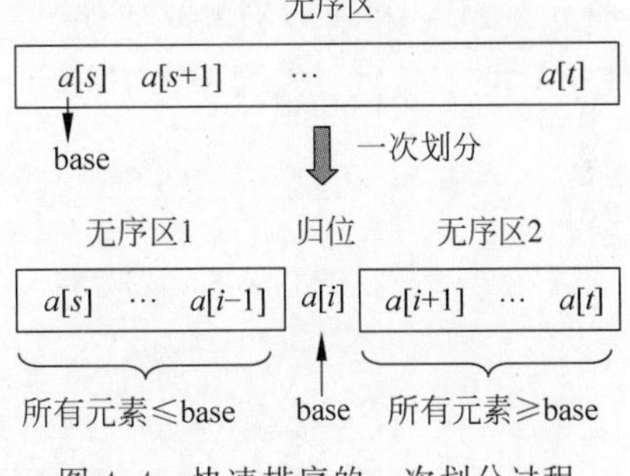

图 4.4 快速排序的一次划分过程

这是一种二分法思想，每次将整个无序区一分为二，归位一个元素，对两个子序列采用同样的方式进行排序，直到子序列的长度为 1 或为 0 时为止。

例如，对于 $a=\{2,5,1,7,10,6,9,4,3,8\}$，其快速排序过程如图 4.5 所示，图中虚线表示一次划分，虚线旁的数字表示执行次序，圆圈表示归位的基准。

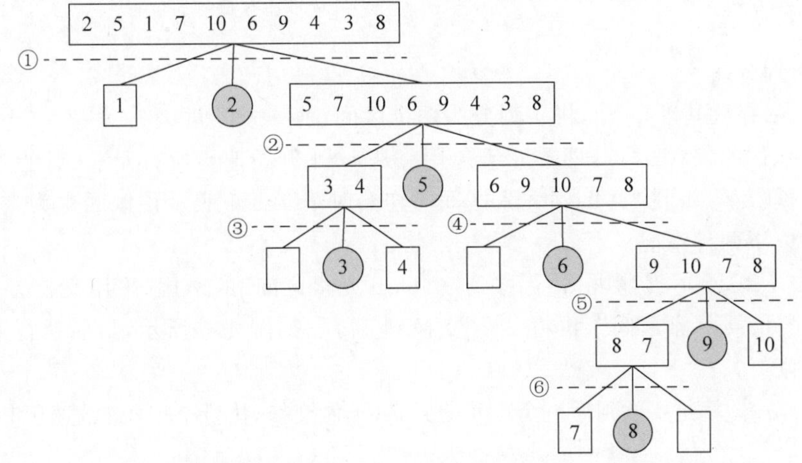

图 4.5 序列 a 的快速排序过程

快速排序的分治策略如下。

① 分解：将原序列 $a[s..t]$分解成两个子序列 $a[s..i-1]$和 $a[i+1..t]$，其中 i 为划分的基准位置，即将整个问题分解为两个子问题。

② 求解子问题：若子序列的长度为 0 或为 1，则它是有序的，直接返回；否则递归地求解各个子问题。

③ 合并：由于每个子问题的排序结果直接存放到数组 a 中，合并步骤不需要执行任何操作。

扫一扫

视频讲解

2. 划分算法设计

这里划分算法的功能用于区间 $a[s..t]$ 的划分，假设取首元素 $a[s]$ 为基准 base，将 base 放置到 $a[i]$ 位置，前面所有元素均不大于 base，后面所有元素均不小于 base。

1）移动法

先置 $i=s, j=t$，将基准 $a[s]$ 放置到 base 中，循环，直到 $i=j$ 为止，每轮循环让 j 从后向前找到一个小于 base 的元素 $a[j]$，当 $j>i$ 时将其前移到 $a[i]$ 中，并且执行 $i++$（避免前移的元素重复比较），让 i 从前向后找到一个大于 base 的元素 $a[i]$，当 $i<j$ 时将其后移到 $a[j]$ 中，并且执行 $j--$（避免后移的元素重复比较）。循环结束后将 base 放置到 $a[i]$ 或者 $a[j]$ 中。对应的划分算法如下：

```
def Partition1(a,s,t):                          #划分算法 1
    i,j=s,t
    base=a[s]                                   #以表首元素为基准
    while i<j:                                  #从表两端交替向中间遍历，直到 i=j 为止
        while j>i and a[j]>=base: j-=1          #从后向前遍历，找一个小于或等于基准的 a[j]
        if j>i:
            a[i]=a[j]                           #a[j]前移覆盖 a[i]
            i+=1
        while i<j and a[i]<=base: i+=1          #从前向后遍历，找一个大于基准的 a[i]
        if i<j:
            a[j]=a[i]                           #a[i]后移覆盖 a[j]
            j-=1
    a[i]=base                                   #基准归位
    return i                                    #返回基准归位的位置
```

2）区间划分法

先用 base 存放基准 $a[s]$，将 a 划分为两个区间，前一个区间 $a[s..i]$ 为“≤base 元素区间”，初始时该区间仅含 $a[s]$，即置 $i=s$。用 j 从 $s+1$ 开始遍历所有元素（满足 $j \leqslant t$），后一个区间 $a[i+1..j-1]$ 为“>base 元素区间”，初始时 $j=s+1$ 表示该区间也为空。对 $a[j]$ 的操作分为以下两种情况。

① 若 $a[j] \leqslant$ base，应该将 $a[j]$ 移到“≤base 元素区间”的末尾，采用交换方法，先执行 $i++$ 扩大“≤base 元素区间”，再将 $a[j]$ 交换到 $a[i]$，如图 4.6 所示，最后执行 $j++$ 继续遍历其他元素。

② 否则，$a[j]$ 就是要放到后一个区间的元素，不做交换，执行 $j++$ 继续遍历其他元素。

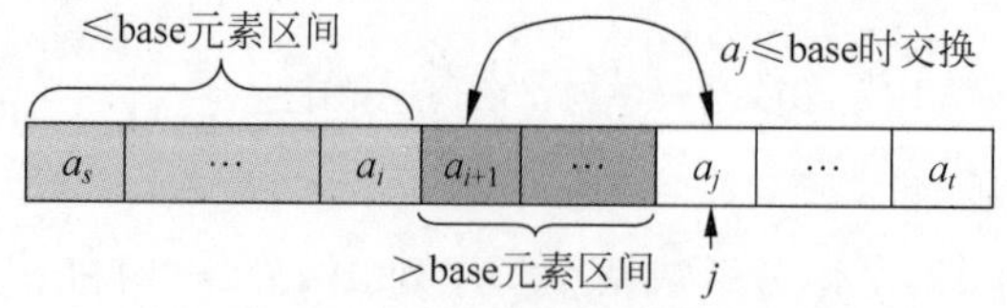

图 4.6　$a[s..t]$ 的元素划分为两个区间

当 j 遍历完所有元素，$a[s..i]$ 包含原来 a 中所有 $\leqslant$base 的元素，再将基准 $a[s]$ 与 $a[i]$ 交换，这样基准 $a[i]$ 就归位了(即 $a[s..i-1] \leqslant a[i]$，而 $a[i+1..t] > a[i]$)。对应的算法如下：

```
def Partition2(a,s,t):                    #划分算法 2
    j=s,s+1
    base=a[s]                             #以表首元素为基准
    while j<=t:                           #j 从 s+1 开始遍历其他元素
        if a[j]<=base:                    #找到小于或等于基准的元素 a[j]
            i+=1                          #扩大小于或等于 base 的元素区间
            if i!=j: a[i],a[j]=a[j],a[i]  #将 a[i]与 a[j]交换
        j+=1                              #继续扫描
    a[s],a[i]=a[i],a[s]                   #将基准 a[s]和 a[i]进行交换
    return i
```

上述两个划分算法都是高效的算法，其中基本操作是元素之间的比较，对含 n 个元素的区间划分一次恰好做 $n-1$ 次元素的比较，算法的时间复杂度均为 $O(n)$。

3. 快速排序算法设计

对无序区 $a[s..t]$ 进行快速排序的递归模型如下：

$f(a,s,t) \equiv$ 不做任何事情　　　　　　　当 $a[s..t]$ 为空或者仅有一个元素时

$f(a,s,t) \equiv i=\text{Partition1}(a,s,t)$；　　其他情况(也可以调用 Partition2)

　　　　$f(a,s,i-1)$；$f(a,i+1,t)$；

对应的快速排序递归算法如下：

```
def QuickSort11(a,s,t):             #对 a[s..t]的元素进行快速排序
    if s<t:                         #表中至少存在两个元素的情况
        i=Partition1(a,s,t)         #可以使用前面两种划分算法中的任意一种
        QuickSort11(a,s,i-1)        #对左子表递归排序
        QuickSort11(a,i+1,t)        #对右子表递归排序

def QuickSort1(a):                  #递归算法:快速排序
    QuickSort11(a,0,len(a)-1)
```

【算法分析】 对 n 个元素进行快速排序的过程构成一棵递归树，在这样的递归树中，每一层最多对 n 个元素进行划分，所花时间为 $O(n)$。当初始排序数据为正序或反序时，递归树的高度为 n，快速排序呈现最坏情况，即最坏情况下的时间复杂度为 $O(n^2)$；当初始排序数据随机分布，每次分成的两个子区间中的元素个数大致相等时，递归树的高度为 $O(\log_2 n)$，快速排序呈现最好情况，即最好情况下的时间复杂度为 $O(n\log_2 n)$。快速排序算法的平均时间复杂度也是 $O(n\log_2 n)$，所以快速排序是一种高效的算法。

扫一扫

视频讲解

4.2.2 实战——最小的 k 个数(面试题 17.14★★)

1. 问题描述

给定一个含 $n(0 \leqslant n \leqslant 100\,000)$ 个整数的数组 arr 和整数 $k(0 \leqslant k \leqslant \min(100\,000, n))$，设计一个算法求 arr 中最小的 k 个数，以任意顺序返回这 k 个数均可。例如，arr=\{1,3,5,7,2,4,6,8\}，$k=4$，返回结果是\{1,2,3,4\}。

2. 问题求解

假设整数无序序列用 $a[0..n-1]$ 表示，若将 a 递增排序，则第 $k(1 \leqslant k < n)$ 小的元素就是 $a[k-1]$，实际上没有必要对整个序列排序，如果能够找到这样的元素 $a[i]$，它是归位的元素且其序号恰好是 $k-1$(即 $k-1=i$)，则 $a[0..k-1]$ 就是最小的 k 个数。采用快速排序的划分思想在无序序列 $a[s..t]$ 中查找第 k 小的元素的过程如下。

(1) 若 $s \geqslant t$，即序列中只有一个元素，返回。

(2) 若 $s<t$，表示序列中有两个或两个以上的元素，以基准为中心将其划分为 $a[s..i-1]$ 和 $a[i+1..t]$ 两个子序列，基准 $a[i]$ 已归位，$a[s..i-1]$ 中的所有元素均小于或等于 $a[i]$，$a[i+1..t]$ 中的所有元素均大于或等于 $a[i]$，分为以下 3 种情况。

① 若 $k-1=i$，$a[i]$ 即为所求，返回 $a[0..k-1]$。

② 若 $k-1<i$，说明第 k 小的元素应在 $a[s..i-1]$ 子序列中，在该子序列中继续查找。

③ 若 $k-1>i$，说明第 k 小的元素应在 $a[i+1..t]$ 子序列中，在该子序列中继续查找。

例如，$a=\{3,2,1,5,4\}$，$k=2$，求解过程如图 4.7 所示，第 1 次划分基准 3 的归位位置 $i=2$，由于 $k-1<i$，转向$\{1,2\}$。第 2 次划分基准 1 的归位位置 $i=0$，由于 $k-1>i$，转向$\{2\}$，该区间中只有一个元素，返回，所以最小的两个数是$\{1,2\}$。

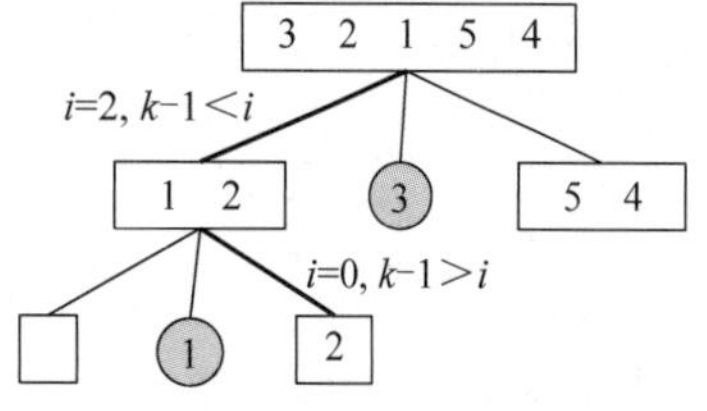

图 4.7　在 a 中查找第 2 小的元素的过程

扫一扫

程序代码

说明： 看完整的源程序请扫描左侧二维码。

4.2.3　归并排序

归并排序的基本思想是先将 $a[0..n-1]$ 看成 n 个长度为 1 的有序表，将相邻的 $k(k \geqslant 2)$ 个有序子表成对归并，得到 n/k 个长度为 k 的有序子表；然后将这些有序子表继续归并，得到 n/k^2 个长度为 k^2 的有序子表，如此反复进行，最后得到一个长度为 n 的有序表。由于整个排序结果放在一个数组中，所以不需要特别地进行合并操作。

$k=2$ 时每次归并两个相邻的有序子表，称为二路归并排序。若 $k>2$，即归并操作在相邻的多个有序子表中进行，则称为多路归并排序。这里仅讨论二路归并排序算法。

假设 a[low..mid] 和 a[mid+1..high] 是两个相邻的有序子序列(有序段)，将其所有元素归并为有序子序列 a[low..high] 的算法如下：

```
def Merge(a,low,mid,high):                 #归并两个相邻的有序子序列
    a1=[]                                  #作为临时表
    i,j=low,mid+1                          #i、j分别为两个子表的下标
    while i<=mid and j<=high:              #在子表1和子表2均未遍历完时循环
        if a[i]<=a[j]:                     #将子表1中的元素归并到a1
            a1.append(a[i]);i+=1
        else:                              #将子表2中的元素归并到a1
            a1.append(a[j]);j+=1
    while i<=mid:                          #将子表1余下的元素改变到a1
        a1.append(a[i]);i+=1
    while j<=high:                         #将子表2余下的元素改变到a1
        a1.append(a[j]);j+=1
```

```
        i=low
        for x in a1:                        #将 a1 复制回 a 中
            a[i]=x;i+=1
```

采用递归实现二路归并排序算法属于典型的二分法算法。设归并排序的当前区间是 *a*[low..high]，其分治策略如下。

① 分解：将当前序列 *a*[low..high]一分为二，即求 mid=(low+high)/2，分解为两个子序列 *a*[low..mid]和 *a*[mid+1..high](前者的元素个数≥后者的元素个数)。

② 子问题求解：递归地对两个相邻子序列 *a*[low..mid]和 *a*[mid+1..high]二路归并排序。其终止条件是子序列的长度为 1 或者为 0(只有一个元素的子序列或者空表可以看成有序表)。

③ 合并：与分解过程相反，将已排序的两个子序列 *a*[low..mid] (有序段 1)和 *a*[mid+1..high] (有序段 2)归并为一个有序序列 *a*[low..high]。

对应的递归二路归并排序算法如下：

```
def MergeSort1(a, low, high):               #被 MergeSort 调用
    if low < high:                          #子序列中有两个或两个以上的元素
        mid=(low+high)//2                   #取中间位置
        MergeSort1(a, low, mid)             #对 a[low..mid]子序列排序
        MergeSort1(a, mid+1, high)          #对 a[mid+1..high]子序列排序
        Merge(a, low, mid, high)            #将两个有序子序列合并

def MergeSort(a):                           #自顶向下的二路归并算法
    MergeSort1(a, 0, len(a)-1)
```

例如，对于 *a*=[2,5,1,7,10,6,9,4,3,8]序列，其归并排序过程如图 4.8 所示，图中带阴影的框表示合并的结果。

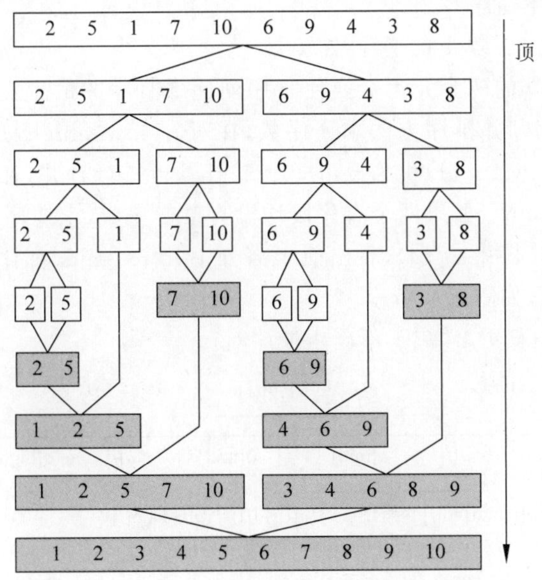

图 4.8 序列 *a* 的自顶向下的二路归并排序过程

【算法分析】 设 MergeSort1$(a,0,n-1)$算法的执行时间为 $T(n)$，求出 mid$=n/2$，两个子问题 MergeSort1$(a,0,n/2)$和 MergeSort1$(a,n/2+1,n-1)$的执行时间均为 $T(n/2)$，显然 Merge$(a,0,n/2,n-1)$合并操作的执行时间为 $O(n)$，所以得到以下递推式：

$T(n)=1$　　　　　　　　当 $n=1$ 时

$T(n)=2T(n/2)+O(n)$　　当 $n>1$ 时

采用主方法容易求出 $T(n)=O(n\log_2 n)$。对应的空间用 $S(n)$表示，两个子问题的总空间是它们中的最大值，所以得到以下递推式：

$S(n)=1$　　　　　　　　当 $n=1$ 时

$S(n)=S(n/2)+O(n)$　　当 $n>1$ 时

采用主方法容易求出 $S(n)=O(n)$。

扫一扫

视频讲解

4.2.4 实战——数组中的逆序对(剑指 Offer51★★★)

1. 问题描述

在数组 a 中有两个不同元素 $a[i]$和 $a[j]$($i<j$)，如果 $a[i]>a[j]$，称($a[i]$,$a[j]$)为一个逆序对。设计一个算法求数组 nums($0\leqslant$长度 $n\leqslant 50\,000$)中逆序对的总数。例如，nums={7,5,6,4}，逆序对有(7,5)、(7,6)、(7,4)、(5,4)、(6,4)，结果为 5。

2. 问题求解

数组 a 的逆序数是这样定义的，若 $i<j$ 并且 $a[i]>a[j]$，则($a[i]$,$a[j]$)为一个逆序对，a 中逆序对的个数称为 a 的逆序数。例如 $a=(1,3,2,1)$，求 a 的逆序数的过程如下：

① $a[0]=1$，后面的所有元素均大于或等于 1，不产生逆序对。

② $a[1]=3$，后面的元素 2 和 1 均小于 3，产生两个逆序对。

③ $a[2]=2$，后面的元素 1 小于 2，产生一个逆序对。

④ $a[3]=1$，不产生逆序对。

这里共 3 个逆序对，所以 a 的逆序数为 3。

从上看出，采用相邻的两个元素交换使 a 序列递增有序的最少交换次数就是 a 的逆序数。这里利用递归二路归并排序方法求逆序数，在对 a[low..high]进行二路归并排序时，先产生两个有序段 a[low..mid]和 a[mid+1..high]，再进行合并，在合并过程中(设 low$\leqslant i\leqslant$mid，mid$+1\leqslant j\leqslant$high)，如果两个有序段均没有改变完成，求逆序数如下：

① 若 $a[i]>a[j]$(归并 $a[j]$)，看出前半部分中 $a[i..$mid]都比 $a[j]$大，对应的逆序对的个数为 mid$-i+1$，如图 4.9 所示。

② 若 $a[i]\leqslant a[j]$(归并 $a[i]$)，不产生逆序对。

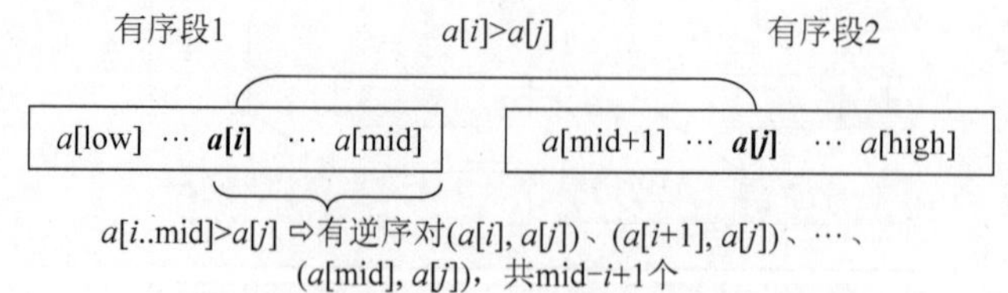

图 4.9 两个有序段在归并中求逆序数

上述循环结束，无论哪个有序段非空，仅需要归并非空的有序段，不会再产生逆序对。

用 ans 存放整数序列 a 的逆序数(初始为 0),对 a 进行递归二路归并排序,在合并中采用上述方法累计逆序数,最后输出 ans 即可。对应的分治法算法如下:

```
class Solution:
    def reversePairs(self, nums: List[int]) -> int:
        n=len(nums)
        if n==0 or n==1:return 0
        self.ans=0
        self.MergeSort1(nums,0,n-1)
        return self.ans

    def Merge(self,a,low,mid,high):              #归并两个相邻的有序子序列
        a1=[]                                    #作为临时表
        i,j=low,mid+1                            #i、j 分别为两个子表的下标
        while i<=mid and j<=high:                #在子表 1 和子表 2 均未遍历完时循环
            if a[i]<=a[j]:                       #将子表 1 中的元素归并到 a1
                a1.append(a[i]);i+=1
            else:                                #将子表 2 中的元素归并到 a1
                a1.append(a[j]);j+=1
                self.ans+=mid-i+1                #累计逆序数
        while i<=mid:                            #将子表 1 余下的元素改变到 a1
            a1.append(a[i]);i+=1
        while j<=high:                           #将子表 2 余下的元素改变到 a1
            a1.append(a[j]);j+=1
        a[low:high+1]=a1                         #将 a1 复制回 a 中

    def MergeSort1(self,a,low,high):             #二路归并排序
        if low<high:                             #子序列中有两个或两个以上的元素
            mid=(low+high)//2                    #取中间位置
            self.MergeSort1(a,low,mid)           #对 a[low..mid]子序列排序
            self.MergeSort1(a,mid+1,high)        #对 a[mid+1..high]子序列排序
            self.Merge(a,low,mid,high)           #将两个有序子序列合并
```

上述程序的提交结果为通过,运行时间为 1172ms,消耗的空间为 20.7MB。

4.3 求解查找问题 

所谓查找,是指在一个或多个无序或者有序的序列中查找满足特定条件的元素。

4.3.1 查找最大和次大元素

1. 问题描述

对于给定的含 n 个整数的无序序列,求这个序列中最大和次大的两个不同的元素。

2. 问题求解

对于无序整数序列 a[low..high](含 high−low+1 个元素),采用分治法求最大元素 max1 和次大元素 max2 的过程如下:

① 若 a[low..high]中只有一个元素,则 max1=a[low],max2=−INF(−∞)。

② 若 a[low..high]中只有两个元素，则 max1＝max(a[low]，a[high])，max2＝min(a[low]，a[high])。

③ 若 a[low..high]中有两个以上的元素，按中间位置 mid＝(low＋high)/2 划分为 a[low..mid]和 a[mid＋1..high]两个区间(注意左区间包含 a[mid]元素)。递归求出左区间中的最大元素 lmax1 和次大元素 lmax2；递归求出右区间中的最大元素 rmax1 和次大元素 rmax2。

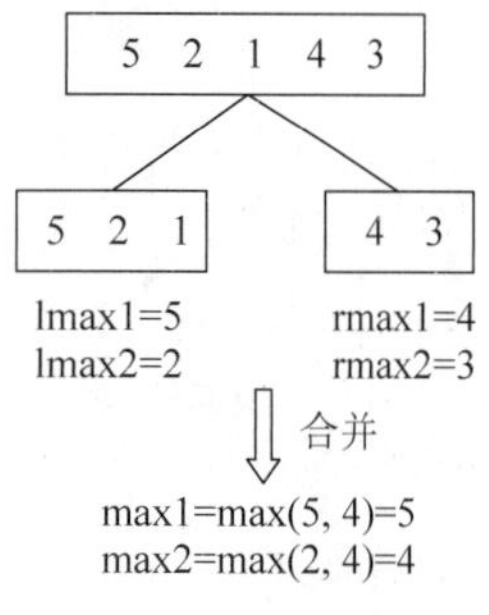

图 4.10　求 max1 和 max2 的过程

④ 合并操作是，若 lmax1＞rmax1，则 max1＝lmax1，max2＝max(lmax2，rmax1)，否则 max1＝rmax1，max2＝max(lmax1，rmax2)。

例如，对于 a[0..4]＝{5，2，1，4，3}，mid＝(0＋4)/2＝2，划分为左区间 a[0..2]＝{5，2，1}，右区间 a[3..4]＝{4，3}。递归在左区间中求出 lmax1＝5，lmax2＝2，递归在右区间中求出 rmax1＝4，rmax2＝3。合并操作是，max1＝max(lmax1，rmax1)＝5，max2＝max(lmax2，rmax1)＝4。求解过程如图 4.10 所示。

采用数组 ans 存放求解结果，ans[0]表示最大元素 max1，ans[1]表示次大元素 max2，对应的递归算法如下：

```
INF=0x3f3f3f3f                                          #表示∞
def max21(a,low,high):                                  #被 max2 调用
    ans=[0,0]
    if low==high:                                       #区间中只有一个元素
        ans[0],ans[1]=a[low],-INF
    elif low==high-1:                                   #区间中只有两个元素
        ans[0],ans[1]=max(a[low],a[high]),min(a[low],a[high])
    else:
        mid=(low+high)//2
        leftans=max21(a,low,mid)                        #在左区间中求 leftans
        rightans=max21(a,mid+1,high)                    #在右区间中求 rightans
        if leftans[0]>rightans[0]:
            ans[0]=leftans[0]
            ans[1]=max(leftans[1],rightans[0])          #合并求次大元素
        else:
            ans[0]=rightans[0]
            ans[1]=max(leftans[0],rightans[1])          #合并求次大元素
    return ans
```

【算法分析】　max2(a)是通过调用 max21(a，0，$n-1$)实现的，其执行时间的递推式如下：

$T(1)=1$

$T(n)=2T(n/2)+1$　　　　当 $n>2$ 时合并时间看成常量 1

可以推导出 $T(n)=O(n)$。

4.3.2　二分查找

二分查找又称折半查找，是一种高效的查找方法，二分查找要求查找序列中的元素是有序的并且采用顺序表存储(为了简单，假设查找序列是递增有序的)，要求在这样的有序序列

中查找值为 k 的元素，找到后返回其序号，若该序列中不存在值为 k 的元素，返回-1。

二分查找的基本思路是，设 a[low..high]是当前的查找区间，首先确定该区间的中间位置 mid=$\lfloor$(low+high)/2$\rfloor$，然后将 k 和 a[mid]比较，分为 3 种情况：

① 若 k=a[mid]，则查找成功并返回该元素的下标 mid。

② 若 k<a[mid]，由表的有序性可知 k 只可能在左区间 a[low..mid−1]中，故修改新查找区间为 a[low..mid−1]。

③ 若 k>a[mid]，由表的有序性可知 k 只可能在右区间 a[mid+1..high]中，故修改新查找区间为 a[mid+1..high]。

下一次针对新查找区间重复操作，直到找到为 k 的元素或者新查找区间为空时为止，注意每次循环新查找区间一定会发生改变。

从中看出，初始从查找区间 a[0..n−1]开始，每经过一次与当前查找区间的中间位置的元素的比较，就可确定查找是否成功，不成功则当前的查找区间缩小一半。二分查找的递归算法如下：

```
def BinSearch11(a,low,high,k):                  #二分查找的递归算法
    if low<=high:                               #当前区间中存在元素时
        mid=(low+high)//2                       #求查找区间的中间位置
        if k==a[mid]:                           #找到后返回下标 mid
            return mid
        elif k<a[mid]:                          #当 k<a[mid]时,在左区间中递归查找
            return BinSearch11(a,low,mid-1,k)
        else:                                   #当 k>a[mid]时,在右区间中递归查找
            return BinSearch11(a,mid+1,high,k)
    else:return -1                              #查找失败返回-1

def BinSearch1(a,k):                            #二分查找算法
    return BinSearch11(a,0,len(a)-1,k)
```

可以采用循环不变量的方法证明上述二分查找算法的正确性。循环不变量是，若 k 存在于 a[0..n−1]，那么它一定在查找区间 a[low..high]中。

初始化：第一轮循环开始之前查找区间 a[low..high]就是 a[0..n−1]，显然成立。

保持：每轮循环开始前，k 存在于查找区间 a[low..high]中，每轮循环是先计算 mid=(low+high)/2，操作如下。

① k=a[mid]，查找到了值为 k 的元素，直接返回其序号 mid。

② k<a[mid]，值为 k 的元素只可能存在于 a[low..mid−1]中。

③ k>a[mid]，值为 k 的元素只可能存在于 a[mid+1..high]中。

在后面两种情况中，每次减小查找区间的长度，最后由 1(low=high)变为 0(low>high)，不会发生死循环。

终止：当循环结束时 low>high 成立，查找区间为空，表示 k 不存在于所有步骤的查找区间中，再结合每一步排除的部分元素中也不可能有 k，因此 k 不存在于 a 中。

【算法分析】 二分查找算法的基本操作是元素的比较，对应的递推式如下：

$T(n)=1$　　　　当 $n=1$ 时

$T(n)\leqslant T(n/2)+1$　　　　当 $n\geqslant 2$ 时

容易求出 $T(n)=O(\log_2 n)$。等价的二分查找迭代算法如下：

```
def BinSearch2(a,k):                    #二分查找的迭代算法 1
    low,high=0,len(a)-1
    while low<=high:                    #当前区间中存在元素时循环
        mid=(low+high)//2               #求查找区间的中间位置
        if k==a[mid]:                   #找到后返回其下标 mid
            return mid
        elif k<a[mid]:                  #当 k<a[mid]时,在左区间中查找
            high=mid-1
        else:                           #当 k>a[mid]时,在右区间中查找
            low=mid+1
    return -1                           #查找失败返回-1
```

实际上,二分查找还有以下两个等价的迭代算法：

```
def BinSearch3(a,k):                    #二分查找的迭代算法 2
    low,high=0,len(a)-1
    while low<high:                     #当前区间中存在两个或更多元素时循环
        mid=(low+high)//2               #求查找区间的中间位置
        if a[mid]>=k:                   #当 k<a[mid]时,在左区间中递归查找
            high=mid
        else:                           #当 k>a[mid]时,在右区间中递归查找
            low=mid+1
    if a[low]==k:
        return low                      #成功查找
    else:
        return -1                       #查找失败返回-1

def BinSearch4(a,k):                    #二分查找的迭代算法 3
    low,high=0,len(a)-1
    while low+1<high:                   #当前区间中存在 3 个或更多元素时循环
        mid=(low+high)//2               #求查找区间的中间位置
        if a[mid]<k:                    #当 k<a[mid]时,在左区间中递归查找
            low=mid
        else:                           #当 k>a[mid]时,在右区间中递归查找
            high=mid
    if a[low]==k:                       #成功查找
        return low
    elif a[high]==k:                    #成功查找
        return high
    else:                               #查找失败返回-1
        return -1
```

二分查找的思路很容易推广到三分查找,显然三分查找对应的判断树的高度恰好是 $\lfloor \log_3 n \rfloor+1$,推出查找时间复杂度为 $O(\log_3 n)$,由于 $\log_3 n=\log_2 n/\log_2 3$,所以三分查找和二分查找的时间是同一个数量级的。

扫一扫

视频讲解

【例 4-2】 设 nums 整数数组是递增有序的并且所有元素不同,给定一个整数 k,求所有两个不同元素和等于 k 的元素对。

解 设 f(nums,low,high,k)用于求 nums[low..high]中和为 k 的元素对,它是大问题,求出 sum=nums[low]+nums[high],分为 3 种情况。

① 若 sum<k,由于 nums[high]是最大元素,这样说明 nums[low]与 nums[low+1..high]中的任何元素都不可能构成一个满足条件的元素对,可以舍弃 nums[low],对应的小问题是 f(nums,low+1,high,k)。

② 若 sum>k,由于 nums[low]是最小元素,这样说明 nums[high]与 nums[low..high−1]中的任何元素都不可能构成一个满足条件的元素对,可以舍弃 nums[high],对应的小问题是 f(nums,low,high−1,k)。

③ 若 sum=k,找到一个解,继续查找其他解,对应的小问题是 f(nums,low+1,high−1,k)。

在上述过程中每做一次 sum 与 k 的比较就转换为一个小问题,体现分治法(减治法)的特点。对应的算法如下:

```
def sumk(nums, k):                          #分治法的迭代算法
    ans=[]
    low, high=0, len(nums)-1
    while low < high:
        sum=nums[low]+nums[high]
        if sum < k:low+=1                   #和太小,向右移动
        elif sum > k:high-=1                #和太大,向左移动
        else:                               #找到一个二元组 tmp
            tmp=[nums[low], nums[high]]
            ans.append(tmp)                 #将 tmp 添加到 ans 中
            low+=1;high-=1
    return ans
```

扫一扫

视频讲解

4.3.3 二分查找的扩展

当递增有序序列 a[0..n−1]中含相同元素时,如果按照前面的基本二分查找可以找到 k 的位置,但如果有多个 k,则不能确定是哪一个为 k 的元素的序号,很多情况是查找第一个大于或等于 k 的元素的序号,该序号称为 a 中 k 的插入点。例如 a={1,2,2,4},n=4,元素的序号为 0~3,−1 的插入点是 0,2 的插入点是 1,3 的插入点是 3,4 的插入点是 3,5 的插入点是 4。设计一个求 k 的插入点的算法。

1. 解法 1(查找到区间为空)

基于基本二分查找思路,设 a[low..high]为当前的查找区间,当查找区间非空时求出 mid=⌊(low+high)/2⌋,然后将 k 和 a[mid]比较,分为 3 种情况。

① 若 k=a[mid],a[mid]不一定是第一个大于或等于 k 的元素,继续在左区间中查找,则新查找区间修改为 a[low..mid−1]。

② 若 k<a[mid],a[mid]不一定是第一个大于或等于 k 的元素,继续在左区间中查找,同样新查找区间修改为 a[low..mid−1]。

③ 若 k>a[mid],a[mid]一定不是第一个大于或等于 k 的元素,继续在右区间中查找,则新查找区间修改为 a[mid+1..high]。

其中①、②的操作都是置 high=mid−1,可以合二为一。下一次针对新查找区间重复操作,直到新查找区间为空为止,则 low 或者 high+1 就是插入点。对应的迭代算法如下:

```
def insertpoint1(a,k):                  #查找第一个大于或等于k的元素的位置
    low,high=0,len(a)-1
    while low<=high:                    #当前区间中至少有一个元素时
        mid=(low+high)//2               #求查找区间的中间位置
        if k<=a[mid]:                   #k≤a[mid]
            high=mid-1                  #在a[low..mid-1]中查找
        else:
            low=mid+1                   #在a[mid+1..high]中查找
    return low                          #返回low或high+1
```

2. 解法2(查找到区间中仅含一个元素)

显然 a 中 k 插入点的范围是 $0\sim n$(当 k 小于或等于 $a[0]$ 时插入点为 0,当 k 大于 a 中的所有元素时插入点为 n),采用扩展二分查找方法,若查找区间为 a[low..high](从 $a[0..n]$开始),求出 mid=(low+high)/2,元素的比较分为 3 种情况。

① 若 $k=a$[mid],a[mid]不一定是第一个大于或等于 k 的元素,继续在左区间中查找,但 a[mid]可能是第一个等于 k 的元素,所以左区间应该包含 a[mid],则新查找区间修改为 a[low..mid]。

② 若 $k<a$[mid],a[mid]不一定是第一个大于或等于 k 的元素,继续在左区间中查找,但 a[mid]可能是第一个大于 k 的元素,所以左区间应该包含 a[mid],则新查找区间修改为 a[low..mid]。

③ 若 $k>a$[mid],a[mid]一定不是第一个大于或等于 k 的元素,继续在右区间中查找,则新查找区间修改为 a[mid+1..high]。

其中①、②的操作都是置 high=mid,可以合二为一。由于新区间可能包含 a[mid](不同于基本二分查找),这样带来一个问题,假设比较结果是 $k\leqslant a$[mid],此时应该执行 high=mid,若查找区间 a[low..high]中只有一个元素(low=high),执行 mid=(low+high)/2 后发现 mid、low 和 high 均相同,也就是说新查找区间没有发生改变,从而导致陷入死循环。

为此必须保证查找区间 a[low..high]中至少有两个元素(满足 low<high),这样就不会出现死循环。当循环结束,如果查找区间 a[low..high]中只有一个元素,该元素就是第一个大于或等于 k 的元素,如果 a[low..high]为空(只有 $a[n..n]$一种情况),说明 k 大于 a 中的全部元素,所以返回 low(此时 low=n)即可。对应的迭代算法如下:

```
def insertpoint2(a,k):                  #查找第一个大于或等于k的元素的位置
    low,high=0,len(a)
    while low<high:                     #查找区间中至少含两个元素
        mid=(low+high)//2
        if k<=a[mid]:                   #k≤a[mid]
            high=mid                    #在左区间中查找(含a[mid])
        else:
            low=mid+1                   #在右区间中查找
    return low                          #返回low
```

思考题:对于一个可能包含相同元素的有序序列,如何查找第一个为 k 的元素的序号和最后一个为 k 的元素的序号?

4.3.4 实战——寻找峰值(LeetCode162★★)

1. 问题描述

设计一个算法，在所有相邻元素均不相同的整数数组 nums 中(即对于所有有效的 i 都有 nums[i]≠nums[$i+1$])找峰值元素并返回其索引，峰值元素是指其值大于左、右相邻值的元素。可以假设 nums[−1]=nums[n]=−∞，如果包含多个峰值，返回任何一个峰值的索引即可。例如，nums[0..6]={1,2,1,3,5,6,4}，结果是 1 或 5。

扫一扫

视频讲解

2. 问题求解 1

为了方便，用 a 表示 nums 数组，对于无序数组 a(其中所有相邻元素均不相同)，如果 $a[i]$是峰值，则满足条件 $a[i-1]<a[i]>a[i+1]$。假设峰值唯一，对于非空查找区间 a[low,high]，求出中间位置 mid=(low+high)/2，将 a[mid]与后继元素 a[mid+1]比较，比较结果分为两种情况(依题意 a[mid]≠a[mid+1])：

① a[mid]>a[mid+1]，峰值应该在左边，如图 4.11(a)所示。

② a[mid]<a[mid+1]，峰值应该在右边，如图 4.11(b)所示。

从上面的分析可知，本题就是在[0,$n-1$]中查找第一个满足 a[mid]>a[mid+1]条件的 mid。采用 4.3.3 节中解法 1(查找到区间为空)的思路，新查找区间修改如下：

① 当 mid+1≥n(a[mid]为尾元素)或者 a[mid]>a[mid+1]时，峰值应该在左边，置 high=mid−1。

② 否则峰值应该在右边，置 low=mid+1。

a[low] < ⋯ < 峰值 > ⋯ > ***a*[mid]** > a[mid+1] > ⋯ > a[high]

⇓ a[mid]>a[mid+1]

峰值在左边（可能含mid）

(a) 情况①

a[low] < ⋯ < ***a*[mid]** < a[mid+1] < ⋯ < 峰值 > ⋯ > a[high]

⇓ a[mid]<a[mid+1]

峰值在右边（不含mid）

(b) 情况②

图 4.11 查找峰值元素的两种情况

当循环结束，查找区间为空时返回 low 或者 high+1。对应的算法如下：

```
class Solution:
    def findPeakElement(self, nums: List[int]) -> int:                 #解法 1
        n=len(nums)
            if n==1:return 0
            low,high=0,n-1
            while low<=high:            #查找区间中至少有一个元素时循环
                mid=(low+high)//2
                if mid+1>=n or nums[mid]> nums[mid+1]:          #峰值在左边
                    high=mid-1
                else:                                              #峰值在右边
                    low=mid+1
        return low
```

上述程序的提交结果为通过，运行时间为 28ms，消耗的空间为 15MB。

3. 问题求解 2

采用 4.3.3 节中解法 2(查找到区间中仅含一个元素)的思路，初始化查找区间为[0，n]，当查找区间中至少含两个元素时，求出中间位置 mid=(low+high)/2，新查找区间修改如下：

① 当 mid+1≥n(a[mid]为尾元素)或者 a[mid]>a[mid+1]时，峰值应该在左边，置 high=mid。

② 否则峰值应该在右边，置 low=mid+1。

当循环结束，查找区间中仅含一个元素时，它就是一个峰值，返回 low 即可。对应的算法如下：

```
class Solution:
    def findPeakElement(self, nums: List[int]) -> int:            #解法 2
        n=len(nums)
        if n==1:return 0
        low,high=0,n
        while low<high:                        #查找区间中至少有两个元素时循环
            mid=(low+high)//2
            if mid+1>=n or nums[mid]>nums[mid+1]:         #峰值在左边
                high=mid
            else:                                          #峰值在右边
                low=mid+1
        return low
```

上述程序的提交结果为通过，运行时间为 32ms，消耗的空间为 15.1MB。

扫一扫

视频讲解

4.3.5 查找两个等长有序序列的中位数

1. 问题描述

对于一个长度为 n(n>1)的递增序列 a[0..n-1]，处于中间位置的元素称为 a 的中位数(当 n 为奇数时中位数是唯一的，当 n 为偶数时有两个中位数，这里指前一个中位数)。例如，若序列 a={11,13,15,17,19}，其中位数是 15；若 b={2,4,6,8,20}，其中位数为 6。两个等长有序序列的中位数是含它们所有元素的有序序列的中位数，例如 a、b 两个有序序列的中位数为 11。设计一个算法求给定的两个有序序列的中位数。

2. 问题求解

采用二分法求含有 n 个元素的有序序列 a、b 的中位数的过程如下。

(1) 若序列 a、b 中均只有一个元素，则较小者就是要求的中位数。

(2) 否则分别求出 a、b 的中位数 a[m1]和 b[m2]，两者比较分为 3 种情况。

① 若 a[m1]=b[m2]，则 a[m1]或 b[m2]即为所求中位数，如图 4.12(a)所示，算法结束。

② 若 a[m1]<b[m2]，则舍弃序列 a 中的前半部分(较小的一半)，同时舍弃序列 b 中的后半部分(较大的一半)，要求舍弃的长度相等，如图 4.12(b)所示。

③ 若 a[m1]>b[m2]，则舍弃序列 a 中的后半部分(较大的一半)，同时舍弃序列 b 中

的前半部分（较小的一半），要求舍弃的长度相等，如图 4.12(c)所示。

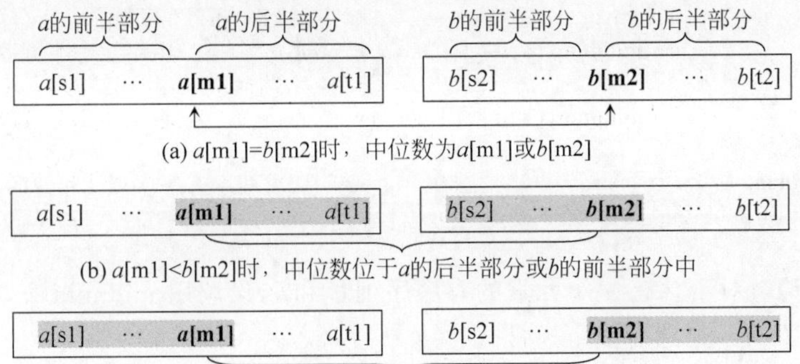

图 4.12　求两个等长有序序列的中位数的过程

例如，求 $a=\{11,13,15,17,19\}$、$b=\{2,4,6,8,20\}$ 两个有序序列的中位数的过程如图 4.13 所示。

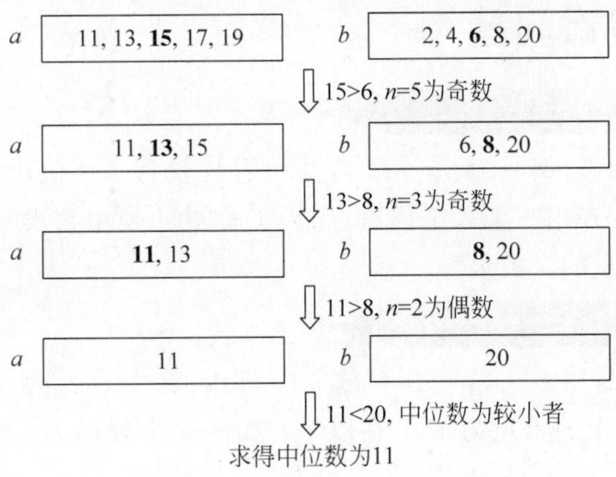

图 4.13　求 a、b 两个有序序列的中位数

假设两个长度均为 n 的递增序列为 $a[i..i+n-1]$ 和 $b[j..j+n-1]$，分别求出中间位置 $\mathrm{m1}=i+(n-1)/2$，$\mathrm{m2}=j+(n-1)/2$，则

① 若 $a[\mathrm{m1}]=b[\mathrm{m2}]$，返回 $a[i]$ 或 $b[j]$。

② 若 $a[\mathrm{m1}]<b[\mathrm{m2}]$，每个序列中保留的元素的个数均为 $\mathrm{newn}=(n+1)/2$，a 中保留的后一半元素为 $a[i+n-\mathrm{newn}..i+n-1]$，$b$ 中保留的前一半元素为 $b[j..j+\mathrm{newn}-1]$。

③ 若 $a[\mathrm{m1}]>b[\mathrm{m2}]$，每个序列中保留的元素的个数均为 $\mathrm{newn}=(n+1)/2$，a 中保留的前一半元素为 $a[i..i+\mathrm{newn}-1]$，b 中保留的后一半元素为 $b[j+n-\mathrm{newn}..j+n-1]$。

对应的递归算法如下：

```
def midnum1(a,i,b,j,n):                    #求 a[i]和 b[j]开头长度为 n 的中位数
    if n==1:                               #两个序列均只有一个元素时返回较小者
        return min(a[i],b[j])
    else:                                  #两个序列均含两个或两个以上元素时
        m1=i+(n-1)//2                      #求 a 的中位数
        m2=j+(n-1)//2                      #求 b 的中位数
        if a[m1]==b[m2]:return a[m1]       #两个中位数相等时返回该中位数
```

```
        newn=(n+1)//2                              #每个序列中保留的元素的个数
        if a[m1]<b[m2]:                            #当a[m1]<b[m2]时
            return midnum1(a,i+n-newn,b,j,newn)    #a取后半部分,b取前半部分
        else:                                      #当a[m1]>b[m2]时
            return midnum1(a,i,b,j+n-newn,newn)    #a取前半部分,b取后半部分

def midnum(a,b,n):                                 #求两个有序序列a和b的中位数
    return midnum1(a,0,b,0,n)
```

【算法分析】 对于含有 n 个元素的有序序列 a 和 b,设调用 midnum(a,b,n)求中位数的执行时间为 $T(n)$,显然有以下递推式:

$T(n)=1$　　　　　　当 $n=1$ 时

$T(n)=2T(n/2)+1$　　当 $n>1$ 时

容易推出 $T(n)=O(\log_2 n)$。

思考题:如果两个有序序列 a 和 b 中元素的个数不同,应该如何求中位数?

扫一扫

视频讲解

4.3.6 查找假币问题

1. 问题描述

共有 $n(n>3)$个硬币,编号为 $0\sim n-1$,其中有且仅有一个假币,假币与真币的外观相同但重量比真币轻。现在用一架天平称重,用天平称重的硬币数没有限制。设计一个算法找出这个假币,使得称重的次数最少。

2. 问题求解

采用三分查找思想,用 c[0..$n-1$]存放 n 个硬币,其中 c[i]表示编号为 i 的硬币的重量(真币的重量为 2,假币的重量为 1)。在以 i 开始的 n 个硬币 c[i..$i+n-1$]中查找假币的过程如下。

(1) 如果 $n=1$,依题意它就是假币,返回假币的编号 i。

(2) 如果 $n=2$,将两个硬币 c[i]和 c[$i+1$]称重一次,若前者较轻,返回假币的编号 i,否则说明硬币 $i+1$ 是假币,返回假币的编号 $i+1$。

(3) 如果 $n\geqslant 3$,当 $n\%3=0$ 时置 $k=\lfloor n/3 \rfloor$,当 $n\%3=1$ 时置 $k=\lfloor n/3 \rfloor$,当 $n\%3=2$ 时置 $k=\lfloor n/3 \rfloor+1$,依次将 c 中的 n 个硬币分为 3 份,A 和 B 中各有 k 个硬币(A 为 c[ia..ia$+k-1$],B 为 c[ib..ib$+k-1$]),C 中有 $n-2k$ 个硬币(C 为 c[ic..ic$+n-2k-1$]),这样划分保证 A、B 中硬币的个数相同并且 A 和 C 中硬币的个数最多相差 1。将 A 和 B 中的硬币称重一次,结果为 b,分为如下 3 种情况。

① 若两者的重量相等(b=0),说明 A 和 B 中的所有硬币都是真币,假币一定在 C 中,在 C 中递归查找假币并返回结果。

② 若 A 较轻,说明假币一定在 A 中,在 A 中递归查找假币并返回结果。

③ 若 B 较轻,说明假币一定在 B 中,在 B 中递归查找假币并返回结果。

从中看出,当 $n\geqslant 3$ 时查找假币为原问题,将所有硬币划分为 A、B 和 C 3 份,保证 A、B 中硬币的个数相同并且 A 和 C 中硬币的个数最多相差 1。将 A 和 B 称重一次后转换为在 A、B 或者 C 中查找假币,对应子问题的规模大约为 $n/3$。

简单地说，问题规模为 n 的原问题，通过一次称重后，要么找到了假币，要么转换为一个问题规模大约为 $n/3$ 的子问题，相当于求解问题的规模每次减少为 $n/3$。

例如，$n=9$，9 个硬币的编号为 0～8，其中 c[2]=1，查找假币的过程如图 4.14 所示。

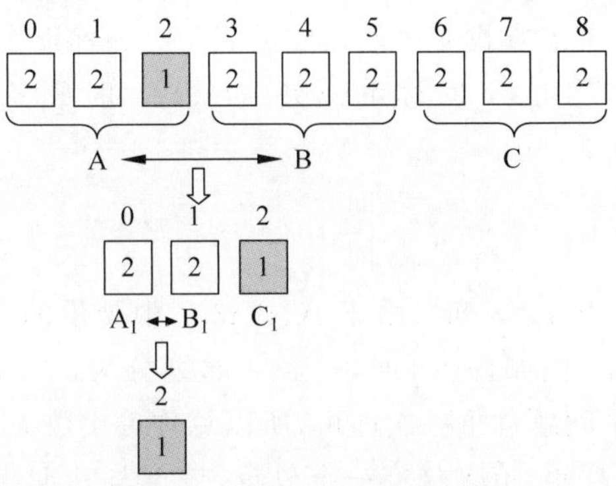

图 4.14　查找假币的过程

① $n=9$，$k=\lfloor n/3 \rfloor=3$，分为 A(c[0..2])、B(c[3..5])和 C(c[6..8])3 份，将 A 与 B 中的硬币称重一次(图中用↔表示用天平称重一次)，前者轻说明假币在 A 中。

② 在 A 中查找假币，此时 $n_1=3$，$k_1=\lfloor n_1/3 \rfloor=1$，划分为 A_1(c[0])、B_1(c[1])和 C_1(c[2])，其中各有一个硬币，将 A_1 和 B_1 称重一次，两者重量相等，说明假币在 C_1 中，而 C_1 中只有一个硬币，说明它就是假币，求出假币的编号为 2。总共称重两次。

对应的分治法算法如下：

```
def Balance(c,ia,ib,n):                     #将c[ia]和c[ib]开始的n个硬币称重一次
    sa,sb=0,0
    i=ia
    for j in range(0,n):sa+=c[i];i+=1
    i=ib
    for j in range(0,n):sb+=c[i];i+=1
    if sa<sb:return 1                       #A轻返回1
    elif sa==sb:return 0                    #A、B重量相等返回0
    else:return -1                          #B轻返回-1

def spcoin1(coins,i,n):                     #在coins[i..i+n-1](共n个硬币)中查找假币
    if n==1:return i                        #剩余一个硬币coins[i]
    elif n==2:                              #剩余两个硬币coins[i]和coins[i+1]
        b=Balance(coins,i,i+1,1)            #两个硬币称重
        if b==1:return i                    #coins[i]是假币
        else:return i+1                     #coins[i+1]是假币
    else:                                   #剩余3个或者3个以上的硬币coins[i..i+n-1]
        k=0                                 #k为A和B中硬币的个数
        if n%3==0:k=n//3
        elif n%3==1:k=n//3
        else:k=n//3+1
        ia,ib,ic=i,i+k,i+2*k                #分为A、B、C,硬币的个数分别为k、k、n-2k
        b=Balance(coins,ia,ib,k)            #A、B称重一次
        if b==0:return spcoin1(coins,ic,n-2*k)    #A、B的重量相等,假币在C中
        elif b==1:return spcoin1(coins,ia,k)    #A轻,假币在A中
        else:return spcoin1(coins,ib,k)     #B轻,假币在B中
```

```
def spcoin(coins):                          #求解算法:在 coins 中查找较轻的假币
    return spcoin1(coins,0,len(coins))
```

【算法分析】 这里仅考虑查找 n 个硬币中的假币时的称重次数,设为 $C(n)$。假设 $n=3^k$,当 $n=1$ 时称重 0 次,当 $n=3$ 时称重一次,当 $n=9$ 时最多称重两次,对应的递推式如下:

$C(n)=1$ 　　　　　　　当 $n=3$ 时

$C(n)=C(n/3)+1$ 　　　当 $n>3$ 时

可以推出 $C(n)=\log_3 n$。当 $n\neq 3^k$ 时,由于 A、B 和 C 中硬币的个数最多相差 1,所以最多称重次数 $C(n)=\lceil \log_3 n \rceil$。例如,$n=8$ 时,$n\%3=2$,划分为(3,3,2),称重一次后最坏情况下的子问题是 $n_1=3$,该子问题称重一次即可,所以总称重次数为 $\lceil \log_3 8 \rceil=2$。

思考题:如果有 n 个硬币,有且仅有一个假币,假币与真币的外观相同但重量不同,事先不知道假币的重量比真币轻还是重,如何利用一架天平称重找出这个假币,使得称重的次数最少?

4.4 求解组合问题

这里的组合问题是指答案为一个组合对象的问题,例如查找一个排列、一个子集或者一个元素等,这些对象满足特定的条件或者基于特定的关系。

扫一扫

视频讲解

4.4.1 最大连续子序列的和

1. 问题描述

见 3.1.2 节,这里采用分治法求解。

2. 问题求解

对于含有 n 个整数的序列 $a[0..n-1]$,若 $n=1$,表示该序列中仅含一个元素,如果该元素大于 0,则返回该元素,否则返回 0。若 $n>1$,采用分治法求解,设求解区间是 a[low..high],取其中间位置 mid=(low+high)/2,其中最大连续子序列只可能出现在 3 个地方,各种情况及求解方法如图 4.15 所示。

(1) 最大连续子序列完全落在左区间 a[low..mid]中,采用递归方法求出其最大连续子序列和 maxLeftSum,如图 4.15(a)所示。

(2) 最大连续子序列完全落在右区间 a[mid+1..high]中,采用递归方法求出其最大连续子序列和 maxRightSum,如图 4.15(a)所示。

(3) 最大连续子序列跨越中间位置元素 a_{mid},或者说最大连续子序列为($a_i,\cdots,a_{\mathrm{mid}},a_{\mathrm{mid}+1},\cdots,a_j$),该序列由以下两部分组成:

① 左段($a_i,\cdots,a_{\mathrm{mid}}$)一定是以 a_{mid} 结尾的最大连续子序列(不一定是 a 中的最大连续子序列),其和为 maxLeftBorderSum $=\max\left(\sum_{i=\mathrm{mid}}^{\mathrm{low}} a_i\right)$。

② 右段($a_{\mathrm{mid}+1}, \cdots, a_j$)一定是以 $a_{\mathrm{mid}+1}$ 开头的最大连续子序列(不一定是 a 中的最大连续子序列),其和为 $\mathrm{maxRightBorderSum} = \max\left(\sum_{j=\mathrm{mid}+1}^{\mathrm{high}} a_j\right)$。这样,跨越中间位置元素 a_{mid} 的最大连续子序列的和为 maxMidSum＝maxLeftBorderSum＋maxRightBorderSum,如图 4.15(b) 所示。

最后,整个序列 a 的最大连续子序列的和为 maxLeftSum、maxRightSum 和 maxMidSum 三者中的最大值 ans(如果 ans＜0,则答案为 0),如图 4.15(c)所示。

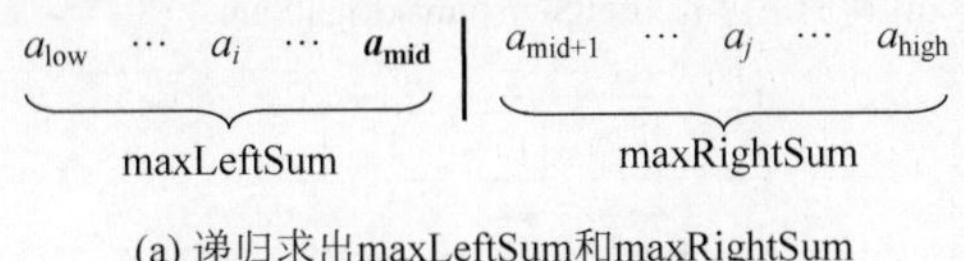

(a) 递归求出maxLeftSum和maxRightSum

maxLeftBorderSum + maxRightBorderSum

a_{low} … a_{mid} | $a_{\mathrm{mid}+1}$ … a_{high}

(b) 求出maxLeftBorderSum+maxRightBorderSum

MAX3(maxLeftSum,
maxRightSum,
maxLeftBorderSum+maxRightBorderSum)

(c) 求出a序列中最大连续子序列的和

图 4.15 求解最大连续子序列的和的过程

上述过程也体现出了分治策略,只是分解更加复杂,这里分解出 3 个子问题,以中间位置分为左、右两个区间,左、右两个区间的求解是两个子问题,它们与原问题在形式上相同,可以递归求解,子问题 3 是考虑包含中间位置元素的最大连续子序列的和,它在形式上不同于原问题,需要特别处理。最后的合并操作仅在三者中求最大值。从中看出,同样采用分治法,不同问题的难度是不同的,很多情况下难度体现在需要特别处理的子问题上。

例如,对于整数序列 $a=[-2,11,-4,13,-5,-2]$,$n=6$,求 a 中最大连续子序列的和的过程如下。

① mid＝(0＋5)/2＝2,a[mid]＝－4,划分为 a[0..2]和 a[3..5]两部分。

② 递归求出左部分的最大连续子序列的和 maxLeftSum 为 11,递归求出右部分的最大连续子序列的和 maxRightSum 为 13,如图 4.16(a)所示。

③ 再求包含 a[mid](mid＝2)的最大连续子序列的和 maxMidSum。用 Sum(a[i..j])表示 a[i..j]中所有元素的和,置 maxLeftBorderSum＝0:

Sum(a[2])＝－4 ⇨ maxLeftBorderSum＝0

Sum(a[1..2])＝7 ⇨ maxLeftBorderSum＝7

Sum(a[0..2])＝5 ⇨ maxLeftBorderSum＝7

再置 maxRightBorderSum＝0:

Sum(a[3])＝13 ⇨ maxRightBorderSum＝13

Sum(a[3..4])＝8 ⇨ maxRightBorderSum＝13

Sum(a[3..5])＝6 ⇨ maxRightBorderSum＝13

则 maxMidSum＝maxLeftBorderSum＋maxRightBorderSum＝7＋13＝20，如图 4.16(b)所示。最终结果为 max(11,13,20)＝20。

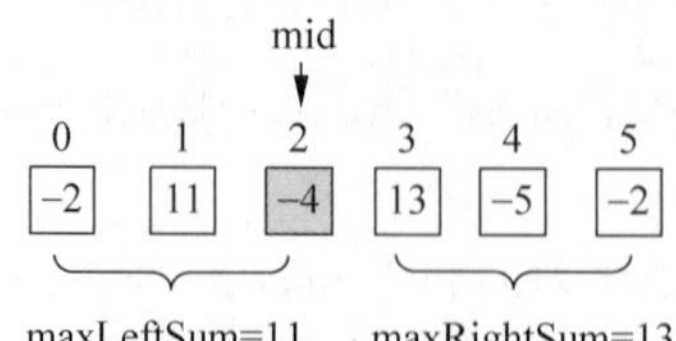

maxLeftSum=11　maxRightSum=13

(a) 递归求出maxLeftSum和maxRightSum

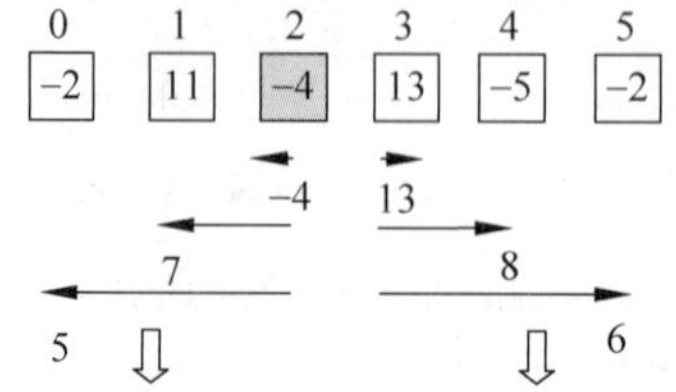

maxLeftBorderSum=7　maxRightBorderSum=13

(b) 以−4为中心的最大连续子序列的和为20

图 4.16　求{−2,11,−4,13,−5,−2}的最大连续子序列的和

求最大连续子序列的分治法算法如下：

```
def maxSubSum51(a, low, high):                      #分治法算法
    if low==high:return max(a[low],0)               #子序列中只有一个元素时
    mid=(low+high)//2                               #求中间位置
    maxLeftSum=maxSubSum51(a, low, mid)             #求左边的最大连续子序列的和
    maxRightSum=maxSubSum51(a, mid+1, high)         #求右边的最大连续子序列的和
    maxLeftBorderSum, lowBorderSum=0,0
    for i in range(mid, low-1, -1):                 #求左段 a[i..mid]的最大连续子序列的和
        lowBorderSum+=a[i]
        maxLeftBorderSum=max(maxLeftBorderSum, lowBorderSum)
    maxRightBorderSum, highBorderSum=0,0
    for j in range(mid+1, high+1):                  #求右段 a[mid+1..j]的最大连续子序列的和
        highBorderSum+=a[j]
        maxRightBorderSum=max(maxRightBorderSum, highBorderSum)
    return max(max(maxLeftSum, maxRightSum), maxLeftBorderSum+maxRightBorderSum)

def maxSubSum5(a):                                  #求 a 序列中的最大连续子序列的和
    return maxSubSum51(a,0,len(a)-1)
```

【算法分析】 设求解序列 $a[0..n-1]$的最大连续子序列的和的执行时间为 $T(n)$，第(1)、(2)两种情况的执行时间为 $T(n/2)$，第(3)种情况的执行时间为 $O(n)$，所以得到以下递推式：

$T(n)=1$　　　　当 $n=1$ 时

$T(n)=2T(n/2)+n$　当 $n>1$ 时

容易推出 $T(n)=O(n\log_2 n)$。

思考题：给定一个有 $n(n\geqslant1)$个整数的序列，可能含有负整数，要求求出其中最大连续子序列的积，能不能采用上述求最大连续子序列的和的方法呢？

4.4.2 实战——最大子序列的和(LeetCode53★)

扫一扫

视频讲解

1. 问题描述

见 3.1.3 节,这里采用分治法求解。

2. 问题求解

采用 4.4.1 节的分治法思路,由于这里的最大连续子序列中至少含一个元素,所以做两点修改:

① 当区间 nums[low..high]中只有一个元素时返回 nums[low]。

② 考虑最大连续子序列跨越中间位置 nums[mid]元素时,左段的最大连续元素和 maxLeftBorderSum 的初始值置为 nums[mid],右段的最大连续元素和 maxRightBorderSum 的初始值置为 nums[mid+1]。

对应的算法如下:

```
class Solution:
    def maxSubArray(self, nums: List[int]) -> int:
        n=len(nums)
        if n==1:return nums[0]
        return self.maxSubSum51(nums,0,n-1)

    def maxSubSum51(self,nums,low,high):                #分治法算法
        if low==high:return nums[low]                  #子序列中只有一个元素时
        mid=(low+high)//2                              #求中间位置
        maxLeftSum=self.maxSubSum51(nums,low,mid) #求左边的最大连续子序列的和
        maxRightSum=self.maxSubSum51(nums,mid+1,high) #求右边的最大连续子序列的和
        maxLeftBorderSum,lowBorderSum=nums[mid],0
        for i in range(mid,low-1,-1): #nums[i..mid]的最大连续子序列的和
            lowBorderSum+=nums[i]
            maxLeftBorderSum=max(maxLeftBorderSum,lowBorderSum)
        maxRightBorderSum,highBorderSum=nums[mid+1],0
        for j in range(mid+1,high+1): #nums[mid+1..j]的最大连续子序列的和
            highBorderSum+=nums[j]
            maxRightBorderSum=max(maxRightBorderSum,highBorderSum)
        ans=max(max(maxLeftSum,maxRightSum),maxLeftBorderSum+maxRightBorderSum)
        return ans
```

上述程序的提交结果为通过,运行时间为 1580ms,消耗的空间为 29.9MB。

4.4.3 实战——多数元素(LeetCode169★)

扫一扫

视频讲解

1. 问题描述

见 2.12.3 节,这里采用分治法求解。

2. 问题求解

依题意,nums[0..n-1]中一定存在多数元素。当 n=1 时,nums[0]就是多数元素,否则针对 nums[low..high]采用分治法策略如下。

① 分解:求出 mid=(low+high)/2,将 nums[low..high]分解成两个子序列 nums

[low..mid]和 nums[mid+1..high]，即将整个问题分解为两个相似的子问题。

② 求解子问题：求出 nums[low..mid]中的多数元素为 leftmaj，求出 nums[mid+1..high]中的多数元素为 rightmaj。

③ 合并：如果 leftmaj=rightmaj，则它一定就是 nums[low..high]的多数元素，否则求出 leftmaj 在 nums[low..high]中出现的次数 leftcnt，rightmaj 在 nums[low..high]中出现的次数 rightcnt，若 leftcnt>rightcnt，则 leftmaj 是多数元素，否则 rightmaj 是多数元素。

上述求多数元素的过程是否正确呢？关键的性质是如果 maj 是数组 nums 的多数元素，将 nums 这样分成左、右两部分，那么 maj 必定是至少一部分的多数元素。可以采用反证法证明，假设 maj 是 nums 的多数元素，但它不是左、右两部分的多数元素，那么 maj 出现的次数少于 leftc/2+rightc/2(其中 leftc 和 rightc 分别表示左、右部分的元素的个数)，由于 leftc/2+rightc/2≤(leftc+rightc)/2，说明 maj 不是 nums 的多数元素，因此出现了矛盾，所以该性质是正确的。在该性质成立时就可以采用分治法求解，对应的算法如下：

```
class Solution:
    def majorityElement(self, nums: List[int]) -> int:
        n=len(nums)
        if n==1:return nums[0]
        return self.majore(nums,0,n-1)

    def majore(self,nums,low,high):                    #分治法算法
        if low==high:return nums[low]
        mid=(low+high)//2
        leftmaj=self.majore(nums,low,mid)
        rightmaj=self.majore(nums,mid+1,high)
        if leftmaj==rightmaj:
            return leftmaj
        else:
            leftcnt=0
            for i in range(low,high+1):
                if nums[i]==leftmaj:leftcnt+=1
            rightcnt=0
            for i in range(low,high+1):
                if nums[i]==rightmaj:rightcnt+=1
            if leftcnt>rightcnt:return leftmaj
            else:return rightmaj
```

上述程序的提交结果为通过，运行时间为 104ms，消耗的空间为 17MB。

扫一扫

视频讲解

4.4.4 实战——三数之和(LeetCode15★★)

1. 问题描述

给定一个包含 n 个整数的数组 nums($0\leqslant n\leqslant 3000$，$-10^5\leqslant$nums[$i$]$\leqslant 10^5$)，设计一个算法判断 nums 中是否存在 3 个元素 a、b、c，使得 a+b+c=0 成立，要求找出所有和为 0 且不重复的三元组。例如，nums={-1,0,1,2,-1,-4}，结果为{{-1,-1,2},{-1,0,1}}。

2. 问题求解

以例 4-2 为基础，先将 nums 数组中的元素递增排序，用 i 遍历 nums，对于每个 nums[i]，

在 nums[i+1..n−1]中查找元素和为−nums[i]的元素对，再加上 nums[i]构成一个满足要求的三元组，对于每个元素都需要跳过重复的元素。对应的程序如下：

```
class Solution:
    def threeSum(self, nums: List[int]) -> List[List[int]]:
        n,ans=len(nums),[]
        if n<3:return ans                                    #长度小于3,返回空表
        nums.sort()                                          #对nums递增排序
        if nums[0]>0:return ans                              #首元素大于0,返回空表
        for i in range(0,n-2):                               #遍历nums[i]
            if i>0 and nums[i]==nums[i-1]: continue          #跳过重复的元素nums[i]
            low,high=i+1,n-1
            while low<high:
                sum=nums[low]+nums[high]
                if sum<-nums[i]:low+=1                       #和太小,向右移动
                elif sum>-nums[i]:high-=1                    #和太大,向左移动
                else:                                        #找到一个三元组tmp
                    tmp=[nums[i],nums[low],nums[high]]
                    ans.append(tmp)                          #将tmp添加到ans中
                    low+=1
                    while low<high and nums[low]==nums[low-1]:#跳过重复元素
                        low+=1
                    high-=1
                    while low<high and nums[high]==nums[high+1]: #跳过重复元素
                        high-=1
        return ans
```

上述程序的提交结果为通过，运行时间为 1056ms，消耗的空间为 18.1MB。

4.4.5 求最近点对距离

扫一扫

视频讲解

1. 问题描述

给定二维空间中的若干点，点集采用数组 p 存放，任意两个不同点之间有一个直线距离，求最近的两个点之间的距离。

2. 问题求解

可以采用穷举法求解，但算法的时间复杂度为 $O(n^2)$，属于低效算法。求 p[l..r]点集中的最近点对距离，首先对 p 中的所有点按 x 坐标递增排序，采用分治法策略的步骤如下。

① 分解：求出 p 的中间位置 mid=(l+r)/2，以 p[mid]点画一条 Y 方向上的中轴线 l（对应的 x 坐标为 p[mid].x），将 p 中的所有点分割为点数大致相同的两个子集，左部分 S_1 包含 p[l..mid]中的点，右部分 S_2 包含 p[mid+1..r]中的点，如图 4.17 所示。

② 求解子问题：对 S_1 的点集 p[l..mid]递归求出最近点对距离 d_1，如果其中只有一个点，返回∞；如果其中只有两个点，则直接求出这两个点之间的距离并返回。同样对 S_2 的点集 p[mid+1..r]递归求出最近点对距离 d_2。求出 d_1 和 d_2 的最小值 $d=\min(d_1, d_2)$。

显然 S_1 和 S_2 中任意点对之间的距离小于或等于 d，但 S_1、S_2 交界的垂直带形区（由

所有与中轴线 l 的 x 坐标值相差不超过 d 的点构成)中的点对之间的距离可能小于 d。现在考虑垂直带形区,将 p 中与中轴线在 X 方向上距离小于 d 的所有点复制到点集 c 中,c 点集包含了垂直带形区中的全部点,对 c 中的所有点按 y 坐标递增排序。

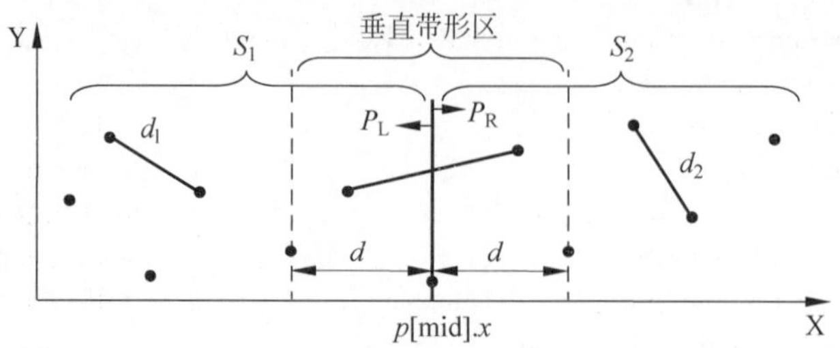

图 4.17　采用分治法求最近点对距离

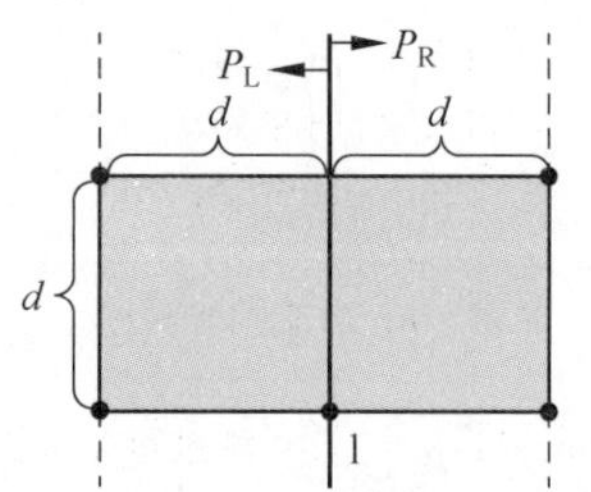

图 4.18　以 l 为中轴线的 $d\times 2d$ 的矩形区

对于 c 中的任意一点 p_i,仅需要考虑紧随 p_i 后的最多 7 个点,计算出从 p_i 到这 7 个点的距离,并和 d 进行比较,将最小的距离存放到 d 中,最后求得的 d 即为 p 中所有点的最近点对距离。为什么只需要考虑紧随 p_i 后的最多 7 个点呢?如图 4.18 所示,如果 $p_L\in P_L$,$p_R\in P_R$,且 p_L 和 p_R 的距离小于 d,则它们必定位于以 l 为中轴线的 $d\times 2d$ 的矩形区内,该区内最多有 8 个点(左、右阴影正方形中最多有 4 个点,否则如果它们的距离小于 d,与 P_L、P_R 中所有点的最小距离大于或等于 d 矛盾)。

③ 合并:合并操作十分简单,仅在 d 和垂直带形区的最小距离中求最小值即可。

例如,p=[p_0[1,1],p_1[1,3],p_2[5,0],p_3[5,2],p_4[6,2],p_5[6,4],p_6[8,1],p_7[9,2]],如图 4.19 所示,首先将 p 按 x 坐标递增排序,这里 p[0..7]就是排序的结果,求最近点对距离如下。

(1) 求出中间位置 mid=(0+7)/2=3,对应点为 p_3。将 p 划分为左、右两部分,左部分 S_1 中包含 $p_0\sim p_3$,右部分 S_2 中包含 $p_4\sim p_7$。

(2) 处理 S_1,求出其中的最近点对距离 $d_1=2$。

(3) 处理 S_2,求出其中的最近点对距离 $d_2=1.414$。

(4) 求出 $d=\min(d_1,d_2)=1.414$。将与 p_3 在 X 方向上距离小于 d 的点添加到 c 列表中,c 构成的垂直带形区如图 4.20 所示,将 c 按 y 坐标递增排序后 c=[p_2[5,0],p_3[5,2],p_4[6,2],p_5[6,4]],处理 c 的过程如下。

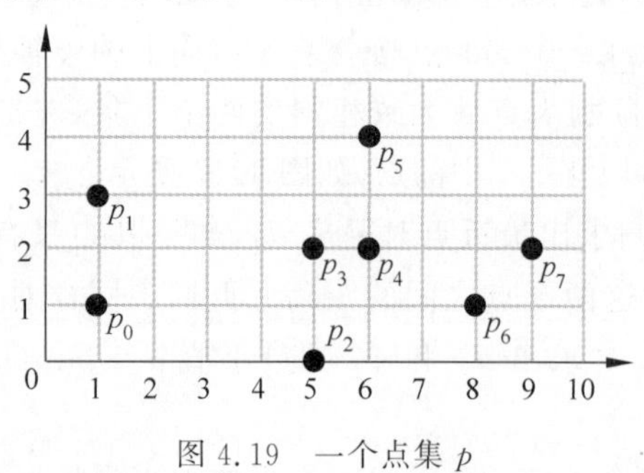

图 4.19　一个点集 p

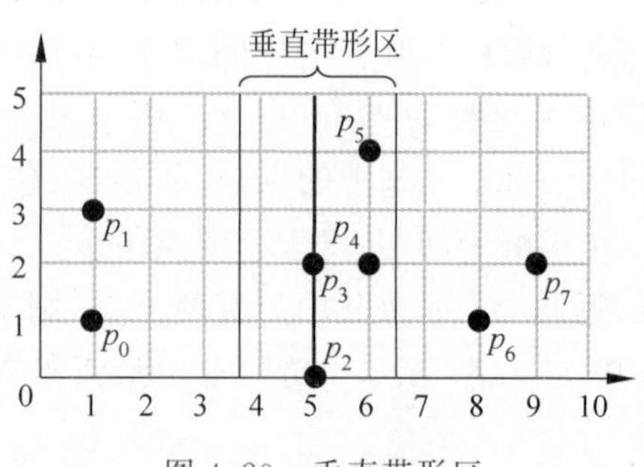

图 4.20　垂直带形区

① 对于 $p_2[5,0]$,后面没有与之 y 坐标的距离小于 d 的点。

② 对于 $p_3[5,2]$,后面只有一个点(即 $p_4[6,2]$)与之 y 坐标的距离可能小于 d,求出两者之间的距离为 1.0,修改为 $d=1.0$。

③ 对于 $p_4[6,2]$,后面没有与之 y 坐标的距离小于 d 的点。

④ 对于 $p_5[6,4]$,后面没有任何点。

所以求出最终答案 $d=1.0$。对应的分治法算法如下:

```
def dis(a,b):                                     #求两个点之间的距离
    return math.sqrt(float(a[0]-b[0])*(a[0]-b[0])+float(a[1]-b[1])*(a[1]-b[1]))

def mindistance(p,l,r):                           #求 p[l..r]中点之间的最小距离
    if l>=r:return INF                            #区间为空或者只有一个点时返回∞
    if l+1==r:return dis(p[l],p[r])               #区间中只有两个点
    mid=(l+r)//2                                  #求中点位置
    d1=mindistance(p,l,mid)
    d2=mindistance(p,mid+1,r)
    d=min(d1,d2)
    c=[]
    for i in range(l,r+1):                        #将与中点在 X 方向上距离小于 d 的点存放到 p1 中
        if abs(p[i][0]-p[mid][0])<d:c.append(p[i])
    c.sort(key=itemgetter(1))                     #p1 中的所有点按 y 坐标递增排序
    for i in range(0,len(c)):
        j,k=i+1,0
        while k<7 and j<len(c) and c[j][1]-c[i][1]<d:
            d=min(d,dis(c[i],c[j]))
            j,k=j+1,k+1
    return d
```

【算法分析】 对于 p 中的 n 个点构成的点集 S,设求解 S 的时间为 $T(n)$,分解为两个点数都是 $n/2$ 的点集 S_1 和 S_2,求解两个子问题的时间均为 $T(n/2)$,在合并中求垂直带形区 c 的时间为 $O(n)$,通常 c 中的点数 m 远小于 n,这样对 c 排序的时间 $O(m\log_2 m)$也就小于 $O(n)$。因此 $T(n)$的递推式如下:

$T(n)=O(1)$　　　　当 $n<3$ 时

$T(n)=2T(n/2)+O(n)$　　　　其他情况

容易推出 $T(n)=O(n\log_2 n)$。

习题 4

扫一扫

练习题

扫一扫

自测题

第5章 走不下去就回退——回溯法

回溯法采用类似穷举法的搜索尝试过程，在搜索尝试过程中寻找问题的解，当发现已不满足求解条件时就“回溯”（即回退），尝试其他路径，所以回溯法有“通用解题法”之称。本章介绍回溯法求解问题的一般方法，并给出一些用回溯法求解的经典示例。本章的学习要点和学习目标如下：

（1）掌握问题的解空间的结构和深度优先搜索过程。

（2）掌握回溯法的原理和算法的框架。

（3）掌握剪支函数（约束函数和限界函数）的一般设计方法。

（4）掌握各种回溯法经典算法的设计过程和算法分析方法。

（5）综合运用回溯法解决一些复杂的实际问题。

5.1 回溯法概述

5.1.1 问题的解空间

先看求解问题的类型,通常求解问题分为两种类型,一种类型是给定一个约束函数,需要求所有满足约束条件的解,称为求所有解类型。例如在鸡兔同笼问题中,所有鸡兔头数为 a,所有腿数为 b,求所有头数为 a、腿数为 b 的鸡兔数,设鸡兔数分别为 x 和 y,则约束函数是 $x+y=a,2x+4y=b$。另一种类型是除了约束条件以外还包含目标函数,最后是求使目标函数最大或者最小的最优解,称为求最优解类型。例如在鸡兔同笼问题中,求所有鸡兔头数为 a、所有腿数为 b 并且鸡最少的解,这就是一个求最优解问题,除了前面的约束函数以外还包含目标函数 min(x)。这两类问题本质上是相同的,因为只有求出所有解再按目标函数进行比较才能求出最优解。

求问题的所有解涉及解空间的概念,在 3.1 节中讨论穷举法时简要介绍了解空间,这里作进一步讨论。实际上问题的一个解是由若干决策(即选择)步骤组成的决策序列,可以表示成解向量 $\boldsymbol{x}=(x_0,x_1,\cdots,x_{n-1})$,其中分量 x_i 对应第 i 步的选择,通常可以有两个或者多个取值,表示为 $x_i \in S_i(0 \leqslant i \leqslant n-1)$,$S_i$ 为 x_i 的取值候选集,即 $S_i=(v_{i,0},v_{i,1},\cdots,v_{i,|S_i|-1})$。$x$ 中各分量 x_i 的所有取值的组合构成问题的解向量空间,简称为解空间,解空间一般用树形式来组织,树中的每个结点对应问题的某个状态,所以解空间也称为解空间树或者状态空间树。

例如,对于如图 5.1(a)所示的连通图,现在要求从顶点 0 到顶点 4 的所有路径(默认为简单路径),这是一个求所有解的问题,约束条件就是 0→4 的路径,由于路径是一个顶点序列,所以对应的解向量 $\boldsymbol{x}=(x_0,x_1,\cdots,x_{n-1})$表示一条路径,这里 $x_0=0$(没有其他选择),需要求出满足约束条件的其他 $x_i(i \geqslant 1)$,这里的路径有多条,每条路径对应一个解向量,对应的解空间如图 5.1(b)所示,图中 i 表示结点的层次,由于 x_0 是固定的,只需要从 x_1 开始求,所有根结点层次 $i=1$,从中看出 $S_1=\{1,3\}$,$S_2=\{2,4\}$,$S_3=\{4\}$。在确定解空间后该问题转换为在其中求从根结点出发搜索到叶子结点并且叶子结点为顶点 4 的所有解,对应的两个解为 $x=\{0,3,2,4\}$和 $x=\{0,3,4\}$。如果问题是求从顶点 0 到顶点 4 的一条最短路径,属于求最优解问题,同样需要求从顶点 0 到顶点 4 的所有路径,通过比较路径长度得到一条最短路径是 $x=\{0,3,4\}$。

归纳起来,解空间的一般结构如图 5.2 所示,根结点(为第 0 层)的每个分支对应分量 x_0 的一个取值(或者说 x_0 的一个决策),若 x_0 的候选集为 $S_0=\{v_{0,1},\cdots,v_{0,a}\}$,即根结点的子树的个数为$|S_0|$,例如 $x_0=v_{0,0}$ 时对应第 1 层的结点 A_0,$x_0=v_{0,1}$ 时对应第 1 层的结点 A_1,…。对于第 1 层的每个结点 A_i,A_i 的每个分支对应分量 x_1 的一个取值,若 x_1 的取值候选集为 $S_1=\{v_{1,0},\cdots,v_{1,b}\}$,$A_i$ 的分支数为$|S_1|$,例如对于结点 A_1,当 $x_1=v_{1,0}$ 时对应第 2 层的结点 B_0,…。以此类推,最底层是叶子结点层,叶子结点的层次为 n,解空间的高度为 $n+1$。从中看出,第 i 层的结点对应 x_i 的各种选择,从根结点到每个叶子结点有一条路径,路径上的每个分支对应一个分量的取值,这是理解解空间的关键。

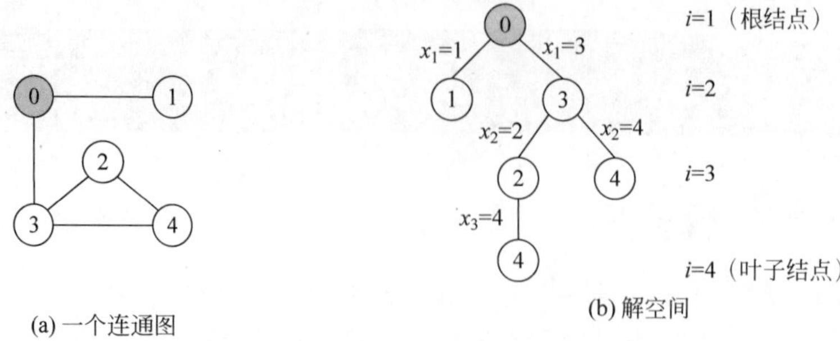

图 5.1　一个连通图及其问题的解空间

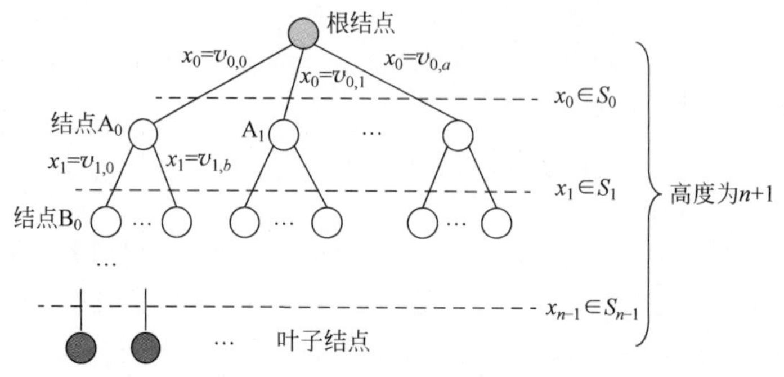

图 5.2　解空间的一般结构

从形式化角度看，解空间是 $S_0 \times S_1 \times \cdots \times S_{n-1}$ 的笛卡儿积，例如当 $|S_0|=|S_1|=\cdots|S_{n-1}|=2$ 时，解空间是一棵高度为 $n+1$ 的满二叉树。需要注意的是，问题的解空间是虚拟的，并不需要在算法运行中真正地构造出整棵树结构，然后在该解空间中搜索问题的解。实际上，有些问题的解空间因过于复杂或结点过多难以画出来。

5.1.2　什么是回溯法

从前面的讨论看出问题的解包含在解空间中，剩下的问题就是在解空间中搜索满足约束条件的解。所谓回溯法，就是在解空间中采用深度优先搜索方法从根结点出发搜索解，与树的遍历类似，当搜索到某个叶子结点时对应一个可能解，如果同时又满足约束条件，则该可能解是一个可行解。所以一个可行解就是从根结点到对应叶子结点的路径上所有分支的取值，例如一个可行解为$(a_0,a_1,\cdots,a_{n-1})$，其图示如图 5.3 所示，在解空间中搜索到可行解的部分称为搜索空间。简单地说，回溯法采用深度优先搜索方法寻找从根结点到每个叶子结点的路径，判断对应的叶子结点是否满足约束条件，如果满足，该路径就构成一个解(可行解)。

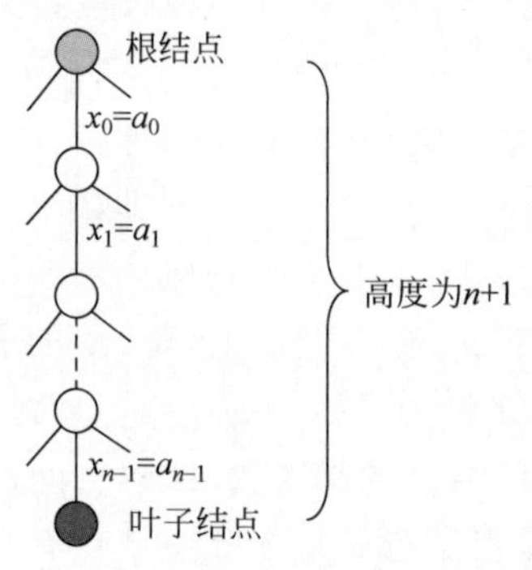

图 5.3　求解的搜索空间

回溯法在搜索解时首先让根结点成为活结点，所谓活结点，是指自身已生成但其孩子结点没有全部生成的结点，同时也成为当前的扩展结点，所谓扩展结点，是指正在产生孩子结点的结点。在当前扩展结点处沿着纵深方向移至一个新结点，这个新结点又成为新的活结点，并成为当前扩展结点。如果在当前的扩展结点处不能再向纵深方向移动，则当前扩展结点就成为死结点,所谓**死结点**,是指其所有子结点均已产生的结点,此时应往回移动(回溯)至最近的一个活结点处,并使这个活结点成为当前扩展结点。

如图 5.4 所示,从结点 A 扩展出子结点 B,从结点 B 继续扩展,当结点 B 的所有子结点扩展完毕,结点 B 变为死结点,从结点 B 回退到结点 A(即回溯),通过回溯使结点 A 恢复为扩展结点 B 之前的状态,再扩展出子结点 C,此时开始做结点 C 的扩展,结点 C 就是扩展结点,由于结点 A 可能还有尚未扩展的其他子结点,结点 A 称为活结点。

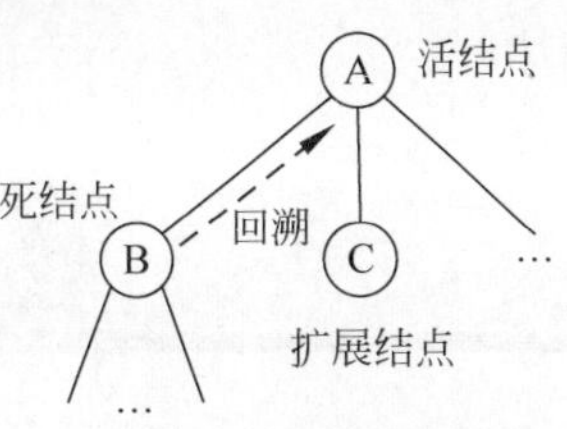

图 5.4 回溯过程

从上看出,求问题的解的过程就是在解空间中搜索满足约束条件和目标函数的解。所以设计搜索算法的关键点有以下 3 个。

① 根据问题的特性确定结点是如何扩展的,不同问题的扩展方式是不同的。例如,在求图中从顶点 s 到顶点 t 的路径时,其扩展十分简单,就是从一个顶点找所有相邻顶点。

② 在解空间中按什么方式搜索解?实际上树的遍历主要有先根遍历和层次遍历,前者就是深度优先搜索(DFS),后者就是广度优先搜索(BFS)。回溯法就是采用深度优先搜索解,第 6 章介绍的分支限界法则是采用广度优先搜索解。

③ 解空间通常十分庞大,如何高效地找到问题的解?通常采用一些剪支的方法实现。

所谓剪支,就是在解空间中搜索时提早终止某些分支的无效搜索,减少搜索的结点个数但不影响最终结果,从而提高了算法的时间性能。常用的剪支策略如下。

① 可行性剪支:在扩展结点处剪去不满足约束条件的分支。例如,在鸡兔同笼问题中,若 $a=3,b=8$,兔数的取值范围只能是 0~2,因为有 3 只或者更多只兔时腿数就超过 8 了,不再满足约束条件。

② 最优性剪支:用限界函数剪去得不到最优解的分支。例如,在求鸡最少的鸡兔同笼问题中,若已经求出一个可行解的鸡数为 3,后面就不必再搜索鸡数大于 3 的结点。

③ 交换搜索顺序:在搜索中改变搜索的顺序,比如原先是递减顺序,可以改为递增顺序,或者原先是无序,可以改为有序,这样可能减少搜索的结点总数。

严格来说,交换搜索顺序并不是一种剪支策略,而是一种对搜索方式的优化。前两种剪支策略采用的约束函数和限界函数统称为剪支函数。归纳起来,回溯法可以简单地理解为深度优先搜索加上剪支。因此用回溯法求解的一般步骤如下。

① 针对给定的问题确定其解空间,其中一定包含所求问题的解。

② 确定结点的扩展规则。

③ 采用深度优先搜索方法搜索解空间,并在搜索过程中尽可能采用剪支函数避免无效搜索。

5.1.3 回溯法算法的时间分析

通常以回溯法的解空间中的结点个数作为算法的时间分析依据。假设解空间树共有 $n+1$ 层(根结点为第 0 层,叶子结点为第 n 层),第 1 层有 m_0 个结点,每个结点有 m_1 个子结点,则第 2 层有 m_0m_1 个结点,同理,第 3 层有 $m_0m_1m_2$ 个结点,以此类推,第 n 层有 $m_0m_1\cdots m_{n-1}$ 个结点,则采用回溯法求所有解的算法的执行时间为 $T(n)=m_0+m_0m_1+m_0m_1m_2+\cdots+m_0m_1m_2\cdots m_{n-1}$。这是一种最坏情况下的时间分析方法,在实际中可以通过剪支提高性能。为了使估算更精确，可以选取若干条不同的随机路径，分别对各随机路径估算结点总数，然后取这些结点总数的平均值。在通常情况下，回溯法的效率通常会高于穷举法。

5.2 深度优先搜索

深度优先搜索是在访问一个顶点 v 之后尽可能地先对纵深方向进行搜索，在解空间中搜索时类似树的先根遍历方式。

5.2.1 图的深度优先遍历

图的遍历是从图中某个起始点出发访问图中所有顶点并且每个顶点仅访问一次的过程，其顶点访问序列称为图的遍历序列。采用深度优先搜索方法遍历图称为图的深度优先遍历，得到的遍历序列称为深度优先遍历序列，其过程是从起始点 v 出发，以纵向方式一步一步沿着边访问各个顶点。例如，对于如图 5.1(a)所示的连通图，采用如下邻接表存储：

```
adj=[[1,3],[0],[3,4],[0,2,4],[2,3]]
```

从顶点 v 出发求深度优先遍历序列 ans 的算法如下：

```
def DFS1(adj,v):                      #深度优先遍历
    global visited,ans
    ans.append(v)                     #访问顶点 v
    visited[v]=1
    for u in adj[v]:                  #找到 v 的相邻点 u
        if visited[u]==0:             #若顶点 u 尚未访问
            DFS1(adj,u)               #从 u 出发继续搜索

def DFS(adj,v):
    global visited,ans
    ans=[]                            #存放一个 DFS 序列
    visited=[0]*len(adj)              #初始化所有元素为 0
    DFS1(adj,v)
    return ans
```

上述算法求得一个深度优先遍历序列为{0,1,3,2,4}。需要注意的是，深度优先遍历特指图的一种遍历方式，而深度优先搜索是一种通用的搜索方式，前者是后者的一种应用，目前人们往往将两者等同为一个概念。

5.2.2 深度优先遍历和回溯法的差别

深度优先遍历和回溯法都是基于深度优先搜索，但两者在处理方式上存在差异，下面通过一个示例进行说明。

【例 5-1】 对于如图 5.1(a)所示的连通图，求从顶点 0 到顶点 4 的所有路径。

解 在采用深度优先遍历求 u 到 v 的所有路径时是从顶点 u 出发以纵向方式进行顶点

的搜索，用 x 存放一条路径，用 ans 存放所有的路径，如果当前访问的顶点 $u=v$，将找到的一条路径 x 添加到 ans 中，同时从顶点 u 回退，以便找其他路径，否则找到 u 的所有相邻点 w，若顶点 w 尚未访问，则从 w 出发继续搜索路径，当从 u 出发的所有路径搜索完毕，再从 u 回退。对应的算法如下：

```
import copy
def dfs11(adj,u,v,x):                          #深度优先搜索
    global visited,ans
    x.append(u)                                #访问顶点 u
    visited[u]=1
    if u==v:                                   #找到一条路径
        ans.append(copy.deepcopy(x))           #将路径 x 添加到 ans 中
        visited[u]=0                           #置 u 可以重新访问
        x.pop()                                #路径回退
        return
    for w in adj[u]:                           #找到 u 的相邻点 w
        if visited[w]==0:                      #若顶点 w 尚未访问
            dfs11(adj,w,v,x)                   #从 w 出发继续搜索
    visited[u]=0                               #从 u 出发的所有路径找完后回退
    x.pop()                                    #路径回退

def dfs1(adj,u,v):                             #求 u 到 v 的所有路径
    global visited,ans
    ans=[]
    visited=[0] * len(adj)                     #初始化所有元素为 0
    x=[]
    dfs11(adj,u,v,x)
    return ans
```

在调用上述 dfs1(adj,0,4)时求出的两条路径是 0→3→2→4 和 0→3→4。现在采用回溯法，对应的解空间如图 5.1(b)所示，解向量 $\boldsymbol{x}$ 表示一条路径，首先将起始点 u（初始 $u=0$）添加到 $\boldsymbol{x}$ 中，再求 $x_i(i\geqslant1)$，当 $u=v(v=4)$ 时对应解空间的一个叶子结点，此时 $\boldsymbol{x}$ 中就是一条满足约束条件的路径，将其添加到 ans 中，否则从顶点 u 进行扩展，若相邻点 w 尚未访问，将 w 添加到 $\boldsymbol{x}$ 中，然后从 w 出发进行搜索，当从 w 出发的路径搜索完后再回退到顶点 u，简单地说从 u 出发搜索再回到 u，这就是回溯法的核心。对应的算法如下：

```
def dfs21(adj,u,v,x):                          #回溯法
    global visited,ans
    if u==v:                                   #找到一条路径
        ans.append(copy.deepcopy(x))           #将路径 x 添加到 ans 中
    else:
        for w in adj[u]:                       #找到 u 的相邻点 w
            if visited[w]==0:                  #若顶点 w 尚未访问
                x.append(w)                    #访问 v,将 v 添加到 ans 中
                visited[w]=1
                dfs21(adj,w,v,x)               #从 w 出发继续搜索
                visited[w]=0                   #从 w 回退到 u
                x.pop()

def dfs2(adj,u,v):                             #求 u 到 v 的所有路径
```

```
        global visited,ans
        ans=[]                          #存放所有路径
        visited=[0] * len(adj)          #初始化所有元素为 0
        x=[]
        x.append(u)                     #将起始点 u 添加到 x 中
        visited[u]=1
        dfs21(adj,u,v,x)
        return ans
```

在调用上述 dfs2(adj,0,4)时求出的两条路径同样是 0→3→2→4 和 0→3→4。从中看出，深度优先遍历主要考虑顶点 u 的前进和回退，不需要专门表示回退到哪个顶点，而回溯法主要考虑顶点 u 扩展的子结点以及从子结点的回退，需要专门处理出发点 u 和子结点 w 之间的扩展和回退关系。尽管都是采用深度优先搜索，但后者解决问题的思路更清晰，特别是对于复杂的问题求解要方便得多。

扫一扫

视频讲解

5.2.3 实战——二叉树的所有路径(LeetCode257★)

1. 问题描述

给定一棵含 $n(1\leqslant n\leqslant 100)$ 个结点的二叉树的根结点 root，结点值在[−100,100]内，设计一个算法按任意顺序返回从根结点到叶子结点的所有路径。例如，对于如图 5.5 所示的二叉树，返回结果是{"1-> 2-> 5","1-> 3"}。

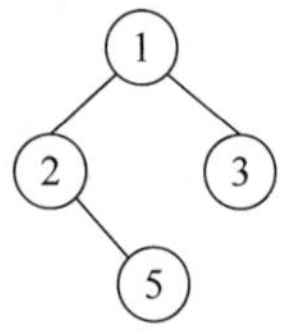

图 5.5 一棵二叉树

2. 问题求解——深度优先遍历

采用深度优先遍历。从根结点 root 出发搜索到每个叶子结点时构成一条路径 x，将其转换为字符串 tmp 后添加到 ans 中，由于是树结构，不会重复访问顶点，所以不必设置访问标记数组。对应的算法如下：

```
class Solution:
    def binaryTreePaths(self, root: Optional[TreeNode]) -> List[str]:
        if root==None:return []
        self.ans=[]
        x=[]                                        #存放一条路径
        self.dfs(root,x)                            #求 ans
        return self.ans

    def dfs(self,root,x):                           #深度优先遍历
        x.append(root.val)
        if root.left==None and root.right==None:    #找到一条路径
            tmp=str(x[0])                           #将路径转换为字符串
            for i in range(1,len(x)):
                tmp+="->"+str(x[i])
            self.ans.append(tmp)
        else:
            if root.left!=None:
                self.dfs(root.left,x)
            if root.right!=None:
                self.dfs(root.right,x)
        x.pop()                                     #从结点 root 回退
```

上述程序的提交结果为通过，运行时间为 40ms，消耗的空间为 14.9MB。

3. 问题求解——回溯法

在采用回溯法时将给定的一棵树看成解空间，存放一条路径的 **x** 就是一个解向量。从根结点 root 出发搜索，当到达一个叶子结点时构成一条路径，将解向量 **x** 转换为字符串 tmp 后添加到 ans 中，否则从 root 扩展出左、右孩子结点，并从孩子结点回退到 root。对应的算法如下：

```
class Solution:
    def binaryTreePaths(self, root: Optional[TreeNode]) -> List[str]:
        if root==None:return []
        self.ans=[]
        x=[]                                             #存放一条路径
        x.append(root.val)
        self.dfs(root,x)                                 #求 ans
        return self.ans

    def dfs(self,root,x):                                #回溯算法
        if root.left==None and root.right==None:         #找到一条路径
            tmp=str(x[0])                                #将路径转换为字符串
            for i in range(1,len(x)):
                tmp+="->"+str(x[i])
            self.ans.append(tmp)
        else:
            if root.left!=None:
                x.append(root.left.val)
                self.dfs(root.left,x)
                x.pop()                                  #回溯
            if root.right!=None:
                x.append(root.right.val)
                self.dfs(root.right,x)
                x.pop()                                  #回溯
```

上述程序的提交结果为通过，运行时间为 44ms，消耗的空间为 14.9MB。

5.3 基于子集树框架的问题求解

5.3.1 子集树算法框架概述

通常求解问题的解空间分为子集树和排列树两种类型。当求解问题是从 n 个元素的集合 S 中找出满足某种性质的子集时，相应的解空间树称为子集树，在子集树中每个结点的扩展方式是相同的，也就是说每个结点的子结点的个数相同。例如在整数数组 a 中求和为目标值 target 的所有解，每个元素 $a[i]$ 只有选择和不选择两种方式，对应的解空间就是子集树。假设子集树的解空间的高度为 $n+1$，每个非叶子结点有 c 个子结点，对应算法的时间复杂度为 $O(c^n)$。

设问题的解是一个 n 维向量$(x_1,x_2,\cdots,x_n)$，约束函数为 constraint(i,j)，限界函数为

bound(i,j),解空间为子集树的递归回溯框架如下:

```
x=[0] * MAXN                                    #x 存放解向量,这里作为全局变量
def dfs(i):                                     #求解子集树的递归框架
    if i>n:                                     #搜索到叶子结点,输出一个可行解
        输出一个解
    else:
        forj in range(下界,上界+1):              #用 j 表示 x[i]的所有可能候选值
            x[i]=j                              #产生一个可能的解分量
            …                                   #其他操作
            if constraint(i,j) and bound(i,j):
                dfs(i+1)                        #满足约束条件和限界函数,继续下一层
            回溯 x[i]
            …
```

在采用上述算法框架时需要注意以下几点。

① 如果 i 从 1 开始调用上述递归框架,此时根结点为第 1 层,叶子结点为第 $n+1$ 层。当然 i 也可以从 0 开始,这样根结点为第 0 层,叶子结点为第 n 层,所以需要将上述代码中的"if i>n"改为"if i>=n"。

② 在上述递归框架中通过 for 循环用 j 枚举 x_i 的所有可能候选值,如果扩展路径只有两条,可以改为两次递归调用(例如求解 0/1 背包问题、子集和问题等都是如此)。

③ 这里递归框架只有 i 一个参数,在实际应用中可以根据具体情况设置多个参数。

5.3.2 实战——子集(LeetCode78★★)

1. 问题描述

见 3.3.5 节,这里采用回溯法求解。

扫一扫

视频讲解

2. 问题求解 1

本问题的解空间是典型的子集树,假设求集合 a 的所有子集(即幂集),集合 a 中的每个元素只有两种选择,要么选取,要么不选取。设解向量为 x,$x[i]=1$ 表示选取 $a[i]$,$x[i]=0$ 表示不选取 $a[i]$。用 i 遍历数组 a,i 从 0 开始(与解空间中根结点的层次为 0 相对应),根结点为初始状态($i=0$,x 的元素均为 0),叶子结点为目标状态($i=n$,x 为一个可行解,即一个子集)。从状态(i,x)可以扩展出两个状态。

① 选择 $a[i]$元素 ⇨ 下一个状态为($i+1$,$x[i]=1$)。

② 不选择 $a[i]$元素 ⇨ 下一个状态为($i+1$,$x[i]=0$)。

这里 i 总是递增的,所以不会出现状态重复的情况。如图 5.6 所示为求{1,2,3}幂集的解空间,每个叶子结点对应一个子集,所有子集构成幂集。

对应的递归回溯算法如下:

```
def subset1(a):                     #解法 1:求 a 的幂集
    x=[0] * len(a)                  #解向量
    dfs1(a,x,0)

def dfs1(a,x,i):                    #回溯算法
    if i>=len(a):                   #到达一个叶子结点
```

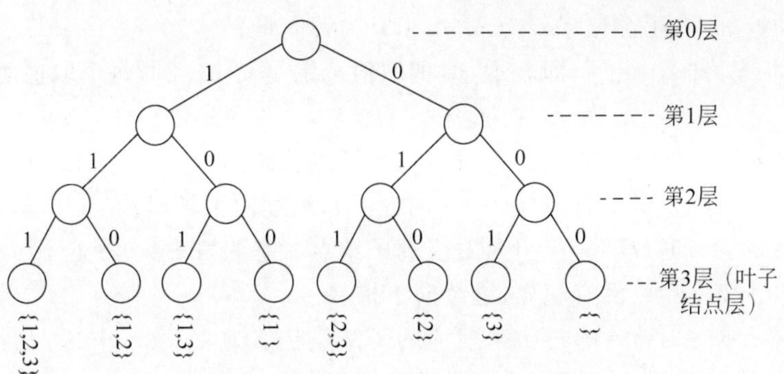

图 5.6　求 $a=\{1,2,3\}$幂集的解空间(1)

```
            print("[",end='')                          #输出一个子集
            for j in range(0,len(x)):
                if x[j]==1:print(a[j],end='')
            print("]",end='')
        else:
            x[i]=1
            dfs1(a,x,i+1)                              #选择 a[i]
            x[i]=0
            dfs1(a,x,i+1)                              #不选择 a[i]
```

回到本问题，用双层列表类型的 ans 变量存放幂集，将解向量 **x** 改为直接存放一个子集，在解空间中搜索时，每次到达一个叶子结点得到一个子集 x，将其深复制到 ans 中，否则对于第 i 层的某个结点 A，左分支是选择 nums[i]，将 nums[i]添加到 x 中，当返回到 A 时将 nums[i]从 x 中删除；右分支是不选择 nums[i]。对应的算法如下：

```
class Solution:
    def subsets(self, nums: List[int]) -> List[List[int]]:
        self.ans,self.x=[],[]
        self.dfs(nums,0)
        return self.ans

    def dfs(self,nums,i):                              #回溯算法
        if i==len(nums):                               #到达一个叶子结点
            self.ans.append(copy.deepcopy(self.x))
        else:
            self.x.append(nums[i])                     #选择 nums[i], x 中添加 nums[i]
            self.dfs(nums,i+1)
            self.x.pop()                               #回溯,即删除前面添加的 nums[i]
            self.dfs(nums,i+1)                         #不选择 nums[i],x 中不添加 nums[i]
```

上述程序提交时通过，执行用时为 44ms，内存消耗为 15MB。

3. 问题求解 2

扫一扫

视频讲解

在前面求 a 的幂集的回溯算法中用解向量 **x** 间接存放一个子集（每个子集对应的 x 的长度相同，分量 x_i 中的下标 i 既表示结点的层次，同时又用于访问 a_i），现在将 x 改为直接存放 a 的一个子集。设解向量 $\boldsymbol{x}=\{x_0,\cdots,x_i,\cdots,x_{m-1}\}$（$m$ 为 x 的长度，$0\leqslant m\leqslant n$），仍以 $a=\{1,2,3\}$为例，对应的解空间如图 5.7 所示，每个结点的状态为"i,j,x"，其中 i 为结点

的层次，j 表示 x_i 的取值范围为 $a[j..n-1]$，$\boldsymbol{x}$ 为解向量。

根结点的状态为“0,0,{}”，即表示 x_0 的取值范围是 $a[0..2]$，每个取值对应一个分支，共 3 个分支。

① 当 $x_0=a_0=1$ 时($i=0,j=0$)，对应的子结点状态为“$i+1,j+1,x\cup\{1\}$”，即“1,1,{1}”，这里 $i<3$ 同时 $j=1$ 没有超界($j=3$ 时超界)，继续向下扩展。

② 当 $x_0=a_1=2$ 时($i=0,j=1$)，对应的子结点状态为“$i+1,j+1,x\cup\{2\}$”，即“1,2,{2}”，这里 $i<3$ 同时 $j=2$ 没有超界，继续向下扩展。

③ 当 $x_0=a_2=3$ 时($i=0,j=2$)，对应的子结点状态为“$i+1,j+1,x\cup\{3\}$”，即“1,3,{3}”，这里 $i<3$，但 $j=3$ 超界，不再向下扩展。

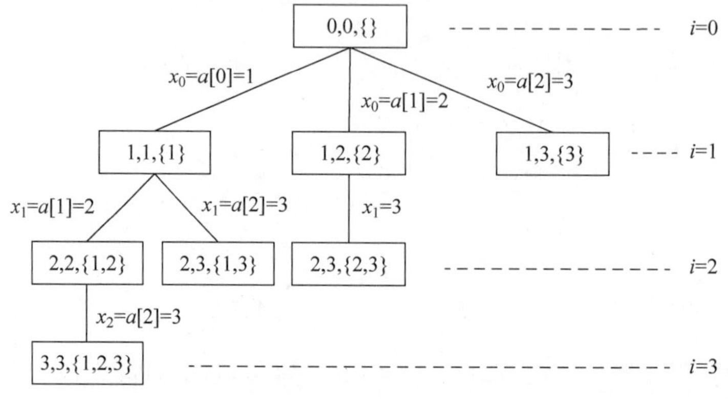

图 5.7　求 $a=\{1,2,3\}$幂集的解空间(2)

不同于解法 1，这里解空间中每个结点的 x 都是一个子集，因此解空间中结点的个数相对较少，性能更高。对应的递归回溯算法如下：

```
def subsets2(a):                 #解法 2:求 a 的幂集
    x=[]                         #解向量
    dfs2(a,x,0)

def dfs2(a,x,i):                 #回溯算法
    print(x,end=' ')             #输出一个子集
    for j in range(i,len(a)):
        x.append(a[j])           #向 x 中添加 a[j]
        dfs2(a,x,j+1)
        x.pop()                  #回溯，即删除前面添加的 a[j]
```

回到本问题，同样用双层列表类型的 ans 变量存放幂集，将每次找到的解 x 深复制到 ans 中。对应的算法如下：

```
class Solution:
    def subsets(self, nums: List[int]) -> List[List[int]]:
        self.ans,x=[],[]
        self.dfs(nums,x,0)
        return self.ans

    def dfs(self,nums,x,i):                        #回溯算法
        self.ans.append(copy.deepcopy(x))          #找到一个解
```

```
        for j in range(i,len(nums)):
            x.append(nums[j])
            self.dfs(nums,x,j+1)
            x.pop()                        #回溯,即删除前面添加的nums[j]
```

上述程序提交时通过,执行用时为40ms,内存消耗为14.8MB。

5.3.3 实战——子集Ⅱ(LeetCode90★★)

1. 问题描述

给定一个含 n 个整数的数组nums($1 \leqslant n \leqslant 10$,$-10 \leqslant \text{nums}[i] \leqslant 10$),其中可能包含重复元素,请设计一个算法返回该数组的所有可能的子集(幂集)。解集不能包含重复的子集,在返回的解集中子集可以按任意顺序排列。例如,nums={1,2,2},结果为{{},{1},{1,2},{1,2,2},{2},{2,2}}。

2. 问题求解1

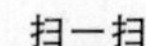

视频讲解

由于这里nums中包含重复元素,如果直接采用5.3.2节中的解法1会得到重复的子集,例如,nums[]={1,2,1}时,求解结果为{{1,2,1},{1,2},{1,1},{1},{2,1},{2},{1},{}},其中{1,2}和{2,1}重复,并且{1}出现两次。两个相同的{1}容易消除,但{1,2}和{2,1}如何消除呢?可以采用先将nums排序的方法,例如nums[]={1,1,2},其结果为{{1,1,2},{1,1},{1,2},{1},{1,2},{1},{2},{}},这样重复的子集的顺序均相同,剩下的问题是消除顺序相同的重复子集。

采用5.3.2节中求 a 的幂集的解法1的思路,利用集合set实现去重(其元素为由 x 转换的元组)。对应的算法如下:

```
class Solution:
    def subsetsWithDup(self, nums: List[int]) -> List[List[int]]:
        nums.sort()                            #nums递增排序
        self.ans,self.x=set(),[]
        self.dfs(nums,0)
        return list(self.ans)

    def dfs(self,nums,i):                      #回溯算法
        if i==len(nums):                       #到达一个叶子结点
            self.ans.add(tuple(self.x))
        else:
            self.x.append(nums[i])             #选择nums[i],x中添加nums[i]
            self.dfs(nums,i+1)
            self.x.pop()                       #回溯
            self.dfs(nums,i+1)                 #不选择nums[i],x中不添加nums[i]
```

上述程序提交时通过,执行用时为44ms,内存消耗为16.3MB。

3. 问题求解2

扫一扫

视频讲解

采用5.3.2节中求 a 的幂集的解法2的思路,对于解空间中状态为"i,j,x"的结点,表示 x_i 可能的取值范围是nums[$j..n-1$],如果 $j>i$ 时nums[j]和nums[$j-1$]相同,则 x_i 同时取值为nums[j]和nums[$j-1$]时会导致出现重复的子集,因此只要跳过这样的重复

情况即可。对应的算法如下:

```
class Solution:
    def subsetsWithDup(self, nums: List[int]) -> List[List[int]]:
        nums.sort()                         #nums 递增排序
        self.ans, x=[],[]
        self.dfs(nums, x, 0)
        return self.ans

    def dfs(self, nums, x, i):              #回溯算法
        self.ans.append(copy.deepcopy(x))
        for j in range(i, len(nums)):
            if j>i and nums[j]==nums[j-1]: continue
            x.append(nums[j])
            self.dfs(nums, x, j+1)
            x.pop()
```

上述程序提交时通过,执行用时为 36ms,内存消耗为 15.2MB。

扫一扫

视频讲解

5.3.4 实战——目标和(LeetCode494★★)

1. 问题描述

给定一个含 n 个整数的数组 nums($1 \leqslant n \leqslant 20, 0 \leqslant \text{nums}[i] \leqslant 1000$)和一个整数 target($-1000 \leqslant \text{target} \leqslant 1000$),在数组中的每个整数前添加 '+' 或 '-',然后串联起来所有整数,可以构造一个表达式。例如,nums={2,1},可以在 2 之前添加 '+',在 1 之前添加'-',然后串联起来得到表达式 "+2-1"。设计一个算法求可以通过上述方法构造的运算结果等于 target 的不同表达式的数目。

2. 问题求解

用 ans 表示满足要求的解的个数(初始为 0),设置解向量 $\boldsymbol{x}=(x_0, x_1, \cdots, x_{n-1})$,$x_i$ 表示 nums[i]($0 \leqslant i \leqslant n-1$)前面添加的符号,$x_i$ 只能在'+'和'-'符号中二选一,所以该问题的解空间为子集树。用 expv 表示当前运算结果(初始为 0)。对于解空间中第 i 层的结点 A,若 x_i 选择'+',则 expv+=nums[i],若 x_i 选择'-',则 expv-=nums[i],在回退到 A 时要恢复 expv。当到达一个叶子结点时,如果 expv=target,说明找到一个解,置 ans++。

由于该问题只需要求最后的解个数,所以不必真正设计解向量 $\boldsymbol{x}$,仅设计 expv 即可。对应的算法如下:

```
class Solution:
    def findTargetSumWays(self, nums: List[int], target: int) -> int:
        self.ans=0
        self.dfs(nums, target, 0, 0)
        return self.ans

def dfs(self, nums, target, i, expv):               #回溯算法
    if i==len(nums):                                #到达一个叶子结点
        if expv==target:self.ans+=1                 #找到一个解
    else:
        expv+=nums[i]                               #nums[i]前选择'+'
        self.dfs(nums, target, i+1, expv)
```

```
            expv-=nums[i]                      #回溯:恢复 expv
            expv-=nums[i]                      #nums[i]前选择'-'
            self.dfs(nums,target,i+1,expv)
            expv+=nums[i]                      #回溯:恢复 expv
```

说明：上述程序提交时出现超时现象，但同样的思路采用 C/C++或者 Java 编程提交时通过。

扫一扫

视频讲解

5.3.5 子集和问题

1. 问题描述

给定 n 个不同的正整数集合 $a=(a_0,a_1,\cdots,a_{n-1})$ 和一个正整数 t，要求找出 a 的子集 s，使该子集中所有元素的和为 t。例如，当 $n=4$ 时，$a=(3,1,5,2)$，$t=8$，则满足要求的子集 s 为(3,5)和(1,5,2)。

2. 问题求解

与求幂集问题一样，该问题的解空间是一棵子集树(因为每个整数要么选择，要么不选择)，并且是求满足约束函数的所有解。

1）无剪支

设解向量 $\boldsymbol{x}=(x_0,x_1,\cdots,x_{n-1})$，$x_i=1$ 表示选择 a_i 元素，$x_i=1$ 表示不选择 a_i 元素。在解空间中按深度优先方式搜索所有结点，并用 cs 累计当前结点之前已经选择的所有整数的和，一旦到达叶子结点(即 $i \geqslant n$)，表示 a 的所有元素处理完毕，如果相应的子集和为 t(即约束函数 cs$=t$ 成立)，则根据解向量 $\boldsymbol{x}$ 输出一个解。当解空间搜索完后便得到所有解。

例如 $a=(3,1,5,2)$，$t=8$，其解空间如图 5.8 所示，图中结点上的数字表示 cs，利用深度优先搜索得到两个解，解向量分别是(1,0,1,0)和(0,1,1,1)，对应图中两个带阴影的叶子结点，图中共 31 个结点，每个结点都要搜索。实际上，解空间是一棵高度为 5 的满二叉树，从根结点到每个叶子结点都有一条路径，每条路径是一个决策向量，满足约束函数的决策向量就是一个解向量。

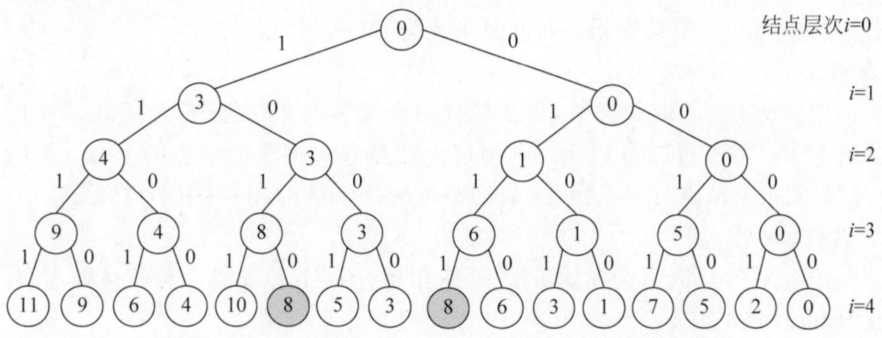

图 5.8 求 $a=(3,1,5,2)$、$t=8$ 时子集和的解空间

对应的递归回溯算法如下：

```
cnt=0                                          #累计解的个数
sum=0                                          #累计搜索的结点的个数
```

```
def disp(a):                           #输出一个解
    global cnt, x
    cnt+=1;print(" 第%d 个解,"%(cnt),end='')
    print("选取的数为: ",end='')
    for i in range(0,len(x)):
        if x[i]==1:print(a[i],end='')
    print()

def dfs1(a,t,cs,i):                    #回溯算法
    global sum,x
    sum+=1
    if i>=len(a):                      #到达一个叶子结点
        if cs==t:disp(a)               #找到一个满足条件的解,输出
    else:                              #没有到达叶子结点
        x[i]=1                         #选取整数 a[i]
        dfs1(a,t,cs+a[i],i+1)
        x[i]=0                         #不选取整数 a[i]
        dfs1(a,t,cs,i+1)

def subs1(a,t):                        #求解子集和问题
    global x
    x=[0] * len(a)                     #解向量
    print("求解结果")
    dfs1(a,t,0,0)                      #i从0开始
    print("sum=",sum)
```

当 $a=[3,1,5,2]$、$t=8$ 时调用 subs1(a,t)算法的求解结果如下：

```
求解结果
    第 1 个解,选取的数为: 3 5
    第 2 个解,选取的数为: 1 5 2
sum=31
```

【算法分析】 上述算法的解空间是一棵高度为 $n+1$ 的满二叉树，共有 $2^{n+1}-1$ 个结点，递归调用 $2^{n+1}-1$ 次，每找到一个满足条件的解就调用 disp()输出，而执行 disp()的时间为 $O(n)$，所以 subs()算法的最坏时间复杂度为 $O(n\times 2^n)$。

2）左剪支

由于 a 中的所有元素是正整数，每次选择一个元素时 cs 都会变大，当 cs$>t$ 时沿着该路径继续找下去一定不可能得到解。利用这个特点减少搜索的结点的个数。当搜索到第 $i(0\leqslant i<n)$层的某个结点时，cs 表示当前已经选取的整数的和(其中不包含 $a[i]$)，判断选择 $a[i]$是否合适：

① 若 cs$+a[i]>t$，表示选择 $a[i]$后子集和超过 t，不必继续沿着该路径求解，终止该路径的搜索，也就是左剪支。

② 若 cs$+a[i]\leqslant t$，沿着该路径继续下去可能会找到解，不能终止。

简单地说，仅扩展满足 cs$+a[i]\leqslant t$ 的左孩子结点。

例如 $a=(3,1,5,2)$，$t=8$，其搜索空间如图 5.9 所示，图中共 29 个结点，除去两个被剪支的结点(用虚框结点表示)，剩下 27 个结点，也就是说递归调用 27 次，性能得到了提高。

对应的递归回溯算法如下：

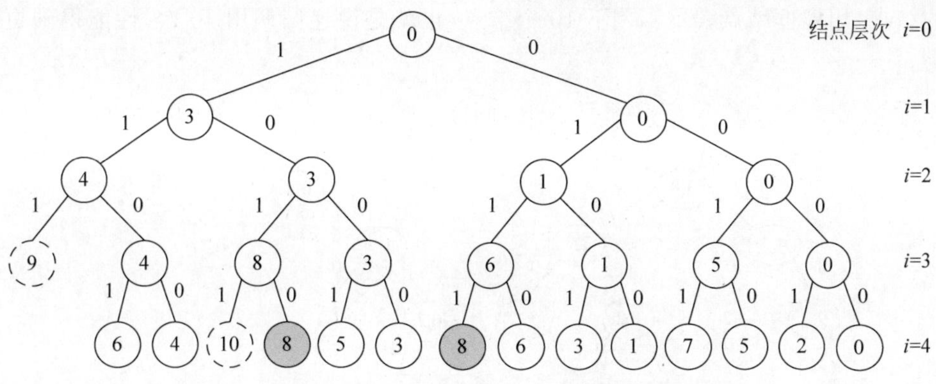

图 5.9　求 $a=(3,1,5,2)$、$t=8$ 时子集和的搜索空间(1)

```
#前面部分与无剪支算法的 1~10 行相同
def dfs2(a,t,cs,i):                     #回溯算法
    global sum,x
    sum+=1
    if i>=len(a):                       #到达一个叶子结点
        if cs==t:disp(a)                #找到一个满足条件的解,输出
    else:                               #没有到达叶子结点
        if cs+a[i]<=t:                  #左孩子结点剪支
            x[i]=1                      #选取整数 a[i]
            dfs2(a,t,cs+a[i],i+1)
        x[i]=0                          #不选取整数 a[i]
        dfs2(a,t,cs,i+1)

def subs2(a,t):                         #求解子集和问题
    global x
    x=[0]*len(a)                        #解向量
    print("求解结果")
    dfs2(a,t,0,0)                       #i 从 0 开始
    rint("sum=",sum)
```

当 $a=[3,1,5,2]$、$t=8$ 时调用 subs2(a,t)算法的求解结果如下：

```
求解结果
    第 1 个解,选取的数为: 3 5
    第 2 个解,选取的数为: 1 5 2
sum= 27
```

3）右剪支

左剪支仅考虑是否扩展左孩子结点，可以进一步考虑是否扩展右孩子结点。当搜索到第 $i(0\leqslant i<n)$ 层的某个结点时，用 rs 表示余下的整数的和，即 $rs=a[i]+\cdots+a[n-1]$(其中包含 $a[i]$)，因为右孩子结点对应不选择整数 $a[i]$ 的情况，如果不选择 $a[i]$，此时剩余的所有整数的和为 $rs=rs-a[i]$($a[i+1]+\cdots+a[n-1]$)，若 $cs+rs<t$ 成立，说明即使选择所有剩余整数，其和也不可能达到 t，所以右剪支就是仅扩展满足 $cs+rs\geqslant t$ 的右孩子结点，注意在左、右分支处理完后需要恢复 rs，即执行 $rs=+a[i]$。

例如 $a=(3,1,5,2)$，$t=8$，其搜索过程如图 5.10 所示，图中共 17 个结点，除去 7 个被剪支的结点(用虚框结点表示),剩下 10 个结点,也就是说递归调用 10 次,性能得到更有效的提高。

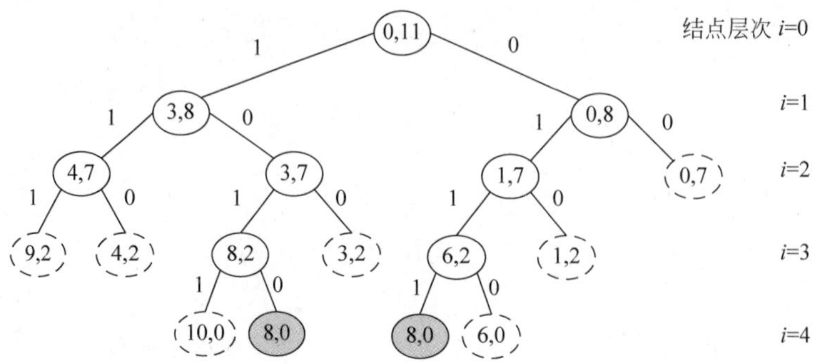

图 5.10　求 $a=(3,1,5,2)$、$t=8$ 时子集和的搜索空间(2)

说明:本例给定 a 中的所有整数为正整数,如果 a 中有负整数,这样的左、右剪支是不成立的,因此无法剪支,算法退化为基本深度优先遍历。

对应的递归回溯算法如下:

```
#前面部分与无剪支算法的 1～10 行相同
def dfs3(a,t,cs,rs,i):                  #回溯算法
    global sum,x
    sum+=1
    if i>=len(a):                       #到达一个叶子结点
        if cs==t:disp(a)                #找到一个满足条件的解,输出
    else:                               #没有到达叶子结点
        rs-=a[i]                        #求剩余的整数的和
        if cs+a[i]<=t:                  #左孩子结点剪支
            x[i]=1                      #选取整数 a[i]
            dfs3(a,t,cs+a[i],rs,i+1)
        if cs+rs>=t:                    #右孩子结点剪支
            x[i]=0                      #不选取整数 a[i]
            dfs3(a,t,cs,rs,i+1)
        rs+=a[i]                        #恢复剩余整数和(回溯)

def subs3(a,t):                         #求解子集和问题
    global x
    x=[0]*len(a)                        #解向量
    rs=0
    for e in a:rs+=e
    print("求解结果")
    dfs3(a,t,0,rs,0)                    #i 从 0 开始
    print("sum=",sum)
```

当 $a=[3,1,5,2]$、$t=8$ 时调用 subs3(a,t)算法的求解结果如下:

```
求解结果
    第 1 个解,选取的数为: 3 5
    第 2 个解,选取的数为: 1 5 2
sum=10
```

【算法分析】 尽管通过剪支提高了算法的性能,但究竟剪去多少结点与具体的实例数

据相关，所以上述算法在最坏情况下的时间复杂度仍然为 $O(n \times 2^n)$。从上述实例可以看出剪支在回溯法算法中的重要性。

5.3.6 简单装载问题

视频讲解

1. 问题描述

有 n 个集装箱要装上一艘载重量为 t 的轮船，其中集装箱 $i(0 \leqslant i \leqslant n-1)$ 的重量为 w_i。不考虑集装箱的体积限制，现要选出重量和小于或等于 t 并且尽可能重的若干集装箱装上轮船。例如，$n=5$，$t=10$，$w=\{5,2,6,4,3\}$ 时，其最佳装载方案有两种，即(1,1,0,0,1)和(0,0,1,1,0)，对应的集装箱重量和达到最大值 t。

2. 问题求解

与求幂集问题一样，该问题的解空间树是一棵子集树(因为每个集装箱要么选择，要么不选择)，但要求求最佳装载方案，属于求最优解类型。设当前解向量 $\boldsymbol{x}=(x_0,x_1,\cdots,x_{n-1})$，$x_i=1$ 表示选择集装箱 i，$x_i=1$ 表示不选择集装箱 i，最优解向量用 bestx 表示，最优重量和用 bestw 表示(初始为 0)，为了简洁，将 bestx 和 bestw 设计为全局变量。

当搜索到第 $i(0 \leqslant i < n)$ 层的某个结点时，cw 表示当前选择的集装箱重量和(其中不包含 $w[i]$)，rw 表示余下集装箱的重量和，即 rw$=w[i]+\cdots+w[n-1]$(其中包含 $w[i]$)，此时处理集装箱 i，先从 rw 中减去 $w[i]$，即置 rw$-=w[i]$，采用的剪支函数如下。

① 左剪支：判断选择集装箱 i 是否合适。检查当前集装箱被选中后总重量是否超过 t，若是则剪支，即仅扩展满足 cw$+w[i] \leqslant t$ 的左孩子结点。

② 右剪支：判断不选择集装箱 i 是否合适。如果不选择集装箱 i，此时剩余的所有整数的和为 rw，若 cw+rw≤bestw 成立(bestw 是当前找到的最优解的重量和)，说明即使选择所有剩余集装箱，其重量和也不可能达到 bestw，所以仅扩展满足 cw+rw>bestw 的右孩子结点。

说明：由于深度优先搜索是纵向搜索的，可以较快地找到一个解，以此作为 bestw，再对某个搜索结点(cw,rw)做 cw+rw>bestw 的右剪支通常比广度优先搜索的性能更好。

当第 i 层的这个结点扩展完成后需要恢复 rs，即置 rs$+=a[i]$(回溯)。如果搜索到某个叶子结点(即 $i \geqslant n$)，得到一个可行解，其选择的集装箱的重量和为 cw(由于是左剪支，cw 一定小于或等于 t)，若 cw>bestw，说明找到一个满足条件的更优解，置 bestw=cw，bestx$=x$。全部搜索完毕，bestx 就是最优解向量。

扫一扫

程序代码

说明：看完整的源程序请扫描右侧二维码。

【算法分析】 在该算法中解空间树有 $2^{n+1}-1$ 个结点，每找到一个更优解时需要将 x 复制到 bestx(执行时间为 $O(n)$)，所以最坏情况下算法的时间复杂度为 $O(n \times 2^n)$。在前面的实例中，$n=5$，解空间树中结点的个数应为 63，采用剪支后结点的个数为 16(不计虚框中被剪支的结点)，如图 5.11 所示。

5.3.7 0/1 背包问题

扫一扫

视频讲解

1. 问题描述

有 n 个编号为 0～$n-1$ 的物品，重量为 $w=\{w_0,w_1,\cdots,w_{n-1}\}$，价值为 $v=\{v_0,v_1,\cdots,$

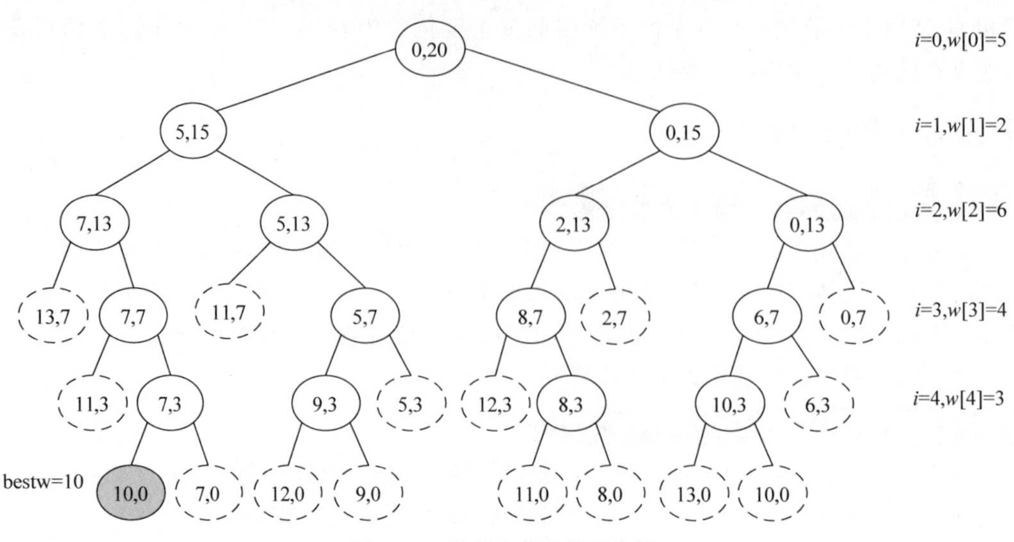

图 5.11　装载实例的搜索空间

v_{n-1}}，给定一个容量为 W 的背包。从这些物品中选取全部或者部分物品装入该背包中，每个物品要么选中，要么不选中，即物品不能被分割，找到选中物品不仅能够放到背包中而且价值最大的方案，并对表 5.1 所示的 4 个物品求出 $W=6$ 时的一个最优解。

表 5.1　4 个物品的信息

物品编号	重　量	价　值
0	5	4
1	3	4
2	2	3
3	1	1

2. 问题求解

该问题的解空间树是一棵子集树（因为每个物品要么选择，要么不选择），要求求价值最大的装入方案，属于求最优解类型。

1）存储结构设计

每个物品包含编号、重量和价值，为此采用结构体数组存放所有物品，因为后面涉及按单位重量价值递减排序，所以设计物品结构体类型如下：

```
class Goods:                              #物品类
    def __init__(self, x, y, z):
        self.no=x                         #物品的编号
        self.w=y                          #物品的重量
        self.v=z                          #物品的价值
    def __lt__(self, other):              #用于按 v/w 递减排序
        return 1.0 * self.v/self.w >=1.0 * other.v/other.w
```

例如，表 5.1 中的 4 个物品用向量 **g** 存放：

```
g=[Goods(0,5,4),Goods(1,3,4),Goods(2,2,3),Goods(3,1,1)]
```

设当前解向量 $\boldsymbol{x}=(x_0,x_1,\cdots,x_{n-1})$，$x_i=1$ 表示选择物品 i，$x_i=1$ 表示不选择物品 i，最优解向量用 bestx 表示，最大价值用 bestv 表示（初始为 0），为了简洁，将 n、W、bestx 和 bestv 均设计为全局变量。

2）左剪支

由于所有物品的重量为正数，采用左剪支与子集和问题类似。当搜索到第 i（$0\leqslant i<n$）层的某个结点时，cw 表示当前选择的物品的重量和（其中不包含 $w[i]$）。检查当前物品被选中后总重量是否超过 W，若超过则剪支，即仅扩展满足 cw$+w[i]\leqslant W$ 的左孩子结点。

3）右剪支

这里右剪支相对复杂一些，题目求的是价值最大的装入方案，显然优先选择单位重量价值大的物品，为此将 **g** 中的所有物品按单位重量价值递减排序，例如表 5.1 中的物品排序后的结果如表 5.2 所示，序号 i 发生了改变，后面改为按 i 而不是按物品编号 no 的顺序依次搜索。

表 5.2　4 个物品按 v/w 递减排序后的结果

序号 i	物品编号 no	重量 w	价值 v	v/w
0	2	2	3	1.5
1	1	3	4	1.3
2	3	1	1	1
3	0	5	4	0.8

先看这样的问题，对于第 i 层的某个结点 A，cw 表示当前选择的物品的重量和（其中不包含 $w[i]$），cv 表示当前选择的物品的价值和（其中不包含 $v[i]$），那么继续搜索下去能够得到的最大价值是多少？由于所有物品已按单位重量价值递减排序，显然在背包容量允许的前提下应该依次连续地选择物品 i、物品 $i+1$、……，直到物品 k 装不进背包，假设再将物品 k 的一部分装进背包，直到背包装满，此时一定会得到最大价值。从中看出，从物品 i 开始选择的物品的价值和的最大值为 $r(i)$：

$$r(i)=\sum_{j=i}^{k-1}v_j+\left(\mathrm{rw}-\sum_{j=i}^{k-1}w_j\right)(v_k/w_k)$$

也就是说，从结点 A 出发的所有路径中最大价值 bound(cw,cv,i)=cv$+r(i)$，如图 5.12 所示。对应的求上界函数值的算法如下：

```
def bound(cw,cv,i):                         #计算第i层结点的上界函数值
    global g,W,n
    rw=W-cw                                 #背包的剩余容量
    b=cv                                    #表示物品价值的上界值
    j=i
    while j<n and g[j].w<=rw:
        rw-=g[j].w                          #选择物品j
        b+=g[j].v                           #累计价值
        j+=1
    if j<n:                                 #最后物品k=j+1,只能部分装入
        b+=1.0*g[j].v/g[j].w*rw
    return b
```

再回过来讨论右剪支，右剪支是判断不选择物品 i 时是否能够找到更优解。如果不选

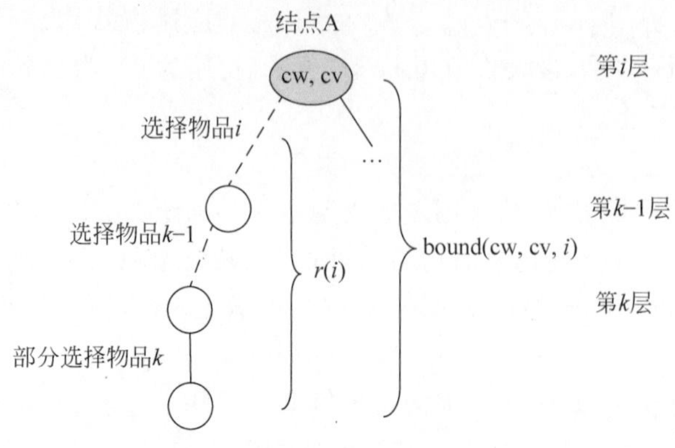

图 5.12 bound(cw,cv,i)

择物品 i,按上述讨论可知在背包容量允许的前提下依次选择物品 $i+1$、物品 $i+2$、……,可以得到最大价值,并且从物品 $i+1$ 开始选择的物品的价值和的最大值为 $r(i+1)$。如果之前已经求出一个最优解 bestv,当 cv$+r(i+1)\leqslant$bestv 时说明若不选择物品 i,后面无论如何也找不到更优解。所以当搜索到第 i 层的某个结点时,对应的右剪支就是仅扩展满足 bound(cw,cv,$i+1$)>bestv 的右孩子结点。

例如,对于根结点,cw=0,cv=0,若不选择物品 0(对应根结点的右孩子结点),剩余背包容量为 rw=W=6,b=cv=0,考虑物品 1,g[1].w<rw,可以装入,$b=b+g$[1].v=4,rw=rw$-g$[1].w=3;考虑物品 2,g[2].w<rw,可以装入,$b=b+g$[2].v=5,rw=rw$-g$[2].w=2;考虑物品 3,g[3].w>rw,只能部分装入,$b=b+$rw×(g[3].v/g[3].w)=6.6。

右剪支是求出第 i 层的结点,b=bound(cw,cv,i),若 $b\leqslant$bestv,则停止右分支的搜索,也就是说仅扩展满足 b>bestv 的右孩子结点。

对于表 5.1 所示的实例,$n=4$,按 v/w 递减排序后为表 5.2,初始时 bestv=0,求解过程如图 5.13 所示,图中两个数字的结点为(cw,cv),只有右结点标记为(cw,cv,ub),其中虚结点为被剪支的结点,带阴影的结点是最优解结点,其求解结果与回溯法的完全相同,图中结点的数字为(cw,cv),求解步骤如下。

① $i=0$,根结点为(0,0),cw=0,cv=0,cw$+w[0]\leqslant W$ 成立,扩展左孩子结点,cw=cw$+w$[0]=2,cv=cv$+v$[0]=3,对应结点(2,3)。

② $i=1$,当前结点为(2,3),cw$+w$[1](5)$\leqslant W$ 成立,扩展左孩子结点,cw=cw$+w$[1]=5,cv=cv$+v$[1]=7,对应结点(5,7)。

③ $i=2$,当前结点为(5,7),cw$+w$[2](6)$\leqslant W$ 成立,扩展左孩子结点,cw=cw$+w$[2]=6,cv=cv$+v$[1]=7,对应结点(6,8)。

④ $i=3$,当前结点为(6,8),cw$+w$[2](6)$\leqslant W$ 不成立,不扩展左孩子结点。

⑤ $i=3$,当前结点为(6,8),不选择物品 3 时计算出 b=cv+0=8,而 b>bestv(0)成立,扩展右孩子结点。

⑥ $i=4$,当前结点为(6,8),由于 $i\geqslant n$ 成立,它是一个叶子结点,对应一个解 bestv=8。

⑦ 回溯到 $i=2$ 层次,当前结点为(5,7),不选择物品 2 时计算出 b=7.8,b>bestv 不成立,不扩展右孩子结点。

⑧ 回溯到 $i=1$ 层次，当前结点为(2,3)，不选择物品 1 时计算出 $b=6.4$，$b>$bestv 不成立，不扩展右孩子结点。

⑨ 回溯到 $i=0$ 层次，当前结点为(0,0)，不选择物品 0 时计算出 $b=6.6$，$b>$bestv 不成立，不扩展右孩子结点。

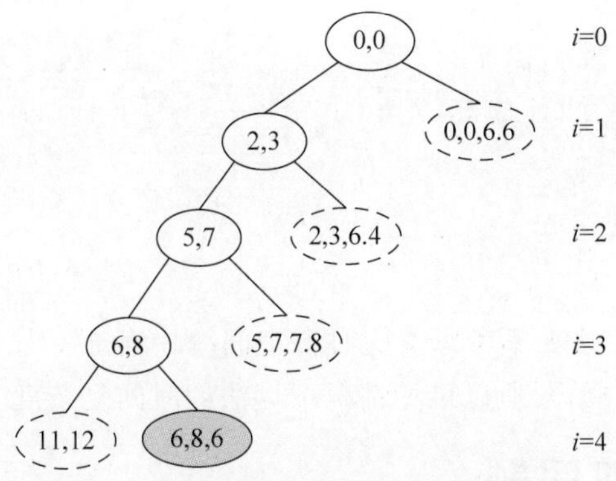

图 5.13　0/1 背包问题实例的搜索空间

解空间搜索完，最优解为 bestv=8，装入方案是选择编号为 2、1、3 的 3 个物品。从中看出，如果不剪支搜索的结点的个数为 31，剪支后搜索的结点的个数为 5。

对应的递归回溯算法如下：

```
def dfs(cw, cv, i):                          # 回溯算法
    global g, W, n, x, bestx, bestv, sum
    sum+=1
    if i>=n:                                 # 到达一个叶子结点
      if cw<=W and cv>bestv:                 # 找到一个满足条件的更优解，保存它
        bestv=cv
        bestx=copy.deepcopy(x)
    else:                                    # 没有到达叶子结点
      if cw+g[i].w<=W:                       # 左剪支
        x[i]=1                               # 选取物品 i
        dfs(cw+g[i].w, cv+g[i].v, i+1)
      b=bound(cw, cv, i+1)                   # 计算限界函数值
      if b>bestv:                            # 右剪支
        x[i]=0                               # 不选取物品 i
        dfs(cw, cv, i+1)

def knap(g, W):                              # 求 0/1 背包问题
    global n, x, bestx, bestv, sum
    n=len(g)                                 # 物品的个数
    x=[0] * n                                # 解向量
    bestx=[0] * n                            # 存放最优解向量
    bestv=0                                  # 存放最大价值，初始为 0
    sum=0                                    # 累计搜索的结点的个数
    print("求解结果")
    g.sort()
    dfs(0,0,0)                               # i 从 0 开始
    for i in range(0, n):
```

```
            if bestx[i]==1:print(" 选取第%d 个物品"%(g[i].no))
        print(" 总重量=%d,总价值=%d"%(W,bestv))
        print("sum=",sum)
```

对于表 5.1 中的 4 个物品,$W=6$ 时调用上述 knap()算法的求解结果如下:

```
求解结果
    选取第 2 个物品
    选取第 1 个物品
    选取第 3 个物品
    总重量=6,总价值=8
sum=5
```

【算法分析】 上述算法在不考虑剪支时解空间树中有 $2^{n+1}-1$ 个结点,求上界函数值和保存最优解的时间为 $O(n)$,所以最坏情况下算法的时间复杂度为 $O(n\times 2^n)$。

扫一扫

视频讲解

5.3.8 完全背包问题

1. 问题描述

有 n 种重量和价值分别为 w_i、v_i($0\leqslant i<n$)的物品,从这些物品中挑选总重量不超过 W 的物品,每种物品可以挑选任意多件,求挑选物品的最大价值。该问题称为完全背包问题。

2. 问题求解

与 0/1 背包问题不同,在完全背包问题中物品 i 指的是第 i 种物品,每种物品可以取任意多件。对于解空间中第 i 层的结点,用 cw、cv 表示选择物品的总重量和总价值,这样处理物品 i 的方式如下。

① 不选择物品 i。

② 当 $\mathrm{cw}+w[i]\leqslant W$ 时,选择一件物品 i,下一步继续选择物品 i。

③ 当 $\mathrm{cw}+w[i]\leqslant W$ 时,选择一件物品 i,下一步开始选择物品 $i+1$。

例如,$n=2$,$W=2$,$w=(1,2)$,$v=(2,5)$,对应的搜索空间如图 5.14 所示,结点对应的状态是"(cw,cv,i)",每个分支结点的 3 个分支分别对应上述 3 种处理方式。所有阴影结点是叶子结点,其中深阴影结点是最优解结点,虚框结点为被剪支的结点。求出该问题的最大价值为 5。

仅求最大价值的回溯算法如下:

```
def dfs(cw,cv,i):                          #回溯算法
    global w,v,n,W,bestv
    if i>=n:
        if cw<=W and cv>bestv:             #找到一个更优解
            bestv=cv
    else:
        dfs(cw,cv,i+1)                     #不选择物品 i
        if cw+w[i]<=W:
            dfs(cw+w[i],cv+v[i],i)         #剪支:选择物品 i,然后继续选择物品 i
```

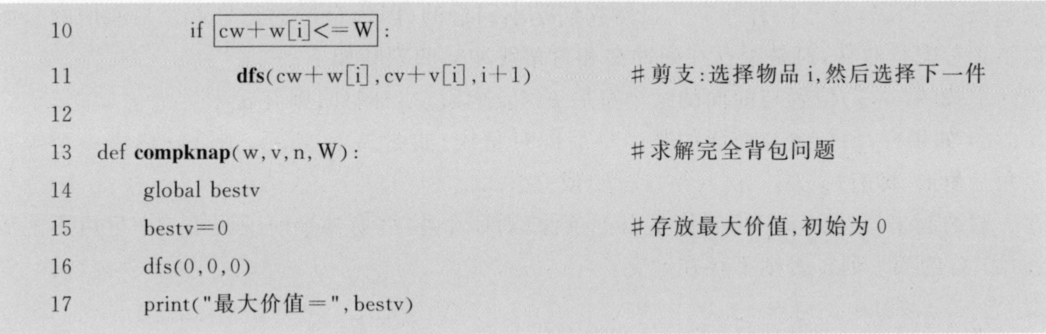

```
            if cw+w[i]<=W:
                dfs(cw+w[i],cv+v[i],i+1)              #剪支:选择物品 i,然后选择下一件

def compknap(w,v,n,W):                                #求解完全背包问题
    global bestv
    bestv=0                                           #存放最大价值,初始为 0
    dfs(0,0,0)
    print("最大价值=",bestv)
```

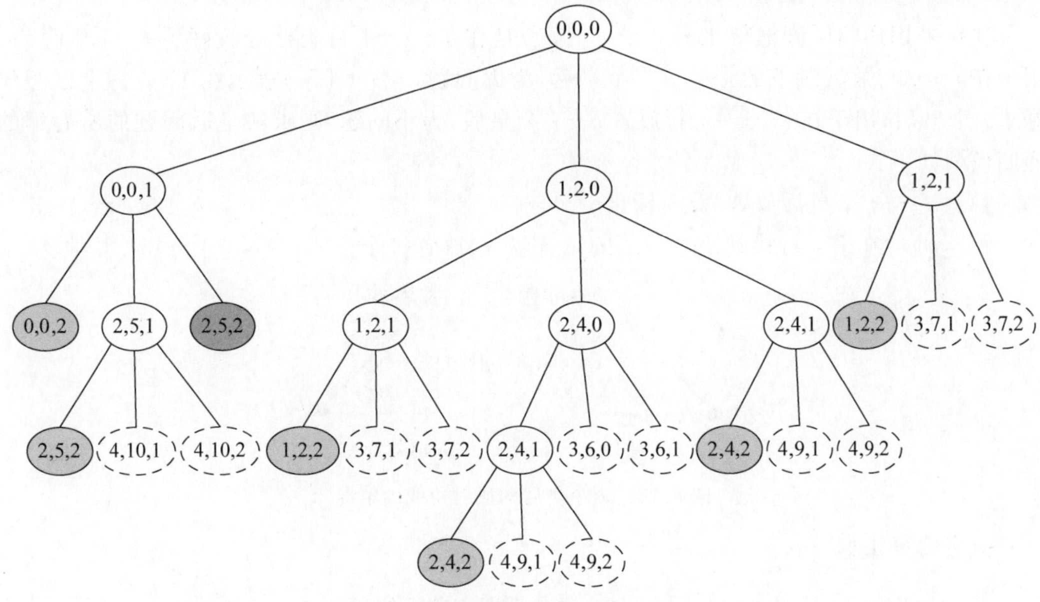

图 5.14 完全背包问题实例的搜索空间

扫一扫

视频讲解

5.3.9 实战——皇后Ⅱ(LeetCode52★★★)

1. 问题描述

在 $n\times n(1\leqslant n\leqslant 9)$ 的方格棋盘上放置 n 个皇后,每个皇后不同行、不同列、不同对角线(否则称为有冲突)。如图 5.15 所示为 6 皇后问题的一个解。设计一个算法求 n 个皇后的解的个数,例如 $n=6$ 时 6 皇后问题有 4 个解,因此返回结果为 4。

2. 问题求解

本问题的解空间是一棵子集树(每个皇后在 1～n 列中找到一个适合的列号,即 n 选一),并且要求求所有解。采用整数数组 $q[N]$存放 n 皇后问题的求解结果,因为每行只能放一个皇后,$q[i]$ $(1\leqslant i\leqslant n)$的值表示第 i 个皇后所在的列号,即第 i 个皇后放在$(i,q[i])$的位置上。对于图 5.15 所示的解,$q[1..6]=\{2,4,6,1,3,5\}$(为了简便,不使用 $q[0]$元素)。

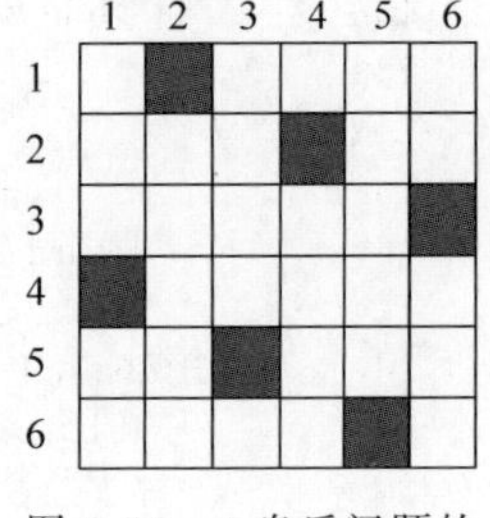

图 5.15 6 皇后问题的一个解

若在(i,j)位置上放第 i 个皇后,是否与已放好的 $i-1$ 个皇后

$(k,q[k])(1\leqslant k\leqslant i-1)$有冲突？显然它们是不同行的（因为皇后的行号 i 总是递增的），所以不必考虑行冲突，对是否存在列冲突和对角线冲突的判断如下。

① 如果(i,j)位置与前面的某个皇后 $k(1\leqslant k\leqslant i-1)$同列，则有 $q[k]==j$ 成立。

② 如果(i,j)位置与前面的某个皇后同对角线，如图 5.16 所示，则恰好构成一个等腰直角三角形，即有 $|q[k]-j|==|i-k|$ 成立。

归纳起来，只要(i,j)位置满足以下条件，则存在冲突（有冲突时说明第 i 个皇后不能放在第 i 行的第 j 列），否则不存在冲突：

```
(q[k]==j) || (abs(q[k]-j)==abs(i-k))          1≤k≤i-1
```

现在采用递归回溯框架求解。设 $f(i,n)$是在 $1\sim i-1$ 行上已经放好了 $i-1$ 个皇后，用于在 $i\sim n$ 行放置剩下的 $n-i+1$ 个皇后，为大问题，$f(i+1,n)$表示在 $1\sim i$ 行上已经放好了 i 个皇后，用于在 $i+1\sim n$ 行放置 $n-i$ 个皇后，为小问题，则求解皇后问题的所有解的递归模型如下：

$f(i,n)\equiv n$ 个皇后放置完毕，输出一个解　　　　若 $i>n$

$f(i,n)\equiv$在第 i 行找到一个合适的位置(i,j)放置一个皇后；$f(i+1,n)$　　其他

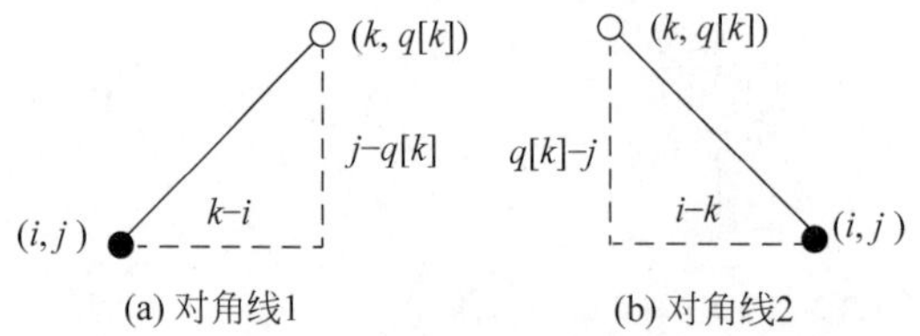

(a) 对角线1　　(b) 对角线2

图 5.16　两个皇后构成对角线的情况

对应的算法如下：

```
MAXN=20                                   #最多皇后个数
q=[0] * MAXN                              #q[i]存放第 i 个皇后的列号
class Solution:
    def totalNQueens(self, n: int) -> int:
        self.cnt=0                        #累计解的个数
        self.dfs(1,n)
        return self.cnt

    def place(self,i,j):                  #测试(i,j)位置能否放置皇后
        if i==1: return True              #第一个皇后总是可以放置
        k=1
        while k<i:                        #k=1～i-1 是已放置了皇后的行
            if q[k]==j or (abs(q[k]-j)==abs(i-k)):
                return False
            k+=1
        return True

    def dfs(self,i,n):                    #回溯算法
        if i>n:                           #所有皇后放置结束
            self.cnt+=1
        else:
            for j in range(1,n+1):        #在第 i 行上试探每个列 j
```

```
            if self.place(i,j):                 #在第 i 行上找到一个合适位置(i,j)
                q[i]=j
                self.dfs(i+1,n)
```

上述程序提交时通过，执行用时为 72ms，内存消耗为 15MB。

【算法分析】 在该算法中每个皇后都要试探 n 列，共 n 个皇后，其解空间是一棵子集树，每个结点可能有 n 棵子树，考虑每个皇后试探一个合适位置的时间为 $O(n)$，所以算法的最坏时间复杂度为 $O(n \times n^n)$。

扫一扫

视频讲解

5.3.10 任务分配问题

1. 问题描述

有 $n(n \geqslant 1)$ 个任务需要分配给 n 个人执行，每个任务只能分配给一个人，每个人只能执行一个任务，第 i 个人执行第 j 个任务的成本是 $c[i][j](0 \leqslant i, j \leqslant n-1)$，求出总成本最小的一种分配方案。如表 5.3 所示为 4 个人员、4 个任务的信息。

表 5.3　4 个人员、4 个任务的信息

人员	任务 0	任务 1	任务 2	任务 3
0	9	2	7	8
1	6	4	3	7
2	5	8	1	8
3	7	6	9	4

2. 问题求解

n 个人和 n 个任务的编号均用 $0 \sim n-1$ 表示。所谓一种分配方案，就是由第 i 个人执行第 j 个任务，也就是说每个人从 n 个任务中选择一个任务，即 n 选一，所以本问题的解空间树可以看成一棵子集树，并且要求求总成本最小的解（最优解是最小值），属于求最优解类型。

设计解向量 $\boldsymbol{x}=(x_0, x_1, \cdots, x_{n-1})$，这里以人为主，即人找任务（也可以以任务为主，即任务找人），也就是第 i 个人执行第 x_i 个任务（$0 \leqslant x_i \leqslant n-1$）。bestx 表示最优解向量，bestc 表示最优解的成本（初始值为∞），$\boldsymbol{x}$ 表示当前解向量，cost 表示当前解的总成本（初始为 0），另外设计一个 used 数组，其中 used[j]表示任务 j 是否已经分配（初始时所有元素均为 False），为了简单，将这些变量均设计为全局变量。

在解空间中根结点的层次 i 为 0，当搜索到第 i 层的每个结点时，表示为第 i 个人分配一个没有分配的任务，即选择满足 used[j]=0（$0 \leqslant j \leqslant n-1$）的任务 j。对应的递归回溯算法如下：

```
import copy
INF=0x3f3f3f3f                              #表示∞
def dfs1(cost,i):                           #回溯算法
    global c,n,x,bestx,bestc,used,sum
    sum+=1
    if i>=n:                                #到达一个叶子结点
        if cost<bestc:                      #通过比较求最优解
```

```
            bestc=cost; bestx=copy.deepcopy(x)
    else:
        for j in range(0,n):                          #为人员 i 试探任务 j:0 到 n-1
            if used[j]:continue                       #跳过已经分配的任务 j
            used[j]=True
            x[i]=j                                    #任务 j 分配给人员 i
            cost+=c[i][j]
            dfs1(cost,i+1)                            #为人员 i+1 分配任务
            used[j]=False                             #回溯
            x[i]=-1
            cost-=c[i][j]

def allocate1(c,n):                                   #求解任务分配问题
    global x,bestx,bestc,used,sum
    x=[0]*n
    bestx=[0]*n
    bestc=INF                                         #初始化为∞
    used=[False]*n
    sum=0
    dfs1(0,0)                                         #从人员 0 开始
    print("求解结果")
    for k in range(0,n):
        print("    人员%d 分配任务%d"%(k,bestx[k]))
    print("    总成本=",bestc)
    print("sum=",sum)
```

对于表 5.3,调用上述 allocate1 算法的执行结果如下:

```
求解结果
    人员 0 分配任务 1
    人员 1 分配任务 0
    人员 2 分配任务 2
    人员 3 分配任务 3
    总成本=13
sum=65
```

【算法分析】 算法的解空间是一棵 n 叉树(子集树),所以最坏的时间复杂度为 $O(n\times n^n)$。例如,在上述实例中 $n=4$,经测试搜索的结点的个数为 65。

现在考虑采用剪支提高性能,该问题是求最小值,所以设计下界函数。当搜索到第 i 层的某个结点时,前面人员 0～人员 $i-1$ 已经分配好了各自的任务,已经累计的成本为 cost,现在要为人员 i 分配任务,如果为其分配任务 j,即置 $x[i]=j$,cost$+=c[i][j]$,此时部分解向量为 $\boldsymbol{P}=(x_0,x_1,\cdots,x_i)$。那么沿着该路径走下去的最小成本是多少呢?后面人员 $i+1$～$n-1$ 尚未分配任务,如果为每个人员分配一个尚未分配的最小成本的任务(其总成本为 minsum),则一定能构成该路径的总成本下界。minsum 的计算公式如下:

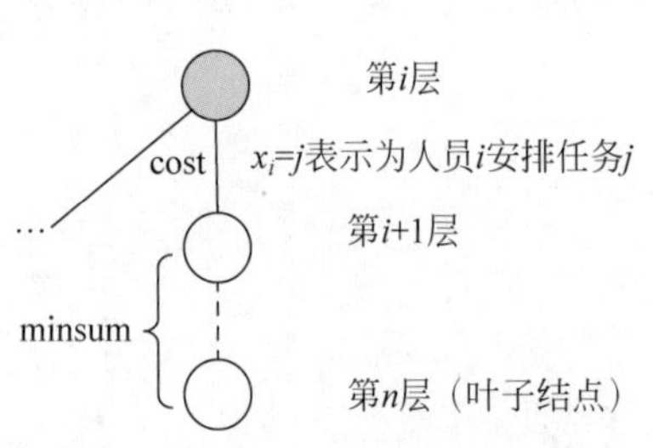

图 5.17 为人员 i 安排任务 j 的情况

$$\text{minsum}=\sum_{i1=i+1}^{n-1}\min_{j1\notin P}\{c_{i1,j1}\}$$

总成本下界 $b=\text{cost}+\text{minsum}$,如图 5.17 所示。显

然如果 $b \geqslant$ bestc(bestc 是当前已经求出的一个最优成本),说明 $x[i]=j$ 这条路径走下去一定不能找到更优解,所以停止该分支的搜索。这里的剪支就是仅扩展 $b<$bestc 的孩子结点。

求一个结点的总成本下界的算法如下:

```
def bound(cost,i):                          #求下界算法
    global c,n,used
    minsum=0
    for i1 in range(i,n):                   #求 c[i..n-1]行中未分配的最小成本和
        minc=INF                            #置为∞
        for j1 in range(0,n):
            if not used[j1] and c[i1][j1]< minc:minc=c[i1][j1]
        minsum+=minc
    return cost+minsum
```

带剪支的递归回溯算法如下:

```
def dfs2(cost,i):                                     #回溯算法
    global c,n,x,bestx,bestc,used,sum
    sum+=1
    if i>=n:                                          #到达一个叶子结点
        if cost< bestc:                               #通过比较求最优解
            bestc=cost;bestx=copy.deepcopy(x)
    else:
        for j in range(0,n):                          #为人员 i 试探任务 j:0 到 n-1
            if used[j]:continue                       #跳过已经分配的任务 j
            used[j]=True
            x[i]=j                                    #将任务 j 分配给人员 i
            cost+=c[i][j]
            if bound(cost,i+1)< bestc:                #剪支(考虑 c[i+1..n-1]行中的最小成本)
                dfs2(cost,i+1)                        #为人员 i+1 分配任务
            used[j]=False                             #回退
            x[i]=-1
            cost-=c[i][j]

def allocate2(c,n):                                   #求解任务分配问题
    global x,bestx,bestc,used,sum
    x=[0] * n
    bestx=[0] * n
    bestc=INF                                         #初始化为∞
    used=[False] * n
    sum=0
    dfs2(0,0)                                         #从人员 0 开始
    print("求解结果")
    for k in range(0,n):
        print("    人员%d 分配任务%d"%(k,bestx[k]))
    print("    总成本=",bestc)
    print("sum=",sum)
```

对于表 5.3,调用上述 allocate2 算法的执行结果如下:

```
求解结果
    人员 0 分配任务 1
```

```
    人员 1 分配任务 0
    人员 2 分配任务 2
    人员 3 分配任务 3
    总成本=13
sum=9
```

从中看出,采用剪支后搜索的结点的个数为 9,算法的时间性能得到明显提高。

【算法分析】 算法的解空间是一棵 n 叉树(子集树),剪支的时间为 $O(n^2)$,所以最坏的时间复杂度为 $O(n^2 \times n^n)$。

扫一扫

视频讲解

5.3.11* 实战——完成所有工作的最短时间(LeetCode1723★★★)

1. 问题描述

给定一个整数数组 jobs,其中 jobs[i]是完成第 i 项工作要花费的时间(1≤jobs.length≤12,1≤jobs[i]≤10^7)。将这些工作分配给 k(1≤k≤jobs.length)位工人。所有工作都应该分配给工人,且每项工作只能分配给一位工人,每个工人至少完成一项工作。工人的工作时间是完成分配给他们的所有工作所花费时间的总和。设计一套最佳的工作分配方案,使工人的最大工作时间得以最小化,返回分配方案中尽可能最小的最大工作时间。例如,jobs={1,2,4,7,8},k=2,结果为 11,对应的一种分配方案是 1 号工人分配时间为 1、2、8 的任务(工作时间为 1+2+8=11),2 号工人分配时间为 4、7 的任务(工作时间为 4+7=11),最大工作时间是 11。

2. 问题求解 1

用 times[0..$k-1$]表示所有工人分配工作的总时间(初始时所有元素均为 0),其中 times[j]表示工人 j 的总时间,用 ans 存放最优解(初始为∞),按工作序号 i 从 0 到 $n-1$ 遍历,解空间中根结点对应的 i=0,ct 表示当前的总时间,采用基于 k 选一的子集树框架求解。显然到达一个叶子结点后,ct=$\max_{0 \leqslant j \leqslant k-1}$\{times[$j$]\},ans=min\{ct\}。第 i 层的结点用于为工作 i 寻找工人 j,ct 即为完成 0~$i-1$ 共 i 个任务的时间。例如,jobs={1,2,4},k=2 的搜索空间如图 5.18 所示,图中结点为(times[0],times[1]),对应的最优解 ans=4。

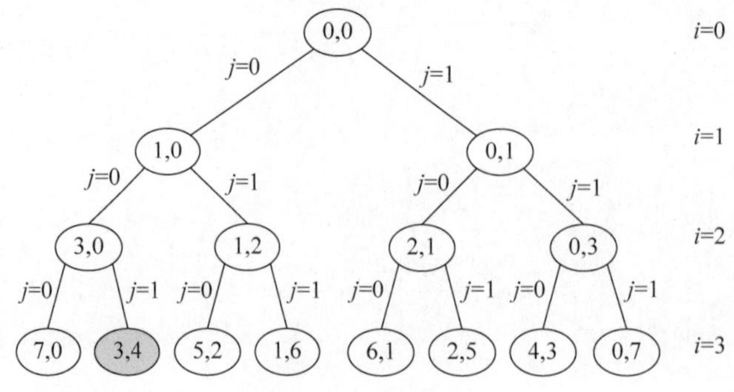

图 5.18 搜索空间

从中看出,解空间是一棵高度为 $n+1$ 的满 k 叉树,这样搜索会超时,可以采用如下剪支方法提高性能。

剪支 1：从图 5.18 看出，$k=2$ 时左、右子树是对称的，当 $k>2$ 时存在更多的重复子树，同时题目中规定每个工人至少分配一个工作，所以当给某个工人 j 分配任务 i 时，若他是初次分配(times[j]=0)，并且前面已有工人没有分配任务，则不必继续搜索下去，这样就剪去了(0,1)的分支。

剪支 2：采用常规的限界函数剪支，若已经求出一个解 ans，如果将任务 i 分配给工人 j，完成 0～i 任务的时间和 curtime=max(ct,times[j])，若 curtime>ans，则不必继续搜索下去。

由于采用了剪支 2，ct 会越来越小，那么满足 ct≤ans 的最后一个 ct 就是 ans。前面的示例采用剪支后的搜索空间如图 5.19 所示，从中看出几乎剪去了一半的结点。

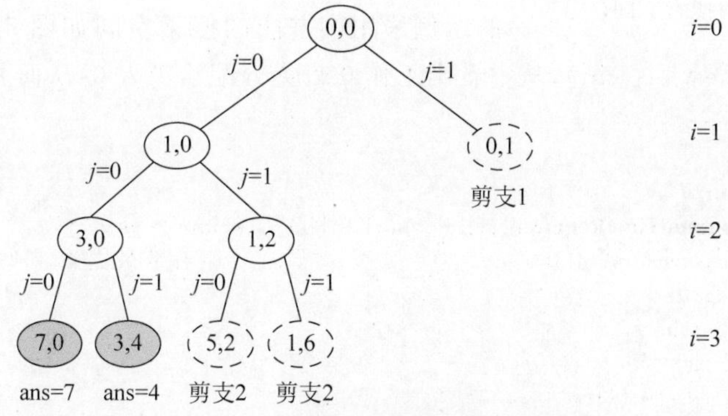

图 5.19 剪支后的搜索空间(1)

对应的算法如下：

```
class Solution:
    def minimumTimeRequired(self, _jobs:List[int], _k:int)-> int:
        self.ans=0x3f3f3f3f                                    #存放最优解,初始为∞
        self.times=[0] * _k
        self.jobs=_jobs
        self.k=_k
        self.dfs(0,0)
        return self.ans

    def dfs(self,ct,i):                                        #回溯算法
        if i==len(self.jobs):                                  #到达一个叶子结点
            self.ans=ct                                        #求得一个解
        else:
            flag=True
            for j in range(0,self.k):
                if self.times[j]==0:
                    if not flag:return                         #剪支 1
                    flag=False
                self.times[j]+=self.jobs[i]                    #将工作 i 分配给工人 j
                curtime=max(ct,self.times[j])
                if curtime<=self.ans:                          #剪支 2
                    self.dfs(curtime,i+1)
                self.times[j]-=self.jobs[i]                    #回溯
```

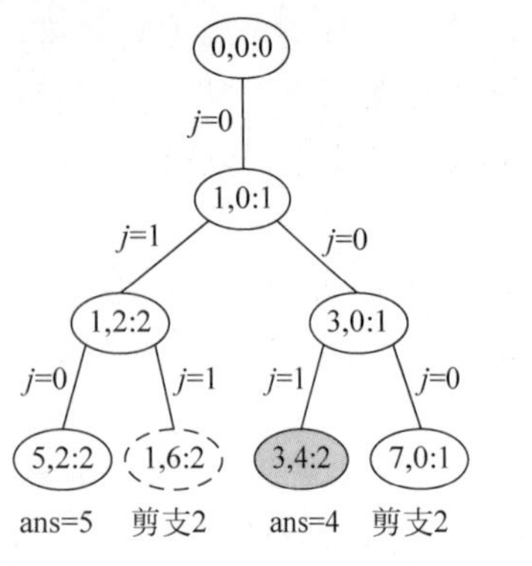

图 5.20 剪支后的搜索空间(2)

上述程序提交时通过,执行用时为 6536ms,内存消耗为 14.9MB。

3. 问题求解 2

当然也可以采用这样的分配方式,即优先分配给空闲的工人,之后再给已经分配工作的工人分配工作(保证每个工人至少分配一个工作)。用 cnt 累计已经分配工作的人数。对于第 i 层的结点,当 cnt$<k$ 时,说明工人 cnt 一定是空闲工人,优先给他分配工作 i 并回溯,然后试探为 0 到 cnt−1 的工人分配工作 i 再回溯。前面的示例采用该方法的搜索空间如图 5.20 所示,图中结点为(times[0],times[1]: cnt),从中看出工作 0 只会分配给工人 0,从而剪去一半的结点。

对应的算法如下:

```
class Solution:
    def minimumTimeRequired(self, _jobs:List[int], _k:int)-> int:
        self.ans=0x3f3f3f3f                          #存放最优解,初始为∞
        self.times=[0] * _k
        self.jobs=_jobs
        self.k=_k
        self.dfs(0,0,0)
        return self.ans

    def dfs(self, cnt, ct, i):                       #回溯算法
        if i==len(self.jobs):                        #到达一个叶子结点
            self.ans=ct                              #求得一个解
        else:
            if cnt<self.k:                           #剪支1:优先分配给空闲工人
                self.times[cnt]=self.jobs[i]
                self.dfs(cnt+1, max(self.times[cnt], ct), i+1)
                self.times[cnt]=0                    #回溯
            for j in range(0, cnt):                  #给已有工作的工人分配工作
                self.times[j]+=self.jobs[i]
                curtime=max(ct, self.times[j])
                if curtime<=self.ans:                #剪支 2
                    self.dfs(cnt, curtime, i+1)      #cnt 不变
                self.times[j]-=self.jobs[i]          #回溯
```

上述程序提交时通过,执行用时为 1ms,内存消耗为 35.8MB。

说明:本题等同于将 n 个正整数分为 k 份,使得每份的整数和最接近,求其中最大的整数和。

扫一扫

视频讲解

5.3.12 图的 m 着色

1. 问题描述

给定无向连通图 G 和 m 种不同的颜色。用这些颜色为图 G 的各顶点着色,每个顶点着一种颜色。如果有一种着色法使 G 中每条边的两个顶点着不同颜色,则称这个图是 m 可

着色的。图的 m 着色问题是对于给定图 G 和 m 种颜色，找出所有不同的着色法。

2. 问题求解

对于含 n 个顶点的无向连通图 G，顶点的编号是 $0\sim n-1$，采用邻接表 A 存储，其中 $A[i]$ 向量为顶点 i 的所有相邻顶点。例如，如图 5.21 所示的无向连通图，对应的邻接表如下：

```
A=[[1,2,3],[0],[0,3],[0,2]]
```

m 种颜色的编号为 $0\sim m-1$，这里实际上就是为每个顶点 i 选择 m 种颜色中的一种（m 选一），使得任意两个相邻顶点的着色不同，所以将解空间树看成一棵子集树，并且求解个数，属于求所有解类型。

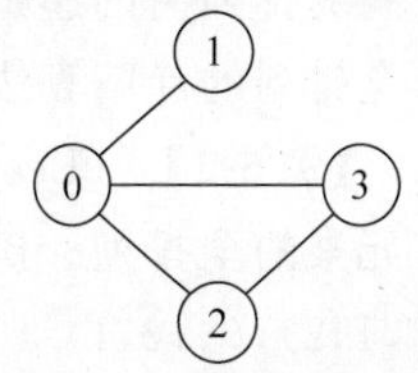

图 5.21　一个无向连通图

设计解向量为 $\boldsymbol{x}=(x_0,x_1,\cdots,x_{n-1})$，其中 x_i 表示顶点 i 的着色（$0\leqslant x_i\leqslant m-1$），初始时置 x 的所有元素为 -1，表示所有顶点均没有着色，用 ans 累计解个数（初始为 0）。采用递归回溯方法从顶点 0 开始试探（$i=0$ 对应根结点），当 $i\geqslant n$ 时表示找到一种着色方案（对应解空间中的一个叶子结点）。

对于顶点 i，所有可能的着色 j 为 0 到 $m-1$ 中的一种，如果顶点 i 的所有相邻顶点的颜色均不等于 j，说明顶点 i 着色 j 是合适的，只要有一个相邻顶点的颜色等于 j，则顶点 i 着色 j 就是不合适的，需要回溯。对应的算法如下：

```
def judge(i,j):                          #判断顶点 i 是否可以着色 j
    global A,n,m,x,ans
    for k in range(0,len(A[i])):
        if x[A[i][k]]==j:return False  #存在相同颜色的顶点
    return True

def dfs(i):                              #回溯算法
    global m,x,ans
    if i>=n:ans+=1                       #到达一个叶子结点
    else:
        for j in range(0,m):
            x[i]=j                       #置顶点 i 为颜色 j
            if judge(i,j):dfs(i+1)       #若顶点 i 可以着色 j
            x[i]=-1                      #回溯

def colors(A,n,m):                       #求图的 m 着色问题
    global x,ans
    x=[-1]*n                             #解向量元素初始化为-1
    ans=0                                #着色方案数
    dfs(0)                               #从顶点 0 开始搜索
    return ans
```

对于图 5.21，$m=3$ 时调用上述 colors()算法求出有 12 种不同的着色方案。

【算法分析】 解空间中最多生成 $O(m^n)$ 个结点，每个结点花费 $O(n)$ 的时间判断当前颜色是否合适，所以算法的最坏时间复杂度为 $O(n\times m^n)$。

5.4 基于排列树框架的问题求解

5.4.1 排列树算法框架概述

当求解问题是确定 n 个元素满足某种条件的排列时，相应的解空间树称为排列树。解空间为排列树的递归框架是以求全排列为基础的，下面通过示例讨论一种不同于第 3 章中求全排列的递归算法。

扫一扫

视频讲解

【例 5-2】 (LeetCode46★★)有一个含 n 个整数的数组 a，所有元素均不相同，求其所有元素的全排列。例如，$a=\{1,2,3\}$，得到的结果是(1,2,3)，(1,3,2)，(2,3,1)，(2,1,3)，(3,1,2)，(3,2,1)。

解 用数组 a 存放初始数组 a 的一个排列，采用递归法求解。设 $f(a,n,i)$ 表示求 $a[i..n-1]$(共 $n-i$ 个元素)的全排列，为大问题，$f(a,n,i+1)$ 表示求 $a[i+1..n-1]$(共 $n-i-1$ 个元素)的全排列，为小问题，如图 5.22 所示。

$f(a,n,i)$：大问题

$a_0 \quad a_1 \quad \cdots \quad a_i \quad a_{i+1} \quad \cdots \quad a_{n-1}$

$f(a,n,i+1)$：小问题

a_i位置取a_i～a_{n-1}中的每个元素，再组合$f(a,n,i+1)$得到$f(a,n,i)$：

- a_i：a_i与a_i交换，$f(a,n,i+1)$⇨以a_i开头的$a[i..n-1]$的全排列
- a_{i+1}：a_i与a_{i+1}交换，$f(a,n,i+1)$⇨以a_{i+1}开头的$a[i..n-1]$的全排列
- …
- a_{n-1}：a_i与a_{n-1}交换，$f(a,n,i+1)$⇨以a_{n-1}开头的$a[i..n-1]$的全排列

图 5.22 求 $f(a,n,i)$的过程

显然 i 越小求全排列的元素个数越多，当 $i=0$ 时求 $a[0..n-1]$的全排列。当 $i=n-1$ 时求 $a[n-1..n-1]$的全排列，此时序列中只有一个元素(单个元素的全排列就是该元素)，再合并 $a[0..n-2]$($n-1$ 个元素的排列)就得到 n 个元素的一个排列。当 $i=n$ 时求 $a[n..n-1]$的全排列，此时序列为空，说明 $a[0..n-1]$是一个排列，后面两种情况均可以作为递归出口。所以求 a 中全排列的过程是 $f(a,n,0)\rightarrow f(a,n,1)\rightarrow f(a,n,2)\rightarrow\cdots\rightarrow f(a,n,n-1)$。

那么如何由小问题 $f(a,n,i+1)$求大问题 $f(a,n,i)$呢？假设由 $f(a,n,i+1)$求出了 $a[i+1..n-1]$的全排列，考虑 a_i 的位置，该位置可以取 $a[i..n-1]$中的任何一个元素，但是排列中元素不能重复，为此采用交换方式，即 $j=i$ 到 $n-1$ 循环，每次循环将 $a[i]$与 $a[j]$交换，合并子问题的解得到一个大问题的排列，再恢复成循环之前的顺序，即将 $a[i]$与 $a[j]$再次交换，然后进入下一轮求其他大问题的排列。注意，如果不做再次交换(即恢复)会出现重复的排列情况，例如 $a=\{1,2,3\}$，在不做恢复时的输出结果为(1,2,3)，(1,3,2)，(3,1,2)，(3,2,1)，(1,2,3)，(1,3,2)，显然是错误的。

归纳起来，求 a 的全排列的递归模型 $f(a,n,i)$如下：

$f(a,n,i)\equiv$输出产生的解　　　　当 $i=n-1$ 时

$f(a,n,i) \equiv$ 对于 $j=i \sim n-1$：　　　其他

　　$a[i]$与$a[j]$交换位置；

　　$f(a,n,i+1)$；

　　将 $a[i]$与$a[j]$交换位置(回溯)

例如 $a=\{1,2,3\}$时，求全排列的解空间如图 5.23 所示，数组 a 的下标从 0 开始，所以根结点“$a=\{1,2,3\}$”的层次为 0，同时 a 数组也作为解向量，由根结点扩展出 3 个子结点，分别对应 $a[0]$位置选择 $a[0]$、$a[1]$和 $a[2]$元素，采用交换方式实现，当从子结点返回时需要恢复，采用再次交换的方式实现。实际上，对于第 i 层的结点，其子树分别对应 $a[i]$位置选择 $a[i]$、$a[i+1]$、……、$a[n-1]$元素。树的高度为 $n+1$，叶子结点的层次是 n。

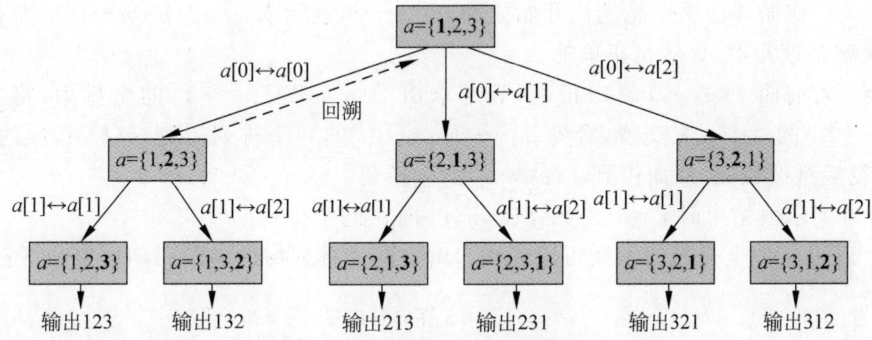

图 5.23　求 $a=\{1,2,3\}$的全排列的解空间

对应的递归算法如下：

```
def dfs(x,i):                          #回溯算法
    if i==len(x):
        print(x)
    else:
        for j in range(i,len(x)):
            x[i],x[j]=x[j],x[i]        #x[i]与 x[j]交换
            dfs(x,i+1)
            x[i],x[j]=x[j],x[i]        #回溯

def perm(a):                           #求 a 的全排列
    x=a                                #解向量
    dfs(x,0)
```

LeetCode46 用于求数组 nums 的全排列，并且返回该全排列，按照上述过程设计求解程序如下：

```
class Solution:
    def permute(self, nums: List[int]) -> List[List[int]]:
        self.ans=[]                            #存放 nums 的全排列
        x=nums
        self.dfs(x,0)
        return self.ans

    def dfs(self,x,i):                         #回溯算法
        if i==len(x):
```

```
                self.ans.append(copy.deepcopy(x))
            else:
                for j in range(i,len(x)):
                    x[i],x[j]=x[j],x[i]
                    self.dfs(x,i+1)
                    x[i],x[j]=x[j],x[i]
```

上述程序提交时通过，执行用时为 32ms，内存消耗为 15.2MB。

现在证明上述算法的正确性。实际上在递归算法中求值顺序与递推顺序相反，求 a 的全排列是从 $f(a,n,0)$ 开始的，求值顺序是 $f(a,n,n-1)\to f(a,n,n-2)\to\cdots\to f(a,n,1)\to f(a,n,0)$。循环不变量是 $f(a,n,i)$，用于求 $a[i..n-1]$ 的全排列，证明如下。

初始化：在循环的第一轮迭代开始之前，$i=n-1$，表示求 $a[n-1..n-1]$ 的全排列，而一个元素就是该元素，显然是正确的。

保持：若前面 $f(a,n,i+1)$ 正确，表示求出了 $a[i+1..n-1]$ 的全排列，将 $a[i]$ 与 $a[i..n-1]$ 中的每个元素交换，合并 $a[i+1..n-1]$ 的一个排列得到 $f(a,n,i)$ 的一个排列，在恢复后继续做完，从而得到 $f(a,n,i)$ 的全排列。

终止：当求值结束时 $i=0$，得到 $f(a,n,0)$ 即 a 的全排列。

从上述求 a 的全排列的示例可以归纳出解空间为排列树的递归回溯框架如下：

```
x=[]                                          #x存放解向量,需要初始化
def dfs(i):                                   #求解排列树的递归框架
    if i>=n:                                  #到达一个叶子结点,输出一个可行解
        输出结果
    else:
        for j in range(i,n):                  #用j枚举x[i]的所有可能候选值
            ...                               #第i层的结点选择x[j]的操作
            swap(x[i],x[j])                   #为保证排列中的每个元素不同,通过交换来实现
            if constraint(i,j) and bound(i,j):
                dfs(i+1)                      #满足约束条件和限界函数,进入下一层
            swap(x[i],x[j])                   #恢复状态:回溯
            ...                               #第i层的结点选择x[j]的恢复操作
        }
    }
}
```

如何进一步理解上述算法呢？假设解向量为 $(x_0,x_1,\cdots,x_i,\cdots,x_j,\cdots,x_{n-1})$，当从解空间的根结点出发搜索到达第 i 层的某个结点时，对应的部分解向量为 $(x_0,x_1,\cdots,x_{i-1})$，其中每个分量已经取好值了，现在为该结点的分支选择一个 x_i 值（每个不同的取值对应一个分支，x_i 有 $n-i$ 个分支），前一个 swap($x[i]$,$x[j]$)表示为 x_i 取 x_j 值，后一个 swap($x[i]$,$x[j]$)用于状态恢复，这一点是利用排列树的递归回溯框架求解实际问题的关键。另外几点需要注意的说明事项与解空间为子集树的递归回溯框架相同。

在排列树中有 $m_0=n$，$m_1=n-1$，…，$m_{n-1}=1$，假设输出一个排列的时间为 $O(n)$，对应算法的时间复杂度为 $O(n\times n!)$。

扫一扫

视频讲解

5.4.2 实战——含重复元素的全排列Ⅱ(LeetCode47★★)

1. 问题描述

给定一个可包含重复数字的序列 nums，设计一个算法按任意顺序返回所有不重复的

全排列。例如,nums={1,1,2},输出结果是{{1,1,2},{1,2,1},{2,1,1}}。

2. 问题求解

该问题与求非重复元素的全排列的问题类似,解空间是排列树,并且属于求所有解类型。先按求非重复元素的全排列的一般过程来求含重复元素的全排列,假设 $a=\{1,\boxed{1},2\}$,其中包含两个 1,为了区分,后面一个 1 加上一个框,求其全排列的过程如图 5.24 所示,从中看出,1↔1 的分支和 1↔$\boxed{1}$ 的分支产生的所有排列是相同的,属于重复的排列,应该剪去后者,再看第 1 层的"$\{2,\boxed{1},1\}$"结点,同样它扩展的两个分支分别是 $\boxed{1}$↔$\boxed{1}$ 和 $\boxed{1}$↔1,也是相同的,也应该剪去后者。这样剪去后得到的结果是{1,1,2},{1,2,1},{2,1,1},也就是不重复的全排列。

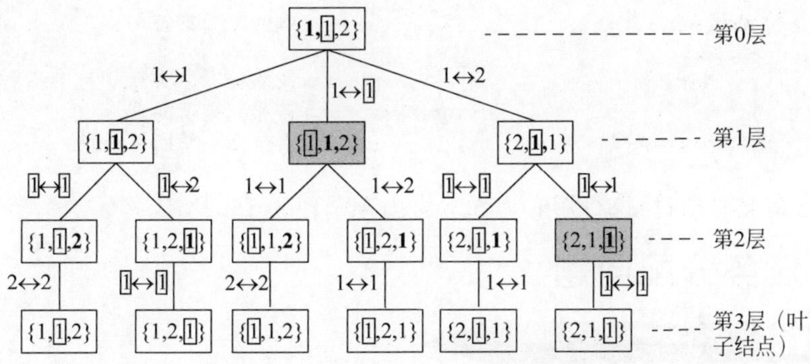

图 5.24　求 $a=\{1,\boxed{1},2\}$ 的全排列的过程

同样设解向量为 $\boldsymbol{x}=(x_0,x_1,\cdots,x_n)$,每个 x 表示一个排列,x_i 表示该排列中 i 位置所取的元素,初始时 x=nums。在解空间中搜索到第 i 层的某个结点 C 时,如图 5.25 所示,C 结点的每个分支对应 x_i 的一个取值,从理论上讲 x_i 可以取 $x_i \sim x_{n-1}$ 中的每一个值,也就是说从根结点经过结点 C 到达第 $i+1$ 层的结点有 $n-1-i+1=n-i$ 条路径,这些路径中从根结点到 C 结点都是相同的。当 x_i 取值 x_j 时(对应图中粗分支)走到 B 结点,如果 x_j 与前面 $x_i \sim x_{j-1}$ 中的某个值 x_k 相同,当 x_i 取值 x_k 时走到 A 结点,显然根结点到 A 和 B 结点的路径完全相同,而且它们的层次相同,后面的操作也相同,则所有到达叶子结点产生的解必然相同,属于重复的排列,需要剪去。

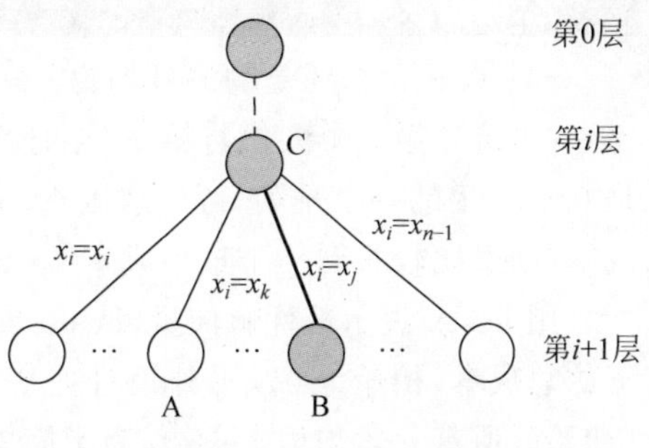

图 5.25　x_i 的各种取值

剪去重复的解的方法是,当 j 从 i 到 $n-1$ 循环时,每次循环执行 swap($x[i]$,$x[j]$)为 i 位置选取元素 $x[j]$,如果 $x[j]$ 与 $x[i..j-1]$ 中的某个元素相同会出现重复的排列,则跳过(称为同层去重),也就是说在执行 swap($x[i]$,$x[j]$)之前先判断 $x[j]$ 是否在前面的元素 $x[i..j-1]$ 中出现过,如果没有出现过,则继续做下去,否则跳过 $x[j]$ 的操作。对应的算法如下:

```
class Solution:
    def permuteUnique(self, nums: List[int]) -> List[List[int]]:
```

```
        self.ans=[]                                  #存放 nums 的全排列
        x=nums
        self.dfs(x,0)
        return self.ans

    def dfs(self,x,i):                               #回溯算法
        if i==len(x):
            self.ans.append(copy.deepcopy(x))
        else:
            for j in range(i,len(x)):
                if self.judge(x,i,j):continue        #检测 x[j]
                x[i],x[j]=x[j],x[i]
                self.dfs(x,i+1)
                x[i],x[j]=x[j],x[i]

    def judge(self,x,i,j):                           #判断 x[j]是否在 x[i..j-1]中出现过
        if j>i:
            for k in range(i,j):                     #判断 x[j]是否与 x[i..j-1]中的元素相同
                if x[k]==x[j]:return True            #若相同则返回真
        return False                                 #若全部不相同返回假
```

上述程序提交时通过,执行用时为 52ms,内存消耗为 15.2MB。

扫一扫

视频讲解

5.4.3 任务分配问题

1. 问题描述

见 5.3.10 节,这里采用基于排列树框架求解。

2. 问题求解

n 个人和 n 个任务的编号均为 $0 \sim n-1$,设计解向量 $\boldsymbol{x}=(x_0,x_1,\cdots,x_{n-1})$,同样以人为主,也就是第 i 个人执行第 x_i 个任务($0 \leqslant x_i \leqslant n-1$),显然每个合适的分配方案 x 一定是 $0 \sim n-1$ 的一个排列,可以求出 $0 \sim n-1$ 的全排列,每个排列作为一个分配方案,求出其成本,通过比较找到一个最小成本 bestc 即可。

用 bestx 表示最优解向量,bestc 表示最优解的成本,$\boldsymbol{x}$ 表示当前解向量,cost 表示当前解的总成本(初始为 0),另外设计一个 used 数组,其中 used[j]表示任务 j 是否已经分配(初始时所有元素均为 False),为了简单,将这些变量均设计为全局变量。

根据排列树的递归算法框架,当搜索到第 i 层的某个结点时,第一个 swap($x[i]$, $x[j]$)表示为人员 i 分配任务 $x[j]$(注意不是任务 j),成本是 $c[i][x[i]]$(因为 $x[i]$就是交换前的 $x[j]$),所以执行 used[$x[i]$]=True,cost+=$c[i][x[i]]$,调用 dfs(x,cost,$i+1$)继续为人员 $i+1$ 分配任务,回溯操作是 cost-=$c[i][x[i]]$,used[$x[i]$]=False 和 swap($x[i]$, $x[j]$)(正好与调用 dfs(x,cost,$i+1$)之前的语句顺序相反)。

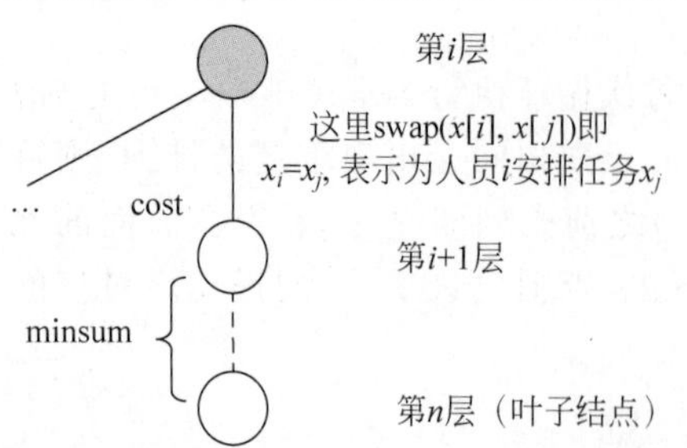

图 5.26　为人员 i 安排任务 $x[j]$的情况

考虑采用剪支提高性能,设计下界函数,与 5.3.10 节中的 bound 算法相同,仅需要将 j(指任务编号)改为 $x[j]$即可,如图 5.26 所示,这样仅扩展 bound(x,cost,$i+1$)<bestc 的孩子结点。

带剪支的排列树的递归回溯算法如下：

```
import copy
INF=0x3f3f3f3f                                  #表示∞
def dfs3(cost,i):                               #回溯算法
    global c,n,x,bestx,bestc,used,sum
    sum+=1
    if i>=n:                                    #到达一个叶子结点
        if cost<bestc:                          #通过比较求最优解
            bestc=cost
            bestx=copy.deepcopy(x)
    else:
        for j in range(i,n):                    #为人员 i 试探任务 x[j]
            if used[x[j]]:continue              #跳过已经分配的任务 j
            x[i],x[j]=x[j],x[i]                 #swap(x[i],x[j]):为人员 i 分配任务 x[j]
            used[x[i]]=True
            cost+=c[i][x[i]]
            if bound(cost,i+1)<bestc:           #剪支
                dfs3(cost,i+1)                  #继续为人员 i+1 分配任务
            cost-=c[i][x[i]]                    #cost 回溯
            used[x[i]]=False                    #used 回溯
            x[i],x[j]=x[j],x[i]                 #x 回溯

def bound(cost,i):                              #求下界算法
    global c,n,x,used
    minsum=0
    for i1 in range(i,n):                       #求 c[i..n-1]行中的最小元素和
        minc=INF
        for j1 in range(0,n):
            if not used[x[j1]] and c[i1][x[j1]]<minc:minc=c[i1][x[j1]]
        minsum+=minc
    return cost+minsum

def allocate3(c,n):                             #求解任务分配问题
    global x,bestx,bestc,used,sum
    x=[]
    for i in range(0,n):x.append(i)             #初始化解向量 x
    bestx=[0]*n                                 #最优解向量
    bestc=INF                                   #将最优成本初始化为∞
    used=[False]*n
    sum=0
    dfs3(0,0)                                   #从人员 0 开始
    print("求解结果")
    for k in range(0,n):
        print("    人员%d 分配任务%d"%(k,bestx[k]))
    print("    总成本=",bestc)
    print("sum=",sum)
```

对于表 5.3,调用上述 allocate3 算法的执行结果如下：

```
求解结果
    人员 0 分配任务 1
    人员 1 分配任务 0
```

```
    人员 2 分配任务 2
    人员 3 分配任务 3
    总成本=13
sum=9
```

【算法分析】 算法的解空间是一棵排列树，同时复制更优解和求下界的时间为 $O(n^2)$，所以最坏的时间复杂度为 $O(n^2 \times n!)$。例如，在上述实例中 $n=4$，经测试不剪支(除去 dfs3 中的 if(bound(cost,i)<bestc))时搜索的结点个数为 65，而剪支后搜索的结点个数为 9。

说明：任务分配问题在 5.3.10 节采用基于子集树框架时最坏时间复杂度为 $O(n^n)$，这里采用基于排列树框架的最坏时间复杂度为 $O(n!)$，显然 $n>2$ 时 $O(n!)$ 优于 $O(n^n)$，实际上由于前者通过 used 判重剪去了重复的分支，其解空间本质上也是一棵排列树，两种算法的最坏时间复杂度都是 $O(n!)$。

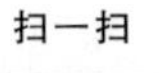

视频讲解

5.4.4 货郎担问题

1. 问题描述

货郎担问题又称为旅行推销员问题(TSP)，是数学领域中著名的问题之一。假设有一个货郎担要拜访 n 个城市，他必须选择所要走的路径，路径的限制是每个城市只能拜访一次，而且最后要回到原来出发的城市，要求求出路径长度最短的路径。

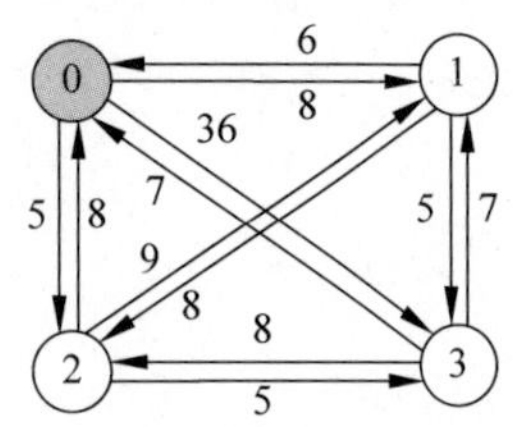

图 5.27 一个 4 城市的道路图

以图 5.27 所示的一个 4 城市的道路图为例，假设起点 s 为 0，所有从顶点 0 回到顶点 0 并通过所有顶点的路径如下：

路径 1：0→1→2→3→0：28

路径 2：0→1→3→2→0：29

路径 3：0→2→1→3→0：26

路径 4：0→2→3→1→0：23

路径 5：0→3→2→1→0：59

路径 6：0→3→1→2→0：59

最后求得的最短路径长度为 23，最短路径为 0→2→3→1→0。

2. 问题求解

本问题是求路径长度最短的路径，属于求最优解类型。假设图中有 n 个顶点，顶点的编号为 $0\sim n-1$，采用邻接矩阵 **A** 存储。显然 TSP 路径是简单回路(除了起始点和终点相同，其他顶点不重复)，可以采用穷举法，以全排列的方式求出所有路径及其长度，再加上回边，在其中找出长度最短的回路即为 TSP 路径，但这样做难以剪支，时间性能较低。

现在采用基于排列树的递归回溯算法，设计当前解向量 $\boldsymbol{x}=(x_0,x_1,\cdots,x_{n-1})$，每个 x_i 表示图中一个顶点，实际上每个 x 表示一条路径，初始时将 x_0 置为起点 s，$x_1 \sim x_{n-1}$ 为其他 $n-1$ 个顶点的编号，d 表示当前路径的长度，用 bestx 保存最短路径，bestd 表示最短路径长度，将其初始值置为∞。算法 dfs(x,d,s,i)设计的几个重点如下。

① x_0 固定作为起点 s，不能取其他值，所以不能从 $i=0$ 开始调用 dfs，应该改为从 $i=1$(此时 $d=0$)开始调用 dfs。为了简单，假设 $s=0$，x 初始时为$(0,1,\cdots,n-1)$，$i=1$ 时 x_1 会

取 $x[1..n-1]$ 中的每一个值（共 $n-1$ 种取值），如图 5.28 所示，当 $x_1=x_1(1)$ 时，对应路径长度为 $d+A[0][1]$，当 $x_1=x_2(2)$ 时，对应路径长度为 $d+A[0][2]$，以此类推。归纳起来，当搜索到解空间的第 i 层的某个结点时，x_i 取 $x[i..n-1]$ 中的某个值后当前路径长度为 $d+A[x[i-1]][x[i]]$。

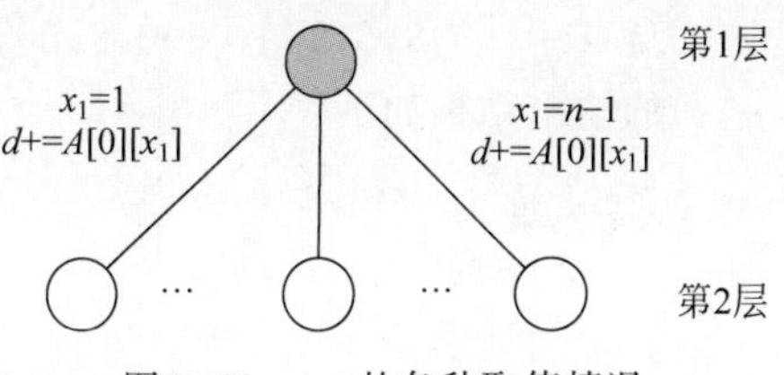

图 5.28 x_1 的各种取值情况

② 当搜索到达某个叶子结点时（$i \geqslant n$），对应的 TSP 路径长度应该是 $d+A[x[n-1]][s]$（因为 TSP 路径是闭合的回路），对应的路径是 $x \cup \{s\}$。通过比较所有回路的长度求最优解。

③ 如何剪支呢？若当前已经求出最短路径长度 bestd，如果 x_i 取 x_j 值，对应的路径长度为 $d+A[x[i-1]][x[j]]$，若 $d+A[x[i-1]][x[j]] \geqslant$ bestd，说明该路径走下去不可能找到更短路径，终止该路径的搜索，也就是说仅扩展满足 $d+A[x[i-1]][x[j]]<$ bestd 的路径。

对应的回溯法求 TSP 问题的算法如下：

```
import copy
INF=0x3f3f3f3f
def dfs(d,s,i):                                        #回溯算法
    global A,n,x,bestx,bestd
    if i>=n:                                           #到达一个叶子结点
        if d+A[x[n-1]][s]<bestd:                       #通过比较求最优解
            bestd=d+A[x[n-1]][s]                       #求 TSP 路径长度
            bestx=copy.deepcopy(x)                     #更新 bestx
    else:
        for j in range(i,n):                           #试探 x[i]走到 x[j]的分支
            if A[x[i-1]][x[j]]!=0 and A[x[i-1]][x[j]]!=INF: #若 x[i-1]到 x[j]有边
                if d+A[x[i-1]][x[j]]<bestd:            #剪支
                    x[i],x[j]=x[j],x[i]                #swap(x[i],x[j])
                    dfs(d+A[x[i-1]][x[i]],s,i+1)
                    x[i],x[j]=x[j],x[i]                #swap(x[i],x[j])

def TSP1(A,n,s):                                       #求解 TSP(起始点为 s)
    global x,bestx,bestd
    x=[s]                                              #x[0]=s,解向量初始化
    for i in range(0,n):                               #将非 s 的顶点添加到 x 中
        if i==s:continue
        x.append(i)
    bestx=[0]*n
    bestd=INF
    dfs(0,s,1)
    bestx.append(s)                                    #bestx 的末尾添加起始点
    print("求解结果")
    print(" 最短路径: ",end='')                        #输出最短路径
    for j in range(0,len(bestx)):
        if j==0:print(bestx[j],end='')
        else:print("->%d"%(bestx[j]),end='')
    print("\n 路径长度:",bestd)
```

当 $A=[[0,8,5,36],[6,0,8,5],[8,9,0,5],[7,7,8,0]]$、$n=4$、$s=1$ 时调用 TSP1(A, n, s)的输出结果如下：

```
求解结果
    最短路径: 1-> 0-> 2-> 3-> 1
    路径长度: 23
```

【算法分析】 上述算法的解空间是一棵排列树，由于是从第一层开始搜索的，排列树的高度为 n（含叶子结点层），同时复制更优解的时间为 $O(n)$，所以最坏的时间复杂度为 $O(n\times(n-1)!)$，即 $O(n!)$。

思考题：TSP 问题是在一个图中查找从起点 s 经过其他所有顶点又回到顶点 s 的最短路径，在上述算法中为什么不考虑路径中出现重复顶点的情况？

习题 5

扫一扫

练习题

扫一扫

自测题

第6章 朝最优解方向前进——分支限界法

分支限界法是 R. M. Karp 于 1985 年提出的，并因此获得图灵奖。目前分支限界法在许多问题中得到广泛的应用，典型的应用就是求解最优化问题。第 5 章中讨论的回溯法是基于深度优先搜索，分支限界法则是基于广度优先搜索。本章的学习要点和学习目标如下：

（1）掌握各种广度优先搜索的原理和算法框架。

（2）掌握分支限界法的原理和算法框架。

（3）掌握限界函数的一般设计方法。

（4）掌握队列式分支限界法和优先队列式分支限界法的执行过程和差异。

（5）掌握各种分支限界法经典算法的设计过程和分析方法。

（6）综合运用分支限界法解决一些复杂的实际问题。

6.1 分支限界法概述

6.1.1 什么是分支限界法

和回溯法一样，分支限界法也是在解空间中搜索问题的解。分支限界法与回溯法的主要区别如表 6.1 所示。回溯法的求解目标是找出解空间中满足约束条件的所有解，或者在所有解中通过比较找出最优解，本质上是要搜索所有可行解，而分支限界法的求解目标是找出满足约束条件和目标函数的最优解，不具有回溯的特点，从搜索方式上看，回溯法采用深度优先搜索，而分支限界法采用广度优先搜索。例如，如果求迷宫问题的所有解，应该采用回溯法，不适合采用分支限界法，但如果求迷宫问题的一条最短路径，属于求最优解问题，适合采用分支限界法，如果采用回溯法求出所有路径再通过比较找到一条最短路径，尽管可行但性能较低。

表 6.1　分支限界法和回溯法的主要区别

算法	解空间搜索方式	存储结点的数据结构	结点的存储特性	常用应用
回溯法	深度优先搜索	栈	只保存从根结点到当前扩展结点的路径	能够找出满足约束条件的所有解
分支限界法	广度优先搜索	队列、优先队列	每个结点只有一次成为活结点的机会	能够找出满足约束条件的一个解或者满足目标函数的最优解

分支限界法中的解空间与回溯法中的相同，也主要分为子集树和排列树两种类型。在解空间中求解时分支限界法是基于广度优先搜索，一层一层地扩展活结点的所有分支，如图 6.1 所示，一个结点扩展完毕就变为死结点，以后再也不会搜索到该结点。为了有效地选择下一扩展结点以加快搜索速度，在每个活结点处计算一个限界函数的值，并根据该值从当前活结点表中选择一个最有利的子结点作为扩展结点，使搜索朝着解空间上有最优解的分支推进，以便尽快地找出一个最优解。

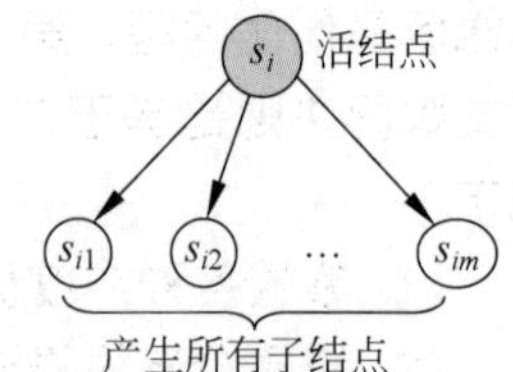

图 6.1　扩展活结点的所有子结点

简单地说，分支限界法就是广度优先搜索加上剪支，剪支方式与回溯法类似，也是通过约束函数和限界函数实现的。由于分支限界法中不存在回溯，所以限界函数的合理性十分重要，如果设计的限界函数不合适可能会导致找不到最优解。

6.1.2 分支限界法的设计要点

采用分支限界法求解问题的要点如下。

① 如何设计合适的限界函数。

② 如何组织活结点表。

③ 如何求问题的解向量。

1. 设计合适的限界函数

在搜索解空间时，每个活结点可能有多个子结点，有些子结点搜索下去找不到最优解，可以设计好的限界函数在扩展时删除这些不必要的子结点，从而提高搜索效率。如图 6.2 所示，假设活结点 s_i 有 4 个子结点，而满足限界函数的子结点只有两个，可以剪去另外两个不满足限界函数的子结点，使得从 s_i 出发的搜索效率提高一倍。

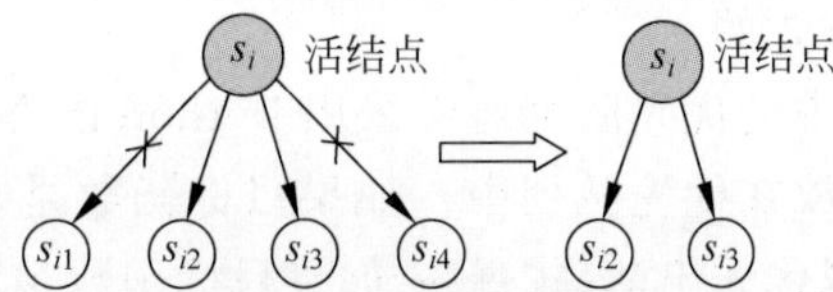

图 6.2　通过限界函数删除一些不必要的子结点

好的限界函数不仅要求计算简单，还要保证能够找到最优解，也就是不能剪去包含最优解的分支，同时尽可能早地剪去不包含最优解的分支。设计限界函数难以找到通用的方法，需根据具体问题来分析。

一般地，先要确定问题解的特性，假设解向量 $\boldsymbol{x}=(x_0,x_1,\cdots,x_{n-1})$，如果目标函数是求最大值，则设计上界限界函数 ub()，ub(x_i)是指沿着 x_i 取值的分支一层一层地向下搜索所有可能取得的值最大不会大于 ub(x_i)，若从 x_i 的分支向下搜索所得到的部分解是(x_0, $x_1,\cdots,x_i,\cdots,x_k$)，则应该满足：

$$\mathrm{ub}(x_i)\geqslant \mathrm{ub}(x_{i+1})\geqslant\cdots\geqslant \mathrm{ub}(x_k)$$

所以根结点的 ub 值应该大于或等于最优解的 ub 值。如果从 s_i 结点扩展到 s_j 结点，应满足 ub(s_i)$\geqslant$ub(s_j)，将所有小于 ub(s_i)的结点剪支。简单地说，对于求最大值问题，上界限界函数值 ub 总是大于或等于实际解结点的 ub 值，并且向下搜索时其值越来越小，搜索到解结点时其值最小。

同样，如果目标函数是求最小值，则设计下界限界函数 lb()，lb(x_i)是指沿着 x_i 取值的分支一层一层地向下搜索所有可能取得的值最小不会小于 lb(x_i)，若从 x_i 的分支向下搜索所得到的部分解是($x_0,x_1,\cdots,x_i,\cdots,x_k$)，则应该满足：

$$\mathrm{lb}(x_i)\leqslant \mathrm{lb}(x_{i+1})\leqslant\cdots\leqslant \mathrm{lb}(x_k)$$

所以根结点的 lb 值应该小于或等于最优解的 lb 值。如果从 s_i 结点扩展到 s_j 结点，应满足 lb(s_i)$\leqslant$lb(s_j)，将所有大于 lb(s_i)的结点剪支。简单地说，对于求最小值问题，下界限界函数值 lb 总是小于或等于实际解结点的 lb 值，并且向下搜索时其值越来越大，搜索到解结点时其值最大。

2. 组织活结点表

根据选择下一个扩展结点的方式来组织活结点表，不同的活结点表对应不同的分支搜索方式，常见的有队列式分支限界法和优先队列式分支限界法两种。

1）队列式分支限界法

队列式分支限界法将活结点表组织成一个队列，并按照队列先进先出的原则选取下一个结点为扩展结点，在扩展时采用限界函数剪支，直到找到一个解或活结点队列为空为止。从中看出，除了剪支以外整个过程与广度优先搜索相同。

队列式分支限界法中的队列通常采用 Python 语言中的 deque 实现。

2）优先队列式分支限界法

优先队列式分支限界法将活结点表组织成一个优先队列，并选取优先级最高的活结点成为当前扩展结点，在扩展时采用限界函数剪支，直到找到一个解或优先队列为空为止。从中看出，结点的扩展是跳跃方式的。

优先队列式分支限界法中的优先队列通常采用Python语言中的heapq实现。一般地，将每个结点的限界函数值存放在优先队列中。如果目标函数是求最大值，则设计大根堆的优先队列，限界函数值越大越优先出队(扩展)；如果目标函数是求最小值，则设计小根堆的优先队列，限界函数值越小越优先出队(扩展)。

3. 求问题的解向量

在采用分支限界法搜索解空间时，当搜索到最优解对应的某个叶子结点时，如何求对应的解向量呢？这里的解向量就是从根结点到最优解所在的叶子结点的路径，其求解主要有以下两种方法。

① 在每个结点中保存从根结点到该结点的路径，也就是说每个结点都带有一个路径变量，当找到最优解时，对应叶子结点中保存的路径就是最后的解向量。这种方法比较浪费空间，但实现起来简单，后面的大部分示例采用这种方法。

② 在每个结点中保存搜索路径中的前驱结点，当找到最优解时，通过对应叶子结点反推到根结点，求出的路径就是最后的解向量。这种方法节省空间，但实现起来相对复杂，因为扩展过的结点可能已经出队，需要采用另外的方法保存路径。

6.1.3 分支限界法的时间分析

分支限界法的时间分析与回溯法一样，假设解空间树共有 n 层(根结点为第0层，叶子结点为第 n 层)，第1层有 m_0 个满足约束条件的结点，每个结点有 m_1 个子结点，则第2层有 m_0m_1 个结点，同理，第3层有 $m_0m_1m_2$ 个结点，以此类推，第 n 层有 $m_0m_1\cdots m_{n-1}$ 个结点，则采用分支限界法求解的算法的执行时间为 $T(n)=m_0+m_0m_1+m_0m_1m_2+\cdots+m_0m_1m_2\cdots m_{n-1}$。当然这只是一种最坏情况的理论分析，因为通过剪支可能会剪去很多结点。尽管如此，从本质上讲分支限界法和回溯法都属于穷举法，不能指望有很好的最坏时间复杂度，在最坏情况下它们的时间复杂性都是指数阶。分支限界法的较高效率是以付出一定代价(计算剪支函数)为基础的，这样会造成算法设计的复杂性，另外算法要维护一个活结点表(队列或者优先队列)，需要较大的存储空间。

6.2 广度优先搜索

广度优先搜索是在访问一个顶点 v 之后横向搜索 v 的所有相邻点，在解空间中搜索时类似树的层次遍历方式。

6.2.1 图的广度优先遍历

采用广度优先搜索方法遍历图称为图的广度优先遍历，其过程是从起始点 v 出发，以横向方式一步一步沿着边访问各个顶点，得到的遍历序列称为广度优先遍历序列。广度优先遍历采用队列存储活结点，先进队的结点先扩展。例如，对于图 5.1(a)所示的连通图，一个广度优先遍历序列为{0,1,3,2,4}。

一般来说，广度优先遍历特指图的一种遍历方式，而广度优先搜索是一种通用的搜索方式，前者是后者的一种应用，目前人们往往将两者等同为一个概念。

对于不带权图，顶点 s 到 t 的路径长度定义为 s 到 t 的路径中包含的边数，从顶点 s 出发采用广度优先遍历找到顶点 t 的路径长度为 length(s,t)，可以证明它是最短路径长度，例如在迷宫问题中可以利用广度优先遍历求最短路径。

在广度优先遍历中扩展结点时(可能有多种扩展方式，或者说当前结点可能有多个子结点)，如果每次扩展的代价都计为相同的 c(称为广搜特性)，则第一次找到目标点的总代价一定是最小总代价。如果每次扩展的代价不同，则第一次找到目标点的代价不一定是最小总代价。例如，在迷宫问题中，每走一步对应的路径长度均计为 1，所以从入口开始广度优先遍历，第一次找到出口的路径一定是最短路径。如果是带权图，而且图中边的权值不同，采用广度优先遍历找到的路径不一定是最短路径。

6.2.2 广度优先搜索算法框架

1. 基本广度优先搜索

基本广度优先搜索算法十分简单，假设不带权图中起始点为 s、目标点为 t，从 s 出发找 t 的算法框架如下：

```
def bfs():                                  #基本广度优先搜索算法框架
    定义队列 qu 和访问标记数组
    置起始点 s 已经访问
    起始点 s 进入队列 qu
    while 队列 qu 不空:
        出队结点 e
        if e==t:return                      #第一次遇到 t 便返回
        for 从 e 扩展出 e1:
            置 e1 已经访问
            将结点 e1 进入队列 qu
```

2. 分层次广度优先搜索

假设求不带权图中 s 到 t 的最短路径长度，可以采用分层次的广度优先搜索，这里的路径长度就是 s 到 t 的路径上的边数(或者说是从 s 到 t 扩展的层数)。在进行广度优先搜索时，队列中的结点是一层一层地处理的，首先队列中只有一个根结点，即第 1 层的结点个数为 1，循环一次处理完第 1 层的全部结点，同时队列中恰好包含第 2 层的全部结点，求出队列中的结点个数 cnt，循环 cnt 次处理完第 2 层的全部结点，同时队列中恰好包含第 3 层的全部结点，以此类推。这种广度优先搜索称为分层次的广度优先搜索，对应的算法框架如下：

```
def bfs():                                  #分层次的广度优先搜索算法框架
    定义队列 qu 和访问标记数组
    置起始点 s 已经访问
    起始点 s 进入队列 qu
```

```
    ans=0                                    #表示最短路径长度
    while 队列 qu 不空:                       #外循环的次数就是 s 到 t 的层次数
        cnt=len(qu)                          #当前层的结点个数为 cnt
        for i in range(0,cnt):               #循环 cnt 次扩展每个结点
            出队结点 e
            if e==t: return ans              #找到目标点返回 ans
            for 从 e 扩展出 e1:
                置 e1 已经访问
                将结点 e1 进入队列 qu
        ans+=1
    return-1                                 #表示没有找到 t
```

3. 多起点广度优先搜索

假设求不带权图中多个顶点(用顶点集合 S 表示)到 t 的最短路径长度,可以采用多起点的广度优先搜索,也就是先将 S 集合中的所有顶点进队,然后按基本广度优先搜索或者分层次的广度优先搜索找目标点 t,采用后者的多起点的广度优先搜索算法框架如下:

```
int bfs():                                   #多起点的广度优先搜索算法框架
    定义队列 qu 和访问标记数组
    置 S 中所有的起始点已经访问
    将 S 中所有的起始点进入队列 qu
    ans=1                                    #表示最短路径长度
    while 队列 qu 不空:                       #外循环的次数就是 s 到 t 的层次数
        cnt=len(qu)                          #当前层的结点个数为 cnt
        for i in range(0,cnt):               #循环 cnt 次扩展每个结点
            出队结点 e
            if e==t: return ans              #找到目标点返回 ans
            for 从 e 扩展出 e1:
                置 e1 已经访问
                将结点 e1 进入队列 qu
        ans+=1
    return-1                                 #表示没有找到 t
```

上述算法框架主要针对不带权图求最短路径长度,实际上许多应用可以转换为类似的问题求解。

扫一扫

视频讲解

6.2.3 实战——到家的最少跳跃次数(LeetCode1654★★)

1. 问题描述

有一只跳蚤的家在数轴上的位置 x 处,请帮助它从位置 0 出发到达它的家。跳蚤跳跃的规则如下。

① 跳蚤可以往前跳恰好 a 个位置(即往右跳)。

② 跳蚤可以往后跳恰好 b 个位置(即往左跳)。

③ 跳蚤不能连续往后跳两次。

④ 跳蚤不能跳到任何 forbidden 数组中的位置。

⑤ 跳蚤可以往前跳超过它的家的位置,但是不能跳到负整数的位置。

给定一个整数数组 forbidden(1≤forbidden.length≤1000),其中 forbidden[i]是跳蚤

不能跳到的位置，同时给定整数 a、b 和 x($1\leqslant a,b,\text{forbidden}[i]\leqslant 2000, 0\leqslant x\leqslant 2000$，$x$ 不在 forbidden 中)，设计一个算法求跳蚤到家的最少跳跃次数，如果没有恰好到达 x 的可行方案，则返回 -1。例如，forbidden=\{14,4,18,1,15\}，$a=3$，$b=15$，$x=9$，结果为 3，对应的跳蚤跳跃路径是 0-> 3-> 6-> 9。

2. 问题求解

跳蚤从位置 0 出发跳到位置 x，只有向前和向后两种跳跃方式，无论哪种方式都计一次，求的是最少跳跃次数，满足广搜特性，采用分层次广度优先遍历求最优解。

x 的最大值为 2000，每次跳跃不超过 2000，又规定不能连续往后跳两次，所以最大的跳跃位置不可能超过 6000，设置 MAXX=6000。由于跳蚤不能连续往后跳两次，需要记录当前向后跳跃的次数，所以当前状态表示为(当前位置，向后跳跃次数)，访问标记数组设计为二维数组 visited[MAXX+1][2]，forbidden 数组表示不能跳到的位置，初始时将 forbidden 中所有位置的 visited 元素置为 True。采用分层次广度优先搜索对应的算法如下：

```
class QNode:                                        # 队列结点类
    def __init__(self, x, y):                       # 构造方法
        self.p=x                                    # 当前位置
        self.bstep=y                                # 从当前位置向后跳跃的次数

class Solution:
    def minimumJumps(self, forbidden: List[int], a: int, b: int, x: int) -> int:
    MAXX=6000
    visited=[[False] * 2 for i in range(0,MAXX+1)]
        for e in forbidden:
            visited[e][0]=visited[e][1]=True        # forbidden 中的所有位置是不可访问的
        qu=deque()                                  # 用双端队列作为队列 qu
        qu.append(QNode(0,0))                       # 起始点进队
        visited[0][0]=True                          # 置已访问标记
        ans=0                                       # 最少跳跃次数
        while qu:                                   # 队不空时循环
            cnt=len(qu)                             # 求队列中的元素个数 cnt
            for i in range(0,cnt):
                e=qu.popleft()                      # 出队结点 e
                curx,bstep=e.p,e.bstep
                if curx==x:return ans               # 遇到 x 返回 ans
                e1=QNode(curx+a,0)                  # 向前跳跃一次，建立队列结点 e1
                if e1.p<=MAXX and not visited[e1.p][e1.bstep]:
                    visited[e1.p][e1.bstep]=True    # 置已访问标记
                    qu.append(e1)                   # 结点 e1 进队
                e2=QNode(curx-b,bstep+1)            # 向后跳跃一次，建立队列结点 e2
                if e2.p>=0 and e2.bstep<2 and not visited[e2.p][e2.bstep]:
                    visited[e2.p][e2.bstep]=True    # 置已访问标记
                    qu.append(e2)                   # 结点 e2 进队
            ans+=1                                  # 跳跃次数增 1
        return -1                                   # 不能跳到 x 返回-1
```

上述程序的提交结果为通过，执行用时为 188ms，内存消耗为 15.7MB。

6.2.4 实战——滑动谜题(LeetCode773★★★)

1. 问题描述

有一个 2×3 的面板 board,其中放置了 5 个物品,用数字 1～5 来表示,另外一个空位置用 0 表示。一次移动定义为 0 与一个上、下、左、右的相邻数字进行交换,面板的目标状态是{{1,2,3},{4,5,0}}。设计一个算法求由给定的面板初始状态到目标状态的最少移动次数,如果不能到达目标状态,则返回−1。例如,board={{1,2,3},{4,0,5}},结果为 1,只需要交换 0 和 5 即可。

2. 问题求解

显然本问题满足广搜特性,采用分层次广度优先遍历求最优解(最少移动次数)。在 6.2.3 节中状态用(当前位置,向后跳跃次数)表示,从中看出同一个位置 p,向后跳跃次数不同对应的状态是不同的。对于本问题,状态是由 board 确定的,仅考虑 0 的位置是不够的,因为 0 的位置相同其他数字的顺序不同时将构成不同的状态。在搜索过程中不能访问之前出现的重复状态。由于这里 board 不是单个整数,判断重复比较麻烦,所以将 board 转换为一个字符串,例如 board={{1,2,3},{4,0,5}}转换为"123405",如图 6.3 所示,这样目标状态t="123405"。

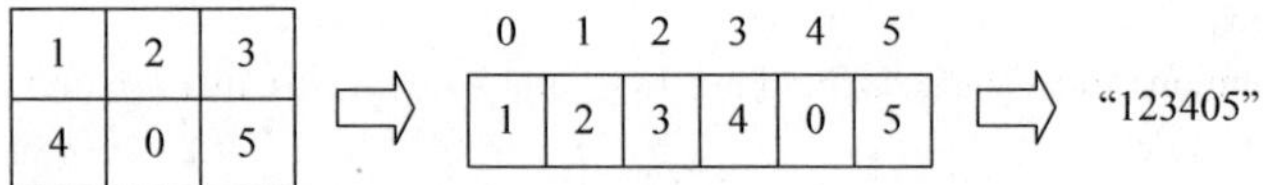

图 6.3 将一个 board 转换为一个字符串

为了实现移动操作(0 与一个上、下、左、右的相邻数字交换),将位置映射关系采用位置邻接表表示,如图 6.4 所示,例如位置 4 为 0,只能与位置 1、3 或者 5 的数字进行交换。对应的位置邻接表如下:

```
adj=[[1,3],[0,4,2],[1,5],[0,4],[1,3,5],[2,4]]
```

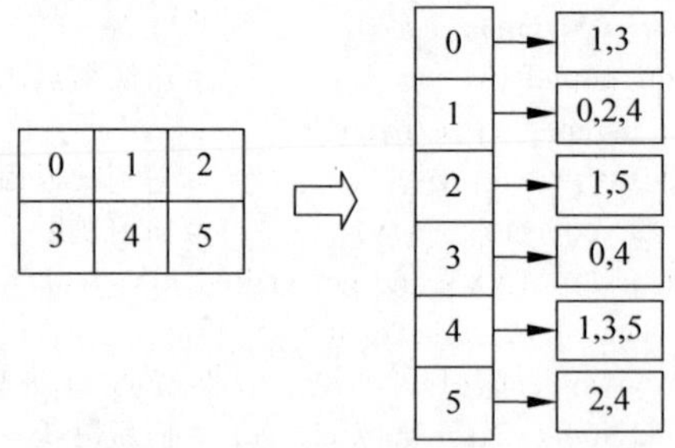

图 6.4 位置邻接表

采用集合对象 visited 存放已访问的状态,其查找时间接近 $O(1)$,与数组按下标查找的时间性能差不多。采用分层次广度优先遍历对应的算法如下:

```
class Solution:
    def slidingPuzzle(self, board: List[List[int]]) -> int:
```

```
        m,n=2,3
        t="123450"
        s=""
        for i in range(0,m):                             #将 board 转换为一个字符串
            for j in range(0,n):
                s+=str(board[i][j])
        adj=[[1,3],[0,4,2],[1,5],[0,4],[1,3,5],[2,4]]
        qu=deque()                                       #定义一个队列
        visited=set()                                    #状态访问标记
        qu.append(s)                                     #初始状态 s 进队
        visited.add(s)
        ans=0                                            #最少移动次数
        while qu:
            cnt=len(qu)                                  #队不空时循环
            for k in range(0,cnt):
                curs=qu.popleft()                        #出队 curs
                if curs==t:return ans                    #找到目标状态时返回 ans
                i=curs.index('0')                        #查找'0'的位置 i
                for j in adj[i]:                         #找到位置 i 的相邻位置 j
                    nboard=self.swap(curs,i,j)           #扩展
                    if nboard not in visited:            #nboard 状态没有访问过
                        qu.append(nboard)                #nboard 状态进队
                        visited.add(nboard)              #置已访问标记
            ans+=1
        return -1

    def swap(self,s,i,j):                                #返回 s[i]与 s[j]交换的结果
        a=list(s)                                        #将 s 转换为列表 a
        a[i],a[j]=a[j],a[i]                              #a[i]和 a[j]交换
        return ''.join(a)                                #连接为新字符串后返回
```

上述程序的提交结果为通过,执行用时为 44ms,内存消耗为 15.1MB。

扫一扫

视频讲解

6.2.5 实战——腐烂的橘子(LeetCode994★★)

1. 问题描述

给定一个类似迷宫的网格 grid(1≤grid.length≤10,1≤grid[0].length≤10),grid[i][j]仅为 0、1 或 2,其中值 0 代表空单元格,值 1 代表新鲜的橘子,值 2 代表腐烂的橘子。每分钟任何与腐烂的橘子相邻(4 个方位)的新鲜橘子都会腐烂,设计一个算法求到没有新鲜橘子为止所必须经过的最小分钟数,如果还存在新鲜的橘子,返回−1。例如,grid={{2,1,1},{1,1,0},{0,1,1}},橘子腐烂的过程如图 6.5 所示(图中带"×"的橘子表示腐烂的橘子),分钟 0 对应初始状态,所有橘子腐烂共需要 4 分钟,结果为 4。

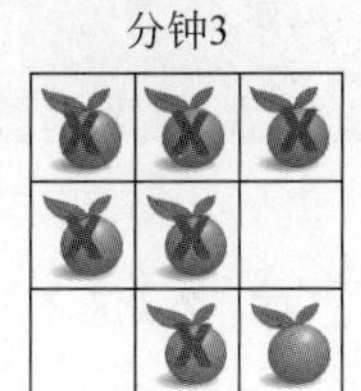

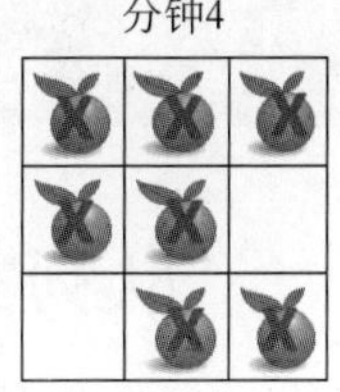

图 6.5 橘子腐烂的过程

2. 问题求解

同样本问题满足广搜特性，采用多起点＋分层次广度优先遍历求最优解(最少腐烂时间)。用 ans 表示经过的最小分钟数(初始为 0)，先将所有腐烂的橘子进队(可能有多个腐烂的橘子)，然后一层一层地搜索相邻的新鲜橘子，当有相邻的新鲜橘子时就将其变为腐烂的橘子，此时置 ans＋＋(表示腐烂一次相邻的橘子花费 1 分钟)，并且将这些新腐烂的橘子进队。在这样做完(即队列为空)时再判断图中是否存在新鲜的橘子，若还存在新鲜的橘子，则返回－1，表示不可能腐烂所有橘子，否则返回 ans，表示最少经过 ans 分钟就可以腐烂所有橘子。对应的代码如下：

```
class QNode:                                          #队列结点类
    def __init__(self,x,y):                           #构造方法
        self.x,self.y=x,y                             #当前位置(x,y)

class Solution:
    def orangesRotting(self, grid: List[List[int]]) -> int:
        dx=[0,0,1,-1]                                 #水平方向上的偏移量
        dy=[1,-1,0,0]                                 #垂直方向上的偏移量
        m,n=len(grid),len(grid[0])                    #行/列数
        qu=deque()                                    #定义一个队列 qu
        for i in range(0,m):
            for j in range(0,n):
                if grid[i][j]==2:qu.append(QNode(i,j))    #所有腐烂的橘子进队
        ans=0                                         #经过的最小分钟数
        while qu:                                     #队不空时循环
            flag=False
            cnt=len(qu)                               #求队列中的元素个数 cnt
            for i in range(0,cnt):                    #循环 cnt 次处理该层的所有结点
                e=qu.popleft()                        #出队结点 e
                for di in range(0,4):                 #向四周搜索
                    nx,ny=e.x+dx[di],e.y+dy[di]
                    if nx>=0 and nx<m and ny>=0 and ny<n and grid[nx][ny]==1:
                        grid[nx][ny]=2                #新鲜的橘子腐烂
                        qu.append(QNode(nx,ny))       #腐烂的橘子进队
                        flag=True                     #表示有新鲜的橘子腐烂
            if flag: ans+=1                           #当有新鲜的橘子腐烂时 ans 增 1
        for i in range(0,m):                          #判断是否还存在新鲜的橘子
            for j in range(0,n):
                if grid[i][j]==1:return -1            #还存在新鲜的橘子,返回-1
        return ans
```

上述程序的提交结果为通过，执行用时为 48ms，内存消耗为 15MB。

6.3 队列式分支限界法

6.3.1 队列式分支限界法概述

在解空间中搜索解时，队列式分支限界法与广度优先搜索相同，也是采用队列存储活结

点，从根结点开始一层一层地扩展和搜索结点，同时利用剪支来提高搜索性能。一般队列式分支限界法框架如下：

```
def bfs():                          #队列式分支限界法算法框架
    定义一个队列 qu
    根结点进队
    while 队不空时循环:
        出队结点 e
        for 扩展结点 e 产生结点 e1:
            if e1 满足 constraint() and bound():
                if e1 是叶子结点:
                    通过比较得到一个更优解或者直接返回
                else:
                    将结点 e1 进队
```

在广度优先搜索中判断是否为叶子结点有两种方式，一是在结点 e 出队时判断，也就是在结点 e 扩展出子结点之前对 e 进行判断；二是在出队的结点 e 扩展出子结点 e1 后再对 e1 进行判断。前者的优点是算法设计简单，后者的优点是节省队列空间，因为一般情况下解空间中的叶子结点可能非常多，而叶子结点是不会扩展的，前者仍然将叶子结点进队了。上述框架采用后一种方式。

扫一扫

视频讲解

6.3.2 图的单源最短路径

1. 问题描述

给定一个带权有向图 $G=(V,E)$，其中每条边的权是一个正整数，另外给定 V 中的一个顶点 s，称为源点，计算从源点到其他所有顶点的最短路径及其长度，这里的路径长度是指路径上各边的权之和。

2. 问题求解

该问题中的图是带权图，路径长度为路径上边的权之和，因为所有边的权不一定相同，所以不满足广搜特性，不能简单地采用广度优先遍历求最短路径，这里采用队列式分支限界法求解。图 G 采用简化的邻接表 A 存储，顶点个数为 n，顶点编号为 $0\sim n-1$。如图 6.6 所示的带权有向图，$n=6$，共 8 条边，邻接表 A 如下：

```
A=[[[2,10],[4,30],[5,100]],[[2,4]],[[3,50]],[[5,10]],[[3,20],[5,60]],[]]
```

定义队列 qu，其中每个结点存放一个进队的顶点编号。用 dist 数组存放从源点 s 出发的最短路径长度，dist[i]表示源点 s 到顶点 i 的最短路径长度，初始时所有 dist[i]值为∞。用 prev 数组存放最短路径，prev[i]表示源点 s 到顶点 i 的最短路径中顶点 i 的前驱顶点。

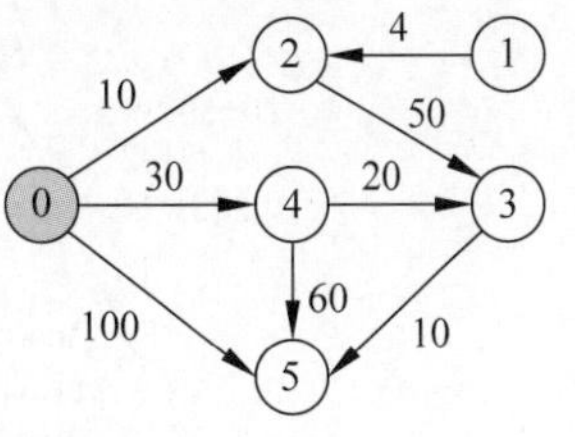

图 6.6 一个带权有向图

采用广度优先搜索方法，先将源点 s 进队，队不空时出队顶点 u，对于顶点 u 的每个邻接点 v，如图 6.7 所示，源点 s 到顶点 v 有两条路径，此时剪支操作是如果经过 u 到 v 的边到达顶点 v 的路径长度更短(即 dist[u]$+w<$dist[v])，则扩展顶点 v，建立对应的结点并且进队，否则终止该路径的搜索，

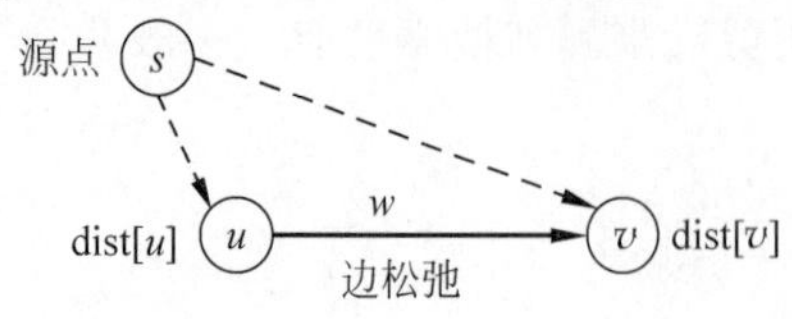

图 6.7　源点到顶点 v 的两条路径

这称为<u,v>边的松弛操作。

简单地说,把源点 s 作为解空间的根结点开始搜索,对源点 s 的所有邻接点都产生一个分支结点,通过松弛操作选择路径长度最小的相邻顶点,对该顶点继续进行上述的搜索,直到队空为止。

对于图 6.6,假设源点 s=0,初始化 dist 数组中的所有元素为∞,先将源点 0 进队,置 dist[0]=0,其他 dist 元素为∞。求解过程如下。

① 出队结点(0),考虑相邻点 2,dist[0](0)+10<dist[2](∞),边松弛结果是 dist[2]=10,prev[2]=0,将(2)进队。考虑相邻点 4,dist[0](0)+30<dist[4](∞),边松弛结果是 dist[4]=30,prev[4]=0,将(4)进队。考虑相邻点 5,dist[0](0)+100<dist[5](∞),边松弛结果是 dist[5]=100,prev[5]=0,将(5)进队。

② 出队结点(2),考虑相邻点 3,dist[2](10)+50<dist[3](∞),边松弛结果是 dist[3]=60,prev[3]=2,将(3)进队。

③ 出队结点(4),考虑相邻点 3,dist[4](30)+20<dist[3](60),边松弛结果是 dist[3]=50,prev[3]=4,将(3)第 2 次进队。考虑相邻点 5,dist[4](30)+60<dist[5](100),边松弛结果是 dist[5]=90,prev[5]=4,将(5)第 2 次进队。

④ 出队结点(5),没有出边,只出不进。

⑤ 出队结点 3,考虑相邻点 5,dist[3](50)+10<dist[5](90),边松弛结果是 dist[5]=60,prev[5]=3,将(5)第 3 次进队。

⑥ 出队结点 3,考虑其相邻点 5,dist[3](50)+10<dist[5](60)不成立,没有修改,不进队。

⑦ 出队结点 5,没有出边,只出不进。

⑧ 出队结点 5,没有出边,只出不进。

此时队列为空,求出的 dist 就是源点到各顶点的最短路径长度,如图 6.8 所示,图中结点旁的数字表示结点出队的序号(或者扩展结点的顺序)。可以通过 pre 推出反向路径。例如对于顶点 5,有 prev[5]=3,prev[3]=4,prev[4]=0,则(5,3,4,0)就是反向路径,或者说顶点 0 到顶点 5 的正向最短路径为 0→4→3→5。从中看出搜索的结点个数为 8。

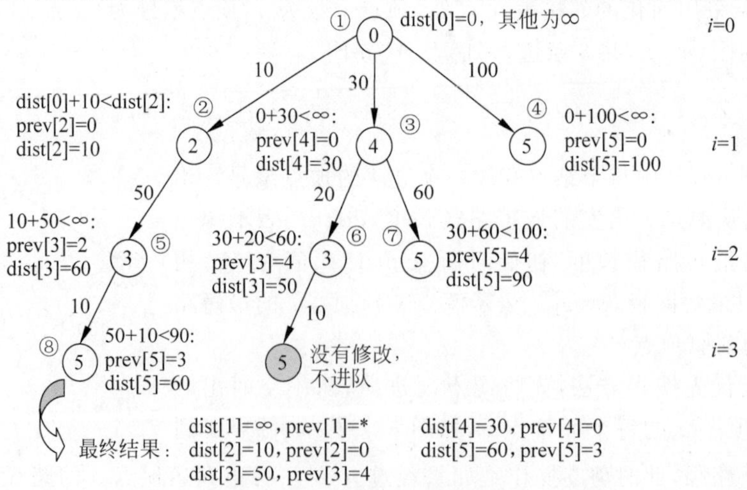

图 6.8　求源点 0 到其他顶点的最短路径的过程

对应的队列式分支限界法算法如下：

```
from collections import deque
MAXN=100
INF=0x3f3f3f3f
def bfs(s):                                    #求解算法
    global A,n,dist,prev,sum
    dist=[INF]*n                               #dist 初始化所有元素为 INF
    prev=[-1]*n                                #prev 初始化所有元素为-1
    dist[s]=0
    qu=deque()                                 #定义一个队列 qu
    qu.append(s)                               #源点结点进队
    while qu:                                  #队列不空时循环
        u=qu.popleft()                         #出队顶点 u
        sum+=1
        for edj in A[u]:                       #搜索顶点 u 的出边 edj
            v,w=edj[0],edj[1]                  #相邻顶点为 v
            if dist[u]+w<dist[v]:              #剪支:u 到 v 有边且路径长度更短
                dist[v]=dist[u]+w
                prev[v]=u
                qu.append(v)                   #顶点 v 进队

def dispapath(s,i):                            #输出 s 到 i 的一条最短路径
    global A,dist,prev
    path=[]
    if s==i:return
    if dist[i]==INF:
        print("源点%d到顶点%d没有路径"%(s,i))
    else:
        path.append(i)                         #添加目标顶点
        k=prev[i]
        while k!=s:                            #添加中间顶点
            path.append(k)
            k=prev[k]
        path.append(s)                         #添加源点
        print("源点%d到顶点%d的最短路径长度:%d,路径:"%(s,i,dist[i]),end='')
        for j in range(len(path)-1,-1,-1):     #反向输出构成正向路径
            print(path[j],end=' ')
        print()

def solve(A,n,s):                              #求从源点 v 出发的所有最短路径
    global sum
    sum=0
    bfs(s)
    print("求解结果")
    for i in range(0,n):dispapath(s,i)
    print("sum=",sum)
```

对于图 6.6，$n=6$，$s=0$，调用上述算法 solve(A,n,s)的输出结果如下：

```
求解结果
    源点 0 到顶点 1 没有路径
    源点 0 到顶点 2 的最短路径长度: 10, 路径: 0 2
```

```
    源点 0 到顶点 3 的最短路径长度: 50, 路径: 0 4 3
    源点 0 到顶点 4 的最短路径长度: 30, 路径: 0 4
    源点 0 到顶点 5 的最短路径长度: 60, 路径: 0 4 3 5
sum= 8
```

【算法分析】 在上述算法中每一条边都至少做一次松弛操作(有些边可能做多次松弛),算法的时间复杂度为 $O(e)$,其中 e 为图的边数。

【例 6-1】 给定一个含 n 个顶点的带权有向图,所有权值为正整数,采用邻接矩阵 **A** 存储。利用队列式分支限界法设计一个算法求顶点 s 到 t 的最短路径长度,假设图中至少存在一条从 s 到 t 的路径。

解 借助队列式分支限界法求单源最短路径的思路,从顶点 s 出发搜索,设计 dist 数组,其中 dist[j]表示顶点 s 到顶点 j 的最短路径长度(初始时所有元素置为∞),采用边松弛操作求出 dist 数组,最后返回 dist[t]即可(如果 dist[t]为∞,表示 s 到 t 没有路径)。对应的算法如下:

```
def bfs(s,t):                              #求解算法
    global A,n
    dist=[INF]*n                           #dist 初始化所有元素为 INF
    dist[s]=0
    qu=deque()                             #定义一个队列 qu
    qu.append(s)                           #源点结点进队
    while qu:                              #队列不空时循环
        u=qu.popleft()                     #出队顶点 u
        for edj in A[u]:
            v,w=edj[0],edj[1]              #u 的相邻顶点为 v
            if dist[u]+w<dist[v]:          #剪支:u 到 v 有边且路径长度更短
                dist[v]=dist[u]+w
                qu.append(v)               #顶点 v 进队
    return dist[t]
```

思考题: 在上述算法中是否能改为当出队的顶点为 t 时返回 dist[t],即第一次扩展 t 顶点时其 dist[t]是否为 s 到 t 的最短路径长度?

扫一扫

视频讲解

6.3.3 SPFA 算法

1. 问题描述

给定一个带权有向图 $G=(V,E)$,其中每条边的权是一个整数(可能是负整数),另外给定 V 中的一个顶点 s,称为源点,计算从源点到其他所有顶点的最短路径及其长度,这里的路径长度是指路径上各边的权之和。

2. 问题求解

SPFA 算法也是一个求单源最短路径的算法,全称是 Shortest Path Faster Algorithm,它是由西南交通大学的段凡丁老师在 1994 年发明的(见《西南交通大学学报》,1994,29(2),p207~212)。SPFA 实际上是 6.3.2 节求单源最短路径算法的改进,从图 6.8 的求解过程看出,当出队结点(u)时,考虑某个相邻点 v,若满足条件 dist[u]+w<dist[v],修改 dist

$[v]$=dist$[u]+w$(边松弛),如果顶点 v 已经在队列中,后面会出队 v 并对其所有出边松弛,此时再将(v)进队就重复了,所以改为仅将不在队列中的(v)进队。

例如,对于图 6.6,源点 $s=0$,初始化 dist 数组中的所有元素为∞,先将源点 0 进队,置 dist[0]=0,其他 dist 元素为∞。求解过程如下。

① 出队结点(0),依次考虑相邻点 2、4 和 5,均做边松弛操作,结果是 dist[2]=10,prev[2]=0,dist[4]=30,prev[4]=0,dist[5]=100,prev[5]=0,并将(2)、(4)和(5)进队。

② 出队结点(2),考虑相邻点 3,dist[2](10)+50<dist[3](∞),边松弛结果是 dist[3]=60,prev[3]=2,将(3)进队。

③ 出队结点(4),考虑相邻点 3,dist[4](30)+20<dist[3](60),边松弛结果是 dist[3]=50,prev[3]=4,由于(3)在队中,不将其重复进队。考虑相邻点 5,dist[4](30)+60<dist[5](100),边松弛结果是 dist[5]=90,prev[5]=4,由于(5)在队中,不将其重复进队。

④ 出队结点(5),没有出边,只出不进。

⑤ 出队结点 3,考虑相邻点 5,dist[3](50)+10<dist[5](90),边松弛结果是 dist[5]=60,prev[5]=3,由于(5)已经出队,再次将(5)进队。

⑥ 出队结点 5,没有出边,只出不进。

此时队列为空,求出的 dist 就是源点到各顶点的最短路径长度,如图 6.9 所示,同样通过 prev 可以推导出最短路径。从中看出搜索的结点个数为 6,少于图 6.8 中的 8 个结点,性能得到提高。

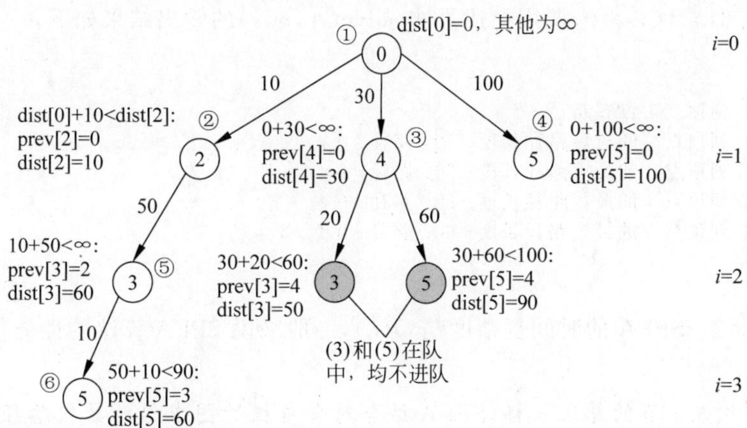

图 6.9 SPFA 求源点 0 到其他顶点的最短路径的过程

采用布尔数组 visited 标记一个顶点是否在队列中(初始时所有元素为 False),顶点 u 进队时置 visited[u]为 True,出队时恢复 visited[u]为 False。对应的 SPFA 算法如下:

```
def SPFA(s):                          #SPFA 算法
    global A, n, dist, prev, sum
    dist=[INF] * n                    #dist 初始化所有元素为 INF
    prev=[-1] * n                     #prev 初始化所有元素为-1
    dist[s]=0
    visited=[False] * n               #visited[i]表示顶点 i 是否在 qu 中
    qu=deque()                        #定义一个队列 qu
    qu.append(s)                      #源点结点进队
```

```
    visited[s]=True
    while qu:                                      #队列不空时循环
        u=qu.popleft()                             #出队顶点 u
        visited[u]=False
        sum+=1
        for edj in A[u]:
            v,w=edj[0],edj[1]                      #u 的相邻顶点为 v
            if dist[u]+w<dist[v]:                  #剪支:u 到 v 有边且路径长度更短
                dist[v]=dist[u]+w
                prev[v]=u
                if not visited[v]:                 #若顶点 v 不在队中
                    qu.append(v)                   #顶点 v 进队
                    visited[v]=True

def dispapath(s,i):              #同 6.3.2 节的 dispapath 方法,输出 s 到 i 的一条最短路径

def solve(A,n,s):                                  #求从源点 v 出发的所有最短路径
    global sum
    sum=0                                          #累计生成的结点个数
    SPFA(s)
    print("求解结果")
    for i in range(0,n):dispapath(s,i)
    print("sum=",sum)
```

对于图 6.6,$n=6$,$s=0$,调用上述算法 solve(A,n,s)的输出结果如下:

```
求解结果
    源点 0 到顶点 1 没有路径
    源点 0 到顶点 2 的最短路径长度: 10, 路径: 0 2
    源点 0 到顶点 3 的最短路径长度: 50, 路径: 0 4 3
    源点 0 到顶点 4 的最短路径长度: 30, 路径: 0 4
    源点 0 到顶点 5 的最短路径长度: 60, 路径: 0 4 3 5
sum= 6
```

【算法分析】 SPFA 的时间复杂度是 $O(e)$,一般来说 SPFA 算法的性能优于 6.3.2 节的算法。

说明: 与 6.3.2 节的算法一样,SPFA 适合对含负权的图求单源最短路径,但不适合对含负回路的图求单源最短路径。

扫一扫

视频讲解

6.3.4 实战——网络延迟时间(LeetCode743★★)

1. 问题描述

有 n 个网络结点($1\leqslant n\leqslant 100$),标记为 $1\sim n$。给定一个列表 times($1\leqslant$times.length$\leqslant 6000$),表示信号经过有向边的传递时间,times[i]=(u_i,v_i,w_i),其中 u_i 是源结点,v_i 是目标结点,w_i 是一个信号从源结点传递到目标结点的时间($1\leqslant u_i,v_i\leqslant n$,$0\leqslant w_i\leqslant 100$)。现在从某个结点 k($1\leqslant k\leqslant n$)发出一个信号,设计一个算法求需要多久才能使所有结点都收到信号?如果不能使所有结点都收到信号,返回−1。例如,times={{2,1,1},{2,3,1},{3,4,1}},$n=4$,$k=2$,结果为 2。

2. 问题求解 1

依题意,从结点 k 传递信号到某个结点 v 的时间就是从 k 到 v 的最短路径长度,这样该问题转换为求单源最短路径问题,在所有的最短路径长度中最大值就是本题目的答案。先由 times 建立图的邻接表 adj(见 2.9.1 节中图的邻接表存储结构),每个网络结点对应图中的一个顶点。为了简便,通过减 1 将顶点编号改为 $0 \sim n-1$。采用 6.3.2 节的队列式分支限界法求出源点 $s=k-1$ 到其他所有顶点的最短路径长度 dist 数组,然后在 dist 数组中求最大值 ans,若 ans=INF,说明不能使所有结点都收到信号,返回 −1,否则返回 ans。对应的算法如下:

```
class Solution:
    def networkDelayTime(self, times: List[List[int]], n: int, k:int)-> int:
        INF=0x3f3f3f3f
        adj=[[] for i in range(n)]                    #图的邻接表
        for x in times:                               #遍历 times 建立邻接表
            adj[x[0]-1].append([x[1]-1, x[2]])
        dist=[INF] * n                                #dist[i]:源点到 i 的最短路径长度
        s=k-1                                         #源点为 s
        dist[s]=0
        qu=deque()                                    #定义一个队列 qu
        qu.append(s)                                  #源点结点进队
        while qu:                                     #队列不空时循环
            u=qu.popleft()                            #出队顶点 u
            for e in adj[u]:
                v, w=e[0], e[1]                       #相邻顶点为 v
                if dist[u]+w < dist[v]:               #边松弛:u 到 v 有边且路径长度更短
                    dist[v]=dist[u]+w
                    qu.append(v)                      #顶点 v 进队
        ans=max(dist)
        if ans==INF:return -1
        else: return ans
```

上述程序的提交结果为通过,运行时间为 92ms,消耗的空间为 16.7MB。

3. 问题求解 2

采用 SPFA 算法求源点 $s=k-1$ 到其他所有顶点的最短路径长度 dist 数组,其他与解法 1 相同。对应的算法如下:

```
class Solution:
    def networkDelayTime(self, times: List[List[int]], n: int, k:int)-> int:
        INF=0x3f3f3f3f
        adj=[[] for i in range(n)]                    #图的邻接表
        for x in times:                               #遍历 times 建立邻接表
            adj[x[0]-1].append([x[1]-1, x[2]])
        dist=[INF] * n                                #dist[i]:源点到 i 的最短路径长度
        visited=[False] * n
        s=k-1                                         #源点为 s
        dist[s]=0
        qu=deque()                                    #定义一个队列 qu
        qu.append(s)                                  #源点结点进队
```

```
        visited[s]=True
        while qu:                        #队列不空时循环
            u=qu.popleft()               #出队顶点u
            visited[u]=False
            for e in adj[u]:
                v,w=e[0],e[1]            #相邻顶点为v
                if dist[u]+w<dist[v]:    #剪支:u到v有边且路径长度更短
                    dist[v]=dist[u]+w
                    if not visited[v]:   #若顶点v不在队中
                        qu.append(v)     #将顶点v进队
                        visited[v]=True
    ans=max(dist)
    if ans==INF:return -1
    else: return ans
```

上述程序的提交结果为通过,运行时间为72ms,消耗的空间为16.8MB。从运行时间看出,SPFA算法的性能略好。

扫一扫

视频讲解

6.3.5 0/1背包问题

1. 问题描述

见5.3.7节,这里采用队列式分支限界法求解。

2. 问题求解

最优解(满足背包容量要求并且总价值最大的解)是在解空间中搜索得到的,解空间与用回溯法求解的解空间相同,根结点的层次 $i=0$,第 i 层表示对物品 i 的决策,只有选择和不选择两种情况,每次二选一,叶子结点的层次是 n,用 $\boldsymbol{x}$ 表示解向量,cv表示对应的总价值,如图6.10所示。

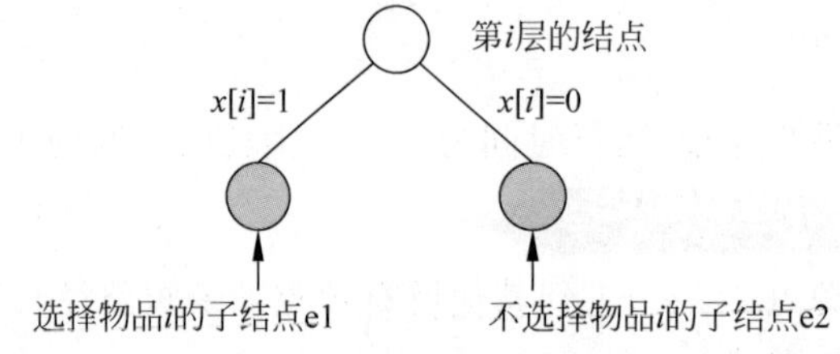

图6.10 第 i 层结点的扩展方式

另外用bestx和bestv(初始设置为0)分别表示最优解向量和最大总价值。设计队列结点类型如下:

```
class QNode:                      #队列中结点的类型
    def __init__(self):
        self.i=0                  #当前层次(物品序号)
        self.cw=0                 #当前总重量
        self.cv=0                 #当前总价值
        self.x=[]                 #当前解向量
        self.ub=0.0               #上界
```

限界函数设计也与5.3.7节相同(先按单位重量价值递减排序),只是这里改为对扩展结点 e 求上界函数值。对于第 i 层的结点 e,求出结点 e 的上界函数值 ub,其剪支如下。

① **左剪支**:终止选择物品 i 超重的分支,也就是仅扩展满足 e.cw$+w[i]\leqslant W$ 条件的子结点 e1,即满足该条件时将 e1 进队。

② **右剪支**:终止在不选择物品 i 时即使选择剩余所有满足限重的物品都不可能得到更优解的分支,也就是仅扩展满足 e.ub>bestv 条件的子结点 e2,即满足该条件时将 e2 进队。

对于表 5.1 中 4 个物品的求解过程如图 6.11 所示,图中结点数字为(cw,cv,ub),带"×"的虚结点表示被剪支的结点,带阴影的结点是最优解结点,其求解结果与用回溯法的求解结果完全相同。从中看到由于采用队列,结点的扩展是一层一层地顺序展开的,实际扩展的结点个数为 15(叶子结点不进队也不可能扩展),由于物品个数较少,没有明显地体现出限界函数的作用,当物品个数较多时,使用限界函数的效率会得到较大的提高。

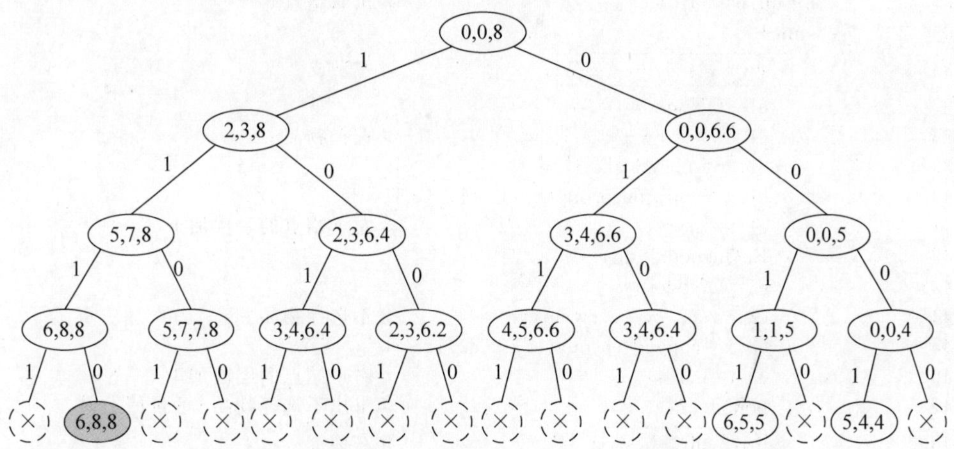

图 6.11　采用队列式分支限界法求解 0/1 背包问题的过程

对应的队列式分支限界法算法如下:

```
class Goods:                                  #物品类,同 5.3.7 节 Goods 的定义
class QNode:                                  #同前面 QNode 的定义

def bound(e):                                 #求结点 e 的上界函数值
    global g,n,W
    rw=W-e.cw                                 #背包的剩余容量
    b=e.cv                                    #表示物品价值的上界值
    j=e.i
    while j<n and g[j].w<=rw:
        rw-=g[j].w                            #选择物品 j
        b+=g[j].v                             #累计价值
        j+=1
    if j<n:                                   #最后物品只能部分装入
        b+=1.0*g[j].v/g[j].w*rw
    e.ub=b

def EnQueue(e,qu):                            #结点 e 进队操作
    global n,bestv,bestx,bestw
    if e.i==n:                                #到达叶子结点
        if e.cv>bestv:                        #通过比较更新最优解
```

```
                bestv=e.cv
                bestx=copy.deepcopy(e.x)
                bestw=e.cw
        else:qu.append(e)                                  #非叶子结点进队

def bfs():                                                 #求0/1背包问题最优解的算法
    global g,n,W,bextx,bestw,sum
    qu=deque()                                             #定义一个队列
    e=QNode()
    e.i,e.cw,e.cv=0,0,0                                    #根结点的层次为0
    e.x=[-1]*n
    qu.append(e)                                           #根结点进队
    while qu:                                              #队不空时循环
        e=qu.popleft()                                     #出队结点e
        sum+=1
        if e.cw+g[e.i].w<=W:                               #左剪支
            e1=QNode()
            e1.cw=e.cw+g[e.i].w                            #选择物品e.i
            e1.cv=e.cv+g[e.i].v
            e1.x=copy.deepcopy(e.x); e1.x[e.i]=1
            e1.i=e.i+1                                     #左子结点的层次加1
            EnQueue(e1,qu)
            e2=QNode()
            e2.cw,e2.cv=e.cw,e.cv                          #不选择物品e.i
            e2.x=copy.deepcopy(e.x); e2.x[e.i]=0
            e2.i=e.i+1                                     #右子结点的层次加1
            bound(e2)                                      #求出不选择物品i的价值上界
            if e2.ub>bestv:                                #右剪支
                EnQueue(e2,qu)

def knap(g,n,W):                                           #求0/1背包问题
    global bestx,bestv,bestw,sum
    g.sort()                                               #按v/w递减排序
    bestx=[-1]*n                                           #存放最优解向量
    bestv=0                                                #存放最大价值,初始为0
    bestw=0                                                #最优解总重量
    sum=0                                                  #累计搜索的结点个数
    bfs()                                                  #i从0开始
    print("求解结果")
    for i in range(0,n):
        if bestx[i]==1:print(" 选取第%d个物品"%(g[i].no))
    print(" 总重量=%d,总价值=%d"%(bestw,bestv))
    print("sum=",sum)
```

对于表5.1中的4个物品,$W=6$时调用上述knap()算法的求解结果如下:

```
求解结果
    选取第2个物品
    选取第1个物品
    选取第3个物品
    总重量=6,总价值=8
sum= 15
```

【算法分析】 求解 0/1 背包问题的解空间是一棵高度为 $n+1$ 的满二叉树，bound()方法的时间复杂度为 $O(n)$，由于剪支提高的性能难以估算，所以上述算法的最坏时间复杂度仍然为 $O(n\times 2^n)$。

用回溯法和分支限界法都可以求解 0/1 背包问题，两种方法都是在解空间中搜索解，但在具体算法设计上两者的侧重点有所不同，如图 6.12 所示，回溯法侧重于结点的扩展和回退，保证结点 A 从每个有效子结点返回的状态相同，其状态用递归算法的参数或者全局变量保存，而分支限界法侧重于结点的扩展，将每个扩展的有效子结点进队，其状态保存在队列中。所谓有效子结点，是指剪支后满足约束条件和限界函数的结点。

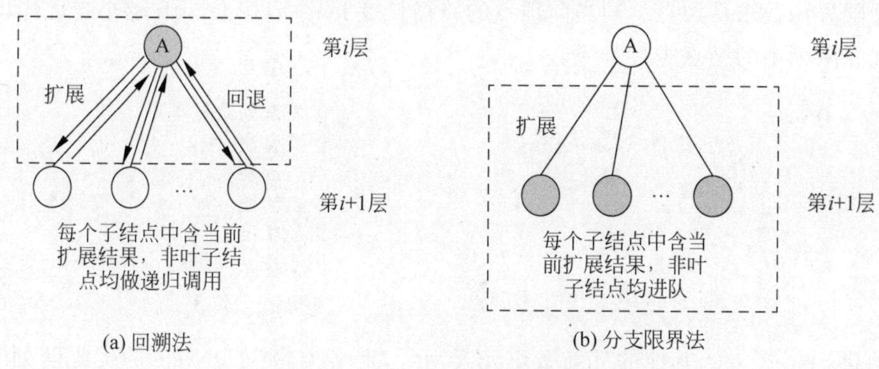

图 6.12 两类算法设计的侧重点

6.4 优先队列式分支限界法

6.4.1 优先队列式分支限界法概述

优先队列式分支限界法采用优先队列存储活结点。优先队列用 PriorityQueue 集合实现，根据需要设计相应的限界函数，求最大值问题设计上界函数，求最小值问题设计下界函数。在一般情况下，队中的每个结点包含限界函数值(ub/lb)，优先队列通过关系比较器确定结点出队的优先级。

不同于队列式分支限界法中的结点一层一层地出队，优先队列式分支限界法中结点的出队(扩展结点)是跳跃式的，这样有助于快速地找到一个解，并以此为基础进行剪支，所以通常算法的时间性能更好。一般优先队列式分支限界法的框架如下：

```
def bfs():                                    #优先队列式分支限界法的框架
    定义一个优先队列 pqu
    根结点进队
    while 队 pqu 不空时循环:
        出队结点 e
        for 扩展结点 e 产生结点 e1:
            if e1 满足 constraint()和 bound():
                if e1 是叶子结点:
                    通过比较得到一个更优解或者直接返回最优解
                else:
                    将结点 e1 进队
```

同样判断是否为叶子结点有两种方式,一种是在结点 e 出队时判断,另一种是在出队的结点 e 扩展出子结点 e1 后再对 e1 进行判断。后者比前者的空间性能好一些。

6.4.2 图的单源最短路径

扫一扫

视频讲解

1. 问题描述

见 6.3.2 节,这里采用优先队列式分支限界法求解。

2. 问题求解

设计限界函数求从源点 s 到当前顶点的路径长度 length,按 length 越小越优先出队,为此设计优先队列中的结点类型如下:

```
class QNode:                              #优先队列结点类型
    def __init__(self,i,vno,length):      #构造方法
        self.i=i                          #结点的层次
        self.vno=vno                      #顶点的编号
        self.length=length                #路径长度
    def __lt__(self,other):               #用于按 length 越小越优先出队
        return self.length<other.length
```

初始化 dist[s]=0,其他的 dist 数组元素为∞,定义类型为 QNode 的优先队列 pqu,先将根结点(对应的解空间层次 i=0)进队,队不空时循环,出队一个结点,对相应顶点的所有出边做松弛操作,直到队列为空,最后的 dist[i]就是从源点到顶点 i 的最短路径长度,prev[i]为源点到顶点 i 的最短路径。

对于图 6.6,假设源点 s=0,用“(顶点编号,length)”标识优先队列结点,先将源点(0,0)进队,置 dist[0]=0,求单源最短路径的过程如下:

① 出队结点(0,0),一次性地扩展其所有邻接点,边松弛的结果是 dist[2]=10,dist[4]=30,dist[5]=100,相应的有 prev[2]=prev[4]=prev[5]=0,依次将(2,10)、(4,30)和(5,100)进队。

② 出队结点(2,10),扩展其邻接点 3,边松弛的结果是 dist[3]=60,prev[3]=2,将(3,60)进队。

③ 出队结点(4,30),扩展其邻接点 3 和 5,边松弛的结果是 dist[3]=50,prev[3]=4,dist[5]=90,prev[5]=4,依次将(3,50)和(5,90)进队。

④ 出队结点(3,50),扩展其邻接点 5,边松弛的结果是 dist[5]=60,prev[5]=3,将(5,60)进队。

⑤ 出队结点(3,60),没有修改。

⑥ 出队结点(5,60),没有修改。

⑦ 出队结点(5,90),没有修改。

⑧ 出队结点(5,100),没有修改。

此时队列为空,求出的 dist 就是从源点到各顶点的最短路径长度,如图 6.13 所示,图中结点旁的数字表示结点出队的序号(或者扩展结点的顺序),从中看出与采用队列式分支限界法求解时扩展结点的顺序不同。

对应的优先队列式分支限界法代码如下:

```
class QNode:                                    #优先队列结点类型,见前面的定义

def bfs(s):                                     #优先队列式分支限界法算法
    global A,n,dist,prev,sum
    dist=[INF]*n                                #dist 初始化所有元素为 INF
    prev=[-1]*n                                 #prev 初始化所有元素为-1
    dist[s]=0
    pqu=[]                                      #定义一个优先队列 pqu
    heapq.heappush(pqu,QNode(0,s,0))            #源点结点进队
    while pqu:                                  #队列不空时循环
        e=heapq.heappop(pqu)                    #出队结点 e
        u=e.vno
        sum+=1
        for edj in A[u]:
            v,w=edj[0],edj[1]                   #相邻顶点为 v
            if dist[u]+w<dist[v]:               #剪支:u 到 v 有边且路径长度更短
                dist[v]=dist[u]+w
                e1=QNode(e.i+1,v,dist[v])       #建立相邻点的结点 e1
                prev[v]=u
                heapq.heappush(pqu,e1)          #顶点 v 进队

def dispapath(s,i):     #输出 s 到 i 的一条最短路径,同 6.3.2 节中算法的第 21～37 行
def solve(A1,n1,s):     #求从源点 v 出发的所有最短路径,同 6.3.2 节中算法的第 39～45 行
```

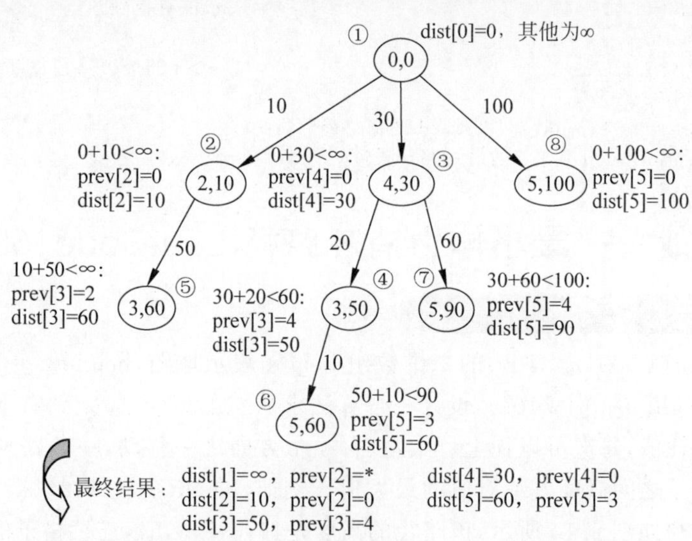

图 6.13　采用优先队列式分支限界法求从源点 0 出发的最短路径的过程

对于图 6.6，$n=6$，$s=0$，调用上述算法 solve(A,n,s)的输出结果与 6.3.2 节中的相同。

【算法分析】 在上述算法中理论上所有边都需要做一次松弛操作，算法的最坏时间复杂度为 $O(e)$，其中 e 为图的边数。尽管算法的最坏时间复杂度都是 $O(e)$，但在实际应用中上述算法的时间性能要好于 6.3.2 节中的算法。

【例 6-2】 给定一个含 n 个顶点的带权有向图(所有权值为正整数)，采用邻接矩阵 **A** 存储。利用优先队列式分支限界法设计一个算法求顶点 s 到 t 的最短路径长度，假设图中至少存在一条从 s 到 t 的路径。

解 借助优先队列式分支限界法求单源最短路径的思路，从顶点 s 出发搜索，当第一次扩展顶点 t 的结点时，对应的 length 就是顶点 s 到 t 的最短路径长度，直接返回即可。对应的算法如下：

```
class QNode:                                    #优先队列结点类型
    def __init__(self,vno,length):              #构造方法
        self.vno=vno                            #顶点的编号
        self.length=length                      #路径长度
    def __lt__(self,other):                     #按 length 越小越优先出队
        return self.length< other.length

def bfs(s,t):                                   #优先队列式分支限界法算法
    global A,n
    pqu=[]                                      #定义一个优先队列 pqu
    heapq.heappush(pqu,QNode(s,0))              #源点结点进队
    while pqu:                                  #队列不空时循环
        e=heapq.heappop(pqu)                    #出队结点 e
        u=e.vno
        if u==t:return e.length
        for edj in A[u]:
            v,w=edj[0],edj[1]                   #相邻顶点为 v
            e1=QNode(v,e.length+w)              #建立相邻点的结点 e1
            heapq.heappush(pqu,e1)              #顶点 v 进队
    return -1                                   #表示没有找到顶点 t

def solve(A,n,s,t):                             #求 s->t 的最短路径长度
    ans=bfs(s,t)
    if ans==-1:print("%d 到%d 没有路径"%(s,t))
    else:print("%d 到%d 的最短路径长度=%d"%(s,t,ans))
```

扫一扫

视频讲解

6.4.3 实战——最小体力消耗路径(LeetCode1631★★)

1. 问题描述

有一个 $m\times n(1\leqslant m,n\leqslant 100)$ 的二维数组 height 表示地图，height$[i][j]$表示(i,j)位置的高度($1\leqslant$height$[i][j]\leqslant 10^6$)，设计一个算法求从左上角(0,0)走到右下角$(m-1,n-1)$的最小体力消耗值，每次可以往上、下、左、右 4 个方向之一移动，一条路径耗费的体力值是路径上相邻格子之间高度差绝对值的最大值。例如，heights={{1,2,2},{3,8,2},{5,3,5}}，最优行走路径如图 6.14 所示，该路径的高度是{1,3,5,3,5}，连续格子的差值的绝对值最大为 2，所以结果为 2。

2. 问题求解

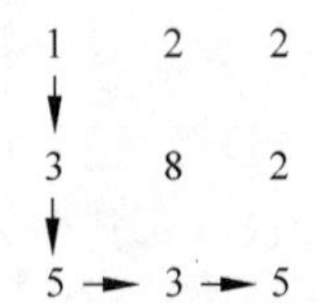

图 6.14 最优行走路径

本问题不同于常规的路径问题，假设地图中每个位置用一个顶点表示，一条边$(x,y)\to$(nx,ny)，其权值为 abs(heights[nx][ny]−heights$[x][y]$)，这里的路径长度不是路径中所有边的权之和，而是最大的权值，现在要求顶点(0,0)到顶点$(m-1,n-1)$的最小路径长度。采用优先队列式分支限界法求解的程序如下：

```
class QNode:                                              #优先队列结点类型
    def __init__(self,x,y,length):                        #构造方法
        self.x,self.y=x,y                                 #位置
        self.length=length                                #路径长度
    def __lt__(self,other):                               #按 length 越小越优先出队
        return self.length<other.length

class Solution:
    def minimumEffortPath(self, heights: List[List[int]]) -> int:
        INF=0x3f3f3f3f
        dx=[0,0,1,-1]                                     #水平方向上的偏移量
        dy=[1,-1,0,0]                                     #垂直方向上的偏移量
        m,n=len(heights),len(heights[0])
        dist=[[INF] * n for i in range(m)]                #dist[m][n]
        pqu=[]                                            #定义一个优先队列 pqu
        heapq.heappush(pqu,QNode(0,0,0))                  #源点结点进队
        dist[0][0]=0
        while pqu:                                        #队列不空时循环
            e=heapq.heappop(pqu)                          #出队结点 e
            x,y=e.x,e.y
            if x==m-1 and y==n-1: return e.length         #找到终点返回
            for di in range(0,4):
                nx,ny=x+dx[di],y+dy[di]
                if nx<0 or nx>=m or ny<0 or ny>=n:continue
                curlen=max(e.length,abs(heights[nx][ny]-heights[x][y]))
                if curlen<dist[nx][ny]:                   #剪支:当前路径长度更短
                    dist[nx][ny]=curlen
                    e1=QNode(nx,ny,curlen)                #创建子结点 e1
                    heapq.heappush(pqu,e1)                #结点 e1 进队
        return -1
```

上述程序的提交结果为通过，执行用时为 808ms，内存消耗为 16.7MB。

思考题：本问题与例 6-2 有什么不同？是否能采用例 6-2 的算法思路求解？

扫一扫

视频讲解

6.4.4* 实战——完成所有工作的最短时间(LeetCode1723★★★)

1. 问题描述

见 5.3.11 节，这里采用优先队列式分支限界法求解。

2. 问题求解

在 5.3.11 节中采用回溯法，其中表示每个工人总时间的 times 可以回溯，但分支限界法不能回溯，所以将其存放在队列中，当前总时间用 ct 表示，设计的优先队列按 ct 越小越优先出队。剪支原理与 5.3.11 节中的解法 1 相同。对应的优先队列结点类型如下：

```
class QNode:                       #优先队列结点类型
    def __init__(self):            #构造方法
        self.i=0                   #工作 i
        self.times=[]              #times[j]表示工人 j 的总时间
        self.ct=0                  #当前的总时间
    def __lt__(self,other):        #按 ct 越小越优先出队
        return self.ct<other.ct
```

例如,jobs={1,2,4},$k=2$,初始时优先队列 pqu 为空,求解搜索空间如图 6.15 所示。

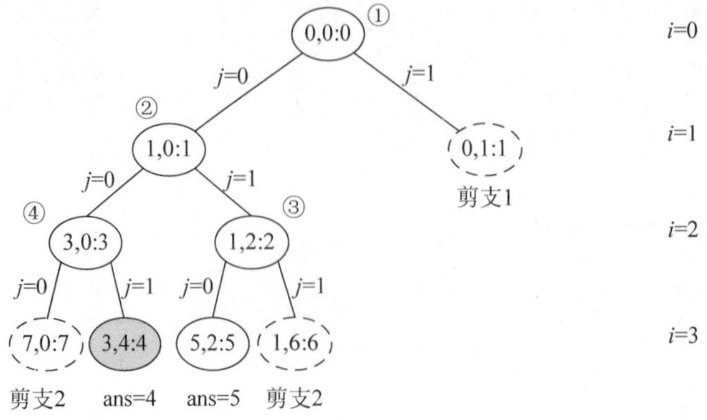

图 6.15　搜索空间

求解过程如下：

① 出队结点(0,0：0),考虑左分支：将工作 0 分配给工人 0,对应子结点为(1,0：1),将其进队。考虑右分支：将工作 0 分配给工人 1,由于前面工人 0 是空闲的,通过剪支 1 剪去该结点。

② 出队结点(1,0：1),考虑左分支：将工作 1 分配给工人 0,对应子结点为(3,0：3),将其进队。考虑右分支：将工作 1 分配给工人 1,对应子结点为(1,2：2),将其进队。

③ 此时队中有(3,0：3)和(1,2：2)两个结点,优先出队结点(1,2：2),考虑左分支：将工作 2 分配给工人 0,对应子结点为(5,2：5),这是一个叶子结点,对应一个解 ans=ct=5,不进队。考虑右分支：将工作 2 分配给工人 1,对应子结点为(1,6：6),由于 times[1]=6>ans,通过剪支 2 剪去该结点。

④ 出队结点(3,0：3),考虑左分支：将工作 2 分配给工人 0,对应子结点为(7,0：7),由于 times[0]=7>ans,通过剪支 2 剪去该结点。考虑右分支：将工作 2 分配给工人 1,对应子结点为(3,4：4),这是一个叶子结点,对应一个解 ans=ct=4,不进队。

此时队列为空,答案为 ans=4。对应的算法如下：

```
#优先队列结点类型 QNode 的定义参见前面的代码
class Solution:
    def minimumTimeRequired(self, jobs: List[int], k: int) -> int:
        INF=0x3f3f3f3f                                  #表示∞
        n=len(jobs)
        if n==1:return jobs[0]                          #特殊情况
        ans=INF
        pqu=[]                                          #定义一个优先队列 pqu
        e=QNode()
        e.i=0                                           #建立根结点 e
        e.times=[0] * k
        e.ct=0
        heapq.heappush(pqu,e)                           #源点结点进队
        while pqu:                                      #队列不空时循环
            e=heapq.heappop(pqu)                        #出队结点 e
            flag=True                                   #没有空闲工人时为真
            for j in range(0,k):
                e1=QNode()
                e1.i=e.i+1
```

```
                    e1.times=copy.deepcopy(e.times)
                    if e1.times[j]==0:
                        if not flag :continue                #剪支1:前面有空闲工人时跳过
                        else:flag=False                      #有空闲工人时置为假
                    e1.times[j]+=jobs[e.i]                   #将任务 e.i 分配给工人 j
                    if e1.times[j]>=ans :continue            #剪支2
                    e1.ct=max(e.ct,e1.times[j])
                    if e1.ct>=ans :continue                  #剪支3
                    if e1.i==n:ans=min(ans,e1.ct)            #e1 为一个叶子结点
                    else: heapq.heappush(pqu,e1)             #结点 e1 进队
        return ans
```

说明：上述程序提交时出现超时现象，但同样的思路采用 C/C++或者 Java 编程时提交通过。

扫一扫

视频讲解

6.4.5 0/1 背包问题

1. 问题描述

见 5.3.7 节，这里采用优先队列式分支限界法求解。

2. 问题求解

在采用优先队列式分支限界法求解 0/1 背包问题时，按结点的限界函数值 ub 越大越优先出队，所以每个结点都有 ub 值。设计优先队列中的结点类型如下：

```
class QNode:                              #优先队列中的结点类型
    def __init__(self):
        self.i=0                          #当前层次(物品序号)
        self.cw=0                         #当前总重量
        self.cv=0                         #当前总价值
        self.x=[]                         #当前解向量
        self.ub=0.0                       #上界
    def __lt__(self,other):               #按 ub 越大越优先出队
        return self.ub>other.ub
```

上述限界函数值 ub 与队列式分支限界法求解中的完全一样，只是在使用上略有不同，队列式分支限界法求解时限界函数值主要用于右分支的剪支，左分支的剪支不使用该值，所以不必为队列中的每个结点都计算 ub，只有在出队时计算 ub(理论上计算 ub 的最坏时间复杂度为 $O(n)$)，而优先队列式分支限界法中必须为每个结点都计算出 ub，因为 ub 是出队的依据。第 i 层结点 e 的 ub 值为已经选择的物品价值加上在物品 i 及后面物品中选择满足背包容量限制的最大物品价值的上界。

例如，对于根结点 e，$W=6$ 时最大价值是选择物品 0～物品 2，对应的价值是 $3+4+1=8$，所以根结点的 ub=8。

左、右剪支的思路以及相关变量的含义与采用队列式分支限界法求解相同。对于表 5.1 中 4 个物品的求解过程如图 6.16 所示，图中带阴影的结点是最优解结点，与回溯法的求解结果相同，结点旁的数字表示结点出队的序号(或者扩展结点的顺序)，实际扩展的结点个数

为 10(不计叶子结点,叶子结点不进队),算法的性能得到进一步提高。

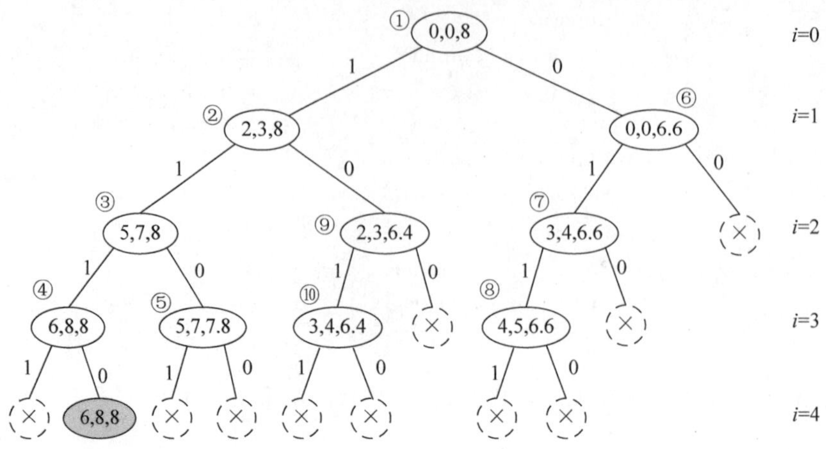

图 6.16 采用优先队列式分支限界法求解 0/1 背包问题的过程

对应的优先队列式分支限界法算法如下:

```
class Goods:                        #物品类,同 5.3.7 节 Goods 的定义
class QNode:                        #同前面 QNode 的定义

def bound(e):                       #求结点 e 的上界函数值,同 6.3.5 节算法的第 4～15 行

def EnQueue(e,pqu):                 #结点 e 进队操作
    global n,bestv,bestx,bestw
    if e.i==n:                      #到达叶子结点
        if e.cv>bestv:              #通过比较更新最优解
            bestv=e.cv
            bestx=copy.deepcopy(e.x)
            bestw=e.cw
    else:heapq.heappush(pqu,e)      #非叶子结点进队

def bfs():                          #用优先队列式分支限界法求 0/1 背包问题
    global g,n,W,bextx,bestw,sum
    pqu=[]                          #定义一个优先队列 pqu
    e=QNode()
    e.i,e.cw,e.cv=0,0,0             #根结点的层次为 0
    e.x=[-1]*n
    bound(e)
    heapq.heappush(pqu,e)           #源点结点进队
    while pqu:                      #队不空时循环
        e=heapq.heappop(pqu)        #出队结点 e
        sum+=1
        if e.cw+g[e.i].w<=W:            #左剪支
            e1=QNode()
            e1.cw=e.cw+g[e.i].w         #选择物品 e.i
            e1.cv=e.cv+g[e.i].v
            e1.x=copy.deepcopy(e.x);e1.x[e.i]=1
            e1.i=e.i+1                  #左孩子结点的层次加 1
            bound(e1)
            EnQueue(e1,pqu)
        e2=QNode()
```

```
        e2.cw,e2.cv=e.cw,e.cv                       #不选择物品 e.i
        e2.x=copy.deepcopy(e.x); e2.x[e.i]=0
        e2.i=e.i+1                                  #右孩子结点的层次加 1
        bound(e2)                                   #求出不选择物品 i 的价值上界
        if e2.ub>bestv:                             #右剪支
            EnQueue(e2,pqu)

def knap(g,n,W):                                    #求 0/1 背包问题
    global bestx,bestv,bestw,sum
    g.sort()                                        #按 v/w 递减排序
    bestx=[-1]*n                                    #存放最优解向量
    bestv=0                                         #存放最大价值,初始为 0
    bestw=0                                         #最优解总重量
    sum=0                                           #累计搜索的结点个数
    bfs()                                           #i 从 0 开始
    print("求解结果")
    for i in range(0,n):
        if bestx[i]==1:print(" 选取第%d 个物品"%(g[i].no))
    print(" 总重量=%d,总价值=%d"%(bestw,bestv))
    print("sum=",sum)
```

对于表 5.1 中的 4 个物品,$W=6$ 时调用上述 knap()算法的求解结果如下:

```
求解结果
    选取第 2 个物品
    选取第 1 个物品
    选取第 3 个物品
    总重量=6,总价值=8
sum= 10
```

【算法分析】 无论是采用队列式分支限界法还是优先队列式分支限界法求解 0/1 背包问题,由于最坏情况下要搜索整个解空间树,所以最坏时间复杂度均为 $O(n\times 2^n)$。

扫一扫

视频讲解

6.4.6 任务分配问题

1. 问题描述

见 5.3.10 节,这里采用优先队列式分支限界法求解。

2. 问题求解

n 个人员和 n 个任务的编号均为 $0\sim n-1$,解空间中每一层对应一个人员的任务分配,根结点的分支对应人员 0 的各种任务分配,再依次为人员 1、2、……、$n-1$ 分配任务,叶子结点的层次为 n。设计优先队列结点类型如下:

```
class QNode:                          #优先队列结点类型
    def __init__(self):
        self.i=0                      #人员编号(结点层次)
        self.cost=0                   #已经分配任务所需要的成本
        self.x=[]                     #当前解向量
        self.used=[]                  #used[i]为真表示任务 i 已经分配
        self.lb=0                     #下界
    def __lt__(self,other):           #按 lb 越小越优先出队
        return self.lb<other.lb
```

其中，lb 为当前结点对应分配方案的成本下界。例如，对于第 i 层的某个结点 e，当搜索到该结点时表示已经为人员 0～$i-1$ 分配好了任务（人员 i 尚未分配任务），余下分配的成本下界是 c 数组中第 i 行～第 $n-1$ 行未被分配任务的最小元素和 minsum，显然这样的分配方案的最小成本为 e.cost＋minsum。对应的算法如下：

```
def bound(e):                                    #求结点 e 的下界值
    global n, used, c
    minsum=0
    for i1 in range(e.i, n):                     #求 c[e.i..n-1]行中的最小元素和
        minc=INF
        for j1 in range(0, n):
            if not e.used[j1] and c[i1][j1]< minc:minc=c[i1][j1]
        minsum+=minc
    e.lb=e.cost+minsum
```

用 bestx 数组存放最优分配方案，用 bestc（初始值为∞）存放最优成本。若一个结点的 lb 满足 lb≥bestc，则该路径走下去不可能找到最优解，将其剪支，也就是仅扩展满足 lb＜bestc 的结点。

例如，对于表 5.3，$n=4$，求解过程如图 6.17 所示，搜索的结点共 10 个，图中结点旁的数字表示结点出队的顺序，被剪支的结点未画出。先将结点 1（$i=0$，cost＝0，$x=[0,0,0,0]$，used＝[0,0,0,0]，lb＝10）进队，求解过程如下：

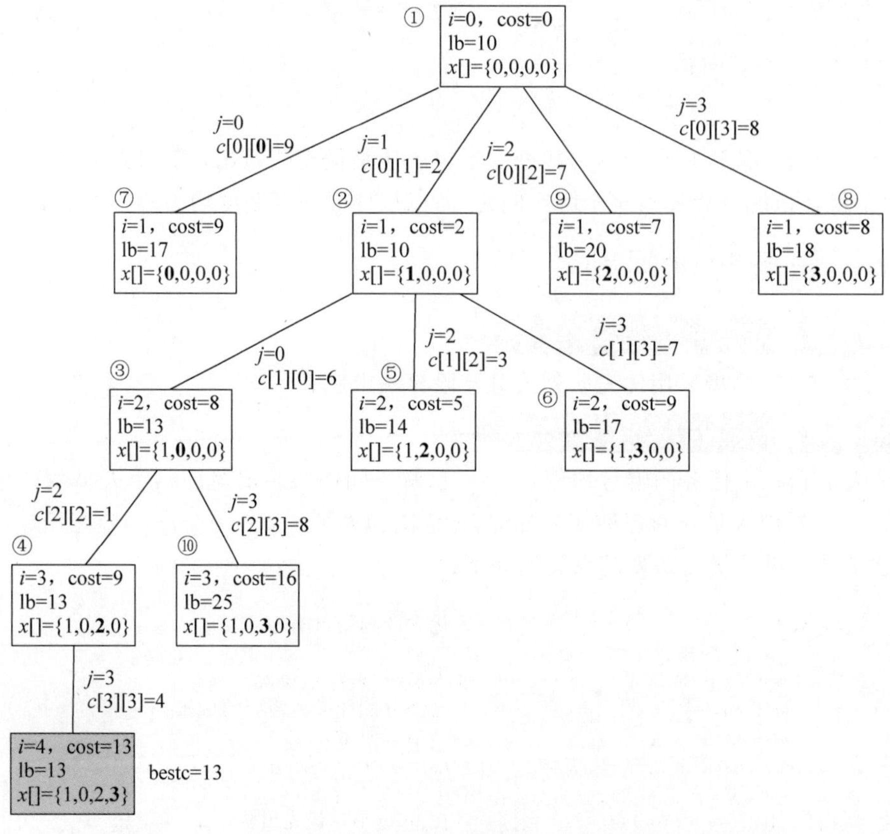

图 6.17　采用优先队列式分支限界法求解任务分配问题的过程

① 出队结点 1,依次扩展出结点 7,2,9,8,将它们进队。

② 出队结点 2,依次扩展出结点 3,5,6,将它们进队。

③ 出队结点 3,依次扩展出结点 4,10,将它们进队。

④ 出队结点 4,只能扩展一个子结点,该子结点是叶子结点,得到一个解($i=4$,cost=13,$x=[1,0,2,3]$,used=[1,1,1,1],lb=13),则最优解为 bestx=[1,0,2,3],bestc=13,该子结点不进队。

⑤ 出队结点 5,两个子结点被剪支,均不进队。

⑥ 出队结点 6,两个子结点被剪支,均不进队。

⑦ 出队结点 7,两个子结点被剪支,均不进队。

⑧ 出队结点 8,两个子结点被剪支,均不进队。

⑨ 出队结点 9,两个子结点被剪支,均不进队。

⑩ 出队结点 10,两个子结点被剪支,均不进队。

此时队空得到最优解 bestx=[1,0,2,3],bestc=13,即人员 0 分配任务 1,人员 1 分配任务 0,人员 2 分配任务 2,人员 3 分配任务 3,总成本为 13。

对应的优先队列式分支限界法算法如下:

```
#QNode 类和 bound()方法参见前面的代码
def EnQueue(e,pqu):                                   #结点 e 进队操作
    global n,bestx,bestc
    if e.i==n:                                        #到达叶子结点
        if e.cost<bestc:                              #通过比较更新最优解
            bestc=e.cost
            bestx=copy.deepcopy(e.x)
    else:heapq.heappush(pqu,e)                        #非叶子结点进队

def bfs():                                            #优先队列式分支限界法算法
    global c,n,bextx,bestc,sum
    pqu=[]                                            #定义一个优先队列 pqu
    e=QNode()
    e.i,e.cost=0,0                                    #根结点的层次为 0
    e.x=[-1]*n
    e.used=[False]*n
    bound(e)
    heapq.heappush(pqu,e)                             #源点结点进队
    while pqu:                                        #队不空时循环
        e=heapq.heappop(pqu)                          #出队结点 e
        sum+=1
        for j in range(0,n):                          #共 n 个任务
            if e.used[j]:continue                     #任务 j 已分配时跳过
            e1=QNode()
            e1.i=e.i+1                                #孩子结点的层次加 1
            e1.cost=e.cost+c[e.i][j]
            e1.x=copy.deepcopy(e.x);e1.x[e.i]=j       #为人员 e.i 分配任务 j
            e1.used=copy.deepcopy(e.used);e1.used[j]=True    #表示任务 j 已经分配
            bound(e1)                                 #求 e1 的 lb
            if e1.lb<bestc:                           #剪支
                EnQueue(e1,pqu)
```

```

def allocate(c,n):                                  #求解任务分配问题
    global bestx,bestc,sum
    sum=0                                           #累计搜索结点个数
    bestx=[-1]*n                                    #最优解向量
    bestc=INF                                       #最优解的成本
    bfs()
    print("求解结果")
    for k in range(0,n):
        print("    人员%d 分配任务%d"%(k,bestx[k]))
    print("    总成本=%d"%(bestc))
    print("sum=",sum)
```

对于表 5.3,调用上述 allocate 算法的执行结果如下：

```
求解结果
    人员 0 分配任务 1
    人员 1 分配任务 0
    人员 2 分配任务 2
    人员 3 分配任务 3
    总成本=13
sum= 10
```

【算法分析】 上述算法的解空间是排列树,最坏的时间复杂度为 $O(n\times n!)$。

扫一扫

视频讲解

6.4.7 货郎担问题

1. 问题描述

见 5.4.4 节,这里采用优先队列式分支限界法求解。

2. 问题求解

为了简便,这里仅求以 s 为起点经过图中所有其他顶点回到起点 s 的最短路径长度。先不考虑回边,用 bestd 数组保存 s 经过所有其他顶点的最短路径长度。例如,对于图 5.27,假设 $s=2$,可以求出 bestd[0]=18,表示从顶点 2 出发经过顶点 1 和 3 到达顶点 0 的最短路径长度为 18。当求出 bestd 数组后,最短路径长度 $=\min(\text{bestd}[i]+A[i][s])(0\leqslant i\leqslant n-1,i\neq s)$。

由于路径上的顶点是不能重复的,可以采用与解决任务分配问题相同的方法,设计一个 used 数组来判重,但由于 used 存放在队列结点中,当队列中结点的个数较多时非常浪费空间。一般来说这类问题的 n 不会很大,假设 $n<32$,可以将 used 数组改为一个整型变量来表示(称为状态压缩),即 $0\sim n-1$ 顶点的访问情况用 used 对应的二进制位表示,若 used 表示的集合中包含顶点 j,则 used 对应的二进制数的第 j 位为 1,否则为 0。例如,$n=5$,表示顶点集{1,2,4}的 used 的二进制数为 $[10110]_2$(从后向前位序为 0 到 4,第 1 位、第 2 位和第 4 位为 1,其他为 0),转换为十进制数是 $22(2^1+2^2+2^4=22)$。这种状态压缩中最常用的操作如下：

① 判断顶点 j 是否在 used 中,采用位运算求 used&(1≪j),若结果不等于 0,说明顶点 j 是否在 used 中,否则不在 used 中。例如,used=22,used&$2^2=[10110]_2$&$[100]_2=$

$[100]_2 \neq 0$，说明顶点 2 在 used 中。而 $\text{used}\&2^3=[10110]_2\&[1000]_2=[0000]_2=0$，说明顶点 3 不在 used 中。

② 在 used 中添加顶点 j，即将 used 对应的二进制数的第 j 位置为 1，采用位运算 used|$(1\ll j)$即可。例如，used=22，used|$(1\ll 3)=[10110]_2|[1000]_2=[11110]_2=30$，这样 used 表示的顶点集中包含顶点{1,2,3,4}。

为此设计如下两个方法：

```
def inset(used,j):                          #判断顶点 j 是否在 used 中
    return (used&(1<<j))!=0

def addj(used,j):                           #在 used 中添加顶点 j
    return used|(1<<j)
```

设计优先队列结点类型如下：

```
class QNode:                                #优先队列结点类型
    def __init__(self):
        self.i=0                            #解空间的层次
        self.vno=0                          #当前顶点
        self.used=0                         #用于路径中顶点的判重
        self.length=0                       #当前路径长度
    def __lt__(self,other):                 #按 length 越小越优先出队
        return self.length<other.length
```

其他设计思路与任务分配问题类似，只有一点不同，在任务分配问题中 i 是按 0 到 $n-1$ 的顺序搜索的，而这里是按邻接点搜索的，根结点对应起点，每个分支对应一条边的选择。对应的优先队列式分支限界法算法如下：

```
def bfs(s):                                         #优先队列式分支限界法算法
    global A,n,bestd
    pqu=[]                                          #定义一个优先队列 pqu
    e=QNode()
    e.i,e.vno=0,s                                   #根结点的层次为 0
    e.used,e.length=0,0
    e.used=addj(e.used,s)                           #表示顶点 s 已经访问
    heapq.heappush(pqu,e)                           #源点结点进队
    while pqu:                                      #队不空时循环
        e=heapq.heappop(pqu)                        #出队结点 e
        for j in range(0,n):
            if inset(e.used,j):continue             #顶点 j 在路径中时跳过
            e1=QNode()
            e1.i=e.i+1                              #扩展下一层
            e1.vno=j                                #e1.i 层选择顶点 j
            e1.used=addj(e.used,j)                  #添加已访问的顶点 j
            e1.length=e.length+A[e.vno][e1.vno]     #累计路径长度
            if e1.i==n-1:                           #e1 为叶子结点
                bestd[e1.vno]=min(bestd[e1.vno],e1.length)
            if e1.i<n-1:                            #e1 为非叶子结点
                if e1.length<bestd[e1.vno]:         #剪支
```

```
                    heapq.heappush(pqu,e1)              #非叶子结点进队

def TSP(A,n,s):                                         #求解 TSP(起始点为 s)
    global bestd
    bestd=[INF] * n                                     #初始化 bestd 的所有元素为∞
    bestd[s]=0
    bfs(s)
    ans=INF
    for i in range(0,n):
        if i!=s:ans=min(ans,bestd[i]+A[i][s])
    print("以%d 为起点的最短路径长度=%d"%(s,ans))
```

【算法分析】 由于通过 used 除重,算法的解空间本质上是一棵排列树,最坏的时间复杂度为 $O((n-1)!)$。

习题 6

扫一扫

练习题

扫一扫

自测题

第7章 每一步局部最优——贪心法

贪心法如同其名字一样是一种直接且有效的算法设计策略，用于求解问题的最优解，即使不能得到整体最优解，通常也可以得到最优解的近似解。本章介绍贪心法求解问题的一般方法，并讨论一些采用贪心法求解的经典示例。本章的学习要点和学习目标如下：

（1）掌握贪心法的原理以及采用贪心法求解问题需要满足的基本特性。

（2）掌握各种贪心法经典算法的设计过程和分析方法。

（3）综合运用贪心法解决一些复杂的实际问题。

7.1 贪心法概述

7.1.1 什么是贪心法

贪心法的基本思路是在求解时总是做出在当前看来最好的选择(局部贪心),也就是说贪心法不从整体最优上考虑,所做出的仅是在某种意义上的局部最优解。人们通常希望找到整体最优解(或全局最优解),那么贪心法是不是没有价值呢?答案是否定的,这是因为在某些求解问题中,当满足一定的条件时,这些局部最优解就转变成了整体最优解,所以贪心法的难点就是要证明算法结果确实是整体最优解。

贪心法从问题的初始空解出发,采用逐步构造最优解的方法向给定的目标推进,每步决策产生 n 元组解向量 $\boldsymbol{x}=(x_0,x_1,\cdots,x_{n-1})$的一个分量。每步用作决策依据的选择准则称为贪心选择准则,也就是说,在选择解分量的过程中,添加新的解分量 x_k 后,形成的部分解$(x_0,x_1,\cdots,x_k)$不违反可行解约束条件。每次贪心选择都将所求问题简化为规模更小的子问题,并期望通过每次所做的局部最优选择产生出一个全局最优解。有许多问题,例如背包问题、单源最短路径问题和最小生成树问题等,用贪心法确实能得到整体最优解。

从中看出,贪心法与递归过程类似但又不同于递归,在推进的每步不是依据某一固定的递归式,而是做一个当时看似最佳的贪心选择,不断地将问题实例归纳为更小的相似子问题。

7.1.2 贪心法求解问题具有的性质

由于贪心法一般不会测试所有可能路径,而且容易过早地做决定,所以有些问题可能不会找到最优解,能够采用贪心法求解的问题一般具有两个性质——最优子结构性质和贪心选择性质,因此贪心法算法一般需要证明满足这两个性质。

1. 最优子结构性质

如果一个问题的最优解包含其子问题的最优解,则称此问题具有最优子结构性质,可以简单地理解为子问题的局部最优解将导致整个问题的全局最优,也可以说一个问题的最优解只取决于其子问题的最优解,子问题的非最优解对问题的求解没有影响。

例如有这样的两个问题,问题 A 是某年级共 5 个班,需要求该年级中 OS 课程的最高分,采用的方法是先计算出每个班 OS 课程的最高分,然后在这 5 个最高分中取最高分得到答案。问题 B 同样是某年级共 5 个班,改为求该年级中 OS 课程的最高分和最低分的差,采用的方法是先计算出每个班的 OS 课程的最高分和最低分的差,然后在这 5 个差中取最大值得到答案。显然问题 A 符合最优子结构性质,将求每个班中 OS 课程的最高分看成子问题,可以从子问题的最优解推导出大问题的最优解。而问题 B 不符合最优子结构性质,因为这 5 个班的 OS 课程最高分和最低分的差不一定包含该年级的最高分和最低分的差,例如该年级的最高分可能在 1 班,而最低分可能在 5 班。

也就是说不符合最优子结构性质的问题是无法用贪心法求解的,实际上最优子结构性质是贪心法及第 8 章将要介绍的动态规划算法求解的关键特征。

在证明问题是否具有最优子结构性质时,通常采用反证法来证明,先假设由问题的最优解导出的子问题的解不是最优的，然后证明在这个假设下可以构造出比原问题的最优解更好的解，从而导致矛盾。

2. 贪心选择性质

所谓贪心选择性质，是指整体最优解可以通过一系列局部最优选择(即贪心选择)来得到。也就是说，贪心法仅在当前状态下做出最好选择(即局部最优选择)，然后再去求解做出这个选择后产生的相应子问题的解。它是贪心法可行的第一个基本要素，也是贪心法算法与后面介绍的动态规划算法的主要区别。

在证明问题是否具有贪心选择性质时，通常采用数学归纳法证明，先证明第一步贪心选择能够得到整体最优解，再通过归纳步的证明保证每步贪心选择都能够得到问题的整体最优解。

扫一扫

视频讲解

7.1.3 实战——分发饼干(LeetCode455★)

这里通过一个实例说明贪心法中的最优子结构性质和贪心选择性质。

1. 问题描述

假设有 $n(1\leqslant n\leqslant 30\,000)$ 个孩子，现在给孩子们发一些小饼干，每个孩子最多只能给一块饼干。每个孩子 i 有一个胃口值 $g[i](1\leqslant g[i]\leqslant 2^{31}-1)$，这是能满足胃口的最小饼干尺寸，共有 $m(1\leqslant m\leqslant 30\,000)$ 块饼干，每块饼干 j 有一个尺寸 $s[j]$ $(1\leqslant s[j]\leqslant 2^{31}-1)$。如果 $g[i]\leqslant s[j]$，那么将饼干 j 分发给孩子 i 时该孩子会得到满足。分发的目标是尽可能满足最多数量的孩子，设计一个算法求这个最大数值。例如，$g=\{1,2,3\}$，$s=\{1,1\}$，尽管有两块小饼干，由于尺寸都是 1，只能让一个胃口值为 1 的孩子满足，所以结果是 1。

2. 问题求解

本问题是求得到满足的最多孩子数量，所以是一个求最优解问题。很容易想到对于胃口为 $g[i]$ 的孩子 i，为其分发恰好满足的最小尺寸的饼干 j，即 $\min\{j\mid g[i]\leqslant s[j]\}$，不妨分发过程从最小胃口的孩子开始，为此将 g 中递增排序，对于每个 $s[i]$，先在 g 中查找刚好满足 $g[i]\leqslant s[j]$ 的 j，再将饼干 j 分发给该孩子 i。为了提高 g 中的查找性能，将 s 也递增排序。

用 ans 表示得到满足的最多孩子数量(初始为 0)即最优解，i 从 0 开始遍历 g，j 从 0 开始在 s 中查找：

① $g[i]\leqslant s[j]$，说明为孩子 i 分发饼干 j 得到满足，则将饼干 j 分发给孩子 i，执行 ans++，同时执行 i++，j++继续为下一个孩子分发合适的饼干。

② 否则，孩子 i 得不到满足，执行 j++继续为其查找更大尺寸的饼干。

最后的 ans 就是答案。例如，$g=\{3,1,5,3,8\}$，$s=\{6,1,3,2\}$，排序后 $g=\{1,3,3,5,8\}$，$s=\{1,2,3,6\}$，分发饼干的过程如图 7.1 所示，结果 ans=3。

图 7.1 分发饼干的过程

本问题中的贪心选择策略就是为每个孩子 i 分发得到满足的最小尺寸的饼干 j，容易证明该贪心选择策略满足贪心选择性质。用 $f(i,j)$ 表示原问题 $g[i..n-1]$ 和 $s[j..m-1]$ 的最优解，则：

① 如果 $g[i]\leqslant s[j]$，为孩子 i 分发饼干 j，转换为对应的子问题是 $f(i+1,j+1)$，显然有 $f(i,j)=f(i+1,j+1)+1$。

② 否则,对应的子问题是 $f(i,j+1)$,显然有 $f(i,j)=f(i,j+1)$。

从中看出,$f(i+1,j+1)$和 $f(i,j+1)$一定是对应子问题的最优解,否则 $f(i,j)$不可能是原问题的最优解。对应的算法如下:

```
class Solution:
    def findContentChildren(self, g: List[int], s: List[int]) -> int:
        g.sort()                                        #默认为递增排序
        s.sort()
        ans=0
        i,j=0,0
        while i<len(g) and j<len(s):
            if g[i]<=s[j]: i,ans=i+1,ans+1              #i只有在满足时增1
            j+=1                                        #每次循环j增1
        return ans
```

上述程序的提交结果为通过,执行用时为 64ms,内存消耗为 16.6MB。

如果将贪心选择策略改为每个孩子 i 分发得到满足的饼干 j(不一定是最小尺寸的饼干),结果是否正确呢? 例如,$g=\{1,2\}$,$s=\{3,1\}$,为 $g[0]$分发尺寸为 $s[0]$的饼干(得到满足),$g[1]$只能分发尺寸为 $s[1]$的饼干(不能满足),答案为 1,实际上可以为 $g[0]$分发尺寸为 $s[1]$的饼干,$g[1]$只能分发尺寸为 $s[0]$的饼干,均可得到满足,正确的答案为 2。也就是说这样的贪心选择策略不满足贪心选择性质。

7.1.4 贪心法的一般求解过程

用贪心法求解问题的基本过程如下。

① 建立数学模型来描述问题。

② 把求解的问题分成若干子问题。

③ 对每个子问题求解,得到子问题的局部最优解。

④ 把子问题的局部最优解合成原问题的一个最优解。

用贪心法求解问题的算法框架如下:

```
def greedy(a,n):                    #贪心法算法框架
    x=[]                            #初始时解向量为空
    for i in range(0,n):            #执行n步操作
        xi=Select(a)                #从输入a中选择一个当前最好的分量
        if Feasiable(xi):           #判断xi是否包含在当前解中
            x=Union(xi)             #将xi分量合并形成x
    return x                        #返回生成的最优解
```

一般地,贪心法算法的时间复杂度属于多项式级的,好于回溯法和分支限界法。

7.2 求解组合问题

扫一扫

视频讲解

7.2.1 活动安排问题Ⅰ

1. 问题描述

假设有 n 个活动 $S=(1,2,\cdots,n)$,有一个资源,每个活动在执行时都要占用该资源,并

且该资源在任何时刻只能被一个活动所占用，一旦某个活动开始执行，中间将不能被打断，直到其执行完毕。每个活动 i 有一个开始时间 b_i 和结束时间 $e_i(b_i<e_i)$，它是一个半开半闭时间区间$[b_i,e_i)$，假设最早活动执行时间为0。求一种最优活动安排方案，使得安排的活动个数最多。

2. 问题求解

对于两个活动 i 和 j，若满足 $b_j \geqslant e_i$ 或 $b_i \geqslant e_j$，则它们是不重叠的，称为两个兼容活动，如图7.2所示。本问题就是在 n 个活动中选择最多的兼容活动，即求最多兼容活动的个数。

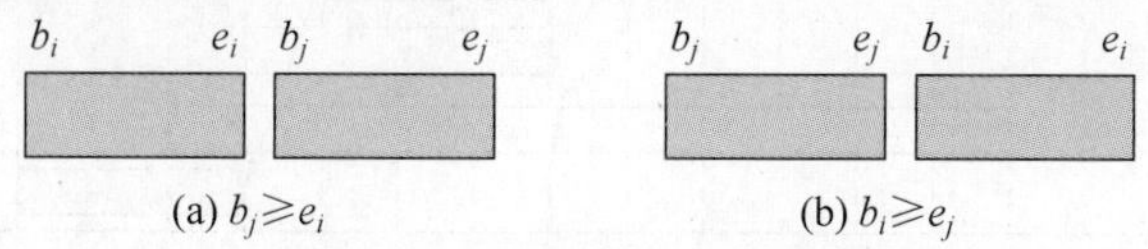

图7.2 两个活动兼容的两种情况

用数组 A 存放所有的活动，$A[i].b(1 \leqslant i \leqslant n)$ 存放活动起始时间，$A[i].e$ 存放活动结束时间。采用的贪心策略是每步总是选择执行这样的一个活动，它能够使得余下的活动的时间最大化，即余下活动中的兼容活动尽可能多。为此先按活动结束时间递增排序，再从头开始依次选择兼容活动(用 B 集合表示)，从而得到最大兼容活动子集，即包含兼容活动个数最多的子集。

由于所有活动按结束时间递增排序，每次总是选择具有最早结束时间的兼容活动加入集合 B 中，所以为余下的活动留下尽可能多的时间，这样使得余下活动的可安排时间极大化，以便从中选择尽可能多的兼容活动。

例如，对于表7.1所示的 $n=11$ 个活动(已按结束时间递增排序)，$A=\{[1,4),[3,5),[0,6),[5,7),[3,8),[5,9),[6,10),[8,11),[8,12),[2,13),[12,15)\}$。

表7.1 11个活动按结束时间递增排序

序号 i	1	2	3	4	5	6	7	8	9	10	11
开始时间	1	3	0	5	3	5	6	8	8	2	12
结束时间	4	5	6	7	8	9	10	11	12	13	15

设前一个兼容活动的结束时间为preend(初始时为参考原点0)，用 i 遍历 A(前面的兼容活动看成活动 j，求兼容活动仅考虑图7.2(b)的情况)，求最大兼容活动集 B 的过程如图7.3所示。

$i=1$：preend=0，活动1[1,4)的开始时间大于0，选择它，preend=活动1的结束时间=4，$B=\{1\}$。

$i=2$：活动2[3,5)的开始时间小于preend，不选取。

$i=3$：活动3[0,6)的开始时间小于preend，不选取。

$i=4$：活动4[5,7)的开始时间大于preend，选择它，preend=7，$B=\{1,4\}$。

$i=5$：活动5[3,8)的开始时间小于preend，不选取。

$i=6$：活动6[5,9)的开始时间小于preend，不选取。

$i=7$：活动7[6,10)的开始时间小于preend，不选取。

$i=8$：活动8[8,11)的开始时间大于preend，选择它，preend=11，$B=\{1,4,8\}$。

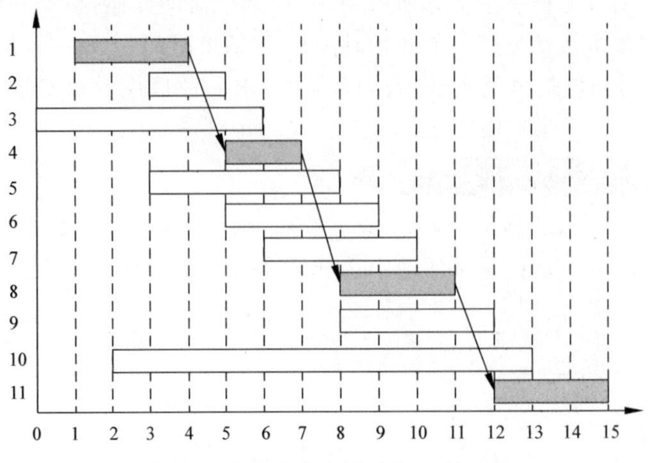

图 7.3　求最大兼容活动集 B 的过程

$i=9$：活动 9[8,12)的开始时间小于 preend，不选取。

$i=10$：活动 10[2,13)的开始时间小于 preend，不选取。

$i=11$：活动 11[12,15) 的开始时间大于 preend，选择它，preend=15，$B=\{1,4,8,11\}$。

所以最后选择的最大兼容活动集为 $B=\{1,4,8,11\}$。存放全部活动的 A 数组的下标从 0 开始，对应的贪心法算法如下：

```
class Action:                          #活动类
    def __init__(self,b,e):
        self.b=b                       #活动起始时间
        self.e=e                       #活动结束时间
    def __lt__(self,other):            #用于按 e 递增排序
        if self.e<other.e:return True
        else:return False

def greedly(A):                        #贪心法算法
    global flag
    n=len(A)
    flag=[False] * n                   #初始化为 False
    A.sort()                           #按 e 递增排序
    preend=0                           #前一个兼容活动的结束时间
    for i in range(0,n):
        if A[i].b>=preend:
            flag[i]=True               #选择 A[i]活动
            preend=A[i].e

def action(A):                         #求解活动安排问题Ⅰ
    greedly(A)
    print("求解结果")
    print("  选取的活动:",end='')
    cnt=0
    for i in range(0,len(A)):
        if flag[i]:
            print("[%d,%d] "%(A[i].b,A[i].e),end='')
            cnt+=1
    print("\n  共%d个活动"%(cnt))
```

对于表 7.1 中的 11 个活动，调用 action()算法的输出结果如下：

```
求解结果
    选取的活动:[1,4] [5,7] [8,11] [12,15]
    共 4 个活动
```

【算法分析】 算法的时间主要花费在排序上，排序时间为 $O(n\log_2 n)$，所以整个算法的时间复杂度为 $O(n\log_2 n)$。

算法证明：先证明具有最优子结构性质。所有活动按结束时间递增排序，这里就是要证明若 X 是 A 的最优解，X=X'∪{1}，则 X'是 $A'=\{i\in A: e_i\geqslant b_1\}$ 的最优解。

先证明 A 中总是存在一个以活动 1 开始的最优解。如果第一个选择的活动为 $k(k\neq 1)$，可以构造另一个最优解 Y，Y 与 X 的活动数相同。那么在 Y 中用活动 1 取代活动 k 得到 Y'，因为 $e_1\leqslant e_k$，所以 Y'中的活动也是兼容的，即 Y'也是最优解，这就说明 A 中总是存在一个以活动 1 开始的最优解。

当选择活动 1 后，原问题就变成了在 A'中找兼容活动的子问题。如果 X 为原问题的一个最优解，而 X'=X−{1}不是 A'的一个最优解，说明 A'能够找到一个更优解 Y'，Y'中的兼容活动个数多于 X'，这样将活动 1 加入 Y'后就得到 A 的一个更优解 Y，Y 中的兼容活动个数多于 X，这就与 X 是最优解的假设相矛盾，最优子结构性质即证。

再证明具有贪心选择性质，从前面的最优子结构性质证明可以看出，每步所做的贪心选择都将问题简化为一个更小的与原问题具有相同形式的子问题，可以对贪心选择次数用数学归纳法证明，这里不再详述。

扫一扫

视频讲解

7.2.2 实战——无重叠区间(LeetCode435★★)

1. 问题描述

给定一个含 n 个区间的集合 intervals，每个区间的终点总是大于它的起点，找到需要移除区间的最小数量，使剩余区间互不重叠，如区间{1,2}和{2,3}的边界相互接触，但没有相互重叠。例如，intervals={{1,2},{2,3},{3,4},{1,3}}，移除区间{1,3}后剩下的区间没有重叠，所以答案为 1。

2. 问题求解 1

两个相互不相交的区间就是兼容区间，采用前面活动安排问题Ⅰ的贪心法求出 intervals 中最多兼容区间的个数 ans，那么 $n-$ans 就是使剩余区间互不重叠需要移除区间的最小数量，稍有不同的是这里的区间起点和终点可能为负数，所以表示终点的 preend 初始值应该设置为 $-\infty$ 而不是 0。对应的算法如下：

```
class Solution:
    def eraseOverlapIntervals(self, intervals: List[List[int]]) -> int:
        INF=0x3f3f3f3f                          #表示∞
        n=len(intervals)
        if n<=1:return 0
        intervals.sort(key=itemgetter(1))       #按区间终点递增排序
        ans=0                                   #表示兼容区间的个数
```

```
        preend=-INF                              #初始化为-∞
        for i in range(0,n):
            if intervals[i][0]>=preend:
                ans+=1                           #兼容区间的个数增1
                preend=intervals[i][1]
        return n-ans
```

上述程序的提交结果为通过,执行用时为168ms,内存消耗为44.9MB。

3. 问题求解2

同样两个相互不相交的区间就是保留的区间,为了使保留的区间最多,每次选择的区间结尾越小,留给其他区间的空间就越大,就越能保留更多的区间,这样采用的贪心选择策略是优先保留结尾小且不相交的区间。为此先将intervals按区间终点递增排序,ans表示最少相交区间的个数(初始为0),每次选择结尾最小且和前一个选择的区间不相交的区间,一旦找不到这样的区间则ans增1,最后返回ans。对应的算法如下:

```
class Solution:
    def eraseOverlapIntervals(self, intervals: List[List[int]]) -> int:
        INF=0x3f3f3f3f                           #表示∞
        n=len(intervals)
        if n<=1:return 0
        intervals.sort(key=itemgetter(1))        #按区间终点递增排序
        ans=0                                    #表示兼容区间的个数
        preend=-INF                              #初始化为-∞
        for i in range(0,n):
            if intervals[i][0]<preend:           #找到一个相交区间
                ans+=1                           #移除该区间
            else:
                preend=intervals[i][1]           #重置preend
        return ans
```

上述程序的提交结果为通过,执行用时为176ms,内存消耗为44.8MB。

扫一扫

视频讲解

7.2.3 求解背包问题

1. 问题描述

有n个编号为0~$n-1$的物品,重量为$w=\{w_0,w_1,\cdots,w_{n-1}\}$,价值为$v=\{v_0,v_1,\cdots,v_{n-1}\}$,给定一个容量为$W$的背包,从这些物品中选取全部或者部分物品装入该背包中,找到选中物品不仅能够放到背包中而且价值最大的方案,该问题称为背包问题(或者部分背包问题),与0/1背包问题的区别是在背包问题中每个物品可以取一部分装入背包,并对如表7.2所示的5个物品、背包限重$W=100$的背包问题求一个最优解。

表7.2 一个背包问题

物品编号no	0	1	2	3	4
w	10	20	30	40	50
v	20	30	66	40	60

2. 问题求解

这里采用贪心法求解。设 x_i 表示物品 i 装入背包的情况，$0 \leqslant x_i \leqslant 1$，关键是如何选定贪心策略，使得按照一定的顺序选择每个物品，并尽可能地装入背包，直到背包装满，至少有 3 种看似合理的贪心策略：

① 每次选择价值最大的物品，因为这可以尽可能快地增加背包的总价值。但是，虽然每步选择获得了背包价值的极大增长，但背包容量却可能消耗得太快，使得装入背包的物品个数减少，从而不能保证得到最优解。

② 每次选择重量最轻的物品，因为这可以装入尽可能多的物品，从而增加背包的总价值。但是，虽然每步选择使背包的容量消耗得慢了，但背包的价值却没能保证迅速增长，从而不能保证得到最优解。

③ 每次选择单位重量价值最大的物品，在背包价值增长和背包容量消耗两者之间寻找平衡。

采用第 3 种贪心策略，每次从物品集合中选择单位重量价值最大的物品，如果其重量小于背包容量，就可以把它装入，并将背包容量减去该物品的重量。为此先将物品按单位重量价值递减排序，选择前 $k(0 \leqslant k < n)$ 个物品，除最后物品 k 可能只取其一部分以外，其他物品要么不取，要么取走全部。

对于表 7.2 所示的背包问题，按单位重量价值(即 v/w)递减排序，其结果如表 7.3 所示(序号 i 指排序后的顺序)。设背包余下的容量为 rw(初值为 W)，bestv 表示最大价值(初始为 0)。求解过程如下。

① $i=0$，$w[0]<$rw 成立，则物品 0 能够装入，将其装入背包中，bestv＝66，置 $x[0]=1$，rw＝rw－$w[0]$＝70。

② $i=1$，$w[1]<$rw 成立，则物品 1 能够装入，将其装入背包中，bestv＝66＋20＝86，置 $x[1]=1$，rw＝rw－$w[1]$＝60。

③ $i=2$，$w[2]<$rw 成立，则物品 2 能够装入，将其装入背包中，bestv＝86＋30＝116，置 $x[2]=1$，rw＝rw－$w[2]$＝40。

④ $i=3$，$w[3]<$rw 不成立，且 rw＞0，则只能将物品 3 部分装入，装入比例＝rw/$w[3]$＝40/50＝0.8，bestv＝116＋0.8×60＝164，置 $x[4]=0.8$。

表 7.3 按 v/w 递减排序

序号 i	0	1	2	3	4
物品编号 no	2	0	1	4	3
w	30	10	20	50	40
v	66	20	30	60	40
v/w	2.2	2.0	1.5	1.2	1.0

此时 rw＝0，算法结束，得到最优解 $x=(1,1,1,0.8,0)$，最大价值 bestv＝164。对应的贪心法算法(假设所有物品采用 5.3.7 节的 Goods 类数组 g 存储)如下：

```
def greedly(g, W):                              #贪心法算法
    global x, bestv
    n=len(g)
```

```
    g.sort()                                   #按 v/w 递减排序
    x=[0]*n                                    #存放最优解向量
    bestv=0                                    #存放最大价值,初始为 0
    rw=W                                       #背包中能装入的余下重量
    i=0
    while i<n and g[i].w<rw:                   #物品 i 能够全部装入时循环
        x[i]=1                                 #装入物品 i
        rw-=g[i].w                             #减少背包中能装入的余下重量
        bestv+=g[i].v                          #累计总价值
        i+=1                                   #继续循环
    if i<n and rw>0:                           #当余下重量大于 0 时
        x[i]=rw/g[i].w                         #将物品 i 的一部分装入
        bestv+=x[i]*g[i].v                     #累计总价值

def knap(g,W):                                 #求解背包问题
    greedly(g,W)
    print("求解结果")                          #输出结果
    for j in range(0,len(g)):
        if x[j]==1:print(" 选择%d[%d,%d]物品的比例是 1"%(g[j].no,g[j].w,g[j].v))
        elif x[j]>0:print(" 选择%d[%d,%d]物品的比例是%.1f"%(g[j].no,g[j].w,g[j].v,x[j]))
    print(" 总价值=%d"%(bestv))
```

对于表 7.2 中的 5 个物品,$W=100$ 时调用 knap()算法的输出结果如下:

```
求解结果
    选择 2[30,66]物品的比例是 1
    选择 0[10,20]物品的比例是 1
    选择 1[20,30]物品的比例是 1
    选择 4[50,60]物品的比例是 0.8
总价值=164
```

【算法分析】 排序算法 sort()的时间复杂度为 $O(n\log_2 n)$,while 循环的时间为 $O(n)$,所以算法的时间复杂度为 $O(n\log_2 n)$。

现在证明算法的正确性。由于每个物品可以只取一部分,一定可以让总重量恰好为 W。当物品按单位重量价值递减排序后,除最后一个所取的物品可能只取其一部分以外,其他物品要么不取,要么取走全部,当取走一个物品后就面临一个最优子问题——它同样是背包问题,因此具有最优子结构性质。将 n 个物品按单位重量价值递减排序有 $v_0/w_0 \geqslant v_1/w_1 \geqslant \cdots \geqslant v_{n-1}/w_{n-1}$,设解向量 $\boldsymbol{x}=(x_0,x_1,\cdots,x_{n-1})$是本算法找到的解,如果所有的 x_i 都等于 1,这个解显然是最优解,否则设 k 是满足 $x_k<1$ 的最小下标,考虑算法的工作方式,显然当 $i<k$ 时有 $x_i=1$,当 $i>k$ 时有 $x_i=0$,设 x 的总价值为 $V(x)$,则

$$\sum_{i=0}^{n-1} w_i x_i = W, \quad V(x)=\sum_{i=0}^{n-1} v_i x_i$$

假设 x 不是最优解,则存在另外一个更优解 $y=(y_0,y_1,\cdots,y_{n-1})$,其总价值为 $V(y)$,则

$$\sum_{i=0}^{n-1} w_i y_i \leqslant W, \quad V(y)=\sum_{i=0}^{n-1} v_i y_i$$

当 $i<k$ 时，$x_i=1$，所以 $x_i-y_i\geqslant 0$，且 $v_i/w_i\geqslant v_k/w_k$。

当 $i>k$ 时，$x_i=0$，所以 $x_i-y_i\leqslant 0$，且 $v_i/w_i\leqslant v_k/w_k$。

当 $i=k$ 时，$v_i/w_i=v_k/w_k$。

这样有

$$\sum_{i=0}^{n-1} w_i(x_i-y_i)=\sum_{i=0}^{n-1} w_i x_i-\sum_{i=0}^{n-1} w_i y_i\geqslant 0$$

则

$$\begin{aligned}
V(x)-V(y)&=\sum_{i=0}^{n-1} v_i(x_i-y_i)=\sum_{i=0}^{n-1} w_i\frac{v_i}{w_i}(x_i-y_i)\\
&=\sum_{i=0}^{k-1} w_i\frac{v_i}{w_i}(x_i-y_i)+\sum_{i=k}^{k} w_i\frac{v_i}{w_i}(x_i-y_i)+\sum_{i=k+1}^{n-1} w_i\frac{v_i}{w_i}(x_i-y_i)\\
&\geqslant\sum_{i=0}^{k-1} w_i\frac{v_k}{w_k}(x_i-y_i)+\sum_{i=k}^{k} w_i\frac{v_k}{w_k}(x_i-y_i)+\sum_{i=k+1}^{n-1} w_i\frac{v_k}{w_k}(x_i-y_i)\\
&=\frac{v_k}{w_k}\sum_{i=0}^{n-1} w_i(x_i-y_i)\geqslant 0
\end{aligned}$$

结果与 y 是最优解的假设矛盾，因此解 x 是最优解。

说明：尽管背包问题和0/1背包问题类似，但它们属于两种不同类型的问题，背包问题可以用贪心法求解，而0/1背包问题不能用贪心法求解。以表7.2所示的背包问题为例，如果作为0/1背包问题，则重量为60的物品放不下(此时背包剩余容量为50)，只能舍弃它，选择重量为40的物品，显然不是最优解。也就是说，上述贪心选择策略不适合于0/1背包问题。

扫一扫

视频讲解

7.2.4 实战——雪糕的最大数量(LeetCode1833★★)

1. 问题描述

商店中新到 n 支雪糕，用数组costs表示雪糕的价格($1\leqslant n\leqslant 10^5$，$1\leqslant \text{costs}[i]\leqslant 10^5$)，Tony一共有coins的现金($1\leqslant \text{coins}\leqslant 10^8$)，他想要买尽可能多的雪糕，求Tony用coins现金能够买到的雪糕的最大数量，可以按任意顺序购买雪糕。例如，costs={1,3,2,4,1}，coins=7，可以买下标为0、1、2、4的雪糕，总价为1+3+2+1=7，答案为4。

2. 问题求解

类似背包问题，采用的贪心策略是优先选择价格小的雪糕，这样可以使剩余金额尽可能多，将来能够做的决策方案也就相应变多。为此先将costs递增排序，然后从前向后处理，能够买的雪糕则买下。对应的算法如下：

```
class Solution:
    def maxIceCream(self, costs: List[int], coins: int) -> int:
        costs.sort()                                    #默认递增排序
        ans=0
        rc=coins                                        #剩余的金额(从coins开始)
        for i in range(0,len(costs)):
            if costs[i]<=rc:                            #可以买则买该雪糕
```

```
                ans+=1
                rc-=costs[i]
        return ans
```

上述程序提交时通过，执行时间为164ms，内存消耗为26.4MB。

扫一扫

视频讲解

7.2.5 实战——最大数(LeetCode179★★)

1. 问题描述

给定一组非负整数nums($1\leqslant$nums.length$\leqslant 100$，$0\leqslant$nums[i]$\leqslant 10^9$)，重新排列每个数的顺序(每个数不可拆分)，使之组成一个最大的整数。由于输出结果可能非常大，所以需要返回一个字符串而不是整数。例如，nums={3,30,34,5,9}，输出结果为"9534330"。

2. 问题求解

采用的贪心策略是将数字位越大的数字越排在前面，然后从前向后进行合并。那么是不是直接将整数序列nums递减排序后从前向后合并呢？答案是错误的，例如nums=(50,2,1,9)递减排序后为(50,9,2,1)，合并后的结果是"50921"而不是正确的"95021"。

为此改为这样的排序方式，对于两个整数a和b，将它们转换为字符串s和t，若$s+t>t+s$，则a排在b的前面。例如，对于50和9两个整数，转换为字符串"50"和"9"，由于"950">"509"，所以"9">"50"。按照这种方式排序后，依次合并起来得到字符串ans。如果ans的首字符为'0'，说明后面的元素均为0，则可直接返回"0"。对应的算法如下：

```
import functools
class Solution:
    def largestNumber(self, nums: List[int]) -> str:
        a=[]
        for x in nums:                              #将nums转换为字符串数组a
            a.append(str(x))
        def cmp(s,t):                               #按指定方式排序
            if s+t<t+s:return 1
            else:return -1
        a.sort(key=functools.cmp_to_key(cmp))
        ans=""
        for i in range(len(a)):ans+=a[i]            #依次合并得到ans
        if ans[0]=='0':return "0"                   #处理特殊情况
        else:return ans
```

扫一扫

上述程序的提交结果为通过，执行用时为52ms，内存消耗为14.9MB。

视频讲解

7.2.6 求解零钱兑换问题

1. 问题描述

有面额分别为c^0、c^1、……、c^k($c\geqslant 2$，k为非负整数)的$k+1$种硬币，每种硬币的个数可以看成无限多，求兑换A金额的最少硬币个数。

2. 问题求解

采用贪心法，贪心策略是尽可能选择面额大的硬币进行兑换。例如，$c=2$，$k=3$，面额

分别为 1、2、4 和 8，$A=23$ 的兑换过程如下。

① 选择面额为 8 的硬币，兑换的硬币个数为 $A/8=2$，剩余金额为 $23-2\times8=7$。

② 选择面额为 4 的硬币，兑换的硬币个数为 $A/4=1$，剩余金额为 $7-4\times1=3$。

③ 选择面额为 2 的硬币，兑换的硬币个数为 $A/2=1$，剩余金额为 $3-2\times1=1$。

④ 选择面额为 1 的硬币，兑换的硬币个数为 $A/1=1$，剩余金额为 $1-1\times1=0$。

对应的贪心法算法如下：

```
def greedly(c,k,A):                        #贪心法算法
    ans=0
    curm=2**k
    while A>0:
        curs=A//curm                       #求面额为 curm 的硬币个数
        ans+=curs                          #累计硬币个数
        print("面额为%d 的硬币个数=%d"%(curm,curs))
        A-=curs*curm                       #剩余金额
        curm/=c
    return ans

def solve(c,k,A):                          #求解零钱兑换问题
    print("求解结果")
    print("兑换金额%d 的最小硬币个数=%d"%(A,greedly(c,k,A)))
```

例如，$A=23$，$c=2$，$k=3$ 时调用 solve(c,k,A)的输出结果如下：

```
求解结果
    面额为 8 的硬币个数=2
    面额为 4 的硬币个数=1
    面额为 2 的硬币个数=1
    面额为 1 的硬币个数=1
兑换金额 23 的最小硬币个数=5
```

现在证明上述贪心法算法的正确性。假设采用上述贪心法求出的零钱兑换方案是 $N=(n_0,n_1,\cdots,n_k)$，即 $\sum_{i=0}^{k} n_i c^i = A$，其中 $n_i(0\leqslant i\leqslant k)$ 表示面额为 c^i 的硬币个数。

采用反证法，如果有一种非贪心法算法求出的最优零钱兑换方案是 $M=(m_0,m_1,\cdots,m_k)$，即兑换的金额是 $\sum_{i=0}^{k} m_i c^i = A$，并且 $M\neq N$。

注意在最优解中，除 m_k 可能大于 c 以外，其他 $m_i(0\leqslant i\leqslant k-1)$ 一定小于 c，即 $m_i\leqslant c-1$，因为当 $m_i>c$ 时，选择将 c 个 m_i 兑换成一个更大面额的硬币，总硬币个数会更少。

假设从 k 开始比较直到 $j(j\leqslant k)$ 有 $m_j\neq n_j$，并且 $m_i=n_i(j+1\leqslant i\leqslant k)$，则

$$\sum_{i=0}^{j-1} m_i c^i \leqslant \sum_{i=0}^{j-1}(c-1)c^i=(c-1)\sum_{i=0}^{j-1}c^i=(c-1)\ \frac{c^j-1}{c-1}=c^j-1<c^j$$

这说明非贪心法求最优解的算法中从面额 c^0 到 c^{j-1} 的硬币无论怎么选择总金额都小于 c^j。另外由于贪心法算法每次尽可能选择面额大的硬币进行兑换，所以一定有 $n_j>m_j$，不妨取最小差，即 $n_j=m_j+1$。这样：

$$\sum_{i=0}^{k} n_i c^i - \sum_{i=0}^{k} m_i c^i = \sum_{i=0}^{j-1} n_i c^i - \sum_{i=0}^{j-1} m_i c^i + n_j c^j - m_j c^j + \sum_{i=j+1}^{k} n_i c^i - \sum_{i=j+1}^{k} m_i c^i = 0$$

即

$$\sum_{i=0}^{j-1} n_i c^i - \sum_{i=0}^{j-1} m_i c^i + c^j = 0$$

也就是说：

$$\sum_{i=0}^{j-1} n_i c^i = \sum_{i=0}^{j-1} m_i c^i - c^j < 0$$

按照贪心法算法的过程可知$\sum_{i=0}^{j-1} n_i c^i$ 的最小值为 0，与上式矛盾，说明不存在这样的非贪心最优解。问题即证。

注意并非任何面额的零钱兑换问题都可以用上述贪心法求最少的硬币个数。例如，硬币面额分别为 1、4、5 和 10 时，$A=18$，采用贪心法求出的兑换硬币个数为 5(一个面额为 10、一个面额为 5 和 3 个面额为 1 的硬币)，而实际最优解是 3(一个面额为 10 和两个面额为 4 的硬币)。

7.3 求解图问题

图是应用最为广泛的一种数据结构，求带权连通图最小生成树的 Prim 和 Kruskal 算法以及求带权图最短路径长度的 Dijkstra 算法都是著名的图算法，它们都是采用贪心策略，本节讨论这些算法的设计和应用。

7.3.1 使用 Prim 算法构造最小生成树

1. Prim 算法的构造过程

Prim(普里姆)算法是一种构造性算法。假设 $G=(V,E)$是一个具有 n 个顶点的带权连通图，$T=(U,\mathrm{TE})$是 G 的最小生成树，其中 U 是 T 的顶点集，TE 是 T 的边集，则由 G 构造从起始顶点 v 出发的最小生成树 T 的步骤如下。

① 初始化 $U=\{v\}$，以 v 到其他顶点的所有边为候选边。

② 重复以下步骤 $n-1$ 次，使得其他 $n-1$ 个顶点被加入 U 中：以顶点集 U 和顶点集 $V-U$ 之间的所有边(称为割集，用$(U,V-U)$表示)作为候选边，从中挑选权值最小的边(称为轻边)加入 TE，设该边在 $V-U$ 中的顶点是 k，将 k 加入 U 中。再考查当前 $V-U$ 中的所有顶点 j，修改候选边，若(k,j)的权值小于原来和顶点 j 关联的候选边，则用(k,j)取代后者作为候选边。

例如，对于如图 7.4(a)所示的带权连通图 G，采用 Prim 算法从顶点 0 出发构造的最小生成树如图 7.4(b)所示，图中各边上圆圈内的数字表示 Prim 算法输出边的顺序。

从中看出，Prim 算法每步都是将顶点分为 U 和 $V-U$ 两个顶点集，贪心策略是在这两个顶点集中选择最小边。

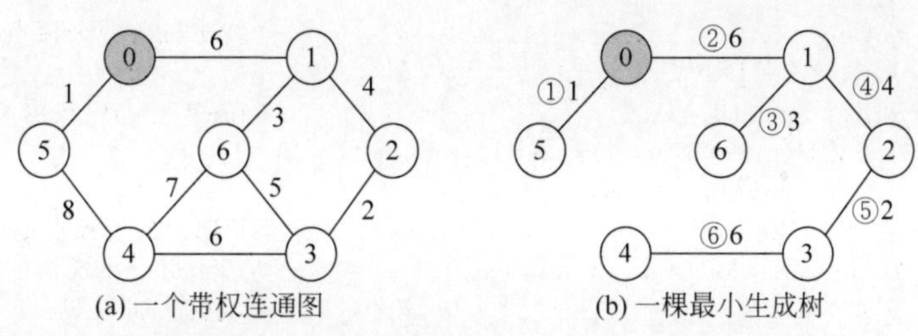

(a) 一个带权连通图
(b) 一棵最小生成树

图 7.4　一个带权连通图及其一棵最小生成树

2. Prim 算法的设计

带权图采用邻接矩阵 **A** 存储，起始点为 v，Prim 算法的关键设计如下。

① 设置 U 数组，$U[i]=1$ 表示顶点 i 属于 U 集，$U[i]=0$ 表示顶点 i 属于 $V-U$ 集。

② 设置两个一维数组 closest 和 lowcost。对于 $V-U$ 集中的顶点 j($U[j]=0$)，它到顶点集 U 中可能有多条边，其中权值最小的边用 lowcost[j]和 closest[j]表示，lowcost[j]是该边的权值，closest[j]表示该边在 U 中的顶点，如图 7.5 所示，closest[j]=k。

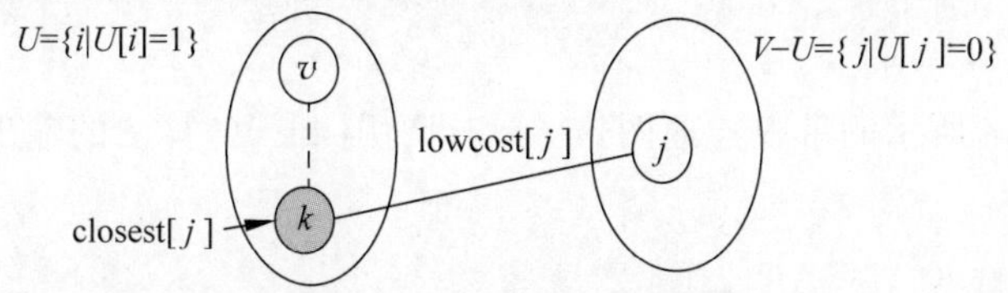

图 7.5　顶点集合 U 和 $V-U$

③ 首先 U 仅包含起始点 v，其他顶点属于 $V-U$ 集，初始化 lowcost 和 closest 数组的过程是置 lowcost[j]=A[v][j]，closest[j]=v(若 lowcost[j]=∞，表示顶点 j 到 U 没有边)。

④ 然后循环 $n-1$ 次将 $V-U$ 中的所有顶点添加到 U 中：在 $V-U$ 中找 lowcost 值最小的边(k,j)，输出该边作为最小生成树的一条边，将顶点 k 添加到 U 中，此时 $V-U$ 中减少了一个顶点。因为 U 发生改变需要修改 $V-U$ 中每个顶点 j 的 lowcost[j]和 closest[j]值，实际上只需要将 lowcost[j](U 中没有添加 k 之前的最小边的权值)与 A[k][j]比较，若前者较小，不做修改；若后者较小，将(k,j)作为顶点 j 的最小边，即置 lowcost[j]=A[k][j]，closest[j]=k。

最小生成树采用列表 T 存放，其中每个元素形如[u,v,w]，表示一条边(u,v)，权值为 w。对应的 Prim 算法如下：

```
INF=0x3f3f3f3f
def Prim(A,n,v):                      #Prim 算法
    T=[]                              #存放最小生成树
    lowcost=[INF]*n
    U=[0]*n
    closest=[0]*n
    for j in range(0,n):              #初始化 lowcost 和 closest 数组
        lowcost[j]=A[v][j]
        closest[j]=v
    U[v]=1                            #源点加入 U
```

```
    for i in range(1,n):                          #找出(n-1)个顶点
        mincost,k=INF,-1
        for j in range(0,n):                      #在(V-U)中找出离U最近的顶点k
            if U[j]==0 and lowcost[j]<mincost:
                mincost=lowcost[j]
                k=j                               #k记录最近顶点的编号
        T.append([closest[k],k,mincost])          #产生最小生成树的一条边
        U[k]=1                                    #顶点k加入U
        for j in range(0,n):                      #修改数组lowcost和closest
            if U[j]==0 and A[k][j]<lowcost[j]:
                lowcost[j]=A[k][j]
                closest[j]=k
    return T

def solve(A,n,v):                                 #构造一棵最小生成树
    ans=Prim(A,n,v)
    print("一棵最小生成树")
    for x in ans:
        print(" [%d,%d]:%d"%(x[0],x[1],x[2]),end='')
    print()
```

对于如图 7.4(a)所示的带权连通图，$v=0$ 时调用 solve()算法的输出结果如下：

```
一棵最小生成树
    [0,5]:1 [0,1]:6 [1,6]:3 [1,2]:4 [2,3]:2 [3,4]:6
```

【算法分析】 在 Prim()算法中有两重 for 循环，所以时间复杂度为 $O(n^2)$，其中 n 为图的顶点个数。从中看出执行时间与图边数 e 无关，所以该算法适合稠密图构造最小生成树。

3. Prim 算法的正确性证明

Prim 算法是一种贪心算法，如何理解 Prim 算法的最优子结构性质呢？先看一个示例，如图 7.6(a)所示的带权连通图，起始点 $v=0$，$U=\{0\}$，$V-U=\{1,2,3\}$，第一步的贪心选择是选取它们之间的最小边(0,3)，对应的子问题如图 7.6(b)所示，此时 $U=\{0,3\}$，$V-U=\{1,2\}$，相当于将 U 中的顶点 0 和 3 合并为一个顶点(称为缩点)，起始点为{0,3}，$V-U$ 中的每个顶点到 U 的边取最小边，该子问题的最小生成树为(0,1)，(1,2)，再加上(0,3)边就可以得到原问题的最小生成树(0,3)，(0,1)，(1,2)。

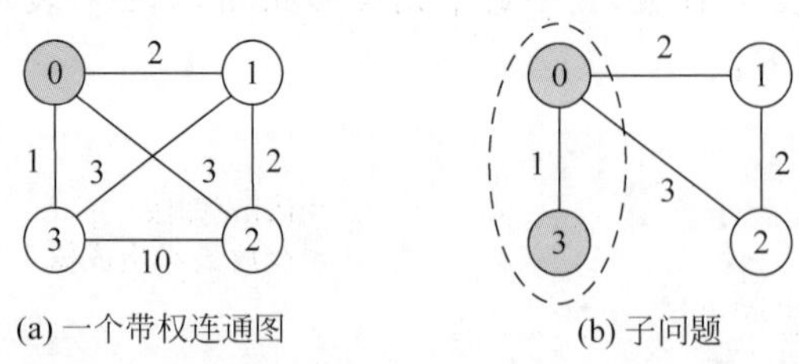

图 7.6　带权图和选择(0,3)边后的子问题

现在采用反证法证明 Prim 算法满足最优子结构性质。如果采用 Prim 算法求出原问题的生成树 T 是最小生成树，选择第一条边(v,a)后得到相应的子问题，假设该子问题采用

Prim 算法求出的生成树 T_1（$T=(v,a)\cup T_1$）不是最小的，而是最小生成树为 T_2，则 $(v,a)\cup T_2$ 得到原问题的一棵不同于 T 的更小的最小生成树，与 T 是原问题的最小生成树矛盾。最优子结构性质即证。

对于带权连通无向图 $G=(V,E)$，Prim 算法（假设起始点 $v=0$）的贪心选择性质可以通过对算法步骤的归纳来证明其正确性。

命题 7.1 对于任意正整数 $k<n$，存在一棵最小生成树 T 包含 Prim 算法的前 k 步选择的边。

证明：① $k=1$ 时，由前面的最优子结构性质证明可以得出命题是成立的。

② 假设算法进行了 $k-1$ 步，生成树的边为 $e_1,e_2,\cdots,e_{k-1}$，这些边的 k 个顶点构成集合 U，并且存在 G 的一棵最小生成树 T 包含这些边。算法的第 k 步选择了顶点 i_k，则 i_k 到 U 中顶点的边的权值最小，设这条边为 $e_k=(i_l,i_k)$。假设最小生成树 T 不含有边 e_k，将 e_k 添加到 T 中形成一个回路，如图 7.7 所示，这个回路一定有连接 U 与 $V-U$ 中顶点的边 e'，用 e_k 替换 e' 得到树 T'，即 $T'=(T-\{e'\})\cup\{e_k\}$。则 T' 也是一棵生成树，包含边 $e_1,e_2,\cdots,e_{k-1},e_k$，并且 T' 中所有边的权之和更小（除非 e' 与 e_k 的权相同），与 T 为一棵最小生成树矛盾，命题 7.1 即证。

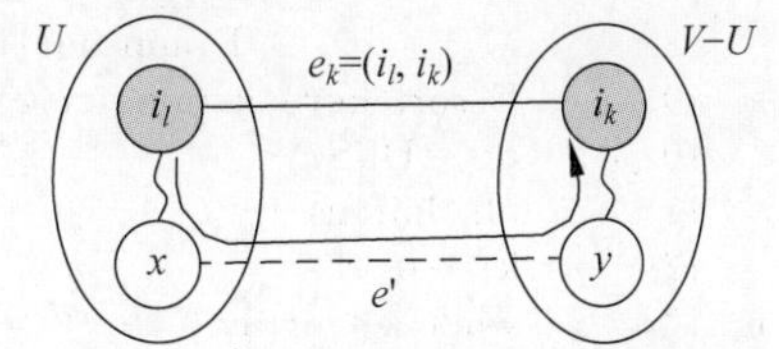

图 7.7 证明 Prim 算法的正确性

当命题 7.1 成立时，$k=n-1$ 即选择了 $n-1$ 条边，此时 U 包含 G 中的所有顶点，由 Prim 算法构造的 $T=(U,\mathrm{TE})$ 就是 G 的最小生成树。

7.3.2 使用 Kruskal 算法构造最小生成树

1. Kruskal 算法的构造过程

Kruskal（克鲁斯卡尔）算法按权值的递增次序选择合适的边来构造最小生成树。假设 $G=(V,E)$ 是一个具有 n 个顶点、e 条边的带权连通无向图，$T=(U,\mathrm{TE})$ 是 G 的最小生成树，则构造最小生成树的步骤如下。

① 置 U 的初值等于 V（即包含 G 中的全部顶点），TE 的初值为空集（即 T 中每个顶点都构成一个分量）。

② 将图 G 中的边按权值从小到大的顺序依次选取：若选取的边未使生成树 T 形成回路，则加入 TE；否则舍弃，直到 TE 中包含 $n-1$ 条边为止。

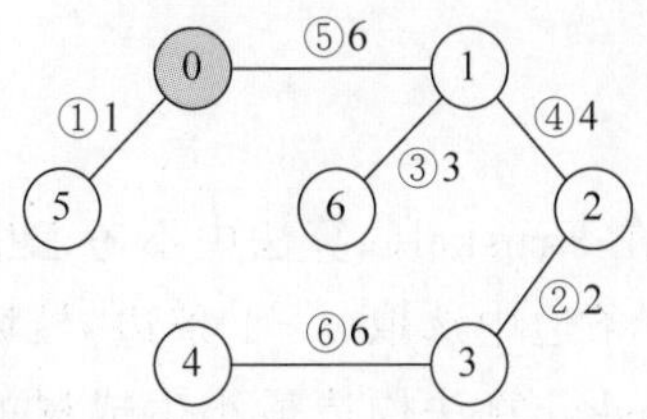

图 7.8 图 G 的一棵最小生成树

例如，如图 7.4(a) 所示的带权连通图 G 采用 Kruskal 算法构造的最小生成树为 (5,0)、(3,2)、(6,1)、(2,1)、(1,0)、(4,3)，如图 7.8 所示，图中各边上圆圈内的数字表示 Kruskal 算法输出的边的顺序。

从中看出，Kruskal 算法的贪心策略是每步都选择当前权值最小的边添加到最小生成树中。

2. Kruskal 算法的设计

实现 Kruskal 算法的关键是如何判断选取的边是否与生成树中已有的边形成回路，这可以通过并查集来解决，实际上无向图中两个顶点的连通性（两个顶点之间有路径时称它们是连通的)就是一种等价关系,一个非连通图可以按该等价关系划分为若干连通子图。

首先,U 中包含全部顶点,TE 为空,看成由 n 个连通分量构成的图,每个连通分量中只有一个顶点,当考虑一条边(u,v)时,若 u 和 v 属于两个不同的连通分量,则加入该边不会出现回路,否则会出现回路。这里每个连通分量就是并查集中的子集树。

用数组 E 存放图 G 中的所有边,按权值递增排序,再从头到尾依次考虑每一条边,若可以加入,则选择该边作为最小生成树的一条边,否则舍弃该边。对应的 Kruskal 算法如下:

```
#UFS 并查集类参见 2.10.2 节中第 1～23 行的代码
INF=0x3f3f3f3f
def Kruskal(A,n):                                   #Kruskal 算法
    T=[]                                            #存放最小生成树
    E=[]                                            #边集
    for i in range(0,n):                            #由 A 的下三角部分产生的边集 E
        for j in range(0,i):
            if A[i][j]!=0 and A[i][j]!=INF:
                E.append([i,j,A[i][j]])
    E.sort(key=itemgetter(2))                       #按边的权值递增排序
    ufs=UFS()                                       #定义并查集对象
    ufs.Init(n)                                     #初始化并查集
    k,j=0,0                                         #k 表示当前构造生成树的边数
    while k<n-1:                                    #生成的边数小于 n-1 时循环
        u1,v1=E[j][0],E[j][1]                       #取一条边(u1,v1)
        sn1,sn2=ufs.Find(u1),ufs.Find(v1)           #两个顶点所属的集合的编号
        if sn1!=sn2:                                #添加该边不会构成回路
            T.append([u1,v1,E[j][2]])               #产生最小生成树的一条边
            k+=1                                    #生成的边数增 1
            ufs.Union(sn1,sn2)                      #将 sn1 和 sn2 两个顶点合并
        j+=1                                        #遍历下一条边
    return T

def solve(A,n):                                     #构造一棵最小生成树
    ans=Kruskal(A,n)
    print("一棵最小生成树")
    for x in ans:
        print(" [%d,%d]:%d"%(x[0],x[1],x[2]),end='')
    print()
```

对于如图 7.4(a)所示的带权连通图,$v=0$ 时调用 solve()算法的输出结果如下:

```
一棵最小生成树
  [5,0]:1 [3,2]:2 [6,1]:3 [2,1]:4 [1,0]:6 [4,3]:6
```

【算法分析】 若带权连通无向图 G 有 n 个顶点、e 条边,在 Kruskal()算法中不考虑生成边数组 E 的过程,排序时间为 $O(e\log_2 e)$,while 循环是在 e 条边中选取 $n-1$ 条边,最坏情况下执行 e 次,Union 的执行时间接近 $O(1)$,所以上述 Kruskal 算法构造最小生成树的时间复杂度为 $O(e\log_2 e)$。从中看出执行时间与图顶点数 n 无关而与边数 e 相关,所以该算法适合稀疏图构造最小生成树。

3. Kruskal 算法的正确性证明

Kruskal 算法和 Prim 算法都是贪心算法,其正确性证明与 Prim 算法类似,这里不再详述。

7.3.3 实战——连接所有点的最小费用(LeetCode1584★★)

1. 问题描述

给定一个 points 数组($1\leqslant$points. length$\leqslant 1000$),表示二维平面上的一些点,其中 points[i]={x_i,y_i}($-10^6\leqslant x_i,y_i\leqslant 10^6$)。连接两个点{$x_i$,$y_i$}和{$x_j$,$y_j$}的费用为它们之间的曼哈顿距离,即$|x_i-x_j|+|y_i-y_j|$。求将所有点连接的最小总费用,只有在任意两点之间有且仅有一条简单路径时才认为所有点都已连接。例如,points={{0,0},{2,2},{3,10},{5,2},{7,0}},答案为 20。

2. 问题求解 1

扫一扫

视频讲解

将本题给定的 n 个点看成一个完全无向图,边的权值为对应两个点之间的曼哈顿距离,问题转换为求最小生成树的长度(最小生成树中所有边的权之和)。采用 Prim 算法求解对应的算法如下:

```
class Solution:
    def minCostConnectPoints(self, points: List[List[int]]) -> int:
        self.INF=0x3f3f3f3f
        n=len(points)
        if n==1:return 0
        if n==2:return self.distance(points,0,1)
        return self.Prim(points,n,0)

    def distance(self,p,i,j):                          #求 p[i]和 p[j]的曼哈顿距离
        return abs(p[i][0]-p[j][0])+abs(p[i][1]-p[j][1])

    def Prim(self,p,n,v):                              #Prim 算法
        lowcost=[self.INF] * n
        U=[0] * n
        closest=[0] * n
        for j in range(0,n):                           #初始化 lowcost 和 closest 数组
            lowcost[j]=self.distance(p,v,j)
            closest[j]=v
        ans=0                                          #存放最小生成树的长度
        U[v]=1                                         #源点加入 U
        for i in range(1,n):                           #找出(n-1)个顶点
            mincost=self.INF
            k=-1
            for j in range(0,n):                       #在(V-U)中找出离 U 最近的顶点 k
                if U[j]==0 and lowcost[j]< mincost:
                    mincost=lowcost[j]
                    k=j                                #k 记录最近顶点的编号
            ans+=mincost                               #产生最小生成树的一条边
            U[k]=1                                     #顶点 k 加入 U
            for j in range(0,n):                       #修改数组 lowcost 和 closest
                if U[j]==0 and self.distance(p,k,j)< lowcost[j]:
                    lowcost[j]=self.distance(p,k,j)
                    closest[j]=k
        return ans
```

上述程序的提交结果为通过,执行用时为 704ms,内存消耗为 15.3MB。

3. 问题求解 2

采用 Kruskal 算法求解对应的算法如下：

扫一扫

视频讲解

```
#UFS 并查集类参见 2.10.2 节中第 1～23 行的代码
class Solution:
    def minCostConnectPoints(self, points: List[List[int]]) -> int:
        self.INF=0x3f3f3f3f
        n=len(points)
        if n==1:return 0
        if n==2:return self.distance(points,0,1)
        return self.Kruskal(points,n)

    def distance(self,p,i,j):                            #求 p[i]和 p[j]的曼哈顿距离
        return abs(p[i][0]-p[j][0])+abs(p[i][1]-p[j][1])

    def Kruskal(self,p,n):                               #Kruskal 算法
        ufs=UFS()
        E=[]                                             #边集
        for i in range(0,n):                             #由 A 的下三角部分产生的边集 E
            for j in range(0,i):
                E.append([i,j,self.distance(p,i,j)])
        E.sort(key=itemgetter(2))                        #按边的权值递增排序
        ans=0
        ufs.Init(n)                                      #初始化并查集
        k,j=0,0                                          #k 表示当前构造生成树的边数
        while k<n-1:                                     #生成的边数小于 n-1 时循环
            u1,v1=E[j][0],E[j][1]                        #取一条边(u1,v1)
            sn1,sn2=ufs.Find(u1),ufs.Find(v1)            #两个顶点所属的集合的编号
            if sn1!=sn2:                                 #添加该边不会构成回路
                ans+=E[j][2]                             #产生最小生成树的一条边
                k+=1                                     #生成的边数增 1
                ufs.Union(sn1,sn2)                       #将 sn1 和 sn2 两个顶点合并
            j+=1                                         #遍历下一条边
        return ans
```

上述程序的提交结果为通过，执行用时为 1172ms，内存消耗为 96.9MB。从中看出，由于本题的图是一个完全图，所以 Prim 算法的性能优于 Kruskal 算法(Prim 算法的执行时间和内存消耗分别仅为 Kruskal 算法的 60%和 15.8%)。

7.3.4 使用 Dijkstra 算法求单源最短路径

1. Dijkstra 算法的构造过程

设 $G=(V,E)$是一个带权有向图，所有边的权值为正数，给定一个源点 v，求 v 到图中其他顶点的最短路径长度。Dijkstra(迪杰斯特拉)算法的思路是把图中顶点集合 V 分成两组，第 1 组为已求出最短路径的顶点集合(用 S 表示)，初始时 S 中只有一个源点 v，第 2 组为其余未求出最短路径的顶点集合(用 U 表示)。以后每求得一条最短路径 $v,\cdots,u$，就将 u 加入集合 S 中(重复 $n-1$ 次)，直到全部顶点都加入 S 中。

在向 S 中添加顶点 u 时，对于 U 中的每个顶点 j，如果顶点 u 到顶点 j 有边(权值为 w_{uj})，且原来从顶点 v 到顶点 j 的路径长度(D_{vj})大于从顶点 v 到顶点 u 的路径长度(D_{vu})

与 w_{uj} 之和，即 $D_{vj}>D_{vu}+w_{uj}$，如图 7.9 所示，则将 $v\cdots u\to j$ 的路径作为 v 到 j 的新最短路径，即 $D_{vj}=\min(D_{vj},D_{vu}+w_{uj})$。

Dijkstra 算法的过程如下。

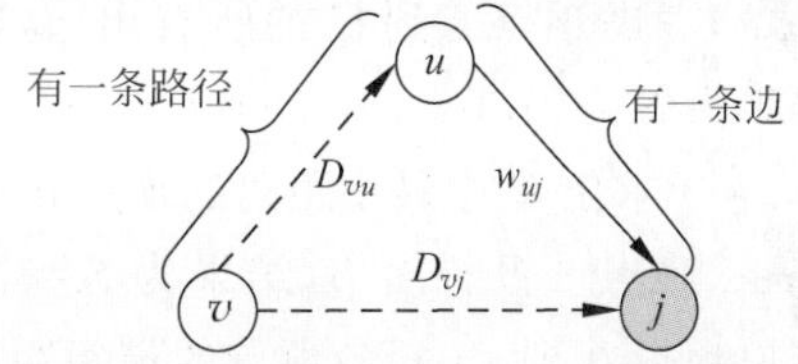

图 7.9　求顶点 v 到顶点 j 的最短路径

① 初始时，S 中只包含源点，即 $S=\{v\}$，顶点 v 到自己的距离为 0。U 包含除 v 以外的其他顶点，v 到 U 中顶点 i 的距离为边上的权(若 v 与 i 有边 $<v,i>$)或∞(若 i 不是 v 的出边邻接点)。

② 从 U 中选取一个顶点 u，顶点 v 到顶点 u 的距离最小，然后把顶点 u 加入 S 中(该选定的距离就是 v 到 u 的最短路径长度)。

③ 以顶点 u 为新考虑的中间点，若从源点 v 到顶点 j($j\in U$)经过顶点 u 的路径长度比原来不经过顶点 u 的路径长度小，则修改从顶点 v 到顶点 j 的最短路径长度，也就是说对 $<u,j>$ 边做松弛操作。

④ 重复步骤②和③，直到 S 中包含全部顶点。

从中看出 Dijkstra 算法是一种贪心算法，其贪心策略就是每次从 U 中选择最小距离的顶点 u(dist[u]是 U 中所有顶点的 dist 值最小者)。

2. Dijkstra 算法的设计

设置一个数组 dist[0..$n-1$]，dist[i]用来保存从源点 v 到顶点 i 的目前最短路径长度，它的初值为 $<v,i>$ 边上的权值，若顶点 v 到顶点 i 没有边，则 dist[i]置为∞。以后每考虑一个新的中间点，dist[i]的值可能被修改而变小，当 U 中包含全部顶点时，dist 数组就是源点 v 到其他所有顶点的最短路径长度。

例如，对于如图 7.10 所示的带权有向图，在采用 Dijkstra 算法求从顶点 0 到其他顶点的最短路径时，$n=7$，初始化 $S=\{0\}$，$U=\{1,2,3,4,5,6\}$，dist=$\{0,4,6,6,\infty,\infty,\infty\}$。

① 求出 U 中最小距离的顶点 $u=1$(dist[1]=4)，将顶点 1 从 U 中移到 S 中，置 S[1]=True，考虑顶点 1 到 U 的所有出边，顶点 1 到 2 有边，修改 dist[2]=min{6,4+1}=5；顶点 1 到 4 有边，修改 dist[4]=min{∞,4+7}=11，结果为 $S=\{0,1\}$，$U=\{2,3,4,5,6\}$，dist=$\{0,4,5,6,11,\infty,\infty\}$。

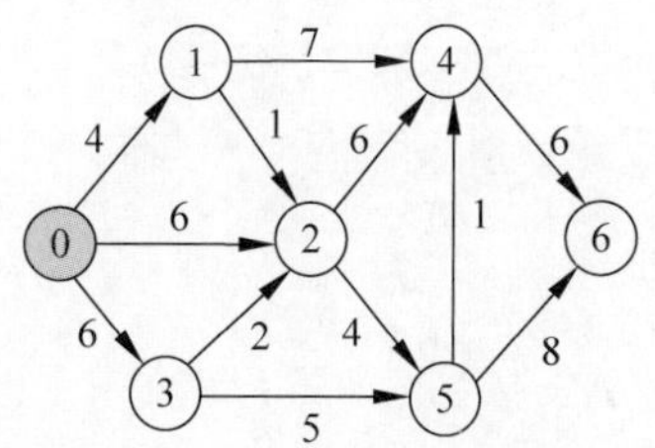

图 7.10　一个带权有向图

② 求出 U 中最小距离的顶点 $u=2$(dist[2]=5)，将顶点 2 从 U 中移到 S 中，置 S[2]=True，考虑顶点 2 到 U 的所有出边，顶点 2 到 4 有边，dist[4]未修改；顶点 2 到 5 有边，修改 dist[5]=min{∞,5+4}=9，结果为 $S=\{0,1,2\}$，$U=\{3,4,5,6\}$，dist=$\{0,4,5,6,11,9,\infty\}$。

③ 求出 U 中最小距离的顶点 $u=3$(dist[3]=6)，将顶点 3 从 U 中移到 S 中，置 S[3]=True，考虑顶点 3 到 U 的所有出边，顶点 3 到 5 有边，dist[5]未修改，结果为 $S=\{0,1,2,3\}$，$U=\{4,5,6\}$，dist=$\{0,4,5,6,11,9,\infty\}$。

④ 求出 U 中最小距离的顶点 $u=5$(dist[5]=9)，将顶点 5 从 U 中移到 S 中，置 S[5]=True，考虑顶点 5 到 U 的所有出边，顶点 5 到 4 有边，修改 dist[4]=min{11,9+1}=10；顶点 5 到 6 有边，修改 dist[6]=min{∞,9+8}=17，结果为 $S=\{0,1,2,3,5\}$，$U=\{4,6\}$，dist=

{0,4,5,6,10,9,17}。

⑤ 求出 U 中最小距离的顶点 u=4(dist[4]=10),将顶点 4 从 U 中移到 S 中,置 S[4]=True,考虑顶点 4 到 U 的所有出边,顶点 4 到 6 有边,修改 dist[6]=min{17,10+6}=16,结果为 S={0,1,2,3,5,4},U={6},dist={0,4,5,6,10,9,16}。

⑥ 求出 U 中最小距离的顶点 u=6(dist[6]=16),将顶点 6 从 U 中移到 S 中,置 S[6]=True,顶点 6 没有出边,结果为 S={0,1,2,3,5,4,6},U={},dist={0,4,5,6,10,9,16}。所以顶点 0 到 1~6 各顶点的最短距离分别为 4、5、6、10、9 和 16。

采用邻接矩阵 **A** 存放图的 Dijkstra 算法如下(v 为源点):

```
def Dijkstra(A,n,v):                          #Dijkstra 算法
    global dist
    dist=[0]*n
    S=[False]*n
    for i in range(0,n):
        dist[i]=A[v][i]                       #初始化距离
    S[v]=True                                 #将源点 v 放入 S 中
    for i in range(0,n-1):                    #循环 n-1 次
        u,mindis=-1,INF
        for j in range(0,n):                  #选取 U 中具有最小距离的顶点 u
            if not S[j] and dist[j]<mindis:
                u=j
                mindis=dist[j]
        if u==-1:break
        S[u]=True                             #将顶点 u 加入 S 中
        for j in range(0,n):                  #修改 U 中顶点的距离
            if not S[j] and A[u][j]!=0 and A[u][j]<INF:
                dist[j]=min(dist[j],dist[u]+A[u][j])

def solve(A,n,v):                             #求单源最短路径长度
    Dijkstra(A,n,v)
    print("顶点%d 出发的最短路径长度"%(v))
    for i in range(0,n):
        if i!=v:print("  顶点%d 到顶点%d 的最短路径长度=%d"%(v,i,dist[i]))
```

对于如图 7.10 所示的带权有向图,v=0 时调用 solve()算法的输出结果如下:

```
顶点 0 出发的最短路径长度
  顶点 0 到顶点 1 的最短路径长度=4
  顶点 0 到顶点 2 的最短路径长度=5
  顶点 0 到顶点 3 的最短路径长度=6
  顶点 0 到顶点 4 的最短路径长度=10
  顶点 0 到顶点 5 的最短路径长度=9
  顶点 0 到顶点 6 的最短路径长度=16
```

【算法分析】 在 Dijkstra()算法中包含两重循环,所以时间复杂度为 $O(n^2)$,其中 n 为图中顶点的个数。

思考题: 对于稠密图,上述 Dijkstra 算法是非常有效的,对于稀疏图,如何改进其时间性能?

3. Dijkstra 算法的正确性证明

在 Dijkstra 算法中当顶点 u 添加到 S 中时,dist[u]存储了从源点 v 到 u 的最短路径长

度，因此在算法结束时 dist 数组计算出源点 v 到其他顶点的最短路径长度。Dijkstra 算法的正确性证明转换为证明以下命题成立。

命题 7.2 在 Dijkstra 算法中当顶点 u 添加到 S 中时，dist[u]等于从源点 v 到 u 的最短路径长度 $D[v,u]$（$D[i,j]$表示图中从顶点 i 到 j 的真实最短路径长度）。

证明：假设对于 V 中的某个顶点 t，dist[t]$>D[v,t]$，并设 u 是算法中添加到 S 中的第一个满足 dist[u]$>D[v,u]$的顶点。

因为存在从源点 v 到 u 的最短路径 P（否则 $D[v,u]=\infty=$dist[u]），所以考虑当 u 添加到 S 的时刻，令 z 是此时不在 S 中的 P 路径上的第一个顶点，令 y 是路径 P 中 z 的前一个顶点（可能有 $y=v$），如图 7.11 所示，可以看出根据所选择的顶点 z，顶点 y 此时已经在 S 中。

此外，dist[y]$=D[v,y]$，因为 u 是第一个不正确的顶点。当 y 添加到 S 中时，算法已经测试过（并且可能修改）dist[z]，而且在那时有 dist[z]$\leqslant$dist[y]$+A[y][z]=D[v,y]+A[y][z]$。

由于 z 是从 v 到 u 的最短路径上前面的顶点，这意味着 dist[z]$=D[v,z]$，但是现在选择的是将 u 添加到 S 中而不是 z，所以有 dist[u]$\leqslant$dist[z]（按照 Dijkstra 算法，越先添加到 S 中其 dist 越小）。

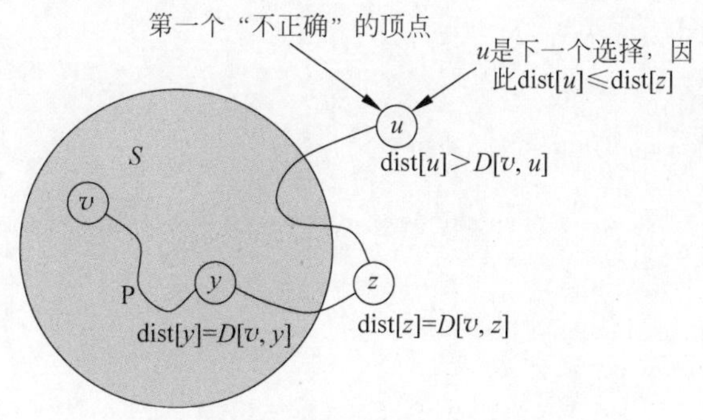

图 7.11 证明命题 7.2 的示意图

显然任何一条最短路径的子路径也是最短路径，由于 z 在从 v 到 u 的最短路径上，则有 $D[v,z]+D[z,u]=D[v,u]$。此外，$D[z,u]\geqslant 0$（因为图中没有负权），所以 dist[u]$\leqslant$dist[z]$=D[v,s]\leqslant D[v,z]+D[z,u]=D[v,u]$，这样与 u 的定义矛盾。因此这样的顶点 u 不存在。命题 7.2 即证。

7.3.5 实战——网络延迟时间(LeetCode743★★)

视频讲解

1. 问题描述

见 6.3.4 节的解，这里采用 Dijkstra 算法求解。

2. 问题求解

用邻接表 adj 存放带权有向图，先由边数组 times 创建 adj（注意顶点编号从 $1\sim n$ 改为 $0\sim n-1$），采用 Dijkstra 算法的过程求出 dist 数组，然后在 dist 数组中求最大值 ans，若 ans＝INF，说明不能使所有结点收到信号，返回－1，否则返回 ans。

在 Dijkstra 算法中每次找 dist 最小的顶点，为此采用优先队列（小根堆）minpq，其中元素为“[dist[i],i]”(源点 v 到顶点 i 的最小距离为 dist[i]),默认按 dist[i]越小越优先出队。首先将源点的“[dist[v],v]”进队,队列不空时循环,出队“[dist[u],u]”,找到顶点 u 的所有相邻点 v(<u,v>的权值为 w),若 $S[v]$为假并且 dist[u]+w<dist[v],则修改 dist[v]为 dist[u]+w,同时将“[dist[v],v]”进队,当队列空时便求出了 dist 数组。对应的算法如下:

```
class Solution:
    INF=0x3f3f3f3f
    def networkDelayTime(self, times: List[List[int]], n: int, k: int) -> int:
        adj=[[] for i in range(n)]                    #图的邻接表
        for x in times:                               #遍历 times 建立邻接表
            adj[x[0]-1].append([x[1]-1,x[2]])
        dist=self.Dijkstra(adj,n,k-1)
        ans=dist[0]
        for i in range(1,n):
            ans=max(ans,dist[i])
        if ans==self.INF:return -1
        else:return ans

    def Dijkstra(self,adj,n,v):                       #基于优先队列的 Dijkstra 算法
        dist=[self.INF] * n
        S=[False] * n
        minpq=[]                                      #定义一个小根堆
        dist[v]=0
        heapq.heappush(minpq,[dist[v],v])
        while minpq:
            x=heapq.heappop(minpq)                    #出队结点 e
            u=x[1]
            S[u]=True
            for e in adj[u]:
                v,w=e[0],e[1]
                if not S[v] and dist[u]+w<dist[v]:
                    dist[v]=dist[u]+w
                    heapq.heappush(minpq,[dist[v],v])
        return dist
```

上述程序提交时通过,执行时间为 80ms,内存消耗为 16.9MB。

7.4 求解调度问题

在实际中调度问题有许多形式,本节主要介绍不带惩罚和带惩罚的调度问题,并通过示例讨论其他调度问题。

7.4.1 不带惩罚的调度问题

有 n 个作业要在一台机器上加工,每个作业的加工时间可能不同,这样有些作业就需要等待,全部作业完工的时间为等待时间与加工时间之和,称为系统总时间。不带惩罚的调度问题的最优解是最小系统总时间,实际上 n 个作业的加工顺序不同对应的系统总时间也

不相同，该问题就是求一个具有最小系统总时间的加工顺序。例如有 4 个作业，编号为 0～3，加工时间分别是 5、3、4、2，如果按编号 0～3 依次加工，如表 7.4 所示，作业 i 的加工时间为 t_i、等待时间为 w_i，则其总时间 $s_i=t_i+w_i$，这样系统总时间 $T=5+8+12+14=39$。

如果采用基于排列树框架的回溯算法，对于每个排列求出其系统总时间，再通过比较求最小系统总时间，其时间性能十分低下。现在采用贪心法，贪心策略是选择当前加工时间最少的作业优先加工，也就是按加工时间递增排序，再按排序后的顺序依次加工，如表 7.5 所示为排序后 4 个作业依次加工的情况，这样系统总时间 $T=2+5+9+14=30$。从中看出，排序后性能提高了 23%。

表 7.4　4 个作业按编号依次加工的情况

序号 i	作业编号 no	加工时间 t_i	等待时间 w_i	总时间 s_i
0	0	5	0	5
1	1	3	5	8
2	2	4	8	12
3	3	2	12	14

表 7.5　排序后 4 个作业依次加工的情况

序号 i	作业编号 no	加工时间 t_i	等待时间 w_i	总时间 s_i
0	3	2	0	2
1	1	3	2	5
2	2	4	5	9
3	0	5	9	14

用数组 a 存放作业的加工时间，求最小系统总时间 T 的贪心算法如下：

```
def greedly(a):                    #贪心算法
    a.sort()                       #递增排序
    T,w=0,0                        #当前系统总时间和当前作业的等待时间
    for i in range(0,len(a)):      #依次处理各个作业
        T+=a[i]+w
        w+=a[i]
    return T
```

【算法分析】 算法的执行时间主要花费在排序上，对应的时间复杂度为 $O(n\log_2 n)$。

上述贪心算法在操作系统中称为最短时间优先算法，下面证明该算法的正确性。

命题 7.3　最短时间优先算法得到的系统总时间是最小系统总时间。

证明：n 个作业按加工时间递增排序后序号为 $0\sim n-1$，依次加工得到系统总时间为 T，假设 T 不是最小的，也就是按加工时间递增排序的系统总时间不是最小的，则至少有一个作业序号 $i(0\leqslant i\leqslant n-1)$，满足 $t_i>t_{i+1}$，对应的系统总时间 T'是最小系统总时间，可以重新调整原来的顺序，将作业 i 和作业 $i+1$ 交换(变为按加工时间递增排序，对应的系统总时间就是 T)，如图 7.12 所示(没有考虑其他相同的部分)，有 $T=T'+t_{i+1}-t_i$。因为 $t_i>t_{i+1}$，所以 $T<T'$，它与 T'是最优相矛盾，命题即证。

$t_i > t_{i+1}$ … t_i t_{i+1} … $T' = t_i + (t_i + t_{i+1})$

交换后有序 … t_{i+1} t_i … $T = t_{i+1} + (t_{i+1} + t_i)$

⇩

$T = T' + t_{i+1} - t_i$

图 7.12 证明命题 7.3 的示意图

7.4.2 带惩罚的调度问题

在带惩罚的调度问题中,通常假设 n 个作业的加工时间均为一个时间单位,时间用 0～maxd 的连续整数表示,每个作业有一个截止时间,当一个作业在其截止时间之后完成,对应有一个惩罚值,该问题的最优解是最小总惩罚值。

同样 n 个作业的加工顺序不同对应的总惩罚值是不同的,采用贪心法,贪心策略是选择当前惩罚值最大的作业优先加工,也就是按惩罚值递减排序,并且尽可能选择一个作业截止时间之前最晚的时间加工。按排序后的顺序依次加工如表 7.6 所示的 7 个作业(已经按惩罚值递减排序),假设每个作业需要一个时间单位加工,最大的截止时间为 6,设置一个布尔数组 days,days[i]表示时间 i 是否在加工(初始时所有元素设为 False),用 ans 表示最小总惩罚值(初始为 0)。

① $i=0$,其截止时间为 4,选择时间 4 加工,days[4]=True,不会惩罚,ans=0。

② $i=1$,其截止时间为 2,选择时间 2 加工,days[2]=True,不会惩罚,ans=0。

③ $i=2$,其截止时间为 4,选择时间 3 加工,days[3]=True,不会惩罚,ans=0。

④ $i=3$,其截止时间为 3,选择时间 1 加工,days[1]=True,不会惩罚,ans=0。

⑤ $i=4$,其截止时间为 1,时间 1 被占用,不能加工,需要惩罚,ans=30。

⑥ $i=5$,其截止时间为 4,时间 1～4 均被占用,不能加工,需要惩罚,ans=30+20=50。

⑦ $i=6$,其截止时间为 6,选择时间 6 加工,days[6]=True,不会惩罚,ans=50。

表 7.6 7 个作业

作业编号 no	截止时间 d_i	惩罚值 p_i
0	4	70
1	2	60
2	4	50
3	3	40
4	1	30
5	4	20
6	6	10

所以最小总惩罚值 ans=50,按作业 3,作业 1,作业 2,作业 0,作业 6 的顺序完成加工,作业 4 和作业 5 不能加工。用列表 a 存放 n 个作业,每个作业形如"截止时间,惩罚值",对应的贪心法算法如下:

```
def greedly(a):                                #贪心法算法
    n=len(a)
    maxd=0
    for i in range(0,n):maxd=max(maxd,a[i][0])
```

```
    days=[False]*(maxd+1)
    a.sort(key=itemgetter(1),reverse=True)             #按惩罚值递减排序
    ans=0
    for i in range(0,n):
      j=a[i][0]
      while j>0:                                       #查找截止日期之前的空时间
          if not days[j]:                              #找到空时间
              days[j]=True
              print(" 作业[%d,%d]在第%d 天完成"%(a[i][0],a[i][1],j))
              break
          j-=1
      if j==0:                                         #没有找到空时间
          ans+=a[i][1]                                 #累计惩罚值
          print(" 不能完成作业[%d,%d],惩罚%d"%(a[i][0],a[i][1],a[i][1]))
    return ans

def solve(a):                                          #求总惩罚值
    print("求解结果")
    ans=greedly(a)
    print(" 总惩罚值=",ans)
```

对于表 7.6 中的 7 个作业,调用 solve()算法的输出结果如下:

```
求解结果
    作业[4,70]在第 4 天完成
    作业[2,60]在第 2 天完成
    作业[4,50]在第 3 天完成
    作业[3,40]在第 1 天完成
    不能完成作业[1,30],惩罚 30
    不能完成作业[4,20],惩罚 20
    作业[6,10]在第 6 天完成
总惩罚值= 50
```

【算法分析】 上述算法有两重循环,对应的时间复杂度为 $O(n^2)$。

思考题: *如果每个作业的加工时间不同,如何修改上述算法?*

有关上述贪心法算法的正确性的证明,这里不再详述。如果改为一个作业在其截止时间之前(含)完成,对应有一个收益值,那么最优解就是最大总收益值,需要对所有作业按收益值递减排序,再采用同样的方式依次处理各作业。

7.5 哈夫曼编码

7.5.1 哈夫曼树和哈夫曼编码

1. 问题描述

设需要编码的字符集为 $d=\{d_0,d_1,\cdots,d_{n-1}\}$,它们出现的频率为 $w=\{w_0,w_1,\cdots,w_{n-1}\}$,应用哈夫曼树构造最优的不等长的由 0、1 构成的编码方案。

2. 问题求解

先构建以 n 个结点为叶子结点的哈夫曼树,然后由哈夫曼树产生各叶子结点对应字符的哈夫曼编码。

设二叉树具有 n 个带权值的叶子结点,从根结点到每个叶子结点都有一个路径长度。从根结点到各叶子结点的路径长度与相应结点权值的乘积的和称为该二叉树的带权路径长度(WPL),具有最小带权路径长度的二叉树称为哈夫曼树(也称最优树)。

根据哈夫曼树的定义,一棵二叉树要使其 WPL 值最小,必须使权值越大的叶子结点越靠近根结点,而权值越小的叶子结点越远离根结点,因此构造哈夫曼树的过程如下。

① 由给定的 n 个权值 $\{w_0,w_1,\cdots,w_{n-1}\}$ 构造 n 棵只有一个叶子结点的二叉树,从而得到一个二叉树的集合 $F=\{T_0,T_1,\cdots,T_{n-1}\}$。

② 在 F 中选取根结点的权值最小和次小的两棵二叉树作为左、右子树构造一棵新的二叉树,这棵新的二叉树的根结点的权值为其左、右子树根结点的权值之和,即合并两棵二叉树为一棵二叉树。

③ 重复步骤②,当 F 中只剩下一棵二叉树时,这棵二叉树便是所要建立的哈夫曼树。

例如,给定的 $d=\{$'a','b','c','d','e'$\}$,它们的权值集为 $w=\{4,2,1,7,3\}$,构造哈夫曼树的过程如图 7.13(a)~(e)所示(图中带阴影的结点表示为所属二叉树的根结点)。

利用哈夫曼树构造的用于通信的二进制编码称为哈夫曼编码。在哈夫曼树中从根到每个叶子都有一条路径,对路径上的各分支约定指向左子树的分支表示"0"码,指向右子树的分支表示"1"码,取每条路径上的"0"或"1"的序列作为和各个叶子对应的字符的编码,这就是哈夫曼编码。如图 7.13(a)~(e)所示的过程产生的哈夫曼编码如图 7.13(f)所示。

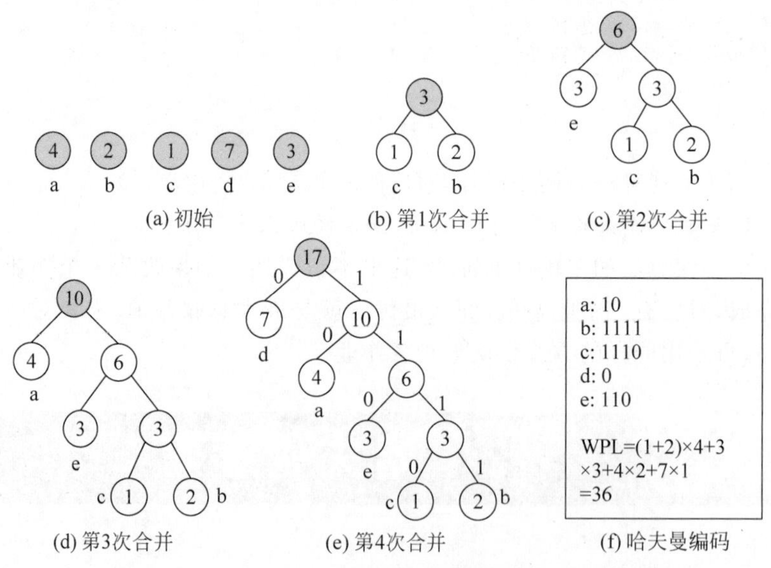

图 7.13　哈夫曼树的构造过程及其产生的哈夫曼编码

每个字符编码由 0、1 构成,并且没有一个字符编码是另一个字符编码的前缀,这种编码称为前缀码,哈夫曼编码就是一种最优前缀码。前缀码可以使译码过程变得十分简单,由于任一字符的编码都不是其他字符的前缀,从编码文件中不断取出代表某一字符的前缀码,转换为原字符,即可逐个译出文件中的所有字符。

在构造哈夫曼树的过程中，每次都合并两棵根结点权值最小的二叉树，这体现出贪心策略。那么是否可以像前面介绍的算法那样，先按权值递增排序，然后依次构造哈夫曼树呢？由于每次合并两棵二叉树时都要找最小和次小的根结点，而且新构造的二叉树也参加这一过程，如果每次都排序，这样花费的时间更多，所以采用优先队列（小根堆）来实现。

由 n 个权值构造的哈夫曼树的总结点个数为 $2n-1$，每个结点的二进制编码长度不会超过树高，可以推出这样的哈夫曼树的高度最多为 n。所以用一个数组 ht[0..$2n-2$]存放哈夫曼树，其中 ht[0..$n-1$]存放叶子结点，ht[n..$n-2$]存放其他需要构造的结点，ht[i].parent 为该结点的双亲在 ht 数组中的下标，ht[i].parent＝－1 表示它为根结点，ht[i].lchild、ht[i].rchild 分别为该结点的左、右孩子的位置。

对应的构造哈夫曼树的算法如下：

```
class HTreeNode:                          #哈夫曼树结点类型
    def __init__(self,d,w):               #构造方法
        self.val=d                        #结点对应的字符
        self.weight=w                     #权值
        self.parent=-1                    #双亲的位置
        self.left=-1                      #左孩子的位置
        self.right=1                      #右孩子的位置

class QNode:                              #优先队列结点类型
    def __init__(self):
        self.no=-1                        #对应哈夫曼树 ht 中的位置
        self.weight=0                     #权值
    def __lt__(self,other):               #指定按 weight 越小越优先出队
        if self.weight<other.weight:return True
        else:return False

def CreateHTree(d,w,n):                   #构造哈夫曼树
    global ht
    ht=[None]*(2*n-1)
    for i in range(0,n):
        ht[i]=HTreeNode(d[i],w[i])
    minpq=[]                              #小根堆
    for i in range(0,n):                  #将 n 个结点进队
        e=QNode()
        e.no,e.weight=i,ht[i].weight
        heapq.heappush(minpq,e)
    for j in range(n,2*n-1):              #构造哈夫曼树的 n-1 个非叶子结点
        e1=heapq.heappop(minpq)           #出队权值最小的结点 e1
        e2=heapq.heappop(minpq)           #出队权值次小的结点 e2
        ht[j]=HTreeNode('',e1.weight+e2.weight)    #构造哈夫曼树的非叶子结点 j
        ht[j].left=e1.no
        ht[j].right=e2.no
        ht[e1.no].parent=j                #修改 e1.no 的双亲为结点 j
        ht[e2.no].parent=j                #修改 e2.no 的双亲为结点 j
        e=QNode()
        e.no,e.weight=j,e1.weight+e2.weight        #构造队列结点 e
        heapq.heappush(minpq,e)
```

当一棵哈夫曼树创建后，ht[0..$n-1$]中的每个叶子结点对应一个哈夫曼编码，用

map<char,string>容器 htcode 存放所有叶子结点的哈夫曼编码,例如 htcode['a']="10"表示字符'a'的哈夫曼编码为 10。对应的构造哈夫曼编码的算法如下:

```
def CreateHCode():                          #构造哈夫曼编码
    global htcode
    htcode={}                               #用字典存放哈夫曼编码
    for i in range(0,n):                    #构造叶子结点 i 的哈夫曼编码
        code=""
        curno=i
        f=ht[curno].parent
        while f!=-1:                        #循环到根结点
            if ht[f].left==curno:           #curno 为双亲 f 的左孩子
                code='0'+code
            else:                           #curno 为双亲 f 的右孩子
                code='1'+code
            curno=f; f=ht[curno].parent
        htcode[ht[i].val]=code              #得到 ht[i].val 字符的哈夫曼编码
```

【算法分析】 由于采用小根堆,从堆中出队两个结点(权值最小的两个二叉树根结点)和加入一个新结点的时间复杂度都是 $O(\log_2 n)$,所以构造哈夫曼树算法的时间复杂度为 $O(n\log_2 n)$。生成哈夫曼编码的算法循环 n 次,每次查找路径恰好是根结点到一个叶子结点的路径,平均高度为 $O(\log_2 n)$,所以由哈夫曼树生成哈夫曼编码的算法的时间复杂度也为 $O(n\log_2 n)$。

现在证明算法的正确性,也就是证明以下两个命题是成立的。

命题 7.4 两个最小权值字符对应的结点 x 和 y 必须是哈夫曼树中最深的两个结点且它们互为兄弟。

证明: 假设 x 结点在哈夫曼树(最优树)中不是最深的,那么存在一个结点 z,有 $w_z > w_x$,但它比 x 深,即 $l_z > l_x$,此时结点 x 和 z 的带权和为 $w_x \times l_x + w_z \times l_z$。

如果交换 x 和 z 结点的位置,其他不变,如图 7.14 所示,交换后的带权和为 $w_x \times l_z + w_z \times l_x$,则有 $w_x \times l_z + w_z \times l_x < w_x \times l_x + w_z \times l_z$。

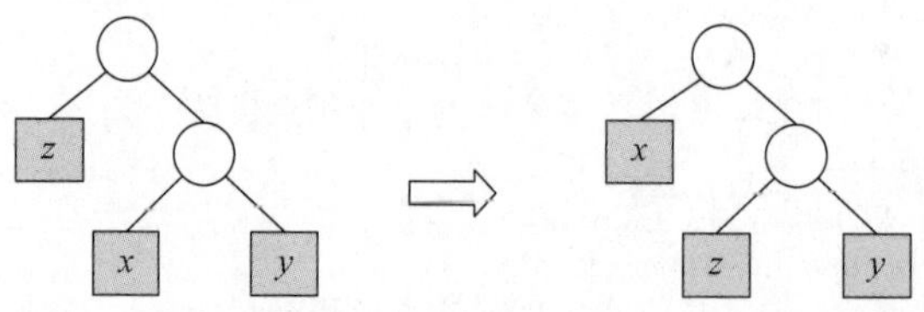

图 7.14 交换 x、z 结点

这是因为 $w_x \times l_z + w_z \times l_x - (w_x \times l_x + w_z \times l_z) = w_x(l_z - l_x) - w_z(l_z - l_x) = (w_x - w_z)(l_z - l_x) < 0$(由前面所设有 $w_z > w_x$ 和 $l_z > l_x$)。

这就与交换前的树是最优树的假设矛盾,所以该命题成立。

命题 7.5 设 T 是字符集 C 对应的一棵哈夫曼树,结点 x 和 y 是兄弟,它们的双亲为 z,如图 7.15 所示,显然有 $w_z = w_x + w_y$,现删除结点 x 和 y,让 z 变为叶子结点,那么这棵新树 T_1 一定是字符集 $C_1 = C - \{x, y\} \cup \{z\}$ 的最优树。

证明: 设 T 和 T_1 的带权路径长度分别为 WPL(T)和 WPL(T_1),则有 WPL(T)=WPL(T_1)$+w_x+w_y$。这是因为 WPL(T_1)含有 T 中除 x、y 以外的所有叶子结点的带权

路径长度和，另外加上 z 的带权路径长度。

假设 T_1 不是最优的，则存在另一棵树 T_2，有 $\mathrm{WPL}(T_2)<\mathrm{WPL}(T_1)$。由于结点 $z\in C_1$，则 z 在 T_2 中一定是一个叶子结点。若将 x 和 y 加入 T_2 中作为结点 z 的左、右孩子，则得到表示字符集 C 的前缀树 T_3，如图 7.16 所示，则有 $\mathrm{WPL}(T_3)=\mathrm{WPL}(T_2)+w_x+w_y$。

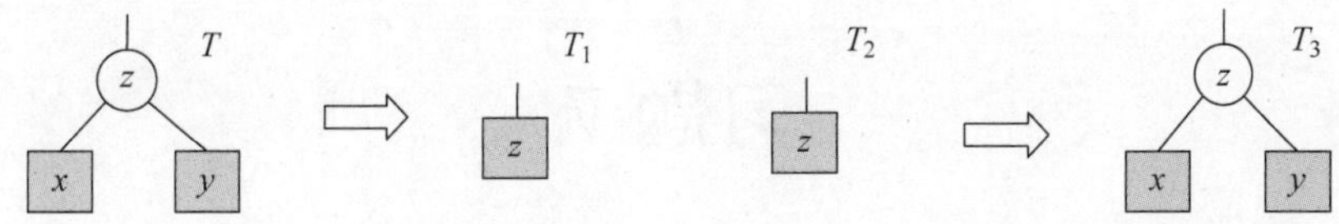

图 7.15　由 T 删除 x、y 结点得到 T_1　　　图 7.16　由 T_2 添加 x、y 结点得到 T_3

由前面的几个式子看到 $\mathrm{WPL}(T_3)=\mathrm{WPL}(T_2)+w_x+w_y<\mathrm{WPL}(T_1)+w_x+w_y=\mathrm{WPL}(T)$。

这与 T 为 C 的哈夫曼树的假设矛盾，本命题即证。

命题 7.4 说明该算法满足贪心选择性质，即通过合并来构造一棵哈夫曼树的过程可以从合并两个权值最小的字符开始；命题 7.5 说明该算法满足最优子结构性质，即该问题的最优解包含其子问题的最优解，所以采用哈夫曼树算法产生的树一定是一棵最优树。

扫一扫

视频讲解

7.5.2　实战——最后一块石头的重量(LeetCode1046★)

1. 问题描述

有 $n(1\leqslant n\leqslant 30)$块石头，每块石头的重量都是正整数(重量为 1～1000)。每次从中选出两块最重的石头，然后将它们一起粉碎。假设石头的重量分别为 x 和 y，且 $x\geqslant y$，那么粉碎的可能结果如下。

① 如果 $x=y$，那么两块石头都会被完全粉碎。

② 如果 $x\neq y$，那么重量为 y 的石头将会被完全粉碎，而重量为 x 的石头的新重量为 $x-y$。

最后最多只会剩下一块石头，求此石头的重量，如果没有石头剩下，结果为 0。

2. 问题求解

本题选石头的过程与构造哈夫曼树的过程类似，只是这里选的是两块最重的石头，用优先队列(大根堆)求解，每次出队两块最重的石头 x 和 $y(x\geqslant y)$，然后将 $x-y$ 进队，直到仅有一块石头为止。由于 heapq 默认为小根堆，所以将进队的整数加上负号，在出队时再加上负号进行恢复，从而变为大根堆。对应的代码如下：

```
class Solution:
    def lastStoneWeight(self, stones: List[int]) -> int:
        maxpq=[]                                    #大根堆
        for i in range(0,len(stones)):
            heapq.heappush(maxpq,-stones[i])        #所有石头进队
        x,y=0,0
        while maxpq:
            x=-heapq.heappop(maxpq)
```

```
            if not maxpq:return x                    #若 x 是最后的石头,返回 x
            y=-heapq.heappop(maxpq)                  #若 x 不是最后的石头,则再出队 y
            heapq.heappush(maxpq,-(x-y))             #粉碎后的新重量为 x-y(x≥y)
        return x
```

上述程序提交时通过,执行时间为 40ms,内存消耗为 15MB。

习题 7

扫一扫

练习题

扫一扫

自测题

第8章 保存子问题的解——动态规划

动态规划(Dynamic Programming,DP)是 R. E. Bellman 等在20世纪50年代提出的一种求解决策过程最优化的数学方法,核心思想是把多阶段过程转化为一系列单阶段问题,利用各阶段之间的关系逐个求解。动态规划的基本原理与算法设计相结合形成一种重要的算法设计策略(主要用于求解问题的最优解)。本章介绍动态规划求解问题的一般方法,并讨论动态规划求解的经典示例。本章的学习要点和学习目标如下:

(1) 掌握动态规划的原理以及采用动态规划求解问题需要满足的基本特性。

(2) 掌握各种动态规划经典算法的设计过程和分析方法。

(3) 理解利用滚动数组优化算法空间的方法。

(4) 综合运用动态规划解决一些复杂的实际问题。

8.1 动态规划概述

动态规划将要解决的问题转换为一系列的子问题并且逐步加以解决，将前面解决的子问题的结果作为后续解决的子问题的条件，并且避免无意义的穷举。

8.1.1 从一个简单示例入门

扫一扫

视频讲解

【例 8-1】 (LeetCode70★)一个楼梯有 $n(1\leqslant n\leqslant 100)$ 个台阶，上楼可以一步上一个台阶，也可以一步上两个台阶，设计一个算法求上该楼梯共有多少种不同的走法。

解 设 $f(n)$ 表示上 n 个台阶的楼梯的不同走法数，显然，$f(1)=1$，$f(2)=2$(一种走法是一步上一个台阶，需走两步；另一种走法是一步上两个台阶)。

对于大于 2 的 n 个台阶的楼梯：一种走法是第一步上一个台阶，剩余 $n-1$ 个台阶的走法数是 $f(n-1)$，如图 8.1(a)所示，该走法的不同走法数为 $f(n-1)$；另一种走法是第一步上两个台阶，剩余 $n-2$ 个台阶的走法数是 $f(n-2)$，如图 8.1(b)所示，该走法的不同走法数为 $f(n-2)$，所以有 $f(n)=f(n-2)+f(n-1)$。

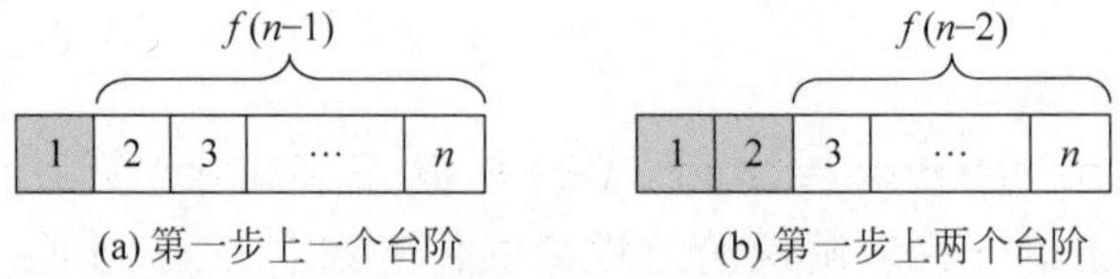

(a) 第一步上一个台阶　　(b) 第一步上两个台阶

图 8.1　第一步的两种不同走法

对应的递归模型如下：

$f(1)=1$

$f(2)=2$

$f(n)=f(n-2)+f(n-1)\quad n>2$

十分容易转换为如下递归算法 1：

```
def f1(n):                              #算法 1
    if n==1:return 1
    elif n==2:return 2
    else:return f1(n-2)+f1(n-1)
```

上述算法 1 非常低效(提交结果为超时)，由于每次将问题 f1(n)转换为两个子问题 f1($n-2$)和 f1($n-1$)，在求 f1(n)中存在大量重复的子问题，例如求 f1(5)的过程如图 8.2 所示，f1(3)重复计算了两次，称为重叠子问题，当 n 较大时，这样的重叠子问题会更多。

如何避免重叠子问题的重复计算呢？可以设计一个一维 dp 数组，用 dp[i]存放 f1(i)的值，首先将 dp 的所有元素置为 0，一旦求出 f1(i)就将其结果保存到 dp[i](此时 dp[i]>0)中，所以在计算 f1(i)时先查看 dp[i]，若 dp[i]≠0，说明 f1(i)是一个重叠子问题，前面已经求出结果，此时只需要返回 dp[i]即可，这样就避免了重叠子问题的重复计算。

对应的算法 2 如下：

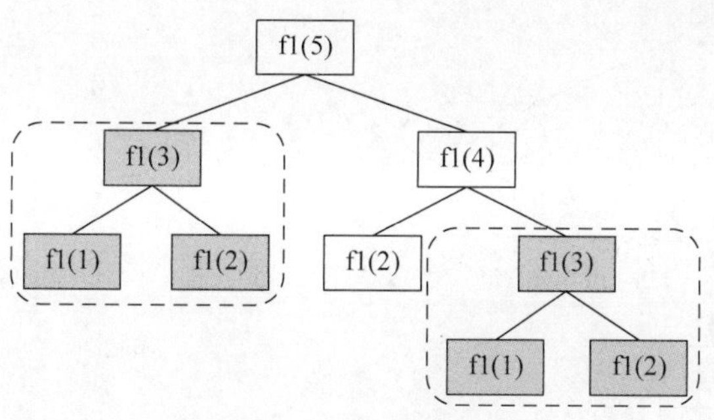

图 8.2　求 f1(5)的过程

```
def f21(n):                          #被 f2 调用
    if dp[n]!=0:return dp[n]
    if n==1:dp[n]=1
    elif n==2:dp[n]=2
    else:dp[n]=f21(n-2)+f21(n-1)
    return dp[n]

def f2(n):                           #算法 2
    global dp
    dp=[0]*105
    return f21(n)
```

上述算法 2 采用递归算法(提交时通过,执行时间为 52ms,内存消耗为 14.8MB),可以直接采用迭代实现,仍然设计一维 dp 数组,用 dp[*i*]存放 f1(*i*)的值,对应的算法 3 如下:

```
def f3(n):                           #算法 3
    dp=[0]*105                       #假设 n 的最大值不超过 105
    dp[1]=1
    dp[2]=2
    for i in range(3,n+1):
        dp[i]=dp[i-2]+dp[i-1]
    return dp[n]
```

上述算法 3 就是动态规划算法(提交时通过,执行时间为 28ms,内存消耗为 15MB),其中数组 dp(表)称为动态规划数组,从中看出动态规划就是记录子问题的结果再利用的方法,其基本求解过程如图 8.3 所示,所以维基百科有关动态规划的描述是这样的:动态规划是一种有效的求解有很多重叠子问题的最优解的方法,它将原问题分解为若干子问题,为避免多次重复计算重叠子问题,将它们的结果保存起来,不会在解决同样的子问题时花费时间,从简单的子问题开始直到整个问题被解决。解法 2 是动态规划的变形,称为**备忘录方法**。与动态规划不同的是备忘录方法采用递归实现,求解过程是自顶向下的,而动态规划采用迭代实现,求解过程是自底向上的。

在上述算法 3 中,由于 $f(n)$仅与 $f(n-2)$和 $f(n-1)$相关,与 $f(n-2)$之前的结果无关,如图 8.4 所示,可以将 dp 数组的长度改为 3,即只用 dp[0]、dp[1]和 dp[2]元素,将 $f(i)$的值存放在 dp[$i-1$]中,采用求模来实现。

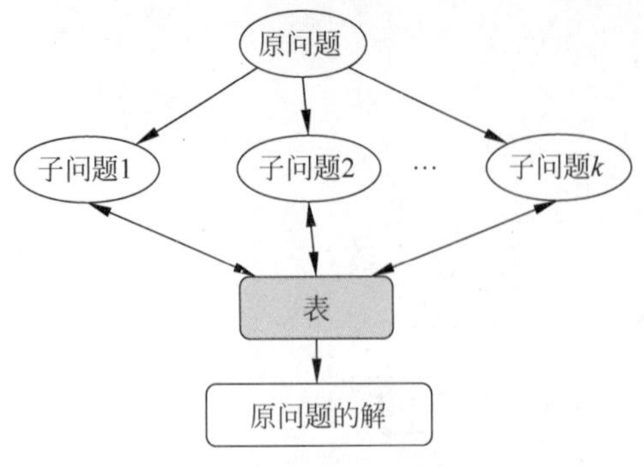

图 8.3　动态规划的求解过程

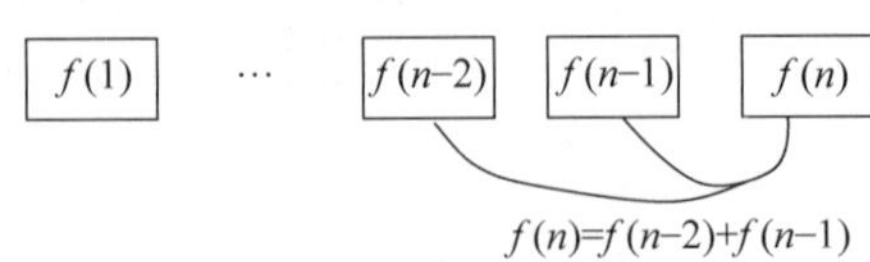

图 8.4　$f(n)$仅与$f(n-2)$和$f(n-1)$相关

对应的算法 4 如下：

```
def f4(n):                        #算法 4
    dp=[0]*3
    dp[0],dp[1]=1,2
    for i in range(2,n):
        dp[i%3]=dp[(i-1)%3]+dp[(i-2)%3]
    return dp[(n-1)%3]
```

上述算法提交时通过，执行时间为 32ms，内存消耗为 15MB。

因为在动态规划中数组 dp 用于存放子问题的解，一般是存放连续的解，如果对 dp 的下标进行特殊处理，使每次操作仅保留若干有用信息，新的元素不断循环刷新，这样数组的空间被滚动地利用，称为**滚动数组**，算法 4 中的 dp 就是滚动数组。滚动数组有时候涉及降维，例如将三维数组降为二维数组、将二维数组降为一维数组等，其主要目的是压缩存储空间以降低算法的空间复杂度。

可以进一步用 3 个变量代替 dp 滚动数组，这样得到最常见的算法 5：

```
def f5(n):                        #算法 5
    if n==1:return 1
    elif n==2:return 2
    else:
        a,b,c=1,2,0
        for i in range(3,n+1):
            c=a+b
            a,b=b,c
    return c
```

上述算法提交时通过，执行时间为 40ms，内存消耗为 14.9MB。

8.1.2　动态规划的原理

从本质上讲动态规划是一种解决多阶段决策问题的优化方法，把多阶段过程转换为一系列单阶段的子问题，利用各阶段之间的关系逐个求解，最后得到原问题的解。下面通过一个示例进行说明。

1. 问题描述

如图 8.5 所示为一个多段图 $G=(V,E)$，其中 V 表示顶点集、E 表示边集，图中共 10 个顶点，顶点的编号为 0～9。在顶点 0 处有一个水库，现需要从顶点 0 铺设一条管道到顶点 9，边上的数字表示对应两个顶点之间的距离，该图采用邻接矩阵 **A** 表示如下：

$$\mathbf{A}=[[0,2,4,3,\infty,\infty,\infty,\infty,\infty,\infty],[\infty,0,\infty,\infty,7,4,\infty,\infty,\infty,\infty],\\ [\infty,\infty,0,\infty,3,2,4,\infty,\infty,\infty],[\infty,\infty,\infty,0,6,2,5,\infty,\infty,\infty],\\ [\infty,\infty,\infty,\infty,0,\infty,\infty,3,4,\infty],[\infty,\infty,\infty,\infty,\infty,0,\infty,6,3,\infty],\\ [\infty,\infty,\infty,\infty,\infty,\infty,0,3,3,\infty],[\infty,\infty,\infty,\infty,\infty,\infty,\infty,0,\infty,3],\\ [\infty,\infty,\infty,\infty,\infty,\infty,\infty,\infty,0,4],[\infty,\infty,\infty,\infty,\infty,\infty,\infty,\infty,\infty,0]]$$

求出一条从顶点 0 到顶点 9 的线路，使得铺设的管道长度最短。

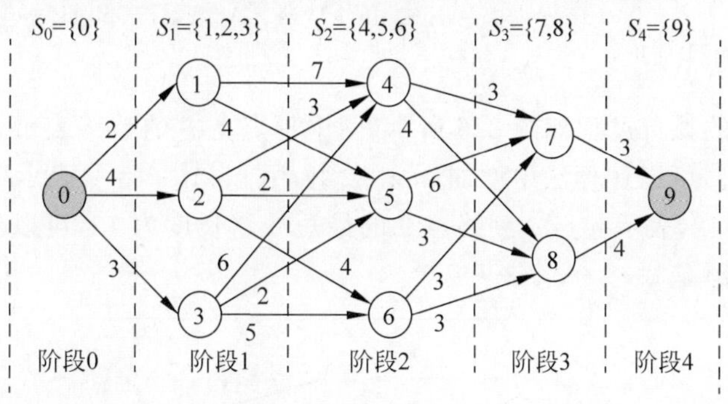

图 8.5　一个多段图

2. 逆序求解

该多段图从顶点 0 到顶点 9 可以分成 5 个阶段，阶段变量用 k 表示，这里 k 为 0～4。阶段 k 的所有状态用状态集合 S_k 表示，例如 $S_1=\{1,2,3\}$，状态变量 x_k 表示 S_k 中的某个状态，例如 x_1 可以取 S_1 中的任意值。这样转换为一个 5 阶段的多阶段决策问题，其目的是在各阶段上选择一个恰当的决策，使得由这些决策组成的一个决策序列所决定的一条路径是最短管道长度的路径。

所谓决策，就是在某一阶段的某一状态时面对下一阶段的状态做出的选择或决定，例如 $x_1=1$ 时有<1,4>和<1,5>两条边，也就是说可以到达下一阶段的两个状态，即 $x_2=4$ 或者 5，选择哪一条边称为一个决策。在动态规划中当前阶段的状态往往是上一阶段的状态和相应决策的结果，采用指标函数表示它们之间的关系称为**状态转移方程**，指标函数通常是最优解函数。

例如在图 8.5 中，设最优解函数 $f_k(s)$ 为阶段 k 中状态 s 到终点 9 的最短线路长度，用 k 表示阶段，则对应的状态转移方程如下：

$f_4(9)=0$

$f_k(s)=\min_{<s,t>\in E}\{A[s][t]+f_{k+1}(t)\}$　　　　k 从 3 到 0

这里是求最短管道长度，所以用 min 函数，如果是求最大值，则用 max 函数。上述状态转移方程的求解过程是从 $k=3$ 开始直到 $k=0$ 为止，最后求出的 $f_0(0)$ 就是最短线路长度，称为**逆序法**(**或逆推法**)。

设计二维动态规划数组 dp[K][N]，其中 dp[k][s]表示 $f_k(s)$ 的结果，起始点 start=0，终点 end=9，仅求最短线路长度的逆序解法对应的算法如下：

```
N,K=10,5                                                    #N为状态数、K为阶段数
S=[[0],[1,2,3],[4,5,6],[7,8],[9]]                           #表示5个阶段的状态集合
def mindist1(start,end):                                    #动态规划问题的逆序解法
    dp=[[INF] * N for i in range(K)]
    dp[4][end]=0                                            #初始条件
    for k in range(3,-1,-1):                                #从阶段3到阶段0循环
        for i in range(0,len(S[k])):                        #遍历阶段k中的每个状态
            xk=S[k][i]                                      #阶段k中的状态xk
            for j in range(0,N):
                if A[xk][j]!=0 and A[xk][j]!=INF:           #存在<xk,j>边
                    dp[k][xk]=min(dp[k][xk],A[xk][j]+dp[k+1][j])
    return dp[0][start]
```

调用上述算法的执行过程如图 8.6 所示(图中顶点上方的数字表示 dp 值,粗线表示取最小 dp 值的后继边,可以在算法中增加 next 数组,用 next[x]=y 表示后继边为<x,y>),最终的 dp[0][0]=12,表示起点 0 到终点 9 的最短线路长度为 12,可以从起点 0 出发正向推导出一条最短线路是 0→3→5→8→9。

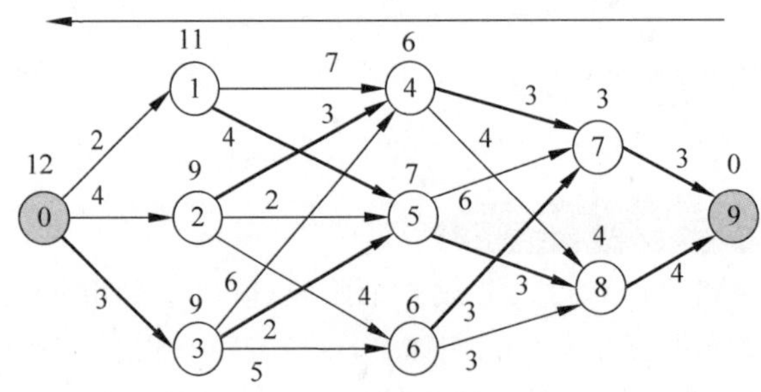

图 8.6　逆序解法的过程

说明:从图 8.6 看出,阶段 k 中状态 s 的 $f_k(s)$ 值表示顶点 s 到终点 9 的最短线路长度(由于每个顶点的编号唯一,可以忽略 k),即为该子问题的最优解。以顶点 5 为例,它到下一阶段中的顶点 7 和 8 均为边,$f(5)=\min\{6+f(7),3+f(8)\}=\min\{9,7\}=7$,$f(5)$ 的最优解取决于 $f(8)$,所以对应的后继边为<5,8>。

3. 顺序求解

当然也可以设最优解函数 $f_k(s)$ 为起点 0 到阶段 k 中状态 s 的最短线路长度,则对应的状态转移方程如下:

$$f_0(0)=0$$

$$f_k(t)=\min_{<s,t>\in E}\{f_{k-1}(s)+A[s][t]\} \qquad k\text{ 从 1 到 4}$$

这样求解过程是从 $k=1$ 开始直到 $k=4$ 为止,最后求出的 $f_4(9)$ 就是最短线路长度,称为顺序法(或顺推法)。

设计二维动态规划数组 dp[K][N],其中 dp[k][s]表示 $f_k(s)$ 的结果,起始点 start=0,终点 end=9,顺序解法对应的算法如下:

```
N,K=10,5                                  #N为状态数、K为阶段数
S=[[0],[1,2,3],[4,5,6],[7,8],[9]]         #表示5个阶段的状态集合
def mindist2(start,end):                  #动态规划问题的顺序解法
```

```
    dp=[[INF] * N for i in range(K)]
    dp[0][start]=0                                  #初始条件
    for k in range(1,K):                            #从阶段1到阶段4循环
        for i in range(0,len(S[k])):                #遍历阶段k中的每个状态
            xk=S[k][i]                              #阶段k中的状态xk
            for j in range(0,N):
                if A[j][xk]!=0 and A[j][xk]!=INF:          #存在<j,xk>边
                    dp[k][xk]=min(dp[k][xk],dp[k-1][j]+A[j][xk])
    return dp[4][end]
```

调用上述算法的执行过程如图 8.7 所示(图中顶点上方的数字表示 dp 值,粗线表示取最小 dp 值的前驱边,可以在算法中增加 prev 数组,用 prev[y]=x 表示前驱边为<x,y>),最终的 dp[4][9]=12,表示起点 0 到终点 9 的最短线路长度为 12,从终点 9 出发反向推导出 9←8←5←3←0,逆置后得到一条最短线路是 0→3→5→8→9。

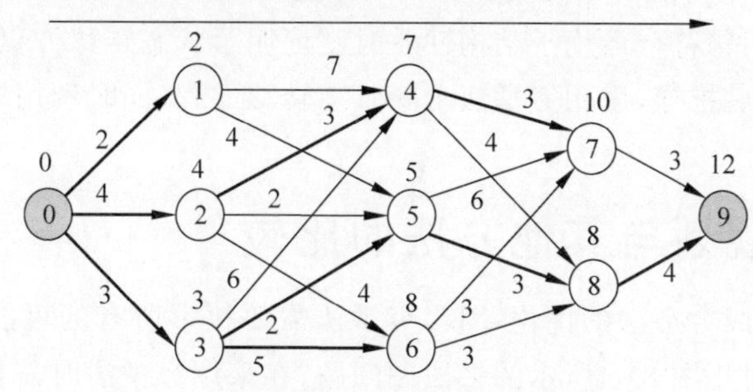

图 8.7 顺序解法的过程

8.1.3 动态规划求解问题的性质和步骤

1. 动态规划求解问题具有的性质

采用动态规划求解的问题一般要具有以下 3 个性质。

1) 最优子结构性质

如果问题的最优解所包含的子问题的解也是最优的,就称该问题具有最优子结构性质。对于最优子结构性质的更详细的讨论见 7.1.2 节。

2) 无后效性

所谓无后效性是指一旦确定了某个阶段状态,就不受以后决策的影响,也就是说某个状态以后的决策不会影响以前的状态,即"未来与过去无关"。例如在图 8.7 所示的顺序解法中,假设当前阶段 $k=2$,那么未来的 $f_3(^*)$ 仅与 $f_2(^*)$ 相关,而与过去的 $f_1(^*)$ 无关。判断一个问题是否有后效性,可以将该问题的阶段作为顶点,将阶段之间的关系看成有向边,判断这样的有向图是否为"有向无环图"(是否可以进行成功的拓扑排序),如果是则该问题无后效性。

3) 重叠子问题

一个问题分解的若干子问题之间是不独立的,其中一些子问题在后面的决策中可能会被多次重复使用。该性质并不是采用动态规划的必要条件,但是如果没有这个性质,动态规划算法和其他算法相比就不再具备优势。

2. 动态规划求解问题的步骤

动态规划是求解最优化问题的一种途径或者一种方法,不像回溯法那样具有一个标准的数学表达式和明确清晰的框架。动态规划对不同的问题有各具特色的解题方法,不存在一种万能的动态规划算法可以解决各类最优化问题,但一般来说动态规划算法的设计要经过以下几个步骤。

① 确定状态:将问题求解中各阶段所处的各种情况用不同的状态表示出来。

② 确定状态转移方程:描述求解中各阶段的状态转移和指标函数的关系。

③ 确定初始条件和边界情况:状态转移方程通常是一个递推式,初始条件通常指定递推的起点,在递推中需要考虑一些特殊情况,称为边界情况。

④ 确定计算顺序:也就是指定求状态转移方程的顺序,是顺序求解还是逆序求解。

⑤ 消除冗余:如采用滚动数组进一步提高时空性能。

实际上,求解的问题符合最优子结构性质时就证明了状态转移方程的正确性,这样就可以从初始条件出发向后推导,采用穷举法求解状态转移方程,同时利用动态规划数组避免了重叠子问题。

8.1.4 动态规划与其他方法的比较

动态规划可以看成穷举法的优化,因为穷举法需要枚举所有的可能解,搜索空间巨大,所以性能低下,例如对于图 8.5 所示的多段图问题,在采用穷举法时需要枚举从顶点 0 到顶点 9 的所有线路长度,再通过比较找到最短线路长度,而采用动态规划时会舍弃不可能得到最优解的线路,从而优化性能,因此可以认为动态规划自带剪支。以如图 8.6 所示的逆序解法为例,当求出 $f(5)$后(对应的最优路径是 5→8→9),从顶点 0 到 9 经过顶点 5 的全部线路中只考虑 5→8→9 线路,而舍弃顶点 5 到 9 的其他非最优解线路。另外,采用穷举法仅求出顶点 0 到 9 的最短线路长度,而采用动态规划会得到所有各中间顶点到终点 9 的最短线路长度,也就是说求出的不是一个最优解,而是一组最优解。

动态规划的基本思想与分治法类似,也是将求解的问题分解为若干子问题(阶段),按照一定的顺序求解子问题,前一个子问题的解有助于后一个子问题的求解。在分治法中各子问题是独立的(不重叠),而动态规划适用于子问题重叠的情况,也就是各子问题包含公共的子问题,如果这类问题采用分治法求解,则分解得到的子问题太多,有些子问题被重复计算很多次,会导致算法的性能低下。

动态规划又和贪心法有些相似,都需要满足最优子结构性质,都是将一个问题的解决方案视为一系列决策的结果。不同的是贪心法每次采用贪心选择便做出一个不可回溯的决策,而动态规划算法中隐含了回溯的过程。

8.2 一维动态规划

所谓一维动态规划是指在设计动态规划算法中采用一维动态规划数组,也称为线性动态规划。

8.2.1 最大连续子序列和

1. 问题描述

见 3.1.2 节，这里采用动态规划求解。

2. 问题求解

扫一扫

视频讲解

含 n 个整数的序列 $a=(a_0,a_1,\cdots,a_i,\cdots,a_{n-1})$，先考虑求至少含一个元素的最大连续子序列。设计一维动态规划数组 dp，dp$[i]$($0\leqslant i\leqslant n-1$)表示以元素 a_i 结尾的最大连续子序列和，显然 dp$[i-1]$表示以元素 a_{i-1} 结尾的最大连续子序列和，这样 a_i 的处理分为两种情况：

① 将 a_i 合并到前面以元素 a_{i-1} 结尾的最大连续子序列中，此时有 dp$[i]$=dp$[i-1]+a_i$。

② 不将 a_i 合并到前面以元素 a_{i-1} 结尾的最大连续子序列中，即以 a_i 结尾的最大连续子序列为$\{a_i\}$，此时有 dp$[i]=a_i$。

上述两种情况用 max 函数合并起来为 dp$[i]$=max(dp$[i-1]+a_i,a_i$)，这样得到的状态转移方程如下：

dp$[0]=a_0$　　　　　　　　　　初始条件

dp$[i]$=max(dp$[i-1]+a_i,a_i$)　　$i>0$ 时

求出 dp 中的最大元素 ans，由于本题中最大连续子序列和至少为 0(或者说最大连续子序列可以为空序列)，所以最后的最大连续子序列和应该为 max(ans,0)。例如，$a=(-2,11,-4,13,-5,-2)$，求其最大连续子序列和的过程如图 8.8 所示，结果为 20。对应的动态规划算法如下：

```
def maxSubSum(a):                      #求最大连续子序列和
    global dp
    n=len(a)
    dp=[0] * n
    dp[0]=a[0]
    for i in range(1,n):
        dp[i]=max(dp[i-1]+a[i],a[i])
    ans=max(dp)                        #求 dp 中的最大元素
    return max(ans,0)
```

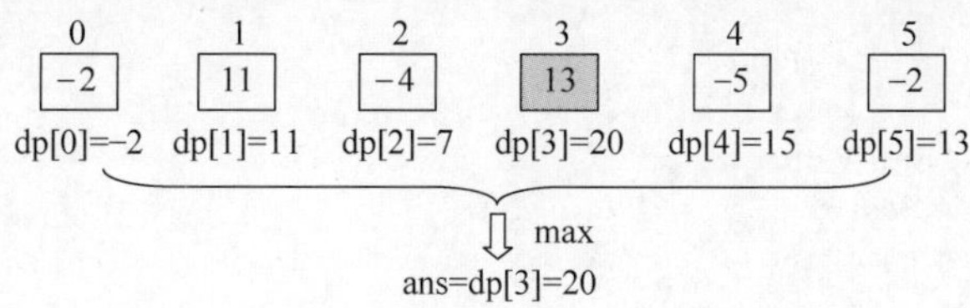

图 8.8　求 a 的最大连续子序列和的过程

【算法分析】 在 maxSubSum 算法中含两个 for 循环(实际上第二个 for 循环可以合并到第一个 for 循环中)，对应的时间复杂度均为 $O(n)$。在该算法中应用了 dp 数组，对应的空间复杂度为 $O(n)$。

在求出 dp 以后可以推导出一个最大连续子序列(实际上这样的最大连续子序列可能有

多个，这里仅求出其中的一个）。先在 dp 数组中求出最大元素的序号 max*i*，*i* 从 max*i* 序号开始在 *a* 中向前查找，表示最大连续子序列和剩余值的变量 rsum 从 dp[max*i*]开始递减 *a*[*i*]，直到 rsum 为 0，对应的 *a* 中子序列就是一个最大连续子序列。

例如，$a=(-2,11,-4,13,-5,-2)$，求一个最大连续子序列的过程如图 8.9 所示，结果为{11，-4，13}。

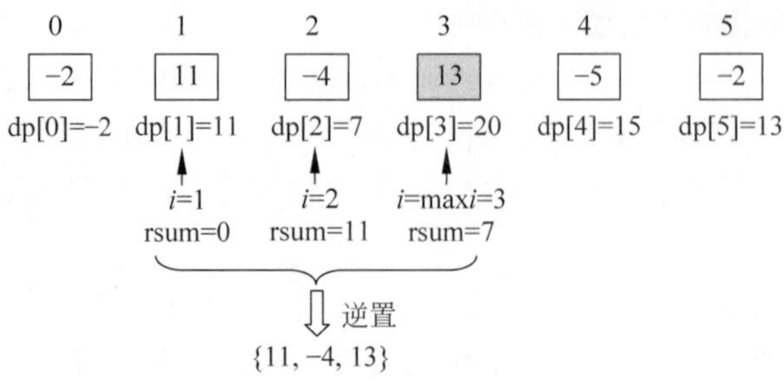

图 8.9　求 *a* 的一个最大连续子序列的过程

对应的算法如下：

```
def maxSub(a):                          #求一个最大连续子序列
    n=len(a)
    x=[]                                #存放一个最大连续子序列
    maxi=dp.index(max(dp))              #求最大 dp 元素下标
    rsum=dp[maxi]
    i=maxi
    while i>=0 and rsum!=0:
    rsum-=a[i]
        x.append(a[i])
        i-=1
    x.reverse()
    return x
```

调用上述两个算法输出最大连续子序列和以及一个最大连续子序列的算法如下：

```
def solve(a):                           #输出结果
    ans=maxSubSum(a)
    print("求解结果")
    print("最大连续子序列和:",ans)
    if ans==0:
        print("所选子序列为空")
    else:
        print("dp: ",dp)
        x=maxSub(a)
        print("所选子序列: ",x)
```

3. 算法的空间优化

如果只需要求最大连续子序列和，可以采用滚动数组优化空间。在 maxSubSum1 算法中用 *j* 标识阶段，由于 dp[*j*]仅与 dp[*j*-1]相关，所以将一维 dp 数组改为单个变量 dp，对应的优化算法如下：

```
def maxSubSum1(a):                          #求最大连续子序列和
    n=len(a)
    if n==1:return a[0]
    dp=a[0]
    ans=dp
    for j in range(1,n):
        dp=max(dp+a[j],a[j])
        ans=max(ans,dp)
    return max(ans,0)
```

【算法分析】 maxSubSum1 算法的时间复杂度为 $O(n)$、空间复杂度为 $O(1)$。

扫一扫

视频讲解

8.2.2 实战——最大子序列和(LeetCode53★)

1. 问题描述

见 3.1.3 节，这里采用动态规划求解。

2. 问题求解

本题采用动态规划求解的原理见 8.2.1 节，这里仅需要求最大连续子序列和，而且该最大连续子序列中至少含一个元素，所以将 dp 初始化为 nums[0]。采用滚动数组的算法如下：

```
class Solution:
    def maxSubArray(self, nums: List[int]) -> int:
        n=len(nums)
        if n==1:return nums[0]
        dp=nums[0]
        ans=dp
        for j in range(1,n):
            dp=max(dp+nums[j],nums[j])
            ans=max(ans,dp)
        return ans                     #不能改为max(ans,0)
```

上述程序提交时通过，执行用时为 172ms，内存消耗为 30MB。

扫一扫

视频讲解

8.2.3 最长递增子序列

1. 问题描述

给定一个无序的整数序列 $a[0..n-1]$，求其中最长递增(严格)子序列的长度。例如，$a=\{1,3,2,5,4\}$，$n=5$，其中最长的递增子序列为{1,2,5}，{1,3,5}，{1,2,4}，{1,3,4}，答案为 3。

2. 问题求解

可以采用穷举法求出以每个元素结尾的最长递增子序列的长度，再取其中的最大值就是答案。例如，$a=\{1,3,2,5,4\}$，求以各个元素结尾的最长递增子序列如图 8.10 所示，用 $L[i]$表示以 $a[i]$元素结尾的最长递增子序列的长度，则有 $L[0]=1$，$L[1]=2$，$L[2]=2$，$L[3]=3$，$L[4]=3$，最大值为 3，所以 a 的最长递增子序列的长度为 3。

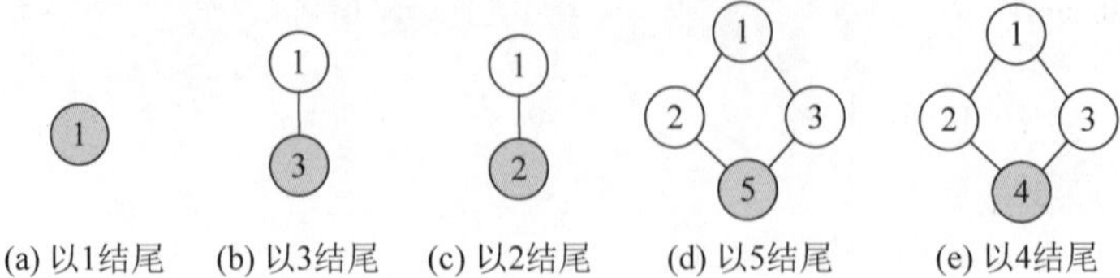

图 8.10 以各个元素结尾的最长递增子序列

从图 8.10 看出存在重叠子问题,例如在求以 5 结尾的最长递增子序列时,对应的两个子问题是以 2 和 3 结尾的最长递增子序列,在整个求解中它们各重复出现 3 次。为了消除这种重复计算,采用动态规划方法,设计一维动态规划数组 dp,其中 dp[i]表示以 a[i]结尾的最长递增子序列的长度,计算顺序是 i 从 0 到 $n-1$ 循环,对于每个 a[i],先置 dp[i]为 1(表示只有 a[i]一个元素时最长递增子序列的长度为 1),再考虑 a[0..$i-1$]中的每个元素 a[j],分为两种情况:

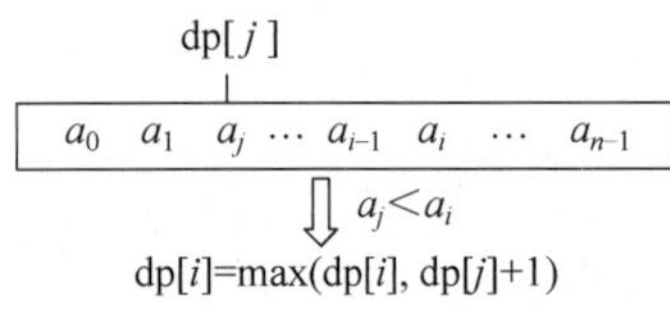

图 8.11 a[j]<a[i]的情况

① 若 a[j]<a[i],则以 a_j 结尾的最长递增子序列加上 a_i 可能构成一个更长的递增子序列,如图 8.11 所示,此时更长的递增子序列的长度为 dp[j]+1,即 dp[i]=dp[j]+1。

② 否则最长递增子序列没有改变,即 dp[i]=dp[j]。

最后 dp[i]取所有情况下的最大值。对应的状态转移方程如下:

dp[i]=1　　　$0 \leqslant i \leqslant n-1$(初始条件)

dp[i]=$\max_{a[j]<a[i](j<i)}$ {dp[j]+1}　　　$0 \leqslant i \leqslant n-1$

在求出 dp 数组以后,通过顺序遍历 dp 求出其中的最大值 ans,则 ans 就是最长递增(严格)子序列的长度。

对应的动态规划算法如下:

```
def maxInclen(a):                            #求最长递增子序列的长度
    global dp
    n=len(a)
    dp=[0] * n
    for i in range(0,n):
        dp[i]=1
        for j in range(0,i):
            if a[i]> a[j]:dp[i]=max(dp[i],dp[j]+1)
    ans=max(dp)                               #求 dp 中的最大元素
    return ans
```

【算法分析】 在上述算法中含两重 for 循环,时间复杂度为 $O(n^2)$、空间复杂度为 $O(n)$。

在求出 dp 以后可以推导出一个最长递增子序列 x。先在 dp 数组中求出最大元素的序号 max$j$,置 j=max$j$,pre$j$ 从 j 的前一个序号开始在 a 中向前查找,rnum 从 dp[max$j$]开始,若 a[pre$j$]<a[j]并且 dp[pre$j$]=rnum−1,将 a[pre$j$]添加到 x 中,同时 rnum 减 1,如此操作直到 rnum 为 0,对应的 a 中子序列就是一个最大连续子序列。对应的算法如下:

```
def maxInc(a):                          #求一个最长递增子序列
    n,x=len(a),[]                       #x存放一个最长递增子序列
    maxj=dp.index(max(dp))              #dp中最大元素的下标
    rnum=dp[maxj]                       #剩余的元素个数
    j=maxj                              #j指向当前最长递增子序列的一个元素
    x.append(a[j])
    prej=maxj-1                         #prej查找最长递增子序列的前一个元素
    while prej>=0 and rnum!=0:
      if a[prej]<a[j] and dp[prej]==rnum-1:
          rnum-=1
          x.append(a[prej])
        j=prej; prej-=1
    x.reverse()                         #逆置x
    return x
```

由于 dp[i]可能与 dp[0..$i-1$]中的每个元素相关，所以无法将 dp 数组改为单个变量，即不能采用滚动数组优化空间。

扫一扫

视频讲解

8.2.4* 活动安排问题Ⅱ

1. 问题描述

假设有 n 个活动和一个资源，每个活动在执行时都要占用该资源，并且该资源在任何时刻只能被一个活动所占用，一旦某个活动开始执行，中间将不能被打断，直到其执行完毕。每个活动 i 有一个开始时间 b_i 和结束时间 e_i（$b_i<e_i$），它是一个半开半闭时间区间[b_i，e_i)，其占用资源的时间$=e_i-b_i$。假设最早活动执行时间为 0，求一种最优活动安排方案，使得安排的活动的总占用时间最长，并以表 8.1 中的活动为例说明求解过程。

表 8.1 11 个活动(已按结束时间递增排列)

活动 i	0	1	2	3	4	5	6	7	8	9	10
开始时间	1	3	0	5	3	5	6	8	8	2	12
结束时间	4	5	6	7	8	9	10	11	12	13	15

2. 问题求解

该问题与 7.2.1 节的活动安排问题Ⅰ类似，不同的是这里求一个总占用时间最长的兼容活动子集，而不是求活动个数最多的兼容活动子集，两者是不同的。例如，活动集合={[3,6),[1,8),[7,9)}，$n=3$，采用 7.2.1 节的活动安排算法，先按结束时间递增排序为{[3,6),[1,8),[7,9)}，结果求出的最大兼容活动子集={[3,6),[7,9)}，含两个活动，对应的活动时间为(6−3)+(9−7)=5，而如果选择活动[1,8)，对应的活动时间为 8−1=7，所以后者才是问题的最优解。

这里采用贪心法+动态规划的思路，先求出每个活动 $A[i]$的占用资源的时间 $A[i]$.length$=A[i].e-A[i].b$，将活动数组 $A[0..n-1]$按结束时间递增排序(贪心思路)。设计一维动态规划数组 dp，dp[i]表示 $A[0..i]$(共 $i+1$ 个活动)中所有兼容活动的最长占用时间。考虑活动 i，找到前面与之兼容的最晚的活动 j，即 $j=\max_{A[k].e\leqslant A[i].b}\{k\mid k<i\}$，称活动 j 为活动 i 的前驱活动，如果活动 i 找到了前驱活动 j，可以有两种选择：

① 在活动 j 之后不选择活动 i，此时 dp[i]=dp[$i-1$]。

② 在活动 j 之后选择活动 i，此时 dp[i]=dp[j]+A[i].length。

在两种情况中取最大值。对应的状态转移方程如下：

dp[0]=活动 0 的时间　　　　　　　　　　　边界情况

dp[i]=max{dp[$i-1$],dp[j]+A[i].length}　活动 j 是活动 i 的前驱活动

在求出 dp 数组以后，dp[$n-1$]就是最长的总占用时间。为了求一个最优活动安排方案，设计一个一维数组 pre，pre[i]的含义如下：

① 若活动 i 没有前驱活动，置 pre[i]=−2。

② 若活动 i 有前驱活动 j，但不选择活动 i，置 pre[i]=−1。

③ 若活动 i 有前驱活动 j，选择活动 i，置 pre[i]=j。

例如表 8.1 中的 11 个活动求出的 dp 和 pre 如表 8.2 所示。dp[10]=13，说明最长的总占用时间为 13(带阴影的活动表示一个最优安排方案)。

表 8.2　11 个活动的求解结果

活动 i	0	1	2	3	4	5	6	7	8	9	10
开始时间	1	3	0	5	3	5	6	8	8	2	12
结束时间	4	5	6	7	8	9	10	11	12	13	15
length	3	2	6	2	5	4	4	3	4	11	3
dp[i]	3	2	6	6	5	6	10	10	10	11	13
pre[i]	−2	−2	−2	−1	−2	1	2	−1	−1	−2	8

对应的动态规划算法如下：

```
class Action:                                       #活动类
    def __init__(self,b,e):
        self.b=b                                    #活动开始时间
        self.e=e                                    #活动结束时间
        self.length=e-b                             #求每个活动的占用时间
    def __lt__(self,other):                         #用于按 e 递增排序
        if self.e<other.e:return True
        else:return False

def plan(A):                                        #用动态规划算法求 dp
    global dp,pre
    n=len(A)
    dp=[0]*n                                        #初始化 dp 元素为 0
    pre=[-5]*n
    A.sort()                                        #按 e 递增排序
    dp[0]=A[0].length
    pre[0]=-2                                       #活动 0 没有前驱活动
    for i in range(1,n):
        j=i-1
        while j>=0 and A[j].e>A[i].b:j-=1    #在 A[0..i-1]中找活动 i 的前驱活动 j
        if j==-1:                                   #活动 i 的前面没有兼容活动
            dp[i]=A[i].length
            pre[i]=-2                               #活动 i 没有前驱活动
        else:                                       #活动 i 存在前驱活动 j
            if dp[i-1]>dp[j]+A[i].length:
                dp[i]=dp[i-1]
                pre[i]=-1                           #不选择 i
```

```
            else:
                dp[i]=dp[j]+A[i].length
                pre[i]=j                              #选中活动i,前驱活动为j
    return dp[n-1]
```

【算法分析】 在上述算法中找活动 i 的前驱活动的时间为 $O(n)$，所以对应的时间复杂度为 $O(n^2)$。

现在结合表 8.2 求一个最优安排方案 x，先置 $i=n-1=10$。对应的步骤如下。

① pre[10]=8，选择活动 10，将 10 添加到 x 中，置 $i=$pre[10]=8。

② pre[8]=−1，不选择活动 8，i 减 1⇨$i=7$。pre[7]=−1，不选择活动 7，i 减 1⇨$i=6$。

③ pre[6]=2，选择活动 6，将 6 添加到 x 中，置 $i=$pre[6]=2。

④ pre[2]=−2，选择活动 2，将 2 添加到 x 中，置 $i=$pre[2]=−2。

⑤ $i=-2$ 说明没有前驱活动，结束。此时 $x=\{10,6,2\}$，逆置后为一个分配方案{2,6,10}。

对应的算法如下：

```
def getx(n):                        #求一个最优方案
    x=[]                            #存放一个方案
    i=n-1                           #从n-1开始
    while True:
        if i==-2:break              #已经没有前驱活动了
        if pre[i]==-1:i-=1          #不选择活动i
        else:                       #选择活动i
            x.append(i)
            i=pre[i]
    x.reverse()                     #逆置x
    return x
```

调用上述两个算法输出最长兼容活动总时间及其一个最优方案的算法如下：

```
def solve(A):                            #输出结果
    n=len(A)
    print("求解结果")
    ans=plan(A)
    x=getx(n)
    print("x: ",x)
    print("选择的活动:",end='')
    for i in range(0,len(x)):
        print("%d[%d,%d] "%(x[i],A[x[i]].b,A[x[i]].e),end='')
    print()
    print("最长兼容活动的总时间:",ans)
```

对于表 8.1 中的 11 个活动的集合 A，调用 solve(A)的输出结果如下：

```
求解结果
    x: [2, 6, 10]
    选择的活动:2[0,6] 6[6,10] 10[12,15]
    最长兼容活动的总时间: 13
```

8.3 二维动态规划 

所谓二维动态规划是指在设计动态规划算法中采用二维动态规划数组,也称为坐标型动态规划。

扫一扫

视频讲解

8.3.1 三角形的最小路径和

1. 问题描述

给定一个高度为 n 的整数三角形,求从顶部到底部的最小路径和及其一条最小路径,从每个整数出发只能向下移动到相邻的整数。例如,如图 8.12 所示为一个 $n=4$ 的三角形,输出的最小路径和是 13,一条最小路径是 2,3,5,3。

2

3 4

6 **5** 7

8 **3** 9 2

图 8.12 一个整数三角形

2. 问题求解——自顶向下

将三角形采用二维数组 $a[n][n]$存放,图 8.12 所示的三角形对应的二维数组表示如图 8.13 所示,从顶部到底部查找最小路径,在路径上位置(i,j)有两个前驱位置,即$(i-1,j-1)$和$(i-1,j)$,分别是左斜方向和垂直方向到达的路径,如图 8.14 所示。

设计二维动态规划数组 dp,其中 dp$[i][j]$表示从顶部 $a[0][0]$到达(i,j)位置的最小路径和。起始位置只有(0,0),所以初始化为 dp$[0][0]=a[0][0]$。

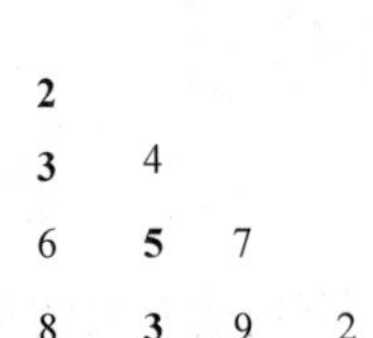

图 8.13 二维数组表示

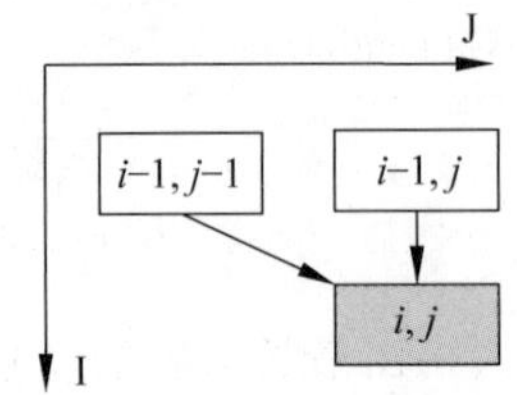

图 8.14 位置(i,j)的前驱位置(1)

一般情况有两条到达(i,j)位置的路径,最小路径和为 dp$[i][j]=\min($dp$[i-1][j-1]$,dp$[i-1][j])+a[i][j]$,这里有如下两个边界:

① 对于 $j=0$,即第 0 列的任意位置$(i,0)$,只有垂直方向到达的一条路径,此时有 dp$[i][0]=$dp$[i-1][0]+a[i][0]$。

② 对于 $i=j$,即对角线上的任意位置(i,i),只有左斜方向到达的一条路径,此时有 dp$[i][i]=$dp$[i-1][i-1]+a[i][i]$。

所以状态转移方程如下:

dp$[0][0]=a[0][0]$　　初始条件

dp$[i][0]=$dp$[i-1][0]+a[i][0]$　　第 0 列的边界情况,$1\leqslant i\leqslant n-1$

dp$[i][i]=$dp$[i-1][i-1]+a[i][i]$　　对角线的边界情况,$1\leqslant i\leqslant n-1$

dp$[i][j]=\min($dp$[i-1][j-1]$,dp$[i-1][j])+a[i][j]$　　$i>1$ 的其他情况有两条到达路径

最后在 dp 数组的第 $n-1$ 行中求出的最小元素 ans$=$dp$[n-1][\text{min}j]$,它就是最小路

径和。对应的动态规划算法如下：

```
def minPathSum(a):                              #自顶向下求最小路径和
    n=len(a)
    dp=[[0]*n for i in range(n)]                #二维动态规划数组
    dp[0][0]=a[0][0]
    for i in range(1,n):                        #考虑第0列的边界
        dp[i][0]=dp[i-1][0]+a[i][0]
    for i in range(1,n):                        #考虑对角线的边界
        dp[i][i]=a[i][i]+dp[i-1][i-1]
    for i in range(2,n):                        #考虑其他情况有两条到达路径
        for j in range(1,i):
            dp[i][j]=min(dp[i-1][j-1],dp[i-1][j])+a[i][j]
    ans=min(dp[n-1])                            #求出dp[n-1]中的最小元素ans
    return ans
```

那么如何找到一条最小和的路径呢？设计一个二维数组 pre，pre[i][j]表示到达(i，j)位置时最小路径上的前驱位置，由于前驱位置只有两个，即($i-1$，$j-1$)和($i-1$，j)，用 pre[i][j]记录前驱位置的列号即可。在求出 ans 以后，通过 pre[$n-1$][minj]推导求出反向路径 path，逆向输出得到一条最小和的路径。对应的算法如下：

```
def minPathSum1(a):                       #求最小路径和以及一条最小和的路径
    n=len(a)
    dp=[[0]*n for i in range(n)]          #二维动态规划数组
    pre=[[0]*n for i in range(n)]         #二维路径数组
    dp[0][0]=a[0][0]
    for i in range(1,n):                  #考虑第0列的边界
        dp[i][0]=dp[i-1][0]+a[i][0]
        pre[i][0]=0
    for i in range(1,n):                  #考虑对角线的边界
        dp[i][i]=a[i][i]+dp[i-1][i-1]
        pre[i][i]=i-1
    for i in range(2,n):                  #考虑其他情况有两条到达路径
        for j in range(1,i):
            if dp[i-1][j-1]<dp[i-1][j]:
                dp[i][j]=a[i][j]+dp[i-1][j-1]
                pre[i][j]=j-1
            else:
                dp[i][j]=a[i][j]+dp[i-1][j]
                pre[i][j]=j
    ans,minj=min(dp[n-1]),dp[n-1].index(min(dp[n-1]))
    print("最小路径和ans=",ans)
    i=n-1
    path=[]                               #存放一条路径
    while i>=0:                           #从(n-1,minj)位置反推求出反向路径
        path.append(a[i][minj])
        minj=pre[i][minj]                 #最小路径在上一行中的列号
        i-=1                              #在前一行中查找
    path.reverse()                        #逆置path
    print("一条最小路径：",path)
```

3. 问题求解——自底向上

从底部到顶部查找最小路径，在路径上位置(i,j)有两个前驱位置，即$(i+1,j)$和$(i+1,j+1)$，分别是垂直方向和右斜方向到达的路径，如图 8.15 所示。

设计二维动态规划数组 dp，其中 dp$[i][j]$表示从底部到达(i,j)位置的最小路径和。起始位置只有$(n-1,*)$，所以初始化为 dp$[n-1][j]=a[n-1][j]$。

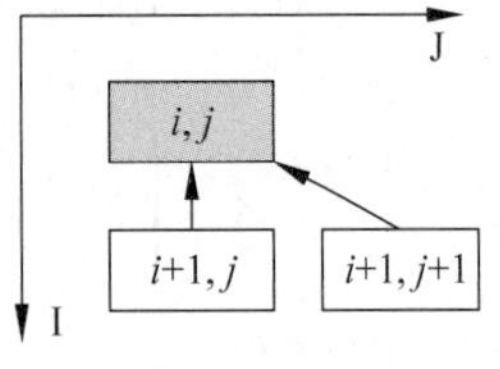

图 8.15　位置(i,j)的前驱位置(2)

一般情况有两条到达(i,j)位置的路径，最小路径和为 dp$[i][j]=$ min(dp$[i+1][j+1]$,dp$[i+1][j]$)$+a[i][j]$。同样有如下两个边界：

① 对于$j=0$，即第 0 列的任意位置$(i,0)$，只有垂直方向到达的一条路径，此时有 dp$[i][0]=$dp$[i+1][0]+a[i][0]$。

② 对于$i=j$，即对角线上的任意位置(i,i)，只有右斜方向到达的一条路径，此时有 dp$[i][i]=$dp$[i+1][i+1]+a[i][i]$。

所以状态转移方程如下：

dp$[n-1][j]=a[n-1][j]$	初始条件
dp$[i][0]=$dp$[i+1][0]+a[i][0]$	第 0 列的边界情况，$0\leqslant i\leqslant n-2$
dp$[i][i]=$dp$[i+1][i+1]+a[i][i]$	对角线的边界情况，$0\leqslant i\leqslant n-2$
dp$[i][j]=$min(dp$[i+1][j]$,dp$[i+1][j+1]$)$+a[i][j]$	$i<n-1$ 的其他情况有两条到达路径

由于第 0 行中只有一个元素，所以 dp[0][0]就是最终的最小路径和。对应的动态规划算法如下：

```
def minPathSum2(a):                                  #自底向上求最小路径和
    n=len(a)
    dp=[[0] * n for i in range(n)]                   #二维动态规划数组
    for j in range(0,n):
        dp[n-1][j]=a[n-1][j]                         #第 n-1 行
    for i in range(n-2,-1,-1):                       #考虑第 0 列的边界
        dp[i][0]=dp[i+1][0]+a[i][0]
    for i in range(n-2,-1,-1):                       #考虑对角线的边界
        dp[i][i]=a[i][i]+dp[i+1][i+1]
    for i in range(n-2,-1,-1):                       #考虑其他情况有两条到达路径
        for j in range(0,len(a[i])):
            dp[i][j]=min(dp[i+1][j+1],dp[i+1][j])+a[i][j]
    return dp[0][0]
```

4. 自底向上算法的空间优化

在自底向上算法中阶段 i(指求第 i 行的 dp)仅与阶段 $i+1$ 相关，采用降维滚动数组方式，将 dp 由二维数组改为一维数组，对应的改进算法如下：

```
def minPathSum3(a):                          #自底向上的优化算法
    n=len(a)
    dp=[0] * n                               #一维动态规划数组
    for i in range(n-1,-1,-1):
        for j in range(0,len(a[i])):
```

```
                if j < len(a) - 1:
                    dp[j] = min(dp[j], dp[j+1]) + a[i][j]
                else:
                    dp[j] += a[i][j]
        return dp[0]
```

【算法分析】 在上述所有算法中均含两重 for 循环，时间复杂度都是 $O(n^2)$，改进算法的空间复杂度为 $O(n)$，其他算法为 $O(n^2)$。

扫一扫

视频讲解

8.3.2 实战——下降路径最小和(LeetCode931★★)

1. 问题描述

给定一个 $n\times n(1\leqslant n\leqslant 100)$ 的整数数组 matrix(元素值范围为 $-100\sim 100$)，找出并返回通过 matrix 的下降路径的最小和。下降路径可以从第一行中的任何元素开始，并从每一行中选择一个元素。在下一行选择的元素和当前行所选的元素最多相隔一列(即位于正下方或沿对角线向左或向右的第一个元素)。具体来说，位置 (i,j) 的下一个元素应当是 $(i+1,j-1)$、$(i+1,j)$ 或 $(i+1,j+1)$。例如，matrix={{2,1,3},{6,5,4},{7,8,9}}，答案是 13，两条具有下降路径最小和的路径如图 8.16 所示。

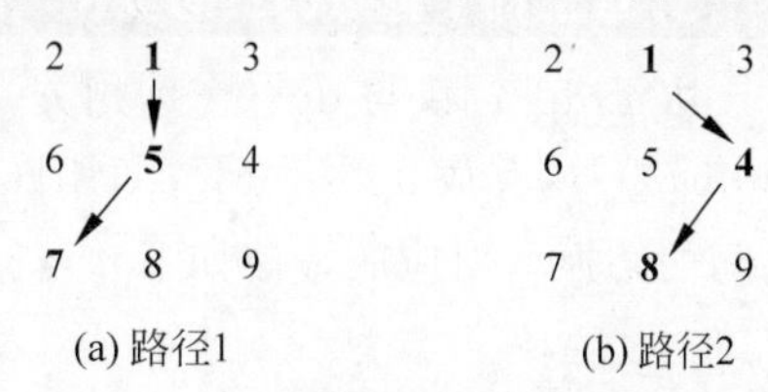

图 8.16 两条具有下降路径最小和的路径

2. 问题求解——自上而下

设计二维动态规划数组 dp[n][n]，dp[i][j]表示从第 0 行开始并且以 (i,j) 位置为终点的下降路径中的最小路径和。采用自上而下的方式求 dp。

到达 (i,j) 位置的路径有 3 条，如图 8.17 所示。对于第 0 行有 dp[0][j]=matrix[0][j]，一般情况有 dp[i][j]=min(dp[$i-1$][$j-1$],dp[$i-1$][j],dp[$i-1$][$j+1$])+matrix[i][j]。

考虑边界情况如下：

① 当 $j=0$ 时有 dp[i][j]=min(dp[$i-1$][j],dp[$i-1$][$j+1$])+matrix[i][j]。

② 当 $j=n-1$ 时有 dp[i][j]=min(dp[$i-1$][$j-1$],dp[$i-1$][j])+matrix[i][j]。

上述各式合起来构成状态转移方程，由其求出 dp 数组，那么 dp 中第 $n-1$ 行的最小值就是从第 0 行开始到第 $n-1$ 行的下降路径中的最小路径和。

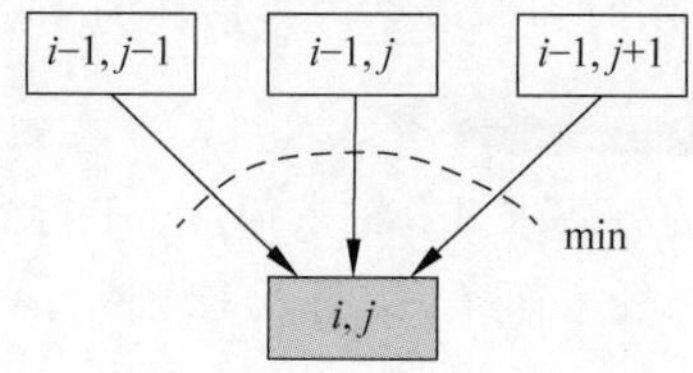

图 8.17 dp[i][j]=min(dp[$i-1$][$j-1$],dp[$i-1$][j],dp[$i-1$][$j+1$])+matrix[i][j]

对应的算法如下：

```
class Solution:
    def minFallingPathSum(self, matrix: List[List[int]]) -> int:
```

```
        n=len(matrix)
        if n==1:return matrix[0][0]                    #n=1 为特殊情况,返回该元素
        dp=[[0] * n for i in range(n)]                 #二维动态规划数组
        for j in range(0,n):                           #第 0 行:边界情况
            dp[0][j]=matrix[0][j]
        for i in range(1,n):
            for j in range(0,n):
                if j==0:dp[i][j]=min(dp[i-1][j],dp[i-1][j+1])+matrix[i][j]
                elif j==n-1:dp[i][j]=min(dp[i-1][j-1],dp[i-1][j])+matrix[i][j]
                else:dp[i][j]=min(dp[i-1][j-1],min(dp[i-1][j],dp[i-1][j+1]))+matrix[i][j]
        ans=min(dp[n-1])                               #求 dp 的第 n-1 行中的最小元素 ans
        return ans
```

上述代码提交时通过,执行用时为 64ms,内存消耗为 15.8MB。

3. 自上而下算法的空间优化

由于 dp[i]仅与 dp[$i-1$]相关,采用滚动数组方法,将 dp 数组的大小改为 dp[2][n],用 dp[0][j]存放 dp[$i-1$][j],用 dp[1][j]存放 dp[i][j],通过变量 c 实现 dp[0]和 dp[1]之间的切换。对应的算法如下:

```
class Solution:
    def minFallingPathSum(self, matrix: List[List[int]]) -> int:
        n=len(matrix)
        if n==1:return matrix[0][0]                    #n=1 为特殊情况,返回该元素
        dp=[[0] * n for i in range(2)]                 #二维动态规划数组
        for j in range(0,n):                           #第 0 行:边界情况
            dp[0][j]=matrix[0][j]
        c=0
        for i in range(1,n):
            c=1-c
            for j in range(0,n):
                if j==0:dp[c][j]=min(dp[1-c][j],dp[1-c][j+1])+matrix[i][j]
                elif j==n-1:dp[c][j]=min(dp[1-c][j-1],dp[1-c][j])+matrix[i][j]
                else:dp[c][j]=min(dp[1-c][j-1],min(dp[1-c][j],dp[1-c][j+1]))+matrix[i][j]
        ans=min(dp[c])                                 #求 dp 中第 c 行的最小元素 ans
        return ans
```

上述代码提交时通过,执行用时为 56ms,内存消耗为 15.8MB。

4. 问题求解——自下而上

当然也可以采用自下而上的方式求 dp,将求第 $n-1$ 行到第 0 行的上升路径中的最小和。依题意,到达(i,j)位置的路径有 3 条,如图 8.18 所示。

初始条件是第 $n-1$ 行有 $dp[n-1][j]=matrix[n-1][j]$,一般情况有 $dp[i][j]=min(dp[i+1][j-1],min(dp[i+1][j],dp[i+1][j+1]))+matrix[i][j]$。

考虑边界情况如下:

① 当 $j=0$ 时有 $dp[i][j]=min(dp[i+1][j],dp[i+1][j+1])+matrix[i][j]$。

② 当 $j=n-1$ 时有 $dp[i][j]=min(dp[i+1][j-1],dp[i+1][j])+matrix[i][j]$。

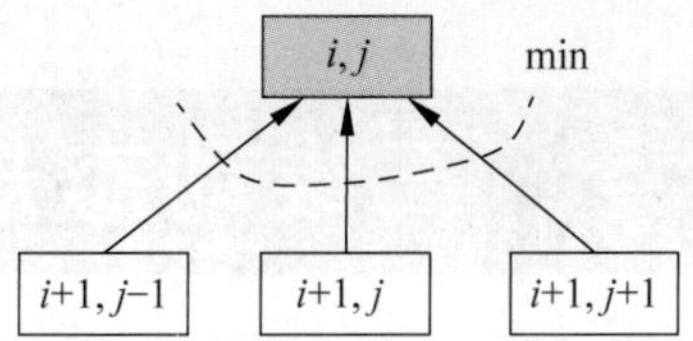

图 8.18 dp[i][j]=min(dp[$i+1$][$j-1$],min(dp[$i+1$][j],dp[$i+1$][$j+1$]))+matrix[i][j]

上述各式合起来构成状态转移方程，由其求出 dp 数组，那么 dp 中第 0 行的最小值就是从第 0 行开始到第 $n-1$ 行的下降路径中的最小路径和。对应的算法如下：

```
class Solution:
    def minFallingPathSum(self, matrix: List[List[int]]) -> int:
        n=len(matrix)
        if n==1:return matrix[0][0]                 #n==1为特殊情况,返回该元素
        dp=[[0]*n for i in range(n)]                #二维动态规划数组
        for j in range(0,n):                        #第n-1行:边界情况
            dp[n-1][j]=matrix[n-1][j]
        for i in range(n-2,-1,-1):
            for j in range(0,n):
                if j==0:dp[i][j]=min(dp[i+1][j],dp[i+1][j+1])+matrix[i][j]
                elif j==n-1:dp[i][j]=min(dp[i+1][j],dp[i+1][j-1])+matrix[i][j]
                else:dp[i][j]=min(dp[i+1][j-1],min(dp[i+1][j],dp[i+1][j+1]))+matrix[i][j]
        ans=min(dp[0])                              #求dp[0]中的最小元素ans
        return ans
```

上述代码提交时通过，执行用时为 64ms，内存消耗为 15.9MB。

5. 自下而上算法的空间优化

同样可以采用滚动数组优化空间。对应的算法如下：

```
class Solution:
    def minFallingPathSum(self, matrix: List[List[int]]) -> int:
        n=len(matrix)
        if n==1:return matrix[0][0]                 #n==1为特殊情况,返回该元素
        dp=[[0]*n for i in range(2)]                #二维动态规划数组
        c=0
        for j in range(0,n):                        #第n-1行:边界情况
            dp[c][j]=matrix[n-1][j]
        for i in range(n-2,-1,-1):
            c=1-c
            for j in range(0,n):
                if j==0:dp[c][j]=min(dp[1-c][j],dp[1-c][j+1])+matrix[i][j]
                elif j==n-1:dp[c][j]=min(dp[1-c][j],dp[1-c][j-1])+matrix[i][j]
                else:dp[c][j]=min(dp[1-c][j-1],min(dp[1-c][j],dp[1-c][j+1]))+matrix[i][j]
        ans=min(dp[c])                              #求dp[c]中的最小元素ans
        return ans
```

上述代码提交时通过，执行用时为 56ms，内存消耗为 15.7MB。

8.4 三维动态规划 

所谓三维动态规划是指在设计动态规划算法中采用三维动态规划数组,在很多情况下可以通过滚动数组降维。

扫一扫

视频讲解

8.4.1 使用 Floyd 算法求多源最短路径

Floyd(弗洛伊德)算法用于求图中所有顶点对之间的最短路径。

1. Floyd 算法的原理

Floyd 算法基于动态规划方法。带权图采用邻接矩阵 **A** 存放,设计二维数组 B 存放当前顶点之间的最短路径长度,其中 $B[i][j]$表示当前顶点 i 到 j 的最短路径长度,图中共有 n 个顶点(编号为 $0\sim n-1$),依顶点编号顺序处理每个顶点,将每个顶点的处理看作一个阶段,将阶段 $k(0\leqslant k\leqslant n-1)$的结果存放到 B_k 中,所以 $B_k[i][j]$表示处理完 $0\sim k$ 的顶点后得到的顶点 i 到 j 的最短路径长度。

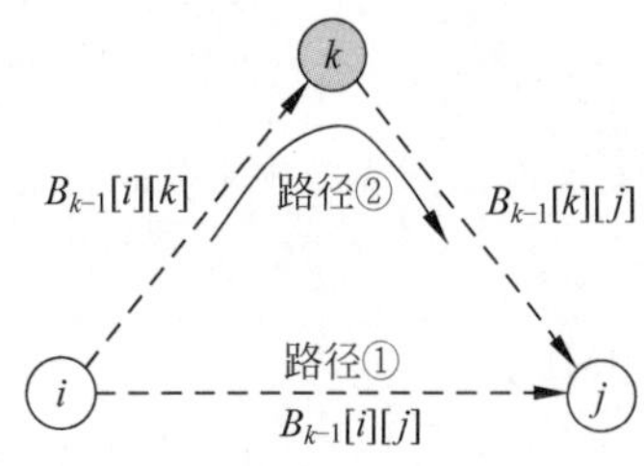

图 8.19 考虑顶点 k 时 i 到 j 的两条路径

现在考虑阶段 k 的处理过程,此时 B_{k-1} 已经求出($B_{k-1}[i][j]$表示处理完 $0\sim k-1$ 的顶点后得到的顶点 i 到 j 的最短路径长度,在这些路径中除了起始点和终点外均不包含顶点 k),考虑顶点 k,顶点 i 到 j 有如图 8.19 所示的两条路径。

① 考虑顶点 k 之前的最短路径(该路径不经过顶点 k),其长度为 $B_{k-1}[i][j]$。

② 从顶点 i 到 j 的经过顶点 k 的路径,其路径长度为 $B_{k-1}[i][k]+B_{k-1}[k][j]$。

现在要求所有顶点对之间的最短路径长度,所以有如下状态转移方程:

$$B_{-1}[i][j]=\mathbf{A}[i][j]$$

$$B_k[i][j]=\min_{0\leqslant k\leqslant n-1}\{B_{k-1}[i][j],B_{k-1}[i][k]+B_{k-1}[k][j]\}$$

2. Floyd 算法的设计

设计三维动态规划数组 dp[MAXN][MAXN][MAXN],其中 dp[k][i][j]存放 $B_k[i][j]$ 的值,这里 B 的第一维的下标从 -1 开始,而数组的下标从 0 开始,为此将 k 增 1,即 k 从 $1\sim n$ 依次考虑的是顶点 $0\sim n-1$。对应的算法如下:

```
def Floyd1(A):                                                  #Floyd 算法
    global dp
    n=len(A)
    dp=[[[INF] * n for i in range(n)] for j in range(n+1)]     #三维动态规划数组
    for i in range(0,n):                                        #求 B(-1)
        for j in range(0,n):
            dp[0][i][j]=A[i][j]
    for k in range(1,n+1):                                      #依次求 B(0)到 B(n-1)
```

```
        for i in range(0,n):
            for j in range(0,n):
                dp[k][i][j]=min(dp[k-1][i][j],dp[k-1][i][k-1]+dp[k-1][k-1][j])
```

从中看出，阶段 k 仅与阶段 $k-1$ 相关，因此可以将 dp 滚动为 dp[2][MAXN][MAXN]，再进一步分析发现在阶段 k 中求 dp[k][i][j]时第 k 行和第 k 列都是不变的，所以可以仅用 **A** 的一个副本(二维数组)来进行计算，即进一步将 dp[2][MAXN][MAXN]滚动为二维数组 dp[MAXN][MAXN]，这就是常见的 Flody 算法。

```
def Floyd(A):
    global dp
    n=len(A)
    dp=[[INF] * n for i in range(n)]                #二维动态规划数组
    for i in range(0,n):                            #求 B(-1)
        for j in range(0,n):
            dp[i][j]=A[i][j]
    for k in range(0,n):                            #依次求 B(0)到 B(n-1)
        for i in range(0,n):
            for j in range(0,n):
                dp[i][j]=min(dp[i][j],dp[i][k]+dp[k][j])
```

在求出 dp 数组以后，dp[i][j]表示图中从顶点 i 到 j 的最短路径长度。如果要求一条最短路径，可以采用 8.3.1 节的方法，设计二维数组 path，path[i][j]表示顶点 i 到 j 的最短路径上顶点 j 的前驱顶点，求出 path 和推导出相应的最短路径。

【算法分析】 上述 Floyd 算法中主要包含三重 for 循环，时间复杂度为 $O(n^3)$。

8.4.2* 双机调度问题

1. 问题描述

用两台处理机 MA 和 MB 加工 $n(1\leqslant n\leqslant 50)$个作业，作业的编号为 $0\sim n-1$，两台机器均可以加工任何作业。第 i 个作业单独交给 MA 时的加工时间是 $a[i](1\leqslant a[i]\leqslant 20)$，单独交给 MB 时的加工时间是 $b[i](1\leqslant b[i]\leqslant 20)$。现在要求每个作业只能由一台机器加工，但两台机器在任何时刻可以加工两个不同的作业。设计一个动态规划算法，求两台机器加工完所有 n 个作业的最短时间(从任何一台机器开工到最后一台机器停工的总时间)。例如，$a[]=\{2,5,7,10,5,2\}$，$b[]=\{3,8,4,11,3,4\}$，$n=6$，求解结果为 15。

2. 问题求解——三维动态规划数组

用 maxA 表示 MA 单独加工所有作业的总时间，用 maxB 表示 MB 单独加工所有作业的总时间。设计一个三维动态规划数组 dp，dp[k][A][B]表示前 k 个作业(作业的编号为 $0\sim k-1$)在 MA 用时不超过 A 且 MB 用时不超过 B 时是否有解。考虑加工作业 $k-1$，分为两种情况：

① 若 $A-a[k-1]\geqslant 0$，作业 $k-1$ 在机器 MA 上加工，则 dp[k][A][B]=dp[$k-1$][$A-a[k-1]$][B]。

② 若 $B-b[k-1]\geqslant 0$，作业 $k-1$ 在机器 MB 上加工，则 dp[k][A][B]=dp[$k-1$][A][$B-b[k-1]$]。

这两种情况中的任何一种情况求出 dp[k][A][B]为 True,则 dp[k][A][B]就为 True。对应的状态转移方程如下:

dp[0][A][B]=True　　　　$0 \leqslant A \leqslant \text{max}A, 0 \leqslant B \leqslant \text{maxB}$

dp[k][A][B]=dp[$k-1$][$A-a[k-1]$][B]　　当 $A-a[k-1] \geqslant 0$ 时,作业 $k-1$ 由机器 MA 加工

dp[k][A][B]=(dp[k][A][B] || dp[$k-1$][A][$B-b[k-1]$])　　当 $B-b[k-1] \geqslant 0$ 时,作业 $k-1$ 由机器 MB 加工

当求出 dp 以后,dp[n][A][B]为 True 时表示存在一个这样的解,则 max(A,B)为这个解对应的总时间,最后答案是在所有解中通过比较求出总时间最少的时间 ans。对应的算法如下:

```
def schedule1(a,b,n):                               #求解算法 1
    maxA,maxB=sum(a),sum(b)                         #求 maxA 和 maxB
    dp=[[[False]*(maxB+1) for i in range(maxA+1)] for j in range(n+1)]
    for A in range(0,maxA+1):
        for B in range(0,maxB+1):
            dp[0][A][B]=True                        #k=0 时一定有解
    for k in range(1,n+1):
        for A in range(0,maxA+1):
            for B in range(0,maxB+1):
                if A-a[k-1]>=0:                     #在 MA 上处理
                    dp[k][A][B]=dp[k-1][A-a[k-1]][B]
                if B-b[k-1]>=0:                     #在 MB 上处理
                    dp[k][A][B]=(dp[k][A][B] or dp[k-1][A][B-b[k-1]])
    ans=INF                                         #存放最少时间
    for A in range(0,maxA+1):                       #求 ans
        for B in range(0,maxB+1):
            if dp[n][A][B]:ans=min(ans,max(A,B))
    return ans
```

【算法分析】 上述算法的时间复杂度为 $O(n \times \text{max}A \times \text{max}B)$,空间复杂度为 $O(n \times \text{max}A \times \text{max}B)$。

在上述算法中 dp[k][*][*]仅与 dp[$k-1$][*][*]相关,可以将 dp 改为滚动数组,将第一维 MAXN 改为 2。对应的算法如下:

```
def schedule2(a,b,n):                               #求解算法 2
    maxA,maxB=sum(a),sum(b)                         #求 maxA 和 maxB
    dp=[[[False]*(maxB+1) for i in range(maxA+1)] for j in range(2)]
    for A in range(0,maxA+1):
        for B in range(0,maxB+1):
            dp[1][A][B]=False                       #k=1 时初始化为 False
            dp[0][A][B]=True                        #k=0 时一定有解
    c=0
    for k in range(1,n+1):
        c=1-c
        for A in range(0,maxA+1):
            for B in range(0,maxB+1):
```

```
                dp[c][A][B]=False                       #初始化 dp[c]为 False
        for A in range(0,maxA+1):
            for B in range(0,maxB+1):
                if A-a[k-1]>=0:                         #在 MA 上处理
                    dp[c][A][B]=dp[1-c][A-a[k-1]][B]
                if B-b[k-1]>=0:                         #在 MB 上处理
                    dp[c][A][B]=(dp[c][A][B] or dp[1-c][A][B-b[k-1]])
    ans=INF                                             #存放最少时间
    for A in range(0,maxA+1):
        for B in range(0,maxB+1):
            if dp[c][A][B]: ans=min(ans,max(A,B))
    return ans
```

3. 问题求解——一维动态规划数组

可以进一步优化空间，设计一维动态规划数组 dp，dp[A]表示当 MA 的加工时间为 A($0\leqslant A\leqslant \mathrm{max}A$)时 MB 的最少加工时间。首先将 dp 的所有元素初始化为 0。在阶段 k 考虑加工作业 $k-1$，分为两种情况：

① 当 $A<a[k-1]$时，只能在 MB 上加工，MA 的加工时间仍然为 A，MB 的加工时间为 dp[A]+$b[k-1]$，则 dp[A]=dp[A]+$b[k-1]$。

② 当 $A\geqslant a[k-1]$时，作业 $k-1$ 既可以由 MA 加工也可以由 MB 加工。在由 MA 加工时，MA 的加工时间变为 $A-a[k-1]$；在由 MB 加工时，MB 的加工时间为 dp[A]+$b[k-1]$，取两者中的最小值，则 dp[A]=min(dp[$A-a[k-1]$],dp[A]+$b[k-1]$)。

当求出 dp 以后，max(A,dp[A])为完成 n 个作业的一个解，问题的最后答案是在所有解中通过比较求出总时间最少的时间 ans。对应的算法如下：

```
def schedule3(a,b,n):                   #求解算法 3
    maxA=sum(a)                         #求 maxA
    dp=[0]*(maxA+1)                     #一维动态规划数组
    for k in range(1,n+1):
        for A in range(maxA,-1,-1):
            if A<a[k-1]:                #此时只能在 MB 上运行
                dp[A]=dp[A]+b[k-1]
            else:                       #否则取在 MA 或者 MB 上处理的最少时间
                dp[A]=min(dp[A-a[k-1]],dp[A]+b[k-1])
    ans=INF                             #存放最少时间
    for A in range(0,maxA+1):
        ans=min(ans,max(A,dp[A]))
    return ans
```

【算法分析】 上述算法的时间复杂度为 $O(n\times \mathrm{max}A)$，空间复杂度为 $O(\mathrm{max}A)$。

从中看出，同一个问题设计不同的动态规划数组时算法的性能是不同的。好的算法设计要尽可能做到时空性能最优。

8.5 字符串动态规划

字符串动态规划是指采用动态规划算法求解字符串的相关问题。

8.5.1 最长公共子序列

1. 问题描述

一个字符串的子序列是指从该字符串中随意地(不一定连续)去掉若干字符(可能一个也不去掉)后得到的字符序列。例如“ace”是“abcde”的子序列,但“aec”不是“abcde”的子序列。给定两个字符串 a 和 b,称字符串 c 是 a 和 b 的公共子序列是指 c 同是 a 和 b 的子序列。该问题是求两个字符串 a 和 b 的最长公共子序列(LCS)。

扫一扫

视频讲解

2. 问题求解

考虑最长公共子序列问题如何分解成子问题,设 $a=$"$a_0a_1\cdots a_{m-1}$",$b=$"$b_0b_1\cdots b_{n-1}$",设 $c=$"$c_0c_1\cdots c_{k-1}$"为它们的最长公共子序列。不难证明有以下性质。

① 若 $a_{m-1}=b_{n-1}$,则 $c_{k-1}=a_{m-1}=b_{n-1}$,且"$c_0c_1\cdots c_{k-2}$"是"$a_0a_1\cdots a_{m-2}$"和"$b_0b_1\cdots b_{n-2}$"的一个最长公共子序列。

② 若 $a_{m-1}\neq b_{n-1}$ 且 $c_{k-1}\neq a_{m-1}$,则"$c_0c_1\cdots c_{k-1}$"是"$a_0a_1\cdots a_{m-2}$"和"$b_0b_1\cdots b_{n-1}$"的一个最长公共子序列。

③ 若 $a_{m-1}\neq b_{n-1}$ 且 $c_{k-1}\neq b_{n-1}$,则"$c_0c_1\cdots c_{k-1}$"是"$a_0a_1\cdots a_{m-1}$"和"$b_0b_1\cdots b_{n-2}$"的一个最长公共子序列。

这样在求 a 和 b 的公共子序列时分为以下两种情况。

① 若 $a_{m-1}=b_{n-1}$,对应的子问题是求"$a_0a_1\cdots a_{m-2}$"和"$b_0b_1\cdots b_{n-2}$"的最长公共子序列。

② 如果 $a_{m-1}\neq b_{n-1}$,对应的子问题有两个,即求"$a_0a_1\cdots a_{m-2}$"和"$b_0b_1\cdots b_{n-1}$"以及"$a_0a_1\cdots a_{m-1}$"和"$b_0b_1\cdots b_{n-2}$"的最长公共子序列,取两者中的较长者作为 a 和 b 的最长公共子序列。

采用动态规划法,设计二维动态规划数组 dp,其中 dp[i][j]为"$a_0a_1\cdots a_{i-1}$"和"$b_0b_1\cdots b_{j-1}$"的最长公共子序列长度,在求 dp[i][j]时分别考虑 $a_{m-1}=b_{n-1}$ 和 $a_{m-1}\neq b_{n-1}$ 的两种情况,如图 8.20 所示。

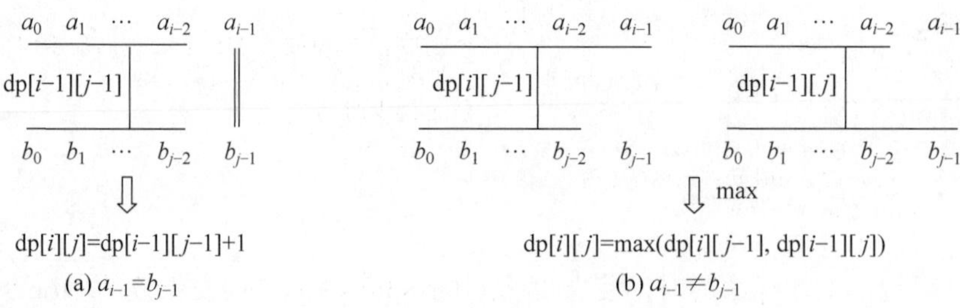

图 8.20　求 dp[i][j]的两种情况

对应的状态转移方程如下:

dp[0][0]=0	初始条件
dp[i][0]=0	边界情况($0\leqslant i\leqslant m$)
dp[0][j]=0	边界情况($0\leqslant j\leqslant n$)
dp[i][j]=dp[$i-1$][$j-1$]+1	$a[i-1]=b[j-1]$

$dp[i][j]=\max\{dp[i][j-1],dp[i-1][j]\}\qquad a[i-1]\neq b[j-1]$

在求出 dp 数组以后，dp[m][n]就是 a 和 b 的最长公共子序列长度。对应的算法如下：

```
def LCSlength(a,b):                    #求 dp
    global dp
    m,n=len(a),len(b)
    dp=[[0]*(n+1) for i in range(m+1)]
    dp[0][0]=0
    for i in range(m+1):               #将 dp[i][0]置为 0,边界条件
        dp[i][0]=0
    for j in range(0,n+1):             #将 dp[0][j]置为 0,边界条件
        dp[0][j]=0
    for i in range(1,m+1):
        for j in range(1,n+1):         #用两重 for 循环处理 a、b 的所有字符
            if a[i-1]==b[j-1]:         #情况①
                dp[i][j]=dp[i-1][j-1]+1
            else:                      #情况②
                dp[i][j]=max(dp[i][j-1],dp[i-1][j])
    return dp[m][n]
```

【算法分析】 在上述算法中包含两重 for 循环，对应的时间复杂度为 $O(mn)$，空间复杂度为 $O(mn)$。

在求出 dp 以后如何利用 dp 求一个最长公共子序列呢？分析状态转移方程最后两行的计算过程可以看出：

① 若 $dp[i][j]=dp[i-1][j-1]+1$，则有 $a[i-1]=b[j-1]$，也就是说 $a[i-1]/b[j-1]$是 LCS 中的字符。

② 若 $dp[i][j]=dp[i][j-1]$，则有 $a[i-1]\neq b[j-1]$，也就是说 $a[i-1]/b[j-1]$不是 LCS 中的字符。

③ 若 $dp[i][j]=dp[i-1][j]$，则有 $a[i-1]\neq b[j-1]$，同样 $a[i-1]/b[j-1]$不是 LCS 中的字符。

用字符串 subs 存放一个 LCS，考虑如图 8.21 所示的(i,j)位置，$i=m$，$j=n$，开始向 subs 中添加 $k=dp[m][n]$个字符，归纳为如下 3 种情况：

① 若 $dp[i][j]=dp[i-1][j]$（即当前 dp 元素值等于上方相邻元素值），此时 $a[i-1]/b[j-1]$不是 LCS 中的字符，移到上一行，即 i 减 1。

② 若 $dp[i][j]=dp[i][j-1]$（即当前 dp 元素值等于左边相邻元素值），此时 $a[i-1]/b[j-1]$不是 LCS 中的字符，移到左一列，即 j 减 1。

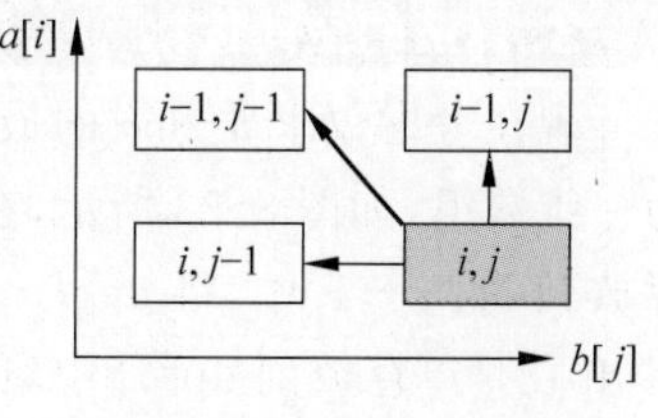

图 8.21 考虑(i,j)位置

③ 其他情况只能是 $dp[i][j]=dp[i-1][j-1]+1$，此时 $a[i-1]/b[j-1]$是 LCS 中的字符，将 $a[i-1]/b[j-1]$添加到 subs 中，移到左上方，即 i 减 1 同时 j 减 1。

例如，a="abcbdb"，$m=6$，b="acbbabdbb"，$n=9$。求出的 dp 数组以及从 $k=dp[6][9]=5$ 开始求 subs 的过程如图 8.22 所示。每次 $dp[i][j]$与左边元素 $dp[i-1][j]$比较，若相同则跳到左边，否则 $dp[i][j]$与上方元素 $dp[i][j-1]$比较，若相同则跳到上方，再否则说明

左上角位置对应 a 或者 b 中的 $a[i-1]/b[j-1]$ 字符是 LCS 中的字符，将其添加到 subs 中，k——，直到 $k=0$ 为止。图中阴影部分表示 LCS 中的元素对应的位置，最后将 subs 中的所有元素逆序得到最长公共子序列为"acbdb"。求一个 LCS 的算法如下：

```
def getasubs(a,b):                   #由 dp 构造 subs
    subs=""                          #存放一个 LCS
    m,n=len(a),len(b)
    k=dp[m][n]                       #k 为 a 和 b 的最长公共子序列长度
    i,j=m,n
    while k>0:                       #在 subs 中放入最长公共子序列(反向)
        if dp[i][j]==dp[i-1][j]:
            i-=1
        elif dp[i][j]==dp[i][j-1]:
            j-=1
        else:
            subs+=a[i-1]             #在 subs 中添加 a[i-1]
            i,j,k=i-1,j-1,k-1
    ans=list(subs)
    ans.reverse()
    return "".join(ans)              #返回逆置 subs 的字符串
```

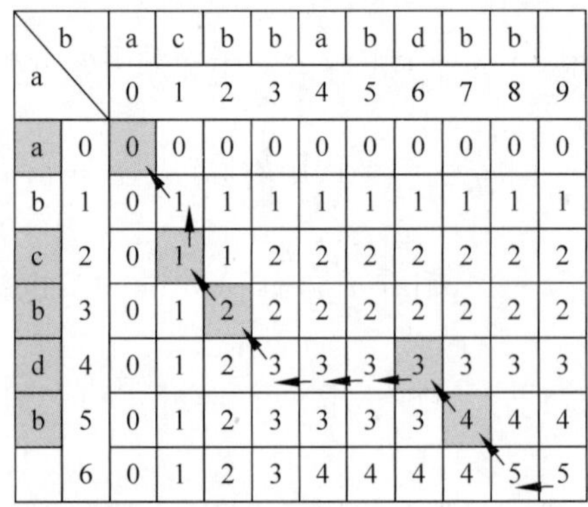

a \ b		a	c	b	b	a	b	d	b	b	
		0	1	2	3	4	5	6	7	8	9
a	0	0	0	0	0	0	0	0	0	0	0
b	1	0	1	1	1	1	1	1	1	1	1
c	2	0	1	1	2	2	2	2	2	2	2
b	3	0	1	2	2	2	2	2	2	2	2
d	4	0	1	2	3	3	3	3	3	3	3
b	5	0	1	2	3	3	3	3	4	4	4
	6	0	1	2	3	4	4	4	4	5	5

图 8.22　求出的 dp 数组以及求 LCS 的过程

3. 算法的空间优化*

现在考虑仅求 a 和 b 的最长公共子序列长度的空间优化，采用滚动数组方法，将 dp 改为一维数组，如图 8.23 所示，在阶段 $i-1$(指考虑 $a[i-1]$字符的阶段)将 dp$[i-1][j-1]$存放到 dp$[j-1]$中，将 dp$[i-1][j]$存放到 dp$[j]$中，这两个状态是可以区分的。在阶段 i 将 dp$[i][j]$存放到 dp$[j]$中，这样需要修改 dp$[j]$。

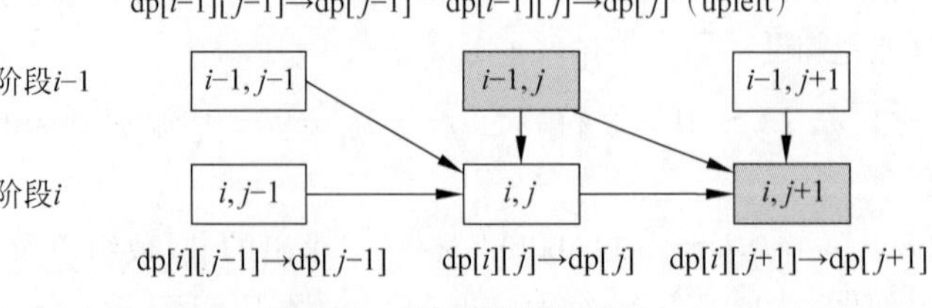

图 8.23　滚动数组的表示

一个关键的问题是在阶段 i 中求 dp[j+1]时也与阶段 $i-1$ 的 dp[j]相关，此时已经在阶段 i 中修改了 dp[j]（用 tmp 变量保存 dp[j]修改之前的值），为此用 upleft 变量记录 dp[j]修改之前的值 tmp，以便在阶段 i 中求出 dp[j]后能够正确地求 dp[j+1]。从中看出 upleft 是记录阶段 i 中每个位置的左上角元素，每个阶段 i 都是从 $j=1$ 开始的，当 $j=1$ 时其左上角元素的 $j=0$，所以初始置左上角元素 upleft=dp[0]，如图 8.24 所示。

对应的算法如下：

```
def LCSlength1(a,b):                    #求 LCS 的改进算法
    m,n=len(a),len(b)
    dp=[0]*(n+1)                        #一维动态规划数组
    for i in range(1,m+1):
        upleft=dp[0]                    #在阶段 i 初始化 upleft
        for j in range(1,n+1):
            tmp=dp[j]                   #临时保存 dp[j]
            if a[i-1]==b[j-1]:
                dp[j]=upleft+1
            else:
                dp[j]=max(dp[j-1],dp[j])
            upleft=tmp                  #修改 upleft
    return dp[n]
```

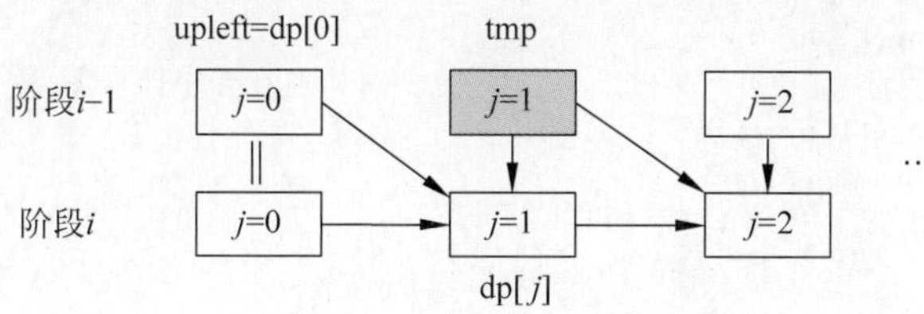

图 8.24 upleft 和 tmp 的表示

8.5.2 编辑距离

1. 问题描述

设 a 和 b 是两个字符串，现在要用最少的字符操作次数将字符串 a 编辑为字符串 b。这里的字符编辑操作共有 3 种，即删除一个字符、插入一个字符或者将一个字符替换为另一个字符。例如，a="sfdqxbw"，b="gfdgw"，由 a 到 b 的一种最少操作是's'替换为'g'，'q'替换为'g'，删除 a 中的'x'和'b'，对应的编辑距离为 4。

扫一扫

视频讲解

2. 问题求解

设字符串 a、b 的长度分别为 m、n，设计二维动态规划数组 dp，其中 dp[i][j]表示将 a[0..$i-1$]（$1\leqslant i\leqslant m$）编辑为 b[0..$j-1$]（$1\leqslant j\leqslant n$）的最优编辑距离（即最少编辑操作次数）。

显然，当 b 为空串时，要删除 a 中的全部字符得到 b，即 dp[i][0]=i（删除 a 中的 i 个字符，共 i 次操作）；当 a 为空串时，要在 a 中插入 b 的全部字符得到 b，即 dp[0][j]=j（向 a 中插入 b 的 j 个字符，共 j 次操作）。

当两个字符串 a、b 均不空时，若 $a[i-1]=b[j-1]$，这两个字符不需要任何操作，即

$dp[i][j]=dp[i-1][j-1]$；当 $a[i-1] \neq b[j-1]$ 时，以下 3 种操作都可以达到目的。

① 将 $a[i-1]$ 替换为 $b[j-1]$，有 $dp[i][j]=dp[i-1][j-1]+1$（一次替换操作的次数计为 1）。

② 在 $a[i-1]$ 字符的后面插入 $b[j-1]$ 字符，有 $dp[i][j]=dp[i][j-1]+1$（一次插入操作的次数计为 1）。

③ 删除 $a[i-1]$ 字符，有 $dp[i][j]=dp[i-1][j]+1$（一次删除操作的次数计为 1）。

此时 $dp[i][j]$ 取上述 3 种操作的最小值，所以得到的状态转移方程如下：

$dp[i][0]=i$　　　　边界情况

$dp[0][j]=j$　　　　边界情况

$dp[i][j]=dp[i-1][j-1]$　　　　当 $a[i-1]=b[j-1]$ 时

$dp[i][j]=\min(dp[i-1][j-1]+1, dp[i][j-1]+1, dp[i-1][j]+1)$　　　　当 $a[i-1] \neq b[j-1]$ 时

最后得到的 $dp[m][n]$ 即为所求。对应的算法如下：

```
def editdist(a,b):                                   #求 a 到 b 的编辑距离
    m,n=len(a),len(b)
    dp=[[0] * (n+1) for i in range(m+1)]             #二维动态规划数组
    for i in range(1,m+1):
        dp[i][0]=i                                   #把 a 的 i 个字符全部删除转换为 b
    for j in range(1,n+1):
        dp[0][j]=j                                   #在 a 中插入 b 的全部字符转换为 b
    for i in range(1,m+1):
        for j in range(1,n+1):
            if a[i-1]==b[j-1]:
                dp[i][j]=dp[i-1][j-1]
            else:
                dp[i][j]=min(min(dp[i-1][j],dp[i][j-1]),dp[i-1][j-1])+1
    return dp[m][n]
```

【算法分析】 在上述算法中包含两重 for 循环，对应的时间复杂度为 $O(mn)$，空间复杂度为 $O(mn)$。

8.6 背包动态规划

背包动态规划主要指采用动态规划求解 0/1 背包问题、完全背包问题和多重背包问题及类似的问题。

扫一扫

视频讲解

8.6.1 0/1 背包问题

1. 问题描述

见 5.3.7 节，这里采用动态规划求解。

2. 问题求解

设计二维动态规划数组 dp，$dp[i][r]$ 表示在物品 $0 \sim i-1$（共 i 个物品）中选择物品并

且背包容量为 $r(0\leqslant r\leqslant W)$ 时的最大价值，或者说只考虑前 i 个物品并且背包容量为 r 时的最大价值。考虑物品 $i-1$ 分为以下两种情况。

① 若 $r<w[i-1]$，说明物品 $i-1$ 放不下，此时等效于只考虑前 $i-1$ 个物品并且背包容量为 r 时的最大价值，所以有 $\mathrm{dp}[i][r]=\mathrm{dp}[i-1][r]$。

② 若 $r\geqslant w[i-1]$，说明物品 $i-1$ 能够放入背包，有两种选择，其中不选择物品 $i-1$，即不将物品 $i-1$ 放入背包，等同于情况①；选择物品 $i-1$，即将物品 $i-1$ 放入背包，这样消耗了 $w[i-1]$ 的背包容量，获取了 $v[i-1]$ 的价值，那么留给前 $i-1$ 个物品的背包容量就只有 $r-w[i-1]$ 了，此时的最大价值为 $\mathrm{dp}[i-1][r-w[i-1]]+v[i-1]$。对应的状态转移图如图 8.25 所示，在两种选择中取最大值，所以有 $\mathrm{dp}[i][r]=\max(\mathrm{dp}[i-1][r],\mathrm{dp}[i-1][r-w[i-1]]+v[i-1])$。

通过上述分析得到的状态转移方程如下：

$\mathrm{dp}[i][0]=0$　　边界情况（没有装入任何物品，总价值为 0）

$\mathrm{dp}[0][r]=0$　　边界情况（没有考虑任何物品，总价值为 0）

$\mathrm{dp}[i][r]=\mathrm{dp}[i-1][r]$　　当 $r<w[i-1]$ 时，物品 $i-1$ 放不下

$\mathrm{dp}[i][r]=\max\{\mathrm{dp}[i-1][r],\mathrm{dp}[i-1][r-w[i-1]]+v[i-1]\}$

　　否则在不放入和放入物品 $i-1$ 之间取最大价值

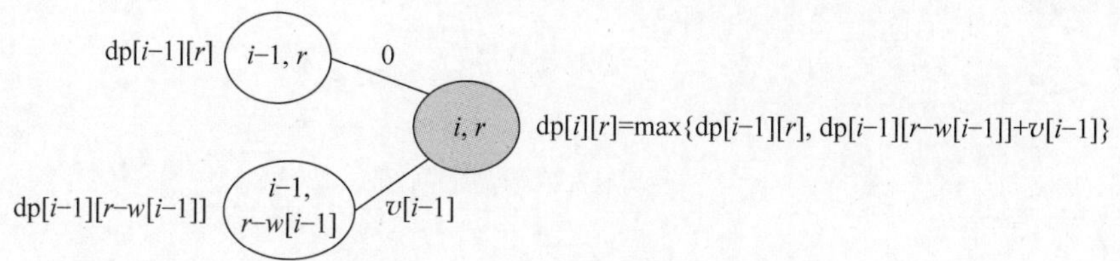

图 8.25　0/1 背包问题的状态转移图

0/1 背包问题是求 n 个物品在背包容器为 W 时的最大价值，所以在求出 dp 数组以后 $\mathrm{dp}[n][W]$ 元素就是答案。对应的算法如下：

```
def knap(w,v,n,W):                                  #用动态规划法求 dp
    global dp
    dp=[[0] * (W+1) for i in range(n+1)]            #二维动态规划数组
    for i in range(0,n):                            #置边界条件 dp[i][0]=0
        dp[i][0]=0
    for r in range(0,W+1):                          #置边界条件 dp[0][r]=0
        dp[0][r]=0
    for i in range(1,n+1):
        for r in range(0,W+1):
            if r< w[i-1]:
                dp[i][r]=dp[i-1][r]
            else:
                dp[i][r]=max(dp[i-1][r],dp[i-1][r-w[i-1]]+v[i-1])
    return dp[n][W]
```

【算法分析】 在上述算法中包含两重 for 循环，所以时间复杂度为 $O(nW)$，空间复杂度为 $O(nW)$。从表面上看时间函数是 n 的多项式，但这个算法并不是多项式级的算法，因为正整数 W 可能远大于 n，这样的算法称为伪多项式时间的算法。

在求出 dp 数组以后,如何推导出一个解向量 $\boldsymbol{x}=(x_0,x_1,\cdots,x_{n-1})$呢？其中 $x_i=0$ 表示不选择物品 i,$x_i=1$ 表示选择物品 i。从前面状态转移方程的后两行看出：

① 若 dp[i][r]=dp[$i-1$][r],表示物品 $i-1$ 放不下或者不放入物品 $i-1$ 的情况,总之不选择物品 $i-1$,置 $x_{i-1}=0$。也就是说当前 dp 元素等于上方元素,不选择对应的物品(物品 $i-1$),并跳到上方位置。

② 否则一定有 dp[i][r]≠dp[$i-1$][r]成立,表示选择物品 $i-1$,置 $x_{i-1}=1$。也就是说当前 dp 元素不等于上方元素,选择对应的物品,并跳到左上角 dp[$i-1$][$r-w$[$i-1$]]的位置。

这样从 $i=n$,$r=W$ 开始(i 为剩余物品数量,r 为剩余背包容量),若 dp[i][r]≠dp[$i-1$][r]成立,则选择物品 $i-1$,置 $x_{i-1}=1$,用 i-－递减 i,用 $r=r-w$[$i-1$]递减 r;否则不选择物品 $i-1$,置 $x_{i-1}=0$,同样递减 i。继续这个过程,直到 $i=0$ 为止。对应的算法如下：

```
def getx(w):                             #回推求一个最优方案
    global x
    x=[0]*n
    i,r=n,W
    while i>=1:
        if dp[i][r]!=dp[i-1][r]:
            x[i-1]=1                     #选取物品 i-1
            r=r-w[i-1]
        else:
            x[i-1]=0                     #不选取物品 i-1
        i-=1
```

调用上述两个算法求解 0/1 背包问题的算法如下：

```
def solve(w,v,n,W):                                          #求解算法
    print("求解结果")
    print(" 最大价值",knap(w,v,n,W))
    getx(w)
    for i in range(0,n):
        if x[i]==1:print(" 选择物品%d:[%d,%d]"%(i,w[i],v[i]),end='')
```

例如,$n=5$,$w=\{2,2,6,5,4\}$,$v=\{6,3,5,4,6\}$,$W=10$,调用 solve()的输出结果如下：

```
求解结果
    最大价值 15
    选择物品 0:[2,6]    选择物品 1:[2,3]    选择物品 4:[4,6]
```

该 0/1 背包问题的求解过程是先将 dp[i][0]和 dp[0][r]均置为 0,求出的 dp 数组以及求解向量 $\boldsymbol{x}$ 的过程如图 8.26 所示,最后得到 $\boldsymbol{x}$ 为(1,1,0,0,1),表示最优解是选择物品 0、1 和 4,总价值为 dp[5][10]=15,图中深阴影部分表示满足 dp[i][r]≠dp[$i-1$][r]条件选择对应物品 $i-1$ 的情况。

3. 算法的空间优化*

如果仅求 0/1 背包问题的最大价值,可以进一步优化 knap 算法的空间,将 dp[$n+1$]

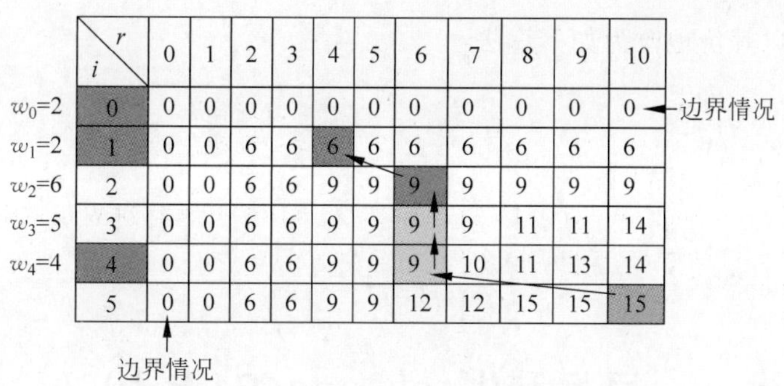

	i \ r	0	1	2	3	4	5	6	7	8	9	10
$w_0=2$	0	0	0	0	0	0	0	0	0	0	0	0
$w_1=2$	1	0	0	6	6	6	6	6	6	6	6	6
$w_2=6$	2	0	0	6	6	9	9	9	9	9	9	9
$w_3=5$	3	0	0	6	6	9	9	9	9	11	11	14
$w_4=4$	4	0	0	6	6	9	9	9	10	11	13	14
	5	0	0	6	6	9	9	12	12	15	15	15

图 8.26　求出的 dp 数组以及求解向量 **x** 的过程

[W+1]改为一维数组 dp[W+1]，如图 8.27 所示，在阶段 i−1 中将 dp[i−1][r]存放到 dp[r]中，将 dp[i−1][r−w[i−1]]存放到 dp[r−w[i−1]]中，这两个状态是可区分的，在阶段 i 中也用 dp[r]存放到 dp[i][r]。

结合前面的 dp[i][r]=max(dp[i−1][r]，dp[i−1][r−w[i−1]]+v[i−1])看出这样优化后的 dp[r]应该只与上一个阶段中的 dp 元素相关(通过这种限定保证每个物品最多选择一次)。现在求优化后的 dp 数组，显然 i 从 1 到 n 遍历，那么 r 是否也是从 0 到 W 正向遍历呢？

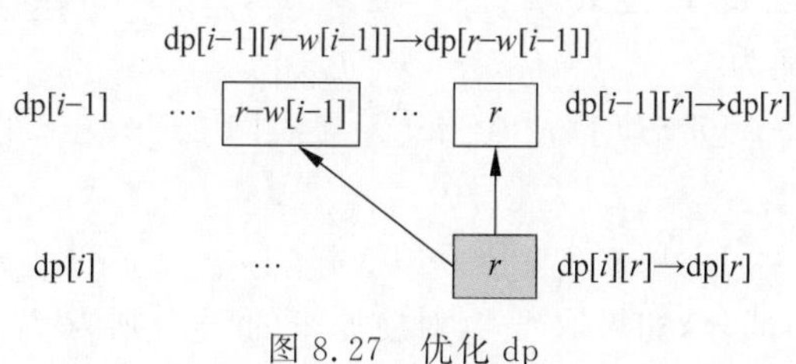

图 8.27　优化 dp

当 i 取某个值(阶段 i)，如果 r 是从 0 到 W 遍历，假设 r=r1 时选择物品 i−1 并且有 dp[r1]=dp[r1−w[i−1]]+v[i−1]，即 dp[r1]发生了修改(不再是上一个阶段的 dp[r1]值)。然后递增 r，假设 r=r2 满足 r2−r1=w[i−1]时再次选择物品 i−1，dp[r2]=dp[r2−w[i−1]]+v[i−1]=dp[r1]+v[i−1]，从中看出求 dp[r2]时对应的这个 dp[r1]是在阶段 i 中改变的结果，不再是上一个阶段的 dp[r1]值，所以求出的 dp[r2]可能是错误的。

为了避免出现这种情况，将 r 改为从 W 到 0 反向遍历，同样假设 r=r1 时选择物品 i−1 并且有 dp[r1]=dp[r1−w[i−1]]+v[i−1]，显然 r1−w[i−1]<r1，由于 dp[r2](r2<r1)均是上一个阶段的元素，这样 dp[r1−w[i−1]]对应的解一定没有选择物品 i−1，从而保证在整个过程中物品 i−1 最多选择一次，因此求出的 dp 是正确的结果。对应的改进算法如下：

```
def knap1(w,v,n,W):                    #改进算法
    dp=[0]*(W+1)                       #一维动态规划数组
    for i in range(1,n+1):
        for r in range(W,-1,-1):       #r 按 0 到 W 的逆序(重点)
            if r<w[i-1]:dp[r]=dp[r]
            else:dp[r]=max(dp[r],dp[r-w[i-1]]+v[i-1])
    return dp[W]
```

上述算法可以等价地改为如下算法：

```
def knap2(w,v,n,W):                          #改进算法
    dp=[0] * (W+1)                           #一维动态规划数组
    for i in range(1,n+1):
        for r in range(W,w[i-1]-1,-1):       #r按w[i-1]到W的逆序(重点)
            dp[r]=max(dp[r],dp[r-w[i-1]]+v[i-1])
    return dp[W]
```

扫一扫

视频讲解

8.6.2 实战——目标和(LeetCode494★★)

1. 问题描述

见5.3.4节，这里采用动态规划求解。

2. 问题求解

不妨用 w 表示nums数组，先求出 w 中所有整数的和 s，显然 $s<$ target时即使全部加上'+'也不可能成立，此时返回0(无解)，否则本问题就是求以下等式成立的不同表达式的数目(±表示取'+'或者'-'之一)：

$$\pm w[0]\pm w[1]\pm\cdots\pm w[n-1]=\text{target}$$

用 s 减去两边后转换为

$$(w[0]+w[1]+\cdots+w[n-1])-(\pm w[0]\pm w[1]\pm\cdots\pm w[n-1])=s-\text{target}$$

等同于

$$(w[0]\mp w[0])+(w[1]\mp w[1])+\cdots+(+w[n-1]\mp w[n-1])=s-\text{target}$$

对于 $(w[i]\mp w[i])$ 部分，如果取'-'(对应原来的'+')则为0，如果取'+'(对应原来的'-')则为 $2w[i]$，考虑只取'+'的部分(其他取'-')，假设对应的下标为 $i_1,i_2,\cdots,i_k$，则为

$2w[i_1]+2w[i_2]+\cdots+2w[i_k]=s-\text{target}$，即 $w[i_1]+w[i_2]+\cdots+w[i_k]=(s-\text{target})/2$

其中 $i_1,i_2,\cdots,i_k$ 是 $0,1,\cdots,n-1$ 的一个子序列，这样该问题等价于在 w 数组中选择添加'-'的元素的和等于 $(s-\text{target})/2$ 的组合数，属于典型的0/1背包问题。由于 $(s-\text{target})/2$ 一定是整数，所以 $(s-\text{target})$ 为奇数时无解，返回0。

采用动态规划求解，设计二维动态规划数组dp，dp[i][r]表示在nums[$0\sim i-1$](共 i 个整数)中选择若干整数添加'-'(其他添加'+')并且和恰好为 r 的组合数，对应的状态转移方程如下：

$$\text{dp}[0][0]=1$$

$$\text{dp}[i][r]=\text{dp}[i-1][r] \qquad r<\text{nums}[i-1]$$

$$\text{dp}[i][r]=\text{dp}[i-1][r-\text{nums}[i-1]]+\text{dp}[i-1][r]$$

否则(选择和不选择nums[$i-1$]的组合数之和)

对应的算法如下：

```
class Solution:
    def findTargetSumWays(self, nums: List[int], target: int) -> int:
        n,s=len(nums),sum(nums)
```

```
        if target>s:return 0
        if (s-target)%2==1:return 0
        W=(s-target)//2
        dp=[[0]*(W+1) for i in range(n+1)]
        dp[0][0]=1
        for i in range(1,n+1):
            for r in range(0,W+1):
                if r<nums[i-1]:
                    dp[i][r]=dp[i-1][r]
                else:
                    dp[i][r]=dp[i-1][r-nums[i-1]]+dp[i-1][r]
        return dp[n][W]
```

上述程序提交时通过，执行用时为100ms，内存消耗为15.1MB。采用类似0/1背包问题的改进算法，设计一个一维动态规划数组dp，dp[r]表示选择整数的和为r的组合数。对应的算法如下：

```
class Solution:
    def findTargetSumWays(self, nums: List[int], target: int) -> int:
        n,s=len(nums),sum(nums)
        if target>s:return 0
        if (s-target)%2==1:return 0
        W=(s-target)//2
        dp=[0]*(W+1)
        dp[0]=1
        for i in range(1,n+1):
            for r in range(W,nums[i-1]-1,-1):        #r按nums[i-1]到W的逆序
                dp[r]+=dp[r-nums[i-1]]               #组合数是累计关系
        return dp[W]
```

上述程序提交时通过，执行用时为64ms，内存消耗为14.9MB。与5.3.4节的回溯算法(超时)相比，其时间性能大幅提高。

扫一扫

视频讲解

8.6.3 完全背包问题

1. 问题描述

见5.3.8节，这里采用动态规划求解。

2. 问题求解

设计动态规划二维数组dp，dp[i][r]表示从物品0～$i-1$(共i种物品)中选出重量不超过r的物品的最大总价值。显然有dp[i][0]=0(背包不能装入任何物品时总价值为0)，dp[0][j]=0(没有任何物品可装入时总价值为0)，将它们作为边界情况，为此采用memset函数一次性将dp数组初始化为0。另外设计二维数组fk，其中fk[i][r]存放到dp[i][r]得到最大值时物品$i-1$挑选的件数。考虑物品$i-1$，可以选择0到k($k\times w[i-1]\leqslant r$)次，状态转移图如图8.28所示。

对应的状态转移方程如下：

$$\mathrm{dp}[i][r]=\max_{k\times w[i-1]\leqslant r}\{\mathrm{dp}[i-1][r-k\times w[i-1]]+k\times v[i-1]\}$$

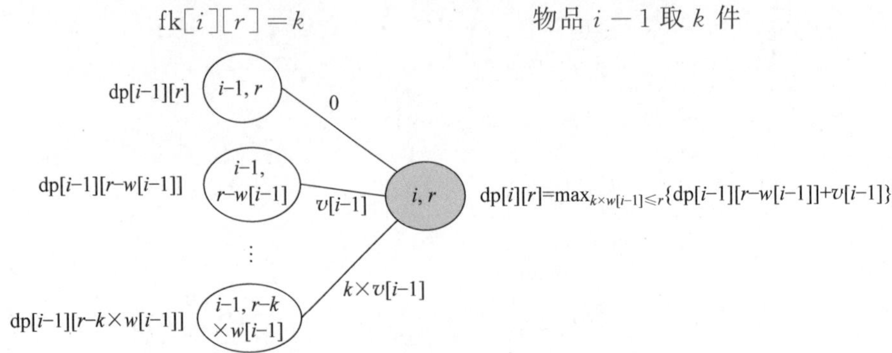

图 8.28　完全背包问题的状态转移图

在求出 dp 和 fk 数组后，dp[n][W]便是完全背包问题的最大价值。例如，$n=3$，$W=7$，$w=(3,4,2)$，$v=(4,5,3)$，其求解结果如表 8.3 所示，表中元素为“dp[i][r] [fk[i][r]]”，其中 $f(n,W)$为最终结果，即最大价值总和为 10，推导一种最优方案的过程是先找到 f[3][7]=10，fk[3][7]=2，物品 2 挑选两件，fk[2][W−2×2]=fk[2][3]=0，物品 1 挑选 0 件，fk[1][3]=1，物品 0 挑选一件。

表 8.3　多重背包问题的求解结果

i \ j	0	1	2	3	4	5	6	7
0	0[0]	0[0]	0[0]	0[0]	0[0]	0[0]	0[0]	0[0]
1	0[0]	0[0]	0[0]	4[1]	4[1]	4[1]	8[2]	8[2]
2	0[0]	0[0]	0[0]	4[0]	5[1]	5[1]	8[0]	9[1]
3	0[0]	0[0]	3[1]	4[0]	6[2]	7[1]	9[3]	10[2]

求 dp 和 fk 数组的算法如下：

```
def completeknap(w,v,n,W):                          #采用动态规划方法求 dp 和 fk
    global dp,fk
    dp=[[0]*(W+1) for i in range(n+1)]
    fk=[[0]*(W+1) for i in range(n+1)]
    for i in range(1,n+1):
        for r in range(0,W+1):
            k=0
            while k*w[i-1]<=r:
                if dp[i][r]<dp[i-1][r-k*w[i-1]]+k*v[i-1]:
                    dp[i][r]=dp[i-1][r-k*w[i-1]]+k*v[i-1]  #物品 i-1 取 k 件
                    fk[i][r]=k
                k+=1
    return dp[n][W]
```

由 fk 数组求一个最优选择方案的算法如下：

```
def getx():                              #回推求一个最优选择方案
    i,r=n,W
    while i>=1:
        print("    选择物品%d 共%d 件"%(i-1,fk[i][r]))
        r-=fk[i][r]*w[i-1]               #剩余重量
        i-=1
```

利用上述两个算法求解完全背包问题的算法如下：

```
def solve(w,v,n,W):                        #求解完全背包问题
    print("求解结果")
    print("    最大价值",completeknap(w,v,n,W))
    getx()
```

例如，$n=3,W=7,w=(3,4,2),v=(4,5,3)$，调用上述 solve()算法的输出结果如下：

```
求解结果
    最大价值 10
    选择物品 2 共 2 件
    选择物品 1 共 0 件
    选择物品 0 共 1 件
```

【算法分析】 在 completeknap 算法中包含三重循环，k 的循环最坏可能从 0 到 W，所以算法的时间复杂度为 $O(nW^2)$。

3. 算法的时间优化

可以改进前面的算法，现在仅考虑求最大价值，将完全背包问题转换为这样的 0/1 背包问题，物品 i 出现 $\lfloor W/w[i] \rfloor$ 次，例如对于完全背包问题 $n=3,W=7,w=(3,4,2),v=(4,5,3)$，物品 0 最多取 $W/3=2$ 次，物品 1 最多取 $W/4=1$ 次，物品 2 最多取 $W/2=3$ 次，对应的 0/1 背包问题是 $W=7,n=6,w=(3,3,4,2,2,2),v=(4,4,5,3,3,3)$，后者的最大价值和前者是相同的。

实际上没有必要预先做这样的转换，在求 dp[i][r]（此时考虑物品 $i-1$ 的选择）时选择几件物品 $i-1$ 对应的 r 是不同的，也就是说选择不同件数的物品 $i-1$ 的各种状态是可以区分的，为此让 i 不变，r 从 0 到 W 循环，若 $r<w[i-1]$，说明物品 $i-1$ 放不下，一定不能选择；否则在不选择和选择一次之间求最大值，由于 r 是循环递增的，这样可能会导致多次选择物品 $i-1$。例如，$n=3,W=7,w=(3,4,2),v=(4,5,3)$，求解过程如下：

① $i=1$ 时

$r=0,r<w[i-1]$ ⇨dp[1][0]=dp[0][0]=0

$r=1,r<w[i-1]$ ⇨dp[1][1]=dp[0][1]=0

$r=2,r<w[i-1]$ ⇨dp[1][2]=dp[0][2]=0

$r=3,r\geqslant w[i-1]$ ⇨dp[1][3]=max(dp[0][3],dp[1][3−3]+4)=4（选择物品 0 一次）

$r=4,r\geqslant w[i-1]$ ⇨dp[1][4]=max(dp[0][4],dp[1][4−3]+4)=4

$r=5,r\geqslant w[i-1]$ ⇨dp[1][5]=max(dp[0][5],dp[1][5−3]+4)=4

$r=6,r\geqslant w[i-1]$ ⇨dp[1][6]=max(dp[0][6],dp[1][6−3]+4)=8

$r=7,r\geqslant w[i-1]$ ⇨dp[1][7]=max(dp[0][7],dp[1][7−3]+4)=8

② $i=2$ 时

$r=0,r<w[i-1]$ ⇨dp[2][0]=dp[1][0]=0

$r=1,r<w[i-1]$ ⇨dp[2][1]=dp[1][1]=0

$r=2,r<w[i-1]$ ⇨dp[2][2]=dp[1][2]=0

$r=3,r<w[i-1]$ ⇨dp[2][3]=dp[1][3]=4（选择物品 1 零次）

$r=4,r\geqslant w[i-1]$ ⇨dp[2][4]=max(dp[1][4],dp[2][4−4]+5)=5

$r=5,r\geqslant w[i-1]$ ⇨dp[2][5]=max(dp[1][5],dp[2][5−4]+5)=5

$r=6,r\geqslant w[i-1]$ ⇨dp[2][6]=max(dp[1][6],dp[2][6−4]+5)=8

$r=7,r\geqslant w[i-1]$ ⇨dp[2][7]=max(dp[1][7],dp[2][7−4]+5)=9

③ $i=3$ 时

$r=0,r<w[i-1]$ ⇨dp[3][0]=dp[2][0]=0

$r=1,r<w[i-1]$ ⇨dp[3][1]=dp[2][1]=0

$r=2,r\geqslant w[i-1]$ ⇨dp[3][2]=max(dp[2][2],dp[3][2−2]+3)=3

$r=3,r\geqslant w[i-1]$ ⇨dp[3][3]=max(dp[2][3],dp[3][3−2]+3)=4

$r=4,r\geqslant w[i-1]$ ⇨dp[3][4]=max(dp[2][4],dp[3][4−2]+3)=6

$r=5,r\geqslant w[i-1]$ ⇨dp[3][5]=max(dp[2][5],dp[3][5−2]+3)=7(选择物品 2 一次)

$r=6,r\geqslant w[i-1]$ ⇨dp[3][6]=max(dp[2][6],dp[3][6−2]+3)=9

$r=7,r\geqslant w[i-1]$ ⇨dp[3][7]=max(dp[2][7],dp[3][7−2]+3)=10(再选择物品 2 一次)

最后得到的最优总价值为 dp[3][7]=10,可以从 dp[3][7]开始推导出选择方案。对应的改进算法如下:

```
def completeknap1(w,v,n,W):                     #时间改进算法
    dp=[[0]*(W+1) for i in range(n+1)]
    for i in range(1,n+1):
        for r in range(0,W+1):
            if r<w[i-1]:                        #物品 i-1 放不下
                dp[i][r]=dp[i-1][r]
            else:                               #在不选择和选择物品 i-1(多次)中求最大值
                dp[i][r]=max(dp[i-1][r],dp[i][r-w[i-1]]+v[i-1])
    return dp[n][W]                             #返回总价值
```

【算法分析】 在上述算法中包含两重循环,所以算法的时间复杂度为 $O(nW)$。

4. 算法的空间优化*

在 8.6.1 节 0/1 背包的空间优化算法中,将 dp[n+1][W+1]优化为 dp[W+1],需要限定 dp[r]只与上一个阶段中的 dp 元素相关来保证每个物品最多选择一次,为此 r 从 W 到 0 反向遍历。这里正好相反,每个物品可以选择多次,所以只需要将 r 从 0 到 W 正向遍历就得到了完全背包问题的改进算法。对应的算法如下:

```
def completeknap2(w,v,n,W):                     #空间改进算法
    dp=[0]*(W+1)                                #一维动态规划数组
    for i in range(1,n+1):
        for r in range(w[i-1],W+1):             #r 按 w[i-1]到 W 的顺序
            dp[r]=max(dp[r],dp[r-w[i-1]]+v[i-1])
    return dp[W]
```

扫一扫

视频讲解

8.6.4 实战——零钱兑换(LeetCode322★★)

1. 问题描述

给定一个含 $n(1\leqslant n\leqslant 12)$个整数的数组 coins,表示不同面额的硬币(1≤coins[i]≤

$2^{31}-1$)，以及一个表示总金额的整数 amount($0 \leqslant \text{amount} \leqslant 10^4$)，设计一个算法求可以凑成总金额所需的最少的硬币个数，如果没有任何一种硬币组合能组成总金额，则返回－1。可以认为每种硬币的数量是无限的。例如，coins＝{1,2,5}，amount＝11，对应的硬币组合是1,5,5，答案为3。

2. 问题求解

由于每种硬币的数量是无限的，该问题转换为完全背包问题，只是这里求最少的硬币个数，相当于每个硬币的价值为1，并且将max改为min。采用改进的完全背包动态规划算法，设计一维动态规划数组dp，dp[r]表示总金额为r的最少的硬币个数。另外考虑特殊情况，将dp的所有元素初始化为∞，当最后出现dp[amount]为∞，说明没有任何一种硬币组合能组成amount金额，返回－1。对应的算法如下：

```
class Solution:
    def coinChange(self, coins: List[int], amount: int) -> int:
        INF=0x3f3f3f3f                          #表示∞
        if amount==0:return 0
        n=len(coins)
        if n==1 and amount%coins[0]!=0:return -1
        dp=[INF]*(amount+1)                     #一维动态规划数组,初始化所有元素为∞
        dp[0]=0
        for i in range(1,n+1):
            for r in range(coins[i-1],amount+1):
                dp[r]=min(dp[r],dp[r-coins[i-1]]+1)
        return -1 if dp[amount]==INF else dp[amount]
```

上述程序提交时通过，执行用时为12ms，内存消耗为37.5MB。

思考题：本题能不能采用7.2.6节中求解零钱兑换问题的贪心法算法求解呢？为什么？

8.6.5* 多重背包问题

1. 问题描述

有n种重量与价值分别为w_i、v_i($0 \leqslant i < n$)的物品，物品i有s_i件，从这些物品中挑选总重量不超过W的物品，每种物品可以挑选多件，求挑选物品的最大价值，该问题称为多重背包问题。例如，$n=3$，$W=7$，$w=\{3,4,2\}$，$v=\{4,5,3\}$，$s=\{2,2,1\}$，对应的最大价值为9，一个最优方案是选择物品0和1各一件。

2. 问题求解

多重背包问题的求解与完全背包问题的基本解法类似，这里仅讨论求最大价值，设计动态规划二维数组dp，dp[i][r]表示从物品0～$i-1$(共i个物品)中选出重量不超过r的物品的最大总价值，选择物品i的最多件数为$s[i]$。考虑物品$i-1$(选择0到k次)的状态转移方程如下：

$$\text{dp}[i][r]=\max_{k\times w[i-1]\leqslant r}\{\text{dp}[i-1][r-k\times w[i-1]]+k\times v[i-1]\}$$

说明：看完整的源程序请扫描右侧二维码。

扫一扫

程序代码

8.7 树形动态规划

8.7.1 树形动态规划概述

树形动态规划指基于树结构(含二叉树)的动态规划算法设计,由于树具有严格的分层,使得动态规划的阶段十分清晰,例如父子结点的关系可能就是两个阶段之间的联系,树形动态规划求解过程涉及树的搜索,通常采用后根遍历的顺序,在处理完所有孩子结点后再处理当前结点。在推导状态转移方程时需要根据当前结点的状态确定子结点的状态,若子结点有多个,则需要一一枚举,将子结点(子树)的结果合并得到当前结点的解。

【例 8-2】 某学校要开一个庆祝晚会,学校共有 n 个员工,员工的编号为 $1\sim n$,员工之间有上下级关系,这样构成一棵关系树结构。为了让员工开心,晚会组织者决定不同时邀请一个员工和他的直属上级。每个员工参加晚会有一个开心指数,用整型数组 value 表示,value[i]表示员工 i 的开心指数。问题是求参加晚会的所有员工的开心指数和的最大值,给出采用动态规划求解思路。

解 采用树形动态规划方法求解,树中的每个结点表示一个员工,每个员工有两种状态,即参加和不参加庆祝晚会,为此设计二维动态规划数组 dp 来描述状态(初始时所有元素设置为 0),其中 dp[i][1]表示员工 i 参加庆祝晚会时对应子树的最大开心指数和,dp[i][0]表示员工 i 不参加庆祝晚会时对应子树的最大开心指数和。

对于员工 i 的各种情况分析如下:

(1) 员工 i 有下级员工,员工 i 有参加和不参加晚会两种可能。

① 员工 i 参加晚会,那么他的所有下级员工都不能参加,则结点 i 的子树的最大开心指数和为 dp[i][1],如图 8.29(a)所示,即

$$\text{dp}[i][1]=\text{value}[i]+\sum_{\text{son为员工}i\text{的下级员工}}\text{dp}[\text{son}][0]$$

② 员工 i 不参加庆祝晚会,那么他的每个下级员工可以参加也可以不参加,则结点 i 的子树的最大开心指数和为 dp[i][0],即取员工 i 的所有下级员工参加和不参加的最大开心指数和的最大值,然后累计起来,如图 8.29(b)所示,即

$$\text{dp}[i][0]=\sum_{\text{son为员工}i\text{的下级员工}}\max\{\text{dp}[\text{son}][1],\text{dp}[\text{son}][0]\}$$

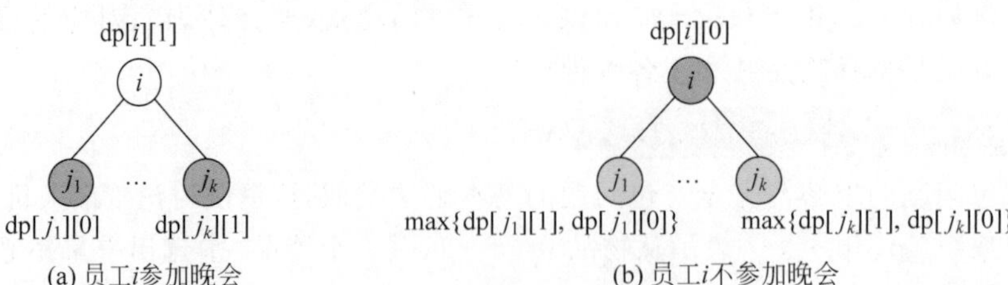

(a) 员工i参加晚会　　(b) 员工i不参加晚会

图 8.29　员工 i 有下级员工的两种可能

(2) 员工 i 没有下级员工,员工 i 有参加和不参加晚会两种可能。

① 员工 i 参加庆祝晚会,结点 i 的子树的最大开心指数和为 dp[i][1],有

$$dp[i][1]=value[i]$$

② 员工 i 不参加庆祝晚会，则结点 i 的子树的最大开心指数和为 dp[i][0]，有

$$dp[i][0]=0$$

在求出 dp 数组以后，对于根结点 root，则 max(dp[root][0],dp[root][1])就是最后的答案。

扫一扫

视频讲解

8.7.2 实战——找矿(LeetCode337★★)

1. 问题描述

有一个矿洞由多个矿区组成，每个矿区有若干煤炭，矿洞只有一个入口，称为根。除了根以外，每个矿区有且只有一个父矿区与之相连，所有矿区的排列类似于一棵二叉树。A 进入矿洞想找到尽可能多的煤炭，由于某种原因，A 不能在同一天晚上拿走两个直接相连矿区的煤炭。求 A 一晚能够拿走的最多煤炭。例如，一个矿洞结构如图 8.30 所示，二叉树结点中的数字表示煤炭的数量，A 一晚能够拿走的最多煤炭为 3+3+1=7。

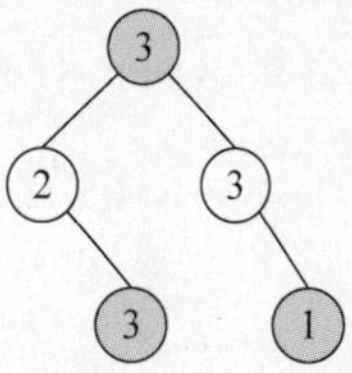

说明：二叉树采用二叉链存储，其中 TreeNode 结点类型参见 2.8.2 节中的定义。

图 8.30 一棵二叉树

2. 问题求解——备忘录方法

采用递归分治的思路，设 f(root)表示在 root 为根的二叉树中的最大收益(能够拿走的最多煤炭)，则有两种操作：

① 拿 root 结点(即拿走 root 结点中的煤炭)，依题意不能拿 root 的孩子结点(与 root 结点直接相连的孩子结点)，但可以拿 root 孩子结点的孩子，如图 8.31(a)所示，该情况对应的最大收益用 money1 表示，则

$$\text{money1}=\text{root.val}+f(\text{root.left.left})+f(\text{root.left.right})+f(\text{root.right.left})+f(\text{root.right.right})$$

② 不拿 root 结点，则可以拿 root.left 和 root.right 结点，如图 8.31(b)所示，该情况对应的最大收益用 money2 表示，则

$$\text{money2}=f(\text{root.left})+f(\text{root.right})$$

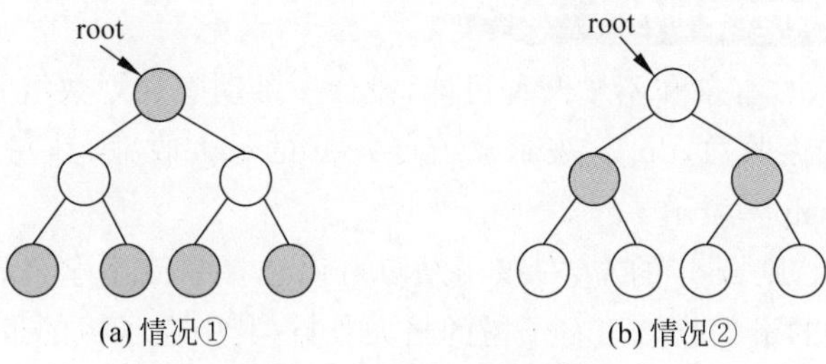

图 8.31 root 结点的两种操作

最后返回 max(money1,money2)即可。对应的算法如下：

```
class Solution:
    def rob(self, root: Optional[TreeNode]) -> int:
```

```
        if root==None:return 0
        return self.dfs(root)

    def dfs(self,root):                     #递归算法
        if root==None:return 0
        money1=root.val
        if root.left:
            money1+=self.dfs(root.left.left)+self.dfs(root.left.right)
        if root.right:
            money1+=self.dfs(root.right.left)+self.dfs(root.right.right)
        money2=self.dfs(root.left)+self.dfs(root.right)
        return max(money1,money2)
```

上述程序提交时超时，其中存在大量重复的子问题计算。采用备忘录方法，用 hmap 存储已经求出的子问题的解，以消除重复计算，也就是说若结点 root 在 hmap 中找到了答案则直接返回。对应的算法如下：

```
class Solution:
    hmap={}                                                  #定义哈希表作为动态规划数组
    def rob(self, root: Optional[TreeNode]) -> int:
        if root==None:return 0
        return self.dfs(root)

    def dfs(self,root):                                      #递归算法
        if root==None:return 0
        if root in self.hmap:return self.hmap[root]          #该子问题已经求出,直接返回解
        money1=root.val
        if root.left:
            money1+=self.dfs(root.left.left)+self.dfs(root.left.right)
        if root.right:
            money1+=self.dfs(root.right.left)+self.dfs(root.right.right)
        money2=self.dfs(root.left)+self.dfs(root.right)
        self.hmap[root]=max(money1,money2)                   #将子问题的解存放到 hmap 中
        return self.hmap[root]
```

上述程序提交时通过，执行用时为 60ms，内存消耗为 18.8MB。

3. 问题求解——动态规划方法

对于当前结点 root，有拿和不拿两种可能，设计一维动态规划数组 dp[2]，其中 dp[0]表示不拿结点 root 的最大收益，dp[1]表示拿结点 root 的最大收益，其左、右子树的动态规划数组分别用 ldp[]和 rdp[]表示：

① 不拿结点 root，则 root 的左、右孩子结点可以选择拿或不拿，以 root 为根结点的树的最大收益=左子树的最大收益+右子树的最大收益，其中左子树的最大收益=max(拿左孩子结点，不拿左孩子结点)，右子树的最大收益=max(拿右孩子结点，不拿右孩子结点)，这样有 dp[0]=max(ldp[0]，ldp[1])+max(rdp[0]，rdp[1])。

② 拿结点 root，则以 root 为根结点的树的最大收益=root.val+不拿左子结点时左子树的最大收益+不拿右子结点时右子树的最大收益，即 dp[1]=root.val+ldp[0]+rdp[0]。

最后返回 max(dp[0]，dp[1])即可。对应的算法如下：

```
class Solution:
    def rob(self, root: Optional[TreeNode]) -> int:
        if root==None:return 0
        dp=self.dfs(root)
        return max(dp[0],dp[1])

    def dfs(self,root):                         #动态规划算法
        dp=[0,0]
        if root==None:return dp
        ldp=self.dfs(root.left)
        rdp=self.dfs(root.right)
        dp[0]=max(ldp[0],ldp[1])+max(rdp[0],rdp[1])
        dp[1]=root.val+ldp[0]+rdp[0]
        return dp
```

上述程序提交时通过，执行用时为 48ms，内存消耗为 17.5MB。

8.7.3 实战——监控二叉树(LeetCode968★★★)

1. 问题描述

给定一棵二叉树(结点数的范围是 1～1000，每个结点值均为 0)，采用二叉链 root 存储(结点类的定义见 2.8.2 节)，现在树的结点上安装摄像头，结点上的每个摄像头都可以监视其父结点、自身及其孩子结点。求监控树的所有结点所需的最少摄像头数量。例如，对于如图 8.32 所示的二叉树，至少需要两个摄像头来监视树的所有结点，图中带阴影的结点是放置摄像头的结点，所以答案为 2。

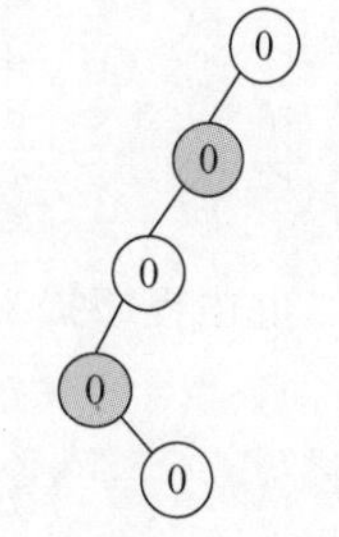

图 8.32　一棵二叉树

2. 问题求解

采用树形动态规划求解。对于二叉树中的当前结点 root，设计一维动态规划数组 dp[3]，其元素定义如下。

① dp[0]：结点 root 安装摄像头时需要的最少摄像头数量。

② dp[1]：结点 root 不安装摄像头但能被覆盖时需要的最少摄像头数量。

③ dp[2]：结点 root 不安装摄像头也不能被覆盖时需要的最少摄像头数量。

结点 root 的左、右子树对应的动态规划数组分别用 ldp[]和 rdp[]表示，各种情况的分析如下。

① 当结点 root 安装摄像头时，其左、右孩子结点都可以装或者不装摄像头。左子树的最少摄像头数量为在左孩子结点的各种情况中取最少摄像头数量，右子树的最少摄像头数量的计算类似，所以此时结点 root 的总摄像头个数的计算如下：

$$dp[0]=\min\{ldp[0],\min(ldp[1],ldp[2])\}+\min\{rdp[0],\min(rdp[1],rdp[2])\}+1$$

② 结点 root 不安装摄像头但能被覆盖时，说明其孩子结点至少有一个安装了摄像头，因为自己不安装摄像头，如果所有孩子结点也不安装摄像头，那么结点 root 就不能被覆盖到，此时结点 root 的总摄像头个数的计算如下：

$$dp[1]=\min\{ldp[0]+\min\{rdp[0],rdp[1]\},rdp[0]+\min\{ldp[0],ldp[1]\}\}$$

③ 结点 root 不安装摄像头但不能被覆盖时，说明其孩子结点都没有安装摄像头，需要

等待 root 的双亲结点安装摄像头监控它，此时结点 root 的总摄像头个数的计算如下：

dp[2]=ldp[1]+rdp[1]

在采用深度优先搜索求出根结点 root 的 dp 以后，问题的答案就是 min{dp[0], dp[1]}。对应的算法如下：

```
class Solution:
    INF=0x3f3f3f3f
    def minCameraCover(self, root: Optional[TreeNode]) -> int:
        dp=self.dfs(root)
        return min(dp[0],dp[1])

    def dfs(self, root):
        dp=[0,0,0]
        if root==None:
            dp[0]=self.INF                  #无法安装摄像头
            dp[1]=0                         #可以认为能覆盖
            dp[2]=self.INF                  #与dp[1]的情况相反
            return dp
        ldp=self.dfs(root.left)
        rdp=self.dfs(root.right)
        dp[0]=min(ldp[0],min(ldp[1],ldp[2]))+min(rdp[0],min(rdp[1],rdp[2]))+1
        dp[1]=min(ldp[0]+min(rdp[0],rdp[1]),rdp[0]+min(ldp[0],ldp[1]))
        dp[2]=ldp[1]+rdp[1]
        return dp
```

上述程序提交时通过，执行用时为 56ms，内存消耗为 15.5MB。

8.8 区间动态规划

8.8.1 区间动态规划概述

区间动态规划通常以连续区间的求解作为子问题，例如区间[$i..j$]上的最优解用 dp[i][j]表示，先在小区间上进行动态规划得到子问题的最优解，然后利用小区间的最优解合并产生大区间的最优解，所以区间动态规划一般需要从小到大枚举所有可能的区间，在枚举时不能像平常的从头到尾遍历，而是以区间的长度 len 为循环变量，在不同的长度区间中枚举所有可能的状态，并从中选取最优解。合并操作一般是把左、右两个相邻的子区间合并。

【例 8-3】 给定一个字符串 s，每一次操作可以在 s 的任意位置插入任意字符，求让 s 成为回文串的最少操作次数，给出对应的状态转移方程。

解 设计二维动态规划数组 dp，dp[i][j]表示将子串 s[$i..j$]（含 s[i]和 s[j]字符）变成回文串的最少操作次数（每次操作添加一个字符）。

(1) 如果 s[i]=s[j]，那么最外层已经形成了回文，接下来只需要继续考虑 s[$i+1..j-1$]，即 dp[i][j]=dp[$i+1$][$j-1$]，如图 8.33 所示。

(2) 如果 s[i]≠s[j]，可以采用以下两种操作使其变为回文：

① 在 $s[j]$的后面添加一个字符 $s[i]$(计一次操作),接下来只需要继续考虑 $s[i+1..j]$,对应的操作次数 $dp[i][j]=dp[i+1][j]+1$,如图 8.34(a)所示。

② 在 $s[i]$的前面添加一个字符 $s[j]$(计一次操作),接下来只需要继续考虑 $s[i..j-1]$,对应的操作次数 $dp[i][j]=dp[i][j-1]+1$,如图 8.34(b)所示。

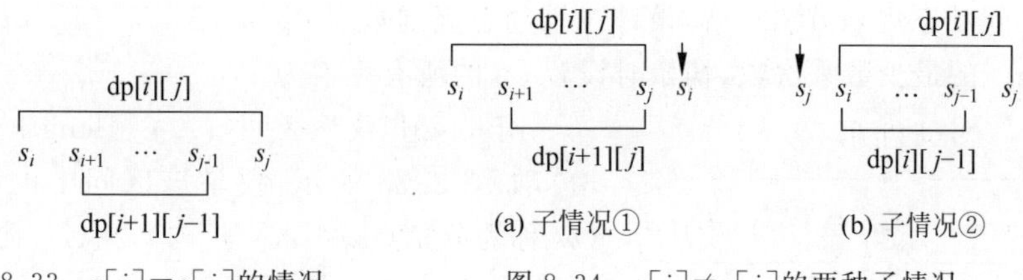

图 8.33 $s[i]=s[j]$的情况　　图 8.34 $s[i]\neq s[j]$的两种子情况

在两种操作中取最少操作次数,即 $dp[i][j]=\min\{dp[i+1][j]+1,dp[i][j-1]+1\}$,显然当子串 $s[i..j]$的长度小于 2 时 $dp[i][j]=0$。对应的状态转移方程如下:

$dp[i][j]=0$　　当 $j<i+1$ 时

$dp[i][j]=dp[i+1][j-1]$　　当 $s[i]=s[j]$时

$dp[i][j]=\min\{dp[i+1][j]+1,dp[i][j-1]+1\}$　　当 $s[i]\neq s[j]$时

在求出 dp 数组以后,答案为 $dp[0][n-1]$。一般情况下在求 dp 时需要把握以下两点:

① 在求 $dp[i][j]$时,所需要的状态如 $dp[i+1][j-1]$、$dp[i+1][j]$和 $dp[i][j-1]$必须都已经计算出来。

② 计算的终点必须是答案 $dp[0][n-1]$的位置$(0,n-1)$。

8.8.2 矩阵连乘问题

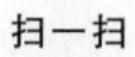

视频讲解

1. 问题描述

假设 $\boldsymbol{A}$ 是 $p\times q$ 矩阵,$\boldsymbol{B}$ 是 $q\times r$ 矩阵,在计算 $\boldsymbol{C}=\boldsymbol{A}\times\boldsymbol{B}$ 的标准算法中需要做 pqr 次数乘。给定 $n(n>2)$个矩阵 $\boldsymbol{A}_1$、$\boldsymbol{A}_2$、……、$\boldsymbol{A}_n$,其中 $\boldsymbol{A}_i$ 和 $\boldsymbol{A}_{i+1}(1\leqslant i\leqslant n-1)$是可乘的,求这 n 个矩阵的乘积 $\boldsymbol{A}_1\times\boldsymbol{A}_2\times\cdots\times\boldsymbol{A}_n$ 时最少的数乘次数是多少?

2. 问题求解

由于矩阵的乘法满足结合律,所以在计算 $\boldsymbol{A}_1\times\boldsymbol{A}_2\times\cdots\times\boldsymbol{A}_n$ 时有许多不同的计算次序,这种计算次序可以通过加括号来表示,若一个矩阵连乘的计算次序完全确定,也就是说该连乘已经完全加括号,则可以依此次序反复调用两个矩阵相乘的标准算法计算出矩阵连乘的结果。例如,$n=3$ 时,$\boldsymbol{A}_1$、$\boldsymbol{A}_2$ 和 $\boldsymbol{A}_3$ 的大小分别为 10×100、100×50 和 50×5,计算 $\boldsymbol{A}_1\times\boldsymbol{A}_2\times\boldsymbol{A}_3$ 有以下两种不同的完全加括号(计算次序)方式。

方式 1:$((\boldsymbol{A}_1\times\boldsymbol{A}_2)\times\boldsymbol{A}_3)$

方式 2:$(\boldsymbol{A}_1\times(\boldsymbol{A}_2\times\boldsymbol{A}_3))$

不同的计算次序对应的数乘次数可能不同,在方式 1 中,首先计算 $\boldsymbol{A}_{12}=\boldsymbol{A}_1\times\boldsymbol{A}_2$,数乘次数为 $10\times100\times50=50\,000$,$\boldsymbol{A}_{12}$ 的大小为 10×50,再计算 $\boldsymbol{A}_{12}\times\boldsymbol{A}_3$,数乘次数为 $10\times50\times5=2500$,总计 52 500。在方式 2 中,首先计算 $\boldsymbol{A}_{23}=\boldsymbol{A}_2\times\boldsymbol{A}_3$,数乘次数为 $100\times50\times5=25\,000$,$\boldsymbol{A}_{23}$ 的大小为 100×5,再计算 $\boldsymbol{A}_1\times\boldsymbol{A}_{23}$,数乘次数为 $10\times100\times5=5000$,总计 30 000。从中看出方式 2 最优。

为了简单，用一维数组 $p[0..n]$表示 n 个矩阵的大小，$p[0]$表示 $\boldsymbol{A}_1$ 的行数，$p[i]$表示 $\boldsymbol{A}_i(1 \leqslant i \leqslant n)$的列数，例如前面 3 个矩阵对应的 $p[0..3]=\{10,100,50,5\}$。实际上每加上一个括号就是做一次两个矩阵相乘的标准算法，用 $\boldsymbol{A}[i..j]$表示 $\boldsymbol{A}_i \times \cdots \times \boldsymbol{A}_j$ 的连乘结果，显然 $\boldsymbol{A}[i..j]$是一个 $p[i-1] \times p[j]$大小的矩阵。

采用区间动态规划方法求解，设计二维动态规划数组 dp$[n+1][n+1]$，dp$[i][j]$表示计算 $\boldsymbol{A}[i..j]$的最少数乘次数，初始时设置 dp 的所有元素为 0。

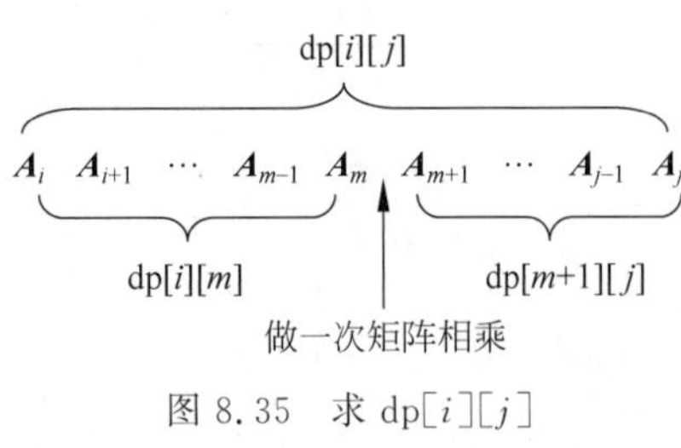

图 8.35　求 dp$[i][j]$

用 length 枚举区间$[i..j]$(length 从 2 开始递增)，如图 8.35 所示，枚举该区间中的每个位置 m(m 称为分割点，$i \leqslant m < j-1$)，在 $\boldsymbol{A}_m$ 之后做一次矩阵相乘，其中 $\boldsymbol{A}[i..m]$是一个 $p[i-1] \times p[m]$大小的矩阵，对应的最少数乘次数为 dp$[i][m]$，$\boldsymbol{A}[m+1..j]$是一个 $p[m] \times p[j]$大小的矩阵，对应的最少数乘次数为 dp$[m+1][j]$，而本次矩阵相乘的数乘次数为 $p[i-1] \times p[m] \times p[j]$，因此有 dp$[i][j]=\min_{i \leqslant m < j}\{dp[i][m]+dp[m+1][j]+p[i-1]*p[m]*p[j]\}$。

另外设计一个二维数组 $s[n+1][n+1]$，其中 $s[i][j]$表示 dp$[i][j]$取最小值时的分割点。当求出 dp 数组以后，dp$[1][n]$就是最少的数乘次数。对应的求最少的数乘次数和计算次序的算法如下：

```
def matrixchain(p,n):                            #求dp和s
    global dp,s
    dp=[[0]*(n+1) for i in range(n+1)]          #二维动态规划数组
    s=[[0]*(n+1) for i in range(n+1)]           #存放最优分割点
    length=2                                     #枚举区间的长度从2开始
    while length<=n:                             #按长度length枚举区间[i,j]
        i=1
        while i+length-1<=n:
            j=i+length-1
            dp[i][j]=dp[i+1][j]+p[i-1]*p[i]*p[j]
            s[i][j]=i
            for m in range(i+1,j):               #枚举分割点m(不包含i和j)
                tmp=dp[i][m]+dp[m+1][j]+p[i-1]*p[m]*p[j]
                if tmp<dp[i][j]:
                    dp[i][j]=tmp
                    s[i][j]=m
            i+=1
        length+=1                                #枚举区间的长度增1

def getx(i,j):                                   #构造最优计算次序
    if i==j:return
    getx(i,s[i][j])
    getx(s[i][j]+1,j)
    print("    A[%d..%d] × A[%d..%d]"%(i,s[i][j],s[i][j]+1,j))
```

调用上述两个算法求解由 p 和 n 指定的矩阵连乘问题的算法如下：

```
def solve(p,n):                    #求解算法
    matrixchain(p,n)
    print("求解结果")
    print("    矩阵最优计算次序:")
    getx(1,n)
    print("    最少数乘次数=",dp[1][n])
```

例如,$n=6$,矩阵分别为$\boldsymbol{A}_1$[20×25]、$\boldsymbol{A}_2$[25×5]、$\boldsymbol{A}_3$[5×15]、$\boldsymbol{A}_4$[15×10]、$\boldsymbol{A}_5$[10×20]、$\boldsymbol{A}_6$[20×25],调用 solve()算法的输出结果如下:

```
求解结果
    矩阵最优计算次序:
        A[2..2] × A[3..3]
        A[1..1] × A[2..3]
        A[4..4] × A[5..5]
        A[4..5] × A[6..6]
        A[1..3] × A[4..6]
    最少数乘次数= 15125
```

在上述问题的求解中 dp 的计算顺序如图 8.36(a)所示,求出的 dp 和 s 的结果分别如图 8.36(b)和图 8.36(c)所示,最少的数乘次数是 15125,对应的一种计算次序是$((\boldsymbol{A}_1\times(\boldsymbol{A}_2\times\boldsymbol{A}_3))\times((\boldsymbol{A}_4\times\boldsymbol{A}_5)\times\boldsymbol{A}_6))$,即依次计算$\boldsymbol{A}_{23}=\boldsymbol{A}_2\times\boldsymbol{A}_3$,$\boldsymbol{A}_{123}=\boldsymbol{A}_1\times\boldsymbol{A}_{23}$,$\boldsymbol{A}_{45}=\boldsymbol{A}_4\times\boldsymbol{A}_5$,$\boldsymbol{A}_{456}=\boldsymbol{A}_{45}\times\boldsymbol{A}_6$,最后就是$\boldsymbol{A}_{123456}=\boldsymbol{A}_{123}\times\boldsymbol{A}_{456}$。

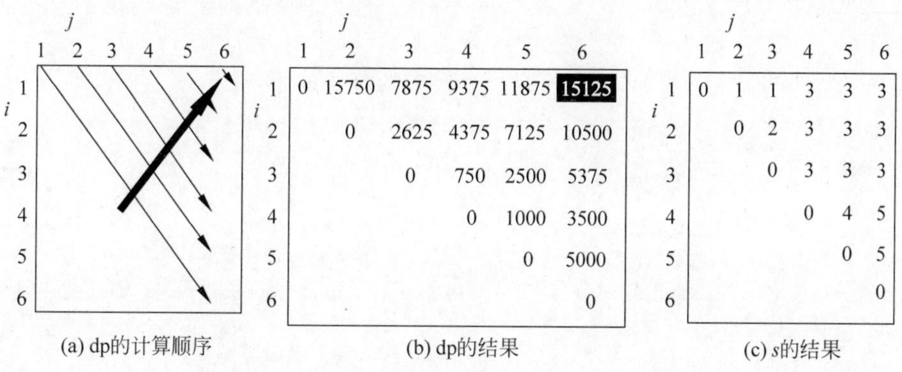

(b) dp的结果

i\j	1	2	3	4	5	6
1	0	15750	7875	9375	11875	15125
2		0	2625	4375	7125	10500
3			0	750	2500	5375
4				0	1000	3500
5					0	5000
6						0

(c) s的结果

i\j	1	2	3	4	5	6
1	0	1	1	3	3	3
2		0	2	3	3	3
3			0	3	3	3
4				0	4	5
5					0	5
6						0

(a) dp的计算顺序 (b) dp的结果 (c) s的结果

图 8.36 dp 的计算顺序、求出的 dp 和 s 的结果

【算法分析】 在 matrixchain()算法中包含三重循环,时间复杂度为 $O(n^3)$,空间复杂度为 $O(n^2)$。

8.8.3 实战——最长回文子串(LeetCode5★★)

1. 问题描述

给定一个字符串 s(s 仅由数字和英文大小写字母组成,长度位于 1 到 1000),求 s 中最长的回文子串。例如,s="babad",最长的回文子串有"bab"和"aba",求出任意一个即可。

2. 问题求解

如果知道 s 中所有的回文子串,就可以通过两重循环找到最长的回文子串。为此采用区间动态规划方法,设计二维动态规划数组 dp[n][n],其中 dp[i][j]表示 s[i..j]子串是

否为回文子串，求出 dp 就相当于求出了 s 中所有的回文子串，再用 ans 存放 s 中最长的回文子串(初始为空串)。求 dp 也需要两重循环完成，这样就可以在求 dp 的同时求 ans。

初始时置 dp 的所有元素为 False。按长度 length 枚举 $s[i..j]$子串(i 从 0 开始递增，$j=i+\text{length}-1$)时，length 从 1 开始递增：

① 当 length=1 时，$s[i..j]$中只有一个字符，而一个字符的子串一定是回文子串，所以置 dp$[i][j]$=True。

② 当 length=2 时，$s[i..j]$中有两个字符，分为两种子情况，若 $s[i]==s[j]$说明 $s[i..j]$是回文子串，置 dp$[i][j]$=True；否则说明 $s[i..j]$不是回文子串，置 dp$[i][j]$=False。

③ 对于其他长度的 length，显然 dp$[i][j]$=($s[i]==s[j]$ && dp$[i+1][j-1]$)，也就是说若 $s[i+1..j-1]$是回文子串，并且 $s[i]==s[j]$，则 $s[i..j]$也是回文子串，其他情况说明 $s[i..j]$不是回文子串，置 dp$[i][j]$=False。

对于每个 $s[i..j]$子串，若为回文子串，将最大长度的回文子串存放到 ans 中，最后返回 ans 即可。

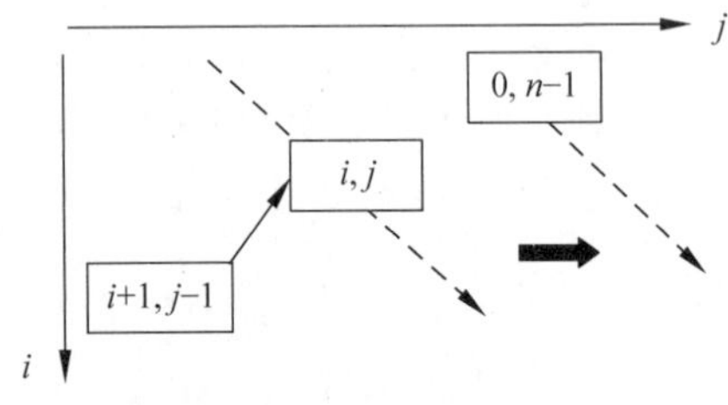

图 8.37　求 dp$[i][j]$的顺序(1)

那么按什么顺序求 dp 数组中的元素呢？由于 dp$[i][j]$是由 dp$[i+1][j-1]$求出的，最后元素为 dp$[0][n-1]$，所以可以按斜对角线方向求 dp，如图 8.37 所示，最后的一条斜对角线只有一个元素 dp$[0][n-1]$，从而保证了它是最后一个计算的元素。

对应的算法如下：

```
class Solution:
    def longestPalindrome(self, s: str) -> str:
        n=len(s)
        if n==1:return s
        dp=[[False] * n for i in range(n)]  #二维动态规划数组
        start, maxlength=0,0          #用 s[start..start+maxlength-1]表示最长回文子串
        length=1
        while length<=n:                    #按长度 length 枚举区间[i,j]
            i=0
            while i+length-1<n:
                j=i+length-1
                if length==1:               #区间中只有一个字符时为回文子串
                    dp[i][j]=True
                elif length==2:             #区间长度为 2 的情况
                    dp[i][j]=(s[i]==s[j])
                else:                       #区间长度>2 的情况
                    dp[i][j]=(s[i]==s[j] and dp[i+1][j-1])
                if dp[i][j] and length>maxlength:          #求最长的回文子串
                    start=i
                    maxlength=length
                i+=1
            length+=1
        return s[start:start+maxlength]
```

上述程序提交时通过，执行用时为 5700ms，内存消耗为 22.7MB。若改为按行自下而上，每一行从左到右的顺序求值，如图 8.38 所示，同样可以保证 dp[0][n－1]是最后一个计算的元素。

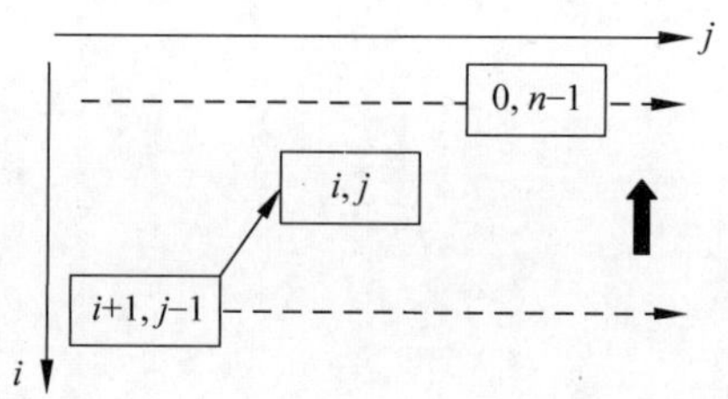

图 8.38　求 dp[i][j]的顺序(2)

对应的算法如下：

```
class Solution:
    def longestPalindrome(self, s: str) -> str:
        n=len(s)
        if n==1:return s
        dp=[[False] * n for i in range(n)]          #二维动态规划数组
        start,maxlength=0,0          #用 s[start..start+maxlength-1]表示最长回文子串
        for i in range(n-1,-1,-1):
            for j in range(i,n):
                length=j-i+1
                if length==1:                       #区间中只有一个字符时为回文子串
                    dp[i][j]=True
                elif length==2:                     #区间长度为 2 的情况
                    dp[i][j]=(s[i]==s[j])
                else:                               #区间长度>2 的情况
                    dp[i][j]=(s[i]==s[j] and dp[i+1][j-1])
                if dp[i][j] and length>maxlength:   #求最长的回文子串
                    start=i
                    maxlength=length
        return s[start:start+maxlength]
```

上述程序提交时通过，执行用时为 4488ms，内存消耗为 22.7MB。

习题 8

扫一扫

练习题

扫一扫

自测题

第9章 最难问题——NP完全问题

NP 完全问题包含了从许多问题中提取出来的大量问题，它们具有这样的特性，如果这类问题中的任何一个在多项式时间内可解，那么这类问题中的所有其他问题也在多项式时间内可解。NP 完全问题的研究通常采用像图灵机的计算模型，但理解起来较为抽象，本章不结合任何计算模型形式化地讨论 NP 完全问题。本章的学习要点和学习目标如下：

（1）掌握 P 类、NP 类和 NP 完全问题的基本概念。

（2）掌握 P 类和 NP 类问题的证明过程。

（3）了解 NP 完全问题的证明过程。

9.1 P类和NP类

9.1.1 易解问题和难解问题

算法呈现不同的时间复杂度，有的属于多项式级时间复杂度算法，有的属于指数级时间复杂度算法，指数函数是典型的非多项式函数。通常将存在多项式时间算法的问题看作易解问题，不存在多项式时间算法的问题看作难解问题。例如，快速排序算法的时间复杂度为$O(n^2)$，求TSP(货郎担问题)算法的时间复杂度为$O(n!)$，可以简单地认为前者属于易解问题，后者属于难解问题。如表9.1所示，从中可以看出多项式函数与指数函数的增长率，所以通常把多项式时间复杂性作为易解问题与难解问题的分界线。

表9.1 多项式函数与指数函数的增长率

问题规模 n	多项式函数					指数函数	
	$\log_2 n$	n	$n\log_2 n$	n^2	n^3	2^n	$n!$
1	0	1	0.0	1	1	2	1
10	3.3	10	33.2	100	1000	1024	3 628 800
20	4.3	20	86.4	400	8000	1 048 376	2.4E18
50	5.6	50	282.2	2500	125 000	1.0E15	3.0E64
100	6.6	100	664.4	10 000	1 000 000	1.3E30	9.3E157

下面从时间复杂度角度更严格地定义易解问题和难解问题。

定义9.1 设A是求解问题Π(可以是任意问题)的算法，在用A求解问题Π的实例I时，首先要把I编码成二进制的字符串作为A的输入，称I的二进制编码的长度为I的规模，记为|I|，如果存在函数f：$\mathbf{N}\rightarrow\mathbf{N}$($\mathbf{N}$为自然数集合)，使得对于任意规模为$n$的实例I，A对I的运算在$f(n)$步内停止，则称算法A的时间复杂度为$f(n)$，以多项式为时间复杂度的算法称为多项式时间算法。有多项式时间算法的问题称为易解问题，不存在多项式时间算法的问题称为难解问题。

从上述定义看出，采用动态规划算法求解0/1背包问题的时间复杂度为$O(nW)$，从表面上看起来这是n的多项式，实际上这里|I|是n和W的二进制位数和，当W很大时仍然是一个非多项式时间的算法。

但是难办的是人们发现包含TSP和0/1背包问题等在内的一大批问题既没有找到它们的多项式时间算法，又没能证明它们是难解问题。

9.1.2 判定问题

如果一个问题很容易重述为它的解只有两个结论，即yes和no，称为判定问题Π。与此对照，最优化问题Π'是关心某个量的最大化或者最小化的问题。例如，前面讨论的TSP问题属于最优化问题Π'，对应的TSP判定问题Π是这样的，假设有一个货郎担要拜访n个城市，城市图采用邻接矩阵表示，给定一个正整数D，问有一条每个城市恰好经过一次最后回到出发城市并且路径长度不超过 D 的路径吗?

那么 TSP 最优化问题会不会比 TSP 判定问题容易呢?如果 TSP 最优化问题有多项式时间算法 A,则可以按如下方式构造 TSP 判定问题的算法 B。对于任意一个实例 I,应用算法 A 求出最短路径长度 d,如果 $d \leqslant D$,则算法 B 输出 yes,否则输出 no,显然算法 B 也是多项式时间算法。于是,这同样表明如果 TSP 判定问题是难解问题,则 TSP 最优化问题也是难解问题,这样说明 TSP 最优化问题不会比 TSP 判定问题容易。

一般地,如果一个问题的可行解是多项式时间算法可求的,那么如果其判定问题Ⅱ是难解问题,则对应的最优化问题Ⅱ'也是难解问题。可以证明反过来也是对的,如果最优化问题Ⅱ'是难解问题,则对应的判定问题Ⅱ也是难解问题,或者说判定问题Ⅱ和对应的最优化问题Ⅱ'具有相同的难度。正因为如此,在 NP 完全问题的研究中把注意力限制在判定问题上会比较容易一些。

9.1.3 P 类

定义 9.2 设 A 是求解问题Ⅱ的一个算法,如果对于任意一个实例 I,在整个执行过程中每一步都只有一种选择,则称 A 为确定性算法。因此对于同样的输入确定性算法的输出是相同的。

本书前面讨论的所有算法均为确定性算法,实际上是指算法的确定性,这是算法的重要特性之一。

定义 9.3 判定问题的 P 类由这样的判定问题组成,它们的 yes/no 解可以用确定性算法在运行多项式时间内得到。简单地说,所有多项式时间可解的判定问题类称为 P 类。一个判定问题是易解问题,当且仅当它属于 P 类。

【例 9-1】 证明求最长公共子序列问题是易解问题。

证明:求最长公共子序列的原问题是给定两个序列 $a=(a_0,a_1,\cdots,a_{m-1})$,$b=(b_0,b_1,\cdots,b_{n-1})$,求它们的最长公共子序列的长度 d。对应的判定问题是给定一个正整数 D,问存在 a 和 b 的长度不小于 D 的公共子序列吗?

可以设计这样的算法 B,先利用 8.5.1 节求最长公共子序列长度的算法 LCSlength()求出 d,其时间复杂度为 $O(mn)$,属于多项式时间算法,如果 $d \leqslant D$,则输出 yes,否则输出 no。显然算法 B 也是多项式时间算法,所以求最长公共子序列问题属于 P 类,即是易解问题。

9.1.4 NP 类

对于输入 x,一个不确定性算法由下列两个阶段组成。

① 猜测阶段:在这个阶段产生一个任意字符串 y,它可以对应于输入实例的一个解,也可以不对应解。事实上,它甚至可以不是所求解的合适形式,它可以在不确定性算法的不同次运行中不同。它仅要求在多项式步数内产生这个串,即时间为 $O(n^i)$,这里 $n=|x|$,i 是非负整数。对于许多问题,这一阶段可以在线性时间内完成。

② 验证阶段:在这个阶段一个不确定性算法验证两件事。首先检查产生的解串 y 是否为合适的形式,如果不是,则算法停下并回答 no。然后,如果 y 是合适的形式,那么算法

继续检查它是否为问题实例 x 的解，如果它确实是实例 x 的解，那么它停下并且回答 yes，否则它停下并回答 no。这个阶段也要求在多项式步数内完成。

定义 9.4 设 A 是求解问题Ⅱ的一个不确定性算法，A 接受问题Ⅱ的实例Ⅰ，当且仅当对于输入Ⅰ存在一个导致 yes 回答的猜测。换句话说，A 接受Ⅰ，当且仅当可能在算法的某次执行上它的验证阶段将回答 yes。如果算法回答 no，并不意味着 A 不接受它的输入，因为算法可能猜测了一个不正确解。

例如，不确定性算法 A 的伪码表示如下：

```
def A(I):
    s=genCertif()                    #猜测阶段
    checkOK=verifyA(I,s)             #验证阶段
    if checkOK:
        output "yes"
    return                           #checOK 为假时不作反应
```

定义 9.5 判定问题的 NP 类由这样的判定问题组成，对于它们存在着多项式时间内运行的不确定性算法。简单地说，由所有多项式时间可验证的判定问题类称为 NP 类。

注意不确定性算法并不是真正的算法，它仅是为了刻画可验证性所提出的验证概念。为了把不确定性多项式时间算法转换为确定性算法，必须搜索整个可能的解空间，通常需要指数时间。

定义 9.6 NP 类的非形式化定义是 NP 类由这样的判定问题组成，它们存在一个确定性算法，该算法在对问题的一个实例展示一个断言解时，它能够在多项式时间内验证解的正确性，也就是说如果断言解导致答案是 yes，就存在一种方法可以在多项式时间内验证这个解。

【例 9-2】 给定一个无向图 $G=(V,E)$，用 k 种颜色对 G 着色是这样的问题，对于 V 中的每个顶点有 k 种颜色中的一种对它着色，使图中没有两个相邻顶点有相同的颜色。着色问题是判定用预定数目的颜色对一个无向图着色是否可能。证明该问题属于 NP 问题。

证明：对应的判定问题是给定一个无向图 $G=(V,E)$ 和一个正整数 $k(k\geqslant 1)$，G 可以 k 着色吗？

用两种方法证明上述判定问题 COLORING 属于 NP 类问题。

方法 1：设Ⅰ是 COLORING 问题的一个实例，s 被宣称为Ⅰ的解。容易建立一个确定性算法来验证 s 是否确实为Ⅰ的解（假设 s 为着色数目，一定能够同时求出一个对应的着色方案 x，检测 x 是否为 G 的一个 s 颜色的着色方案只需要遍历每条边即可）。从定义 9.6 可以得出 COLORING 属于 NP 类。

方法 2：建立不确定性算法。当图 G 用编码表示后，很容易地构建算法 A，首先通过对顶点集合产生一个任意的颜色“猜测”为一个解 s，接着算法 A 验证这个 s 是否为有效解，如果它是一个有效解，那么 A 停下并且回答 yes，否则它停下并回答 no。注意，根据不确定性算法的定义，仅当对问题的实例回答是 yes 时，A 回答 yes。其次是对于需要的运行时间，算法 A 在猜测和验证两个阶段总共的花费不超过多项式时间，所以得出 COLORING 属于 NP 类。

定理 9.1 P⊆NP。

证明：这是显而易见的。如果某个问题Ⅱ属于 P 类，则它有一个确定性的求解算法 A。

很容易由算法 A 构造出这样的算法 B,在算法 B 对该问题的一个实例展示一个断言解时,它一定能够在多项式时间内验证解的正确性,所以问题Ⅱ也属于 P 类。

现在的问题是 P=NP 吗?也就是说 NP 类中有难解问题吗?

9.2 多项式时间变换和 NP 完全问题

9.2.1 多项式时间变换

由于 NP 类中的许多问题到目前为止始终没有找到多项式时间算法,也没能证明是难解问题,所以人们只好另辟蹊径,如果 NP 类中有难解问题,NP 类中最难的问题一定是难解问题,那么什么是最难的问题?如何描述最难的问题?这需要比较问题之间的难度,为此引入下面的概念。

定义 9.7 设判定问题$\Pi_1=<D_1,Y_1>$,其中 D_1 是该问题的实例集合,由Π_1 的所有可能的实例组成,$Y_1\subseteq D_1$,由所有回答 yes 的实例组成。另外一个判定问题$\Pi_2=<D_2,Y_2>$,同样类似描述。如果函数 $f: D_1\rightarrow D_2$ 满足以下条件:

① f 是多项式时间可计算的,即存在计算 f 的多项式时间算法。

② 对于所有的 $I\in D_1, I\in Y_1\Leftrightarrow f(I)\in Y_2$。

则称 f 为Π_1 到Π_2 的多项式时间变换。如果存在Π_1 到Π_2 的多项式时间变换,则称Π_1 可以多项式时间变换到Π_2,记为$\Pi_1\leqslant_p \Pi_2$。

【例 9-3】 哈密尔顿问题是求无向图 $G=(V,E)$中恰好经过每个顶点(城市)一次最后回到出发顶点的回路。对应的判定问题是图 G 中存在恰好经过每个顶点一次最后回到出发顶点的回路吗?哈密尔顿判定问题表示为 $HC=<D_{HC},Y_{HC}>$,TSP 判定问题表示为 $TSP=<D_{TSP},Y_{TSP}>$,证明 $HC\leqslant_p TSP$。

证明:设计这样的多项式时间变换 f,对于哈密尔顿判定问题的每个实例 I,I 是一个无向图 $G=(V,E)$,TSP 判定问题对应的实例 $f(I)$定义为 V 中任意两个不同顶点 u 和 v 之间的距离:

$$d(u,v)=\begin{cases}1 & 若(u,v)\in E\\ 2 & 否则\end{cases}$$

以及界限 $D=|V|$,显然 f 是多项式时间可计算的,因为 $f(I)$中每个顶点恰好经过一次的回路有$|V|$条边,每条边的长度为 1 或者 2,所以回路的长度至少等于 D。于是回路的长度不超过 D(实际上恰好等于 D),当且仅当它的每条边的长度为 1,并且它是 G 中的一条哈密尔顿回路(一条长度为 D 的哈密尔顿回路就是 TSP 回路),从而 $I\in Y_{HC}\Leftrightarrow f(I)\in Y_{TSP}$,即 $HC\leqslant_p TSP$。

定理 9.2 $\leqslant_p$ 具有传递性,即若有$\Pi_1\leqslant_p\Pi_2$,$\Pi_2\leqslant_p\Pi_3$,则$\Pi_1\leqslant_p\Pi_3$。

证明:$\Pi_1=<D_1,Y_1>$,$\Pi_2=<D_2,Y_2>$,$\Pi_3=<D_3,Y_3>$,设 f 是Π_1 到Π_2 的多项式时间变换,g 是Π_2 到Π_3 的多项式时间变换,h 是 f 和 g 的复合,可以证明 h 是Π_1 到Π_3 的多项式时间变换,这里不再详述。

定理 9.3 设$\Pi_1 \leqslant_p \Pi_2$,则$\Pi_2 \in$ P 类蕴涵$\Pi_1 \in$ P 类。

设$\Pi_1 \leqslant_p \Pi_2$,若Π_1是难解问题,则Π_2也是难解问题。这样$\leqslant_p$提供了判定问题之间的难度比较,如果$\Pi_1 \leqslant_p \Pi_2$,则相对多项式时间,Π_2不会比Π_1容易,或者反过来说,Π_1不会比Π_2难。

9.2.2 NP 完全性及其性质

定义 9.8 如果对所有的$\Pi' \in$ NP,$\Pi' \leqslant_p \Pi$,则称Π是 NP 难的。如果Π是 NP 难的并且$\Pi \in$ NP 类,则称Π是 NP 完全问题(NPC)。

NP 完全问题是 NP 类的一个子集,NP 难的问题不会比 NP 类中的任何问题容易,因此 NP 完全问题是 NP 中最难的问题。

定理 9.4 如果存在 NP 难的问题$\Pi \in$ P 类,则 P=NP。

假设 P≠NP,那么如果Π是 NP 难的,则$\Pi \notin$ P 类。虽然“P=NP?”至今没有解决,但是人们普遍相信 P≠NP,因此 NP 完全问题成为表明一个问题很可能是难解问题的有力证据。

从上述讨论看出,假设 P≠NP,那么 P 类、NP 类和 NP 完全问题的关系如图 9.1 所示。

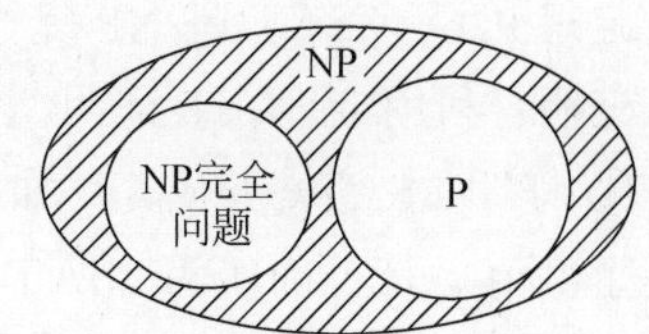

图 9.1 P 类、NP 类和 NP 完全问题的关系(假设 NP≠P)

定理 9.5 如果存在 NP 难的问题Π',使得$\Pi' \leqslant_p \Pi$,则Π是 NP 难的。

由定理 9.5 可以推出,如果$\Pi \in$ NP 类并且存在 NP 完全问题Π',使得$\Pi' \leqslant_p \Pi$,则Π也是 NP 完全问题。这样提供了证明Π是 NP 难的一条捷径,不再需要把 NP 类中所有的问题多项式时间变换到Π,而只需要把一个已知的 NP 难问题多项式时间变换到Π,这样为了证明Π是 NP 完全问题,只需要做以下两件事:

① 证明$\Pi \in$ NP 类。

② 找到一个已知的 NP 完全问题Π',并证明$\Pi' \leqslant_p \Pi$。

9.2.3 第一个 NP 完全问题

在 20 世纪 70 年代,S. A. Cook 和 L. A. Levin 分别独立地证明了第一个 NP 完全问题。这是命题逻辑中的一个基本问题。

在命题逻辑中,给定一个布尔公式 F,如果它是子句的合取,称为合取范式(CNF)。一个子句是文字的析取,这里的文字是一个布尔变元或者它的非。例如,以下布尔公式 F1 就是一个合取范式:

$$F1 = (x_1 \lor x_2) \land (\neg x_1 \lor x_3 \lor x_4 \lor \neg x_5) \land (x_1 \lor \neg x_3 \lor x_4)$$

一个布尔公式的真值赋值是关于布尔变元的一组取值,一个可满足的赋值是一个真值赋值,它使得布尔公式的值为 1。如果一个布尔公式具有可满足赋值,则称该公式是可满足的。

可满足性判定问题 SAT 指的是给定一个布尔公式 F(合取范式),F 是可满足的吗?例如上述公式 F1,赋值为$x_1=1$,$x_3=1$,其他取 0 或者 1,F1 的结果为 1,所以 F1 是可满足的。

显然 SAT 属于 NP 类问题,因为容易建立一个确定性算法来验证一个赋值 s 是否确实为 SAT 的一个可满足的赋值。Cook 和 Levin 证明了 SAT 是 NP 完全问题,称为 Cook-Levin 定理,其证明超出了本书的范围,大家可以利用 SAT 是 NP 完全问题来证明其他 NP 完全问题。

9.2.4 其他 NP 完全问题

3CNF 指的是布尔公式 F 中的每个子句都精确地有 3 个不同的文字。例如,以下布尔公式 F2 就是一个 3CNF:

$$F2=(x_1 \lor \neg x_1 \lor \neg x_2) \land (x_3 \lor x_2 \lor x_4) \land (\neg x_1 \lor \neg x_3 \lor \neg x_4)$$

3CNF 可满足性判定问题 3SAT 指的是给定一个 3CNF 公式 F,F 是可满足的吗?例如上述公式 F2,赋值为 $x_1=0$,$x_2=1$,$x_3=1$,$x_4=0$,F2 的结果为 1,所以 F2 是可满足的。

定理 9.6 3SAT 是 NP 完全问题。

证明:利用定理 9.5 证明。

① 证明 3SAT∈NP 类。如同证明 SAT 属于 NP 类,很容易建立一个确定性算法来验证一个赋值 s 是否确实为 3SAT 的一个可满足的赋值。

② 已知 SAT 是一个 NP 完全问题,现在证明 SAT$\leqslant_p$3SAT。为此按如下步骤构造多项式时间变换 f。

第一步,对于任意给定的布尔公式 F,构造一棵二叉树,文字为叶子结点,连接符作为内部结点,对每个连接符引入一个新变元 y 作为连接符的输出,再根据构造的二叉树把原始布尔公式 F 写成根变元和子句的合取 F'。例如,前面的 F1 构造的二叉树如图 9.2 所示,对应的 F1'如下:

$$\begin{aligned} F1' = y_1 & \land (y_1 \leftrightarrow (y_2 \lor y_3)) \\ & \land (y_2 \leftrightarrow (x_1 \lor x_2)) \\ & \land (y_3 \leftrightarrow (y_4 \land y_5)) \\ & \land (y_4 \leftrightarrow (\neg x_1 \lor y_6)) \\ & \land (y_5 \leftrightarrow (x_1 \lor y_7)) \\ & \land (y_6 \leftrightarrow (x_3 \lor y_8)) \\ & \land (y_7 \leftrightarrow (\neg x_3 \lor x_4)) \\ & \land (y_8 \leftrightarrow (x_4 \lor \neg x_5)) \end{aligned}$$

上述公式 F1'是子句 C_i 的合取,每个子句 C_i 最多有 3 个文字。利用 $P\leftrightarrow Q \Leftrightarrow (\neg P \lor Q)\land(P \lor \neg Q)$将每个子句 C_i 等价地转换为合取范式,最后得到 F1 的合取范式 F1'。采用类似的操作可以将任意布尔公式 F 等价地转换为 F'。

第二步,将 F'进一步转换为公式 F",使得 F"中的每个子句都精确地有 3 个不同的文字。为此引入两个辅助变元 p 和 q。对公式 F'的子句 C_i'做如下转换:

① 如果 C_i'有 3 个不同的文字,保持不变。

② 如果 C_i'有两个不同的文字,例如 $l_1 \lor l_2$,将其转换为$(l_1 \lor l_2 \lor p)\land(l_1 \lor l_2 \lor \neg p)$。

③ 如果 C_i'仅有一个文字 l,将其转换为$(l \lor p \lor q)\land(l \lor p \lor \neg q)\land(l \lor \neg p \lor q)\land(l \lor \neg p \lor \neg q)$。

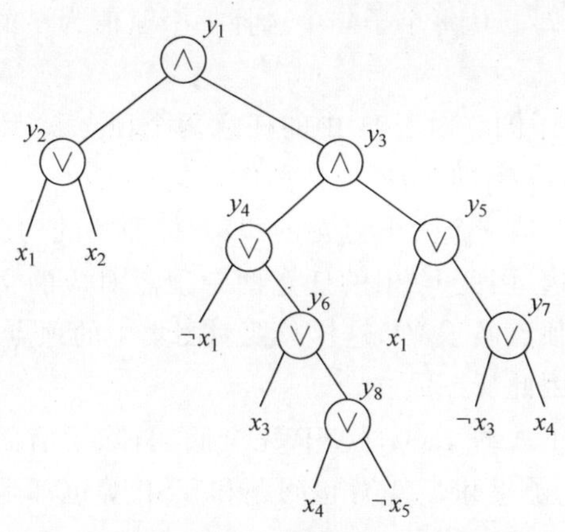

图 9.2　F1 构造的二叉树

上述转换均是等价转换，这样得到 3SAT 的公式 F"，显然转换过程用了多项式时间，所以 SAT$\leqslant_p$3SAT 成立。SAT 为 NP 完全问题，所以 3SAT 也是一个 NP 完全问题。

【例 9-4】 团集判定问题 CLIQUE 是给定一个无向图 $G=(V,E)$和一个正整数 k，问 G 中有大小为 k 的团集吗？无向图 G 中大小为 k 的团集是指包含 k 个顶点的完全子图。证明 CLIQUE 是 NP 完全问题。

证明：利用定理 9.5 证明。

① 证明 CLIQUE∈NP 类。如果 s 被宣称为一个解，则对应一个大小为 k 的团集 V'，只需要看 V'中任意两个顶点之间是否有边相连，从而得到了一个确定性验证算法，所以 CLIQUE 属于 NP 类。

② 已知 3SAT 是一个 NP 完全问题，现在证明 3SAT$\leqslant_p$CLIQUE。

对于 3SAT 的任意一个实例 $\mathrm{F}=C_1 \wedge C_2 \wedge \cdots \wedge C_k$，子句 $C_i(1\leqslant i\leqslant k)$精确地有 3 个不同的文字 l_1、l_2 和 l_3，下面构造一个图 G 使得 F 是可满足的，当且仅当 G 有大小为 k 的团集。

图 G 的构造如下：对于每个子句 $C_i=(l_1 \vee l_2 \vee l_3)$，将文字 l_1、l_2 和 l_3 看成图 G 的 3 个顶点，对于两个顶点 l_i 和 l_j，如果 l_i 和 l_j 属于不同的子句并且 l_i 不是 l_j 的非，则在图 G 中将顶点 l_i 和 l_j 用一条边连接起来，这样图可以在多项式时间内构造出来。例如一个 3CNF 公式 $\mathrm{F3}=(x_1 \vee \neg x_2 \vee \neg x_3) \wedge (\neg x_1 \vee x_2 \vee x_3) \wedge (x_1 \vee x_2 \vee x_3)$，在 C_1 中文字 x_1 可以与 C_2 中的 x_2 和 x_3 用边相连(C_1 中的文字 x_1 不能与 C_2 中的 $\neg x_1$ 相连)，还可以与 C_3 中的位置 x_1、x_2 和 x_3 相连，最后得到的图 G 如图 9.3 所示。公式 F3 的一个可满足的赋值为 $x_2=0$，$x_3=1$，x_1 取 0 或者 1 均可。对应的一个团集 $V'=\{\neg x_2, x_3, x_3\}$，大小为 3，在图中用阴影圆圈表示。

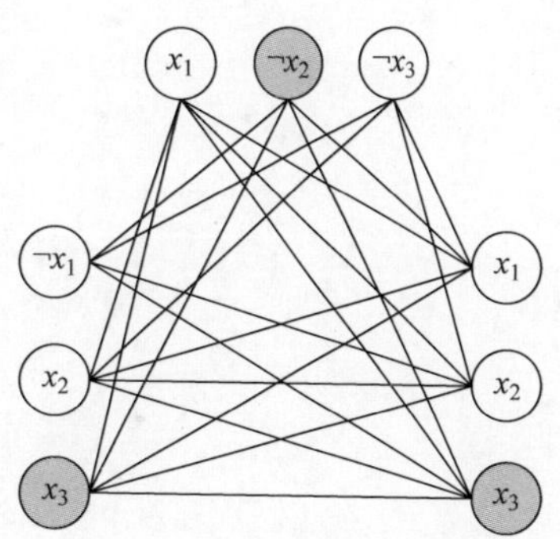

图 9.3　3SAT 到团集的变换

现在证明 3SAT 的任意一个实例 F 是可满足的，当且仅当 G 有大小为 k 的团集。假设 F 是可满足的，即 F 存在一个可满足的赋值，则每个子句 C_i 中至少有一个文字 l_i 为 1，这样

的文字对应图 G 中的顶点 l_i。从每个子句中选择一个赋值为 1 的文字,这样就构造了一个大小为 k 的顶点集 V'。

再证明 V'是一个完全子图。对于 V'中的任意两个顶点 l_i 和 l_j(属于不同子句),由于其对应文字赋值为 1,l_i 不是 l_j 的非,所以按照图的构造有$(l_i,l_j)\in E$,因此集合 V'是一个团集。反过来,假设集合 V'是一个大小为 k 的团集,按照图的构造,同一个子句中的文字对应的顶点在图中没有连接边,因此 V'中的任意两个顶点对应的文字不属于同一个子句,即每个子句都有一个文字的顶点属于 V',这样只要对团集中的顶点对应的文字取值 1 就可以使每个子句为可满足的。因此所证成立。

到目前为止已经找到了大约 4000 个 NP 完全问题,除了前面介绍的 SAT、3SAT 和团集以外,图着色、顶点覆盖、子集和、0/1 背包问题和 TSP 等也都是经典的 NP 完全问题。

习题 9

扫一扫

练习题

扫一扫

自测题

参考文献

[1] Sedgewick R,Wayne K. 算法[M]. 谢路云,译. 4 版. 北京：人民邮电出版社,2012.

[2] Cormen T H,Leiserson C E,Rivest R L,et al. 算法导论[M]. 潘金贵,顾铁成,李成法,等译. 北京：机械工业出版社,2009.

[3] Levitin A. 算法设计与分析基础[M]. 潘彦,译. 3 版. 北京：清华大学出版社,2015.

[4] Goodrich M T,Tamassia R. 算法设计与应用[M]. 乔海燕,李悫炜,王烁程,译. 3 版. 北京：机械工业出版社,2018.

[5] Alsuwaiyel M H. 算法设计技巧与分析[M]. 吴伟昶,方世昌,等译. 北京：电子工业出版社,2004.

[6] 张德富. 算法设计与分析[M]. 北京：国防工业出版社,2009.

[7] 屈婉玲,刘田,张立昂,等. 算法设计与分析[M]. 2 版. 北京：清华大学出版社,2016.

[8] 屈婉玲,刘田,张立昂,等. 算法设计与分析习题解答与学习指导[M]. 2 版. 北京：清华大学出版社,2016.

[9] 王晓东. 计算机算法设计与分析[M]. 4 版. 北京：清华大学出版社,2018.

[10] 李春葆. 算法设计与分析[M]. 2 版. 北京：清华大学出版社,2018.

[11] 李春葆,李筱驰. 程序员面试笔试算法设计深度解析[M]. 北京：清华大学出版社,2018.

[12] 李春葆. 数据结构教程(Python 语言描述)[M]. 北京：清华大学出版社,2020.

图书资源支持

感谢您一直以来对清华版图书的支持和爱护。为了配合本书的使用，本书提供配套的资源，有需求的读者请扫描下方的“书圈”微信公众号二维码，在图书专区下载，也可以拨打电话或发送电子邮件咨询。

如果您在使用本书的过程中遇到了什么问题，或者有相关图书出版计划，也请您发邮件告诉我们，以便我们更好地为您服务。

我们的联系方式：

清华大学出版社计算机与信息分社网站：https://www.shuimushuhui.com/

地　　址：北京市海淀区双清路学研大厦 A 座 714

邮　　编：100084

电　　话：010-83470236　010-83470237

客服邮箱：2301891038@qq.com

QQ：2301891038（请写明您的单位和姓名）

资源下载：关注公众号“书圈”下载配套资源。

资源下载、样书申请

书圈

图书案例

清华计算机学堂

观看课程直播